高职高专机电类专业系列教材

机械制造工艺学

主　编　王凤平
副主编　刘汉芝　李东祥　崔文琪
参　编　肖作端

机 械 工 业 出 版 社

本书是根据教育部制定的“高职高专技能型人才培养方案”的教学要求，借鉴多所院校多年的教改经验编写而成的。本书适应高职高专机电类专业工学结合教学体系改革的需要，以“工学结合、教学做思一体化”为编写原则，涵盖机械制造的全过程，注重对学生创新能力、创业能力和创造能力的培养。

本书文字通俗易懂、图表丰富，全书共分为7个项目：机床与夹具，机械加工工艺规程设计，机械加工精度及表面质量控制，典型零件的加工工艺，装配工艺基础，数控加工工艺及机械制造技术的新发展。每个项目前有“学习指南”、“知识目标”与“技能目标”，项目后有【实训模块】和【思考题与习题】，可供学生训练和检查。每个项目进入【知识模块】前，均有“案例导入”，以激发学生的学习兴趣。

本书可作为高职高专院校、成人高校、广播电视大学机制、数控、模具及汽车、机电一体化等机械类、近机械类专业的教学用书，也可供相关专业的工程技术人员参考。

为方便教学，本书备有免费电子课件、习题解答及模拟试卷等，凡选用本书作为授课教材的教师，均可向出版社索取。咨询电话：010-88379375；Email：cmpgaozhi@ sina. com。

图书在版编目(CIP)数据

机械制造工艺学/王凤平主编.—北京：机械工业出版社，2011.2（2025.6重印）
高职高专机电类专业系列教材
ISBN 978-7-111-32705-9

Ⅰ.①机…　Ⅱ.①王…　Ⅲ.①机械制造工艺-高等学校-教材　Ⅳ.①TH16

中国版本图书馆CIP数据核字（2010）第243937号

机械工业出版社（北京市百万庄大街22号　邮政编码100037）
策划编辑：于　宁　责任编辑：于　宁　王宗锋
版式设计：霍永明　责任校对：李秋荣
封面设计：陈　沛　责任印制：单爱军
保定市中画美凯印刷有限公司印刷
2025年6月第1版第13次印刷
184mm×260mm · 17.5印张 · 429千字
标准书号：ISBN 978-7-111-32705-9
定价：49.80元

电话服务
客服电话：010-88361066
010-88379833
010-68326294

网络服务
机　工　官　网：www. cmpbook. com
机　工　官　博：weibo. com/cmp1952
金　书　网：www. golden-book. com
机工教育服务网：www. cmpedu. com

前　言

本书是根据教育部制定的“高职高专技能型人才培养方案”的教学要求，借鉴多所院校多年的教改经验编写而成的，主要适用于机制、模具、数控、汽车、机电一体化等机械类、近机械类各专业两年制和三年制学生的教学，参考学时数为80~120学时。本书主要特色如下：

1. 本书借鉴北美DACUM课程开发形式和德国基于工作过程的课程开发方法，并借鉴国内高职高专院校多年来课程改革实践的经验，根据新形势下机械工程专业人才的培养目标和要求，加强基础、突出能力、注重素质、强调自身特色。

2. 本书突出专业知识的实用性、综合性和先进性。其基本理论以应用为目的，以“必需、够用”为度，以讲清概念、强化应用为重点，注重实践性、启发性和科学性，注重对学生创新能力、创业能力和创造能力的培养。

3. 本书文字通俗易懂、图表丰富。全书共分为7个项目：机床与夹具，机械加工工艺规程设计，机械加工精度及表面质量控制，典型零件的加工工艺，装配工艺基础，数控加工工艺及机械制造技术的新发展，由浅入深、循序渐进展开。每个项目前有“学习指南”、“知识目标”与“技能目标”，项目后有【实训模块】和【思考题与习题】，可供学生训练和检查。每个项目进入【知识模块】前，均有“案例导入”，以激发学生的学习兴趣。

本书由山东莱芜职业技术学院王凤平担任主编，山东莱芜环球汽车零部件有限公司刘汉芝以及莱芜职业技术学院李东祥、崔文琪担任副主编，山东莱芜环球汽车零部件有限公司肖作端参加了编写。具体分工是：王凤平编写项目1、2、4，崔文琪编写项目3，李东祥编写项目5，刘汉芝编写项目6，肖作端编写项目7。全书由王凤平统稿和定稿。

本书在编写过程中参考了大量的书籍文献，在此对这些书籍文献作者表示感谢。

由于编者的水平有限，书中难免有欠妥之处，恳请各位专家同仁及广大读者批评指正。

编　者

目　录

项目1　机床与夹具

学习指南　学会选用机床和夹具

<table>
<tr><td rowspan="3"></td><td colspan="4">项目1　机床与夹具</td></tr>
<tr><td>起草人员</td><td></td><td>起草时间</td><td></td></tr>
<tr><td>教学学期</td><td></td><td>参考课时</td><td>18</td></tr>
<tr><td colspan="5">教学条件：教室、工业加工中心、机械制造工艺手册、视频光盘、计算机、网络、零件图样、机床设备、工艺装备、课件、黑板和多媒体等
机　　床：卧式车床、立式铣床、仿形铣床、成形磨床、万能外圆磨床
工艺装备：正弦精密平口钳、正弦磁力台和测量调整器等工、磨、量具</td></tr>
<tr><td colspan="5">学习过程计划</td></tr>
<tr><td>学习项目描述</td><td colspan="4">受某公司委托，加工如图1-1所示的齿轮零件2000件，其材料为40Cr。要求确定零件的加工方法，选用金属切削机床，能正确安装工件，并完成加工</td></tr>
<tr><td>具体任务的设置</td><td colspan="4">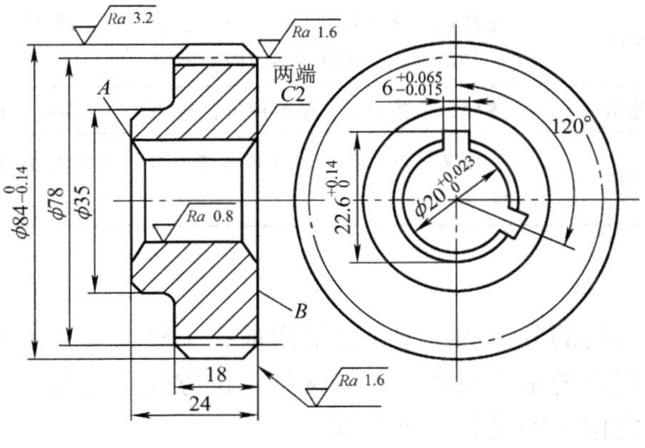

图1-1　齿轮</td></tr>
<tr><td>能力目标</td><td colspan="4">1. 会选用金属切削机床
2. 能正确安装工件
3. 能合理选择零件表面常用切削加工方法
4. 了解先进制造技术的特点和应用场合</td></tr>
</table>

（续）

专业技术内容	1. 能完成外圆表面、平面、圆柱齿轮和螺纹等的加工 2. 能正确安装工件、选择夹具，了解机床构造及型号，并能正确使用 3. 初步掌握金属切削加工常用的方法	
教学方法建议	任务驱动法、多媒体教学、现场实作、分组讨论	
学习小组行动阶段	1. 资讯	学生从工作任务中收集工作的必要信息，初步掌握齿轮类零件加工的专业知识和技能
	2. 计划	学生制订学习计划，建立工作小组
	3. 决策	确定工作方案，工作任务分配到个人，并记录到工作任务表中
	4. 实施	学生以小组的形式，在工作任务的引导下完成专业知识的学习和技能训练，完成实际中套类零件的加工操作
	5. 检查	（1）机床和夹具选择是否正确 （2）基准、量具、切削用量是否正确 （3）尺寸是否达到图样要求
	6. 评价	（1）能否加工出合格的产品 （2）学习目的是否达到，按照成绩评定标准给予评价（成绩评定标准由教师事先制订），填写反馈表
方法、媒介和环境	1. 分析	课堂对话、四步法：讲解、演示、模仿、练习 教师指导、讲解、示范、学生实操
	2. 计划	课堂对话、课堂分组、教师监督、小组长负责
	3. 决策	师生互动，教师只进行评估
	4. 实施	在教师指导下分组工作，在工业中心（实训基地）实操实做产品，小组完成零件加工。分组讨论，课堂对话，教师监督
	5. 总结	答疑，任务对话，学生评价，教师评价，企业评价，专家评价
	6. 成绩	工作文件占 20%，操作过程占 40%，工作结果占 20%，回报效果占 10%，团队占 10%

知识目标

1）了解机床夹具的分类和典型夹具的组成；了解夹具在机械加工中的作用。

2）理解工件定位的基本原理，理解常见定位方式及其所用定位元件。

3）熟练掌握定位误差及其分析计算。

4）掌握确定夹紧力原则及方法，熟悉基本夹紧机构的特点。

5）了解钻床夹具、车床夹具的结构特点（包括定位元件、夹紧装置、对刀元件以及机床连接方式）。

技能目标

1）通过深入剖析 2 ~ 3 个典型夹具的结构（包括定位元件、夹紧装置、对刀元件、导向元件、连接件等），掌握机床夹具的定位方式，夹紧装置的结构和力源装置等。

2）了解机床夹具的设计原理和设计方法。

案例导入

图 1-2 所示为铣轴上键槽的工序简图，要想完成此道工序的加工，就必须选择机床、对工件夹紧、定位，图 1-3 所示为所采用的液压铣床夹具。工件的定位是确定工件在机床或夹具中正确位置的过程。工件定位后，经夹紧装置施力于工件，将其固定夹牢，使工件正确的定位位置不变。工件的定位、装夹情况的好坏，将直接影响工件的加工精度。

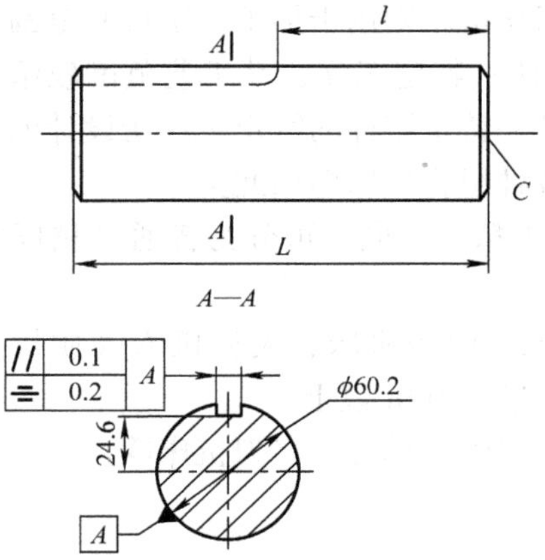

图 1-2　铣轴上键槽工序简图

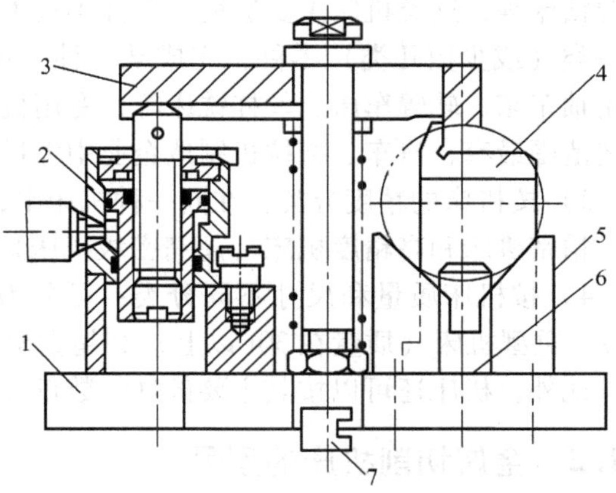

图 1-3　液压铣床夹具

1—夹具体　2—液压缸　3—压板　4—对刀块

5—V 形架　6—圆柱销　7—定向键

【知识模块】

金属切削机床的基础知识主要包括金属切削机床的分类和型号、基本组成和加工范围，为学习数控机床提供理论基础，同时为车、铣、刨、磨等操作提供理论指导。本项目主要介绍金属切削机床的分类和型号、零件表面的成形方法、机床的运动、机床的传动、机床的传动系统与运动计算及机床精度等内容。

1.1　金属切削机床的分类和型号

我国机床工业已经形成了门类齐全、品种规格众多的工业体系，为了便于区别、使用和管理，也制定出了一套科学且合理的分类和型号的编制方法。

1.1.1　金属切削机床的分类

金属切削机床的种类繁多，为了便于区别、使用和管理，有必要对机床进行分类，根据需要可以从不同的角度对机床作如下分类。

1）按机床的加工性能和结构特点可分为 12 类：车床、钻床、镗床、铣床、拉床、磨床、刨插床、齿轮加工机床、螺纹加工机床、特种加工机床、锯床和其他机床。其中，磨床的品种较多，又分为 3 类。每类机床的代号用其名称的汉语拼音的第一个大写字母表示，通用机床类代号如表 1-1 所示。

表 1-1　通用机床类代号

类型	车床	钻床	镗床	磨床			齿轮加工机床	螺纹加工机床	铣床	刨插床	拉床	特种加工机床	锯床	其他机床
类代号	C	Z	T	M	2M	3M	Y	S	X	B	L	D	G	Q
读音	车	钻	镗	磨	二磨	三磨	牙	丝	铣	刨	拉	电	割	其

2）按机床的通用程度分类：可分为通用机床（万能机床）、专门化机床（又称专能机床）和专用机床。通用机床可完成多种工序，可加工该工序范围内的多种类型零件，其工艺范围较宽，通用性较好，但结构较复杂，如卧式车床、万能升降台铣床、万能外圆磨床、摇臂钻床等，这类机床主要适用于单件小批生产；专门化机床则用于加工一定尺寸范围内的某一类（或少数几类）零件，完成某一种（或少数几种）特定工序，其工艺范围较窄，如凸轮轴车床、轧辊车床、丝杠铣床等；专用机床是为某一特定零件的特定工序所设计的，其工艺范围最窄，汽车、拖拉机制造企业中大量使用的各种组合机床即属此类。

3）按机床的精度分类：在同一种机床中，根据加工精度不同，可分为普通（精度）机床、精密机床和高精度机床（超精密级机床）。

4）按机床质量和尺寸不同分类：可分为仪表机床、中型机床、大型机床（质量达到 10t），重型机床（质量在 30t 以上）和超重型机床（质量在 100t 以上）。

此外，机床还可以按其主要部件的数量分为单轴、多轴或单刀、多刀机床等。

1.1.2　金属切削机床的型号

机床型号是机床产品的代号，用以简明地表示机床的类型、通用和结构特性、主要技术参数等。目前我国的机床型号是按照 2008 年颁布的标准 GB/T 15375—2008《金属切削机床型号编制方法》编制的。此标准规定，机床型号由汉语拼音字母和阿拉伯数字按一定的规律组合而成，它适用于新设计的各类通用及专用金属切削机床和自动线（不包括组合机床、特种加工机床）。

1. 型号的构成

通用机床的型号由基本部分和辅助部分组成，中间用"/"隔开，读作"之"。基本部分需统一管理，辅助部分纳入型号与否由生产厂家自定。型号中各组成部分的意义如下：

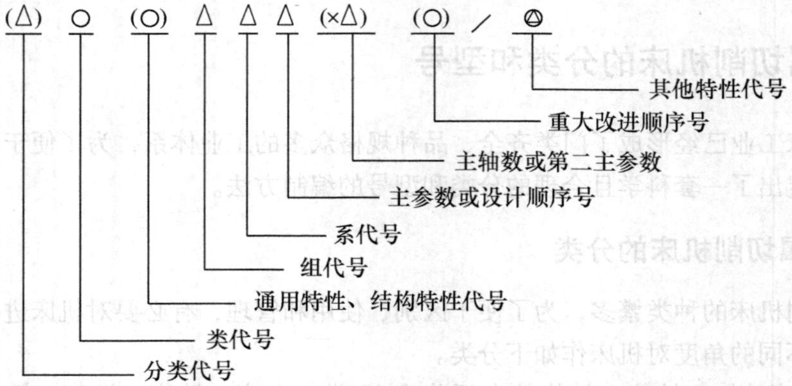

其中：（1）有"（ ）"的代号或数字，当无内容时则不表示，若有内容则不带括号。

（2）有"○"符号的，为大写的汉语拼音字母。

（3）有"△"符号的，为阿拉伯数字。

（4）有"◎"符号的，为大写的汉语拼音字母，或阿拉伯数字，或两者兼有之。

2. 机床类别

机床的特性代号也用汉语拼音表示，代表机床具有的特别性能，包括通用特性和结构特性两种，书写于类代号之后。

（1）通用特性代号　当某型号机床除普通形式外，还具有其他各种通用特性时，则在类代号后加相应的通用特性代号。常用的通用特性代号如表1-2所示。

表1-2　通用特性代号

通用特性	高精度	精密	自动	半自动	数控	加工中心（自动换刀）	仿形	轻型	加重型	柔性加工单元	数显	高速
代号	G	M	Z	B	K	H	F	Q	C	R	X	S
读音	高	密	自	半	控	换	仿	轻	重	柔	显	速

如某机床仅有某种通用特性，而无普通形式，则通用特性不予表达。如C1312型单轴自动车床型号中，没有普通型也就不表示“Z”（自动）的通用特性。一般在一个型号中只表示最主要的一个通用特性，通用特性在各机床中代表的意义相同。

（2）结构特性代号　对于主参数相同而结构、性能不同的机床，在型号中加结构特性代号区分，根据各类机床的情况分别规定，在不同型号中意义不一样。当有通用特性代号时，结构特性代号应排在通用特性代号之后，凡通用特性代号已用的字母和“I”、“O”均不能作为结构特性代号。

3. 组、系别代号

机床的组代号和系代号分别用一个数字表示。每类机床分为十个组，用数字0~9表示。每组又分为若干个系。在同类机床中主要布局或使用范围基本相同的机床，即为同一组；在同一组机床中，其主要参数、主要结构及布局型式相同的机床，即为同一系。

4. 主参数、主轴数和第二主参数

机床主参数代表机床规格的大小，用折算值（一般为主参数实际数值的1/10或1/100）表示，位于系代号之后。

第二主参数一般指主轴数、最大跨距、最大工件长度或工作台工作面长度等。第二主参数一般折算成两位数为宜。

5. 通用机床的设计顺序号

某些通用机床，当无法用一个主参数表示时，则在型号中用设计顺序号表示。设计顺序号由1起始，当设计顺序号小于10时，则在设计顺序号之前加“0”。

6. 机床的重大改进顺序号

当对机床的结构、性能有更高的要求，需按新产品重新设计、试制和鉴定时，在机床型号之后，按A、B、C（I、O除外）等汉语拼音字母的顺序选用，加在型号基本部分的尾部，以区别原机床型号。

7. 其他特性代号

其他特性代号置于辅助部分之首。其中同一型号机床的变型代号，一般应放在其他特性代号之首位。

其他特性代号主要用以反映各类机床的特性。如对数控机床，可用它来反映不同控制系统。对于一般机床，可以反映同一型号机床的变型等。

其他特性代号可用汉语拼音字母（I、O 除外）表示，也可用阿拉伯数字表示，还可用两者的组合表示。

1.1.3　通用机床的型号举例

通用机床的型号编制示例如下。

1）CA6140 型卧式车床：

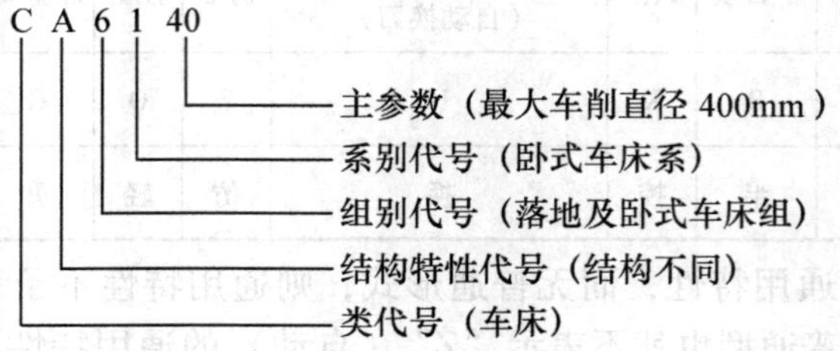

2）MG1432A 型高精度万能外圆磨床：

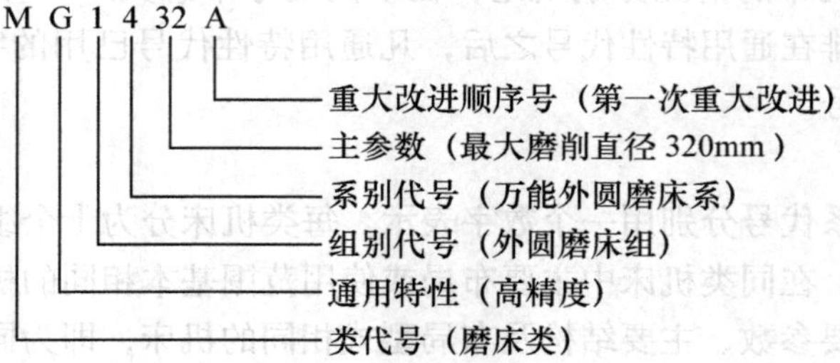

1.2　零件表面的成形方法

1.2.1　零件表面的形状

任何一个机器零件的形状都是由它的功能来确定的。实现同样的功能，可以有多种多样的零件表面形状。在实际生产中常选用那些加工起来最方便、最经济、最准确和最迅速的零件表面形状，这些往往是形状比较简单的表面，如平面、圆柱面、圆锥面、球面和螺旋面等。组成零件轮廓的几种几何表面如图 1-4 所示。

金属切削机床的工作原理是使金属切削刀具和工件产生一定的相对运动，以形成具有一定形状、一定精度和表面质量的零件表面。刀具的切削刃对工件毛坯进行切削，去掉毛坯上多余的金属层而形成零件表面。常见的机械零件通常由一个或几个基本表面组合而成，这些表面可以经济地在机床上获得所需要的精度。图 1-5 所示是机床上加工的常见工件表面的形状。其中，图 1-5a 表示工件作旋转运动，刀具沿平行于工件轴线方向移动，车削出圆柱面。图 1-5e 为刨削平面，刀具作纵向直线运动，工件在垂直于刀具运动方向上作间歇移动，则在工件上形成一个平面。

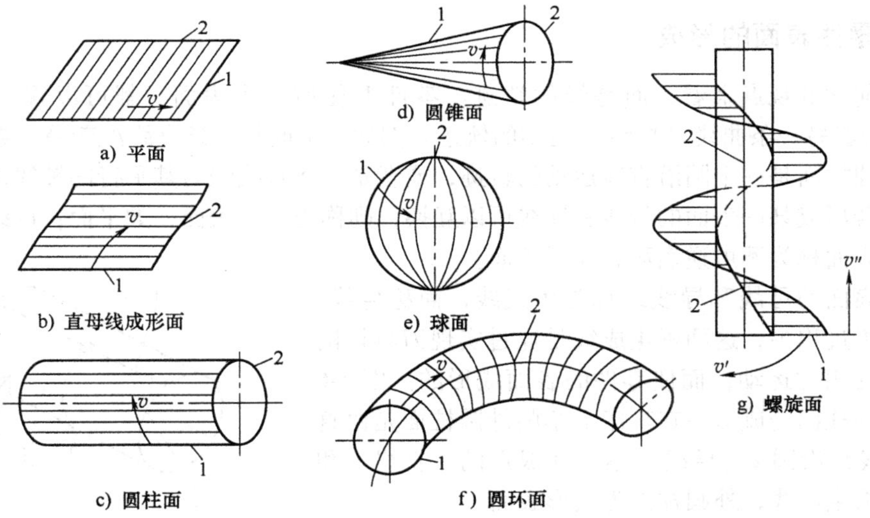

图1-4　组成零件轮廓的几种几何表面
1—母线　2—导线

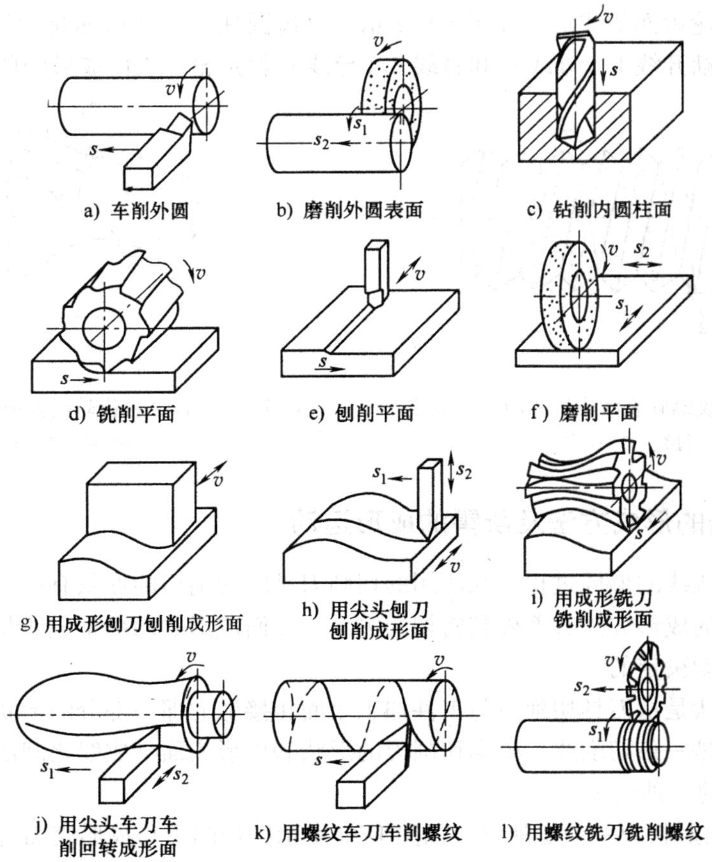

图1-5　机床上加工的常见工件表面的形状

1.2.2 零件表面的形成

从几何学的观点来看，面是线的轨迹。零件上任何一个表面，都可以视为一条曲线（母线）沿着另一条曲线（导线）运动的轨迹。例如，平面是一条直线沿着另一条直线运动的轨迹；圆柱面是一个圆沿直线运动的轨迹，或者是一条直线绕与其平行的轴线做圆周运动的轨迹。若形成某一表面的母线和导线可以互换，则称为可逆表面，如平面；母线和导线不能互换的表面称为不可逆表面，如螺纹面。

形成表面的母线和导线统称为生成线，简称生线。在切削加工过程中，这两根生成线是通过实现刀具切削刃与工件的相对运动，而使零件的表面成形的。图 1-6 所示是外圆柱面的成形。在车床上车削外圆柱面是由直线 1（母线）沿圆 2（导线）运动而成形的。直线 1 和圆 2 为两根生成线，外圆柱面为成形表面。

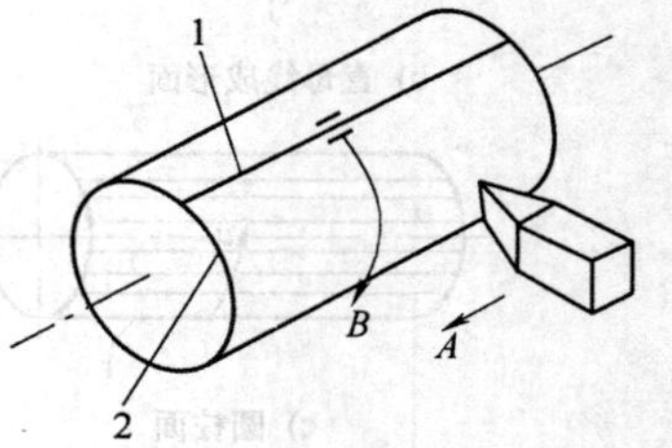

图 1-6 外圆柱面成形的两根生成线

1—母线 2—导线

图 1-7 所示是普通螺纹的螺旋表面成形。普通螺纹的螺旋面是由“∧”形线 1 沿螺旋线 2 运动而成形的，它的两根生成线是“∧”形线 1（母线）和螺旋线 2（导线）。

直齿圆柱齿轮齿面的成形，如图 1-8 所示。直齿圆柱齿轮的齿面是由渐开线 1 沿直线 2 运动而成形的，渐开线 1（母线）和直线 2（导线）就是轮齿表面成形的两根生成线。

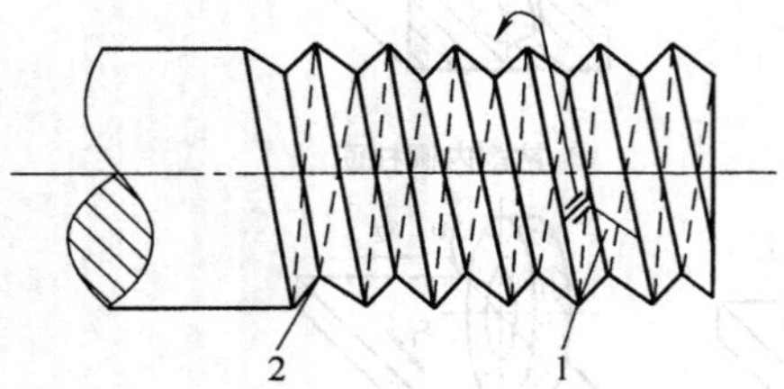

图 1-7 普通螺纹螺旋表面成形的两根生成线

1—母线 2—导线

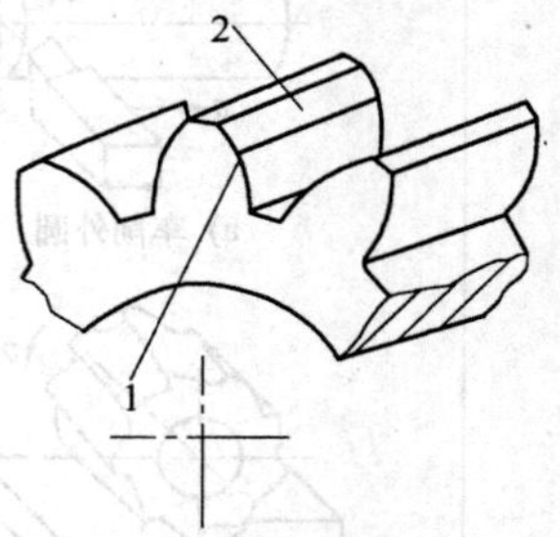

图 1-8 直齿圆柱齿轮齿面成形的两根生成线

1—母线 2—导线

1.2.3 生成线的形成方法及所需的成形运动

零件表面生成线的形成过程，与所用的切削刀具的切削刃的形状有关。也就是说，切削刃的形状与表面的成形方法有着极其密切的关系，表面成形的两根生成线是由刀具切削刃和工件间的相对运动决定的。

切削刃的形状是指刀具切削刃与工件加工表面相接触的那一部分的形状，它可以是一个切削点，也可以是一条切削线。根据切削刃的形状和成形表面生成线之间的关系，可以划分为如图 1-9 所示的三种情况。

1）切削刃的形状为一个切削点，如图 1-9a 所示，切削刃与成形表面为点接触。进行切削加工时，刀具 1 应作轨迹运动 3，以形成生成线 2。

2）切削刃的形状是一段曲线 1，其轮廓（切削线）与工件生成线 2 完全吻合，如图 1-

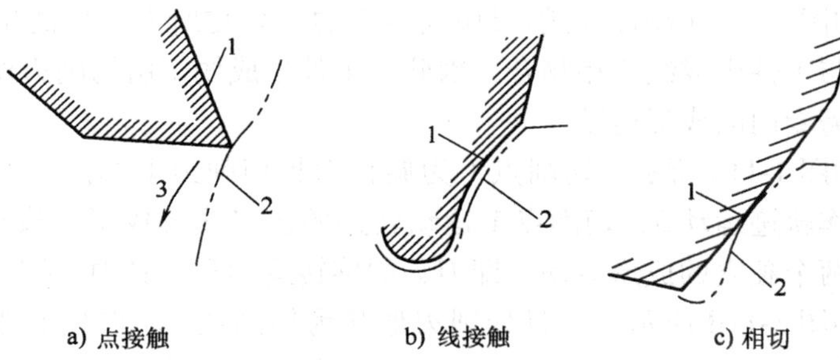

图 1-9 切削刃形状与生成线的三种关系

9b 所示。在进行切削加工时，切削刃 1 与成形表面为线接触，刀具不作任何运动即可得到所需要的生成线 2。

3）切削刃的形状是一段曲线，其轮廓（切削线）与工件生成线 2 不相吻合，如图 1-9c 所示，为共轭关系。在切削加工时，刀具切削刃 1 与成形表面相切，为点接触。工件生成线 2 是刀具切削刃 1 运动轨迹的包络线，如图 1-10 所示。因此，刀具与工件需要有共轭的展成运动。

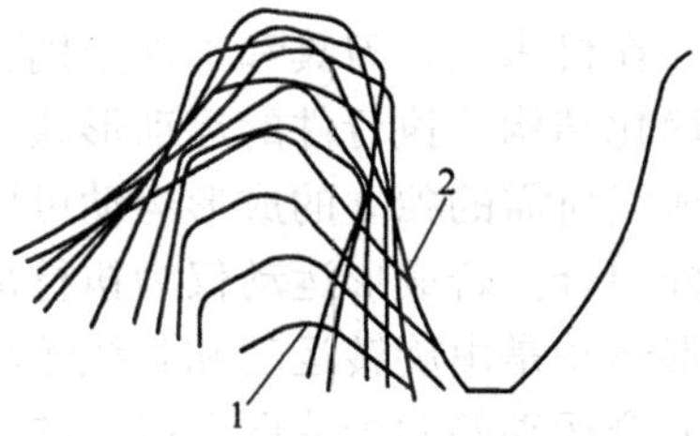

图 1-10 由切削刃包络成形的渐开线齿形

在切削加工中，由于所使用刀具的切削刃的形状和采用的加工方法不同，形成生成线的方法也不同。一般可归纳为如图 1-11 所示的四种方法，分别表述如下。

1）轨迹法。如图 1-11a 所示，生成线 2 是切削点 1 作轨迹运动 3 而形成的。这时，只需一个独立的成形运动。

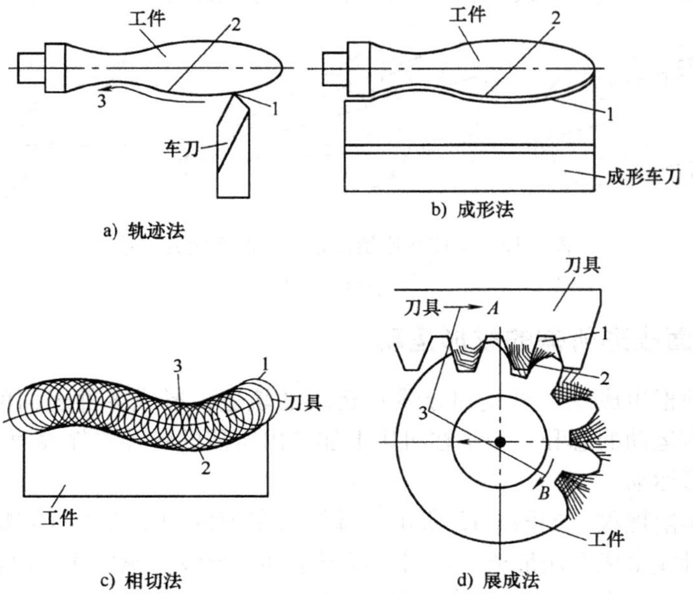

图 1-11 形成生成线的四种方法

2）成形法。如图 1-11b 所示，切削刃切削线 1 的长短与所需成形的生成线 2 一致，也就是切削刃的轮廓与工件生成线 2 相吻合。因此，工件生成线 2 由切削刃切削线 1 实现。这时，形成生成线不需专门的成形运动。

3）相切法。如图 1-11c 所示，切削点 1 为旋转刀具切削刃上的点。切削时，刀具的旋转中心按一定规律作轨迹运动 3，切削点 1 运动轨迹的包络线形成了生成线 2。所以，相切法形成生成线需要两个独立的成形运动，即刀具的旋转运动和刀具中心按一定规律的运动。

4）展成法。如图 1-11d 所示，刀具切削刃形状为切削线 1，它与工件生成线 2 不相吻合。生成线 2 是由切削刃切削线 1 在刀具 A 与工件 B 作展成运动 3（$A+B$）时，所形成的一系列轨迹的包络线。这时，刀具与工件之间只需要一个相对运动，称为展成运动（$A+B$），由刀具运动 A 和工件转动 B 复合而成。所以，展成法形成生成线，需要一个独立的成形运动。

在机床上，刀具和工件分别安装在主轴、刀架或工作台等执行部件（简称执行件）上。为简化结构，执行件的运动形式一般为旋转运动或直线运动（称为单元运动）。因此，形成生成线所需的独立的成形运动可以只是这两种单元运动中的一种，也可以是两种运动形式的不同组合。若成形运动仅为执行部件的旋转运动或直线运动，则称为简单成形运动；若一个成形运动是由旋转运动和直线运动按一定的运动关系组合而成的，则称为复合成形运动。组成复合运动的两个或两个以上的单元运动，在形成表面的过程中是相互依存的，它们之间应保持准确的运动关系。如图 1-11d 所示，展成运动 3 是一个复合的成形运动，由刀具的直线运动 A 和工件的旋转运动 B 组合而成。刀具和工件之间必须保持准确的运动关系，即齿条刀具移动一个齿时，工件应准确地转过一个齿。因此，复合成形运动是一个独立的成形运动。

必须注意的是，成形表面的形状不仅取决于切削刃的形状和表面成形的方法，还取决于生成线的原始位置。如图 1-12 所示，3 种表面的生成线均相同，母线是直线 1，导线是绕轴线 $O\text{-}O'$ 旋转的圆 2，但由于母线 1 相对于轴线 $O\text{-}O'$ 的原始位置不同，所形成的表面也不同。

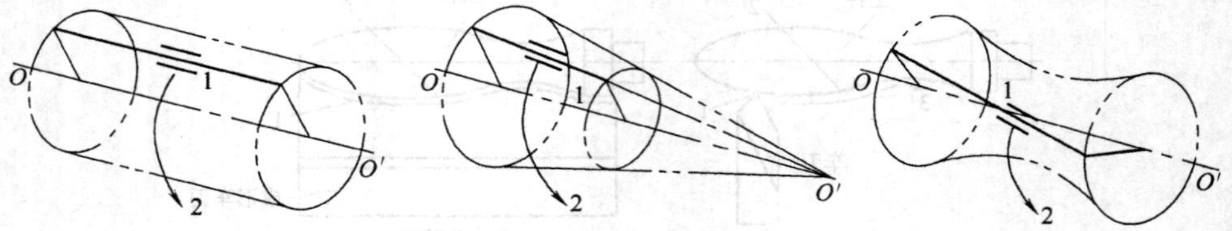

图 1-12　生成线原始位置与成形表面的关系

1—母线　2—圆

1.2.4　零件表面成形所需的成形运动

零件表面是两根生成线（母线和导线）运动的轨迹，形成零件表面的成形运动就是形成母线和导线所需运动的总和。为了在机床上加工出所需的各种零件表面，机床必须具有全部所需的表面成形运动。

用螺纹车刀车削螺纹，如图 1-13 所示。母线与车刀的切削刃形状和螺纹轴向剖面轮廓的形状一致，故母线由成形法形成，不需要成形运动。导线为螺旋线，由轨迹法形成，需要一个成形运动。这是一个复合运动，可以把它分解为工件的旋转运动 B_{11} 和刀具的直线移动 A_{12}。但是，B_{11} 和 A_{12} 之间必须保持严格的相对运动关系。

必须指出的是，那些既在形成母线中起作用又在形成导线中起作用的运动，实际上只是机床的一个运动。图 1-14 所示为滚切直齿圆柱齿轮时所需的成形运动。母线（齿轮渐开线）是滚刀切削刃的包络线，由展成运动（B_1+B_2）形成。导线是沿齿长方向的直线，由相切法形成，即需滚刀旋转并作向下的直线运动（$B+A$）。实质上，形成导线的滚刀旋转运动 B 与形成母线的滚刀旋转运动 B_1 是同一运动。因此，滚切直齿圆柱齿轮时共需两个运动，即展成运动（B_1+B_2）和滚刀沿工件轴向的直线运动 A。

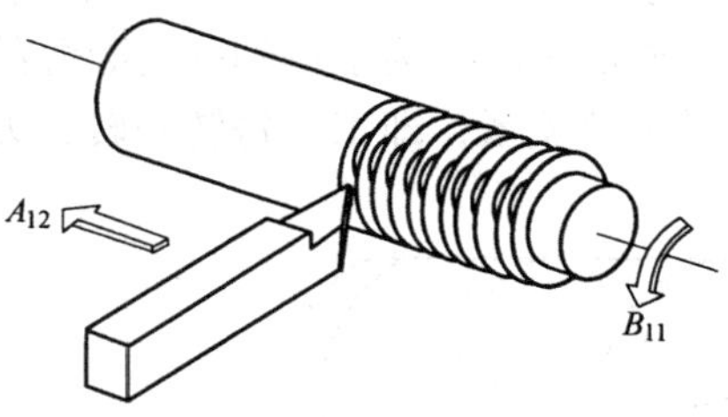

图 1-13　车削螺纹所需的表面成形运动

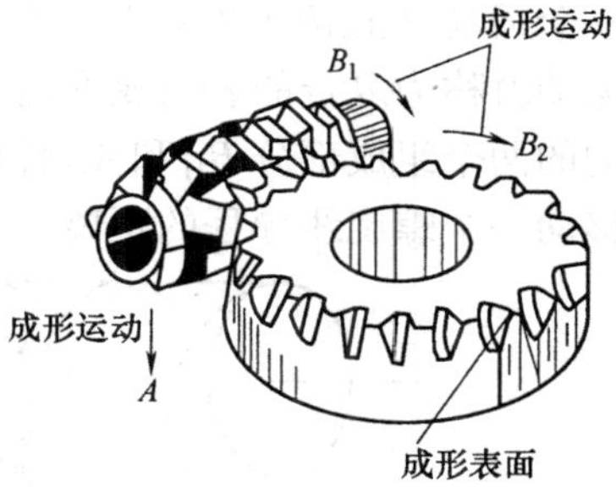

图 1-14　滚齿加工的成形运动

1.3　机床的运动

不同的工艺方法所要求的机床运动轨迹的类型和数量是不同的。机床上的运动可按下面的方法进行分类。

- 机床上的运动
  - 按功用分
    - 表面成形运动
      - 主运动
      - 进给运动
    - 非表面成形运动
      - 各种空行程运动
      - 切入运动
      - 分度运动
      - 操纵及控制运动
  - 按组成分
    - 简单运动
    - 复合运动

1.3.1　表面成形运动

表面成形运动（简称成形运动）可保证得到零件要求的表面形状，在机床上以主轴的旋转和刀架或工作台的直线运动得以实现。通常用符号 A 表示直线运动，用符号 B 表示旋转运动。如图 1-15 所示，用车刀车削外圆柱面，属于轨迹法成形。工件的旋转运动 B_1 产生母线（圆），刀具的纵向直线运动 A_2 产生导线（直线）。运动 B_1 和 A_2 就是两个表面成形运动，角标号“1”和“2”表示成形运动的序号。B_1 和 A_2 是相互独立的，刀具的直线运动速度（即进给量）发生变化时，不影响加工表面的形状，只影响生产率的高低和表面粗糙度的大小。

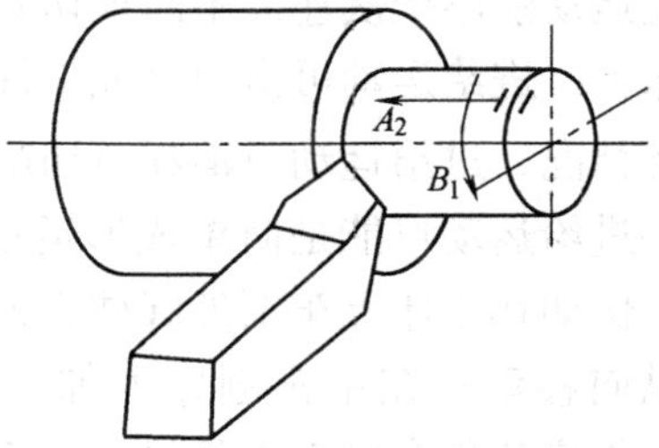

图 1-15　车削外圆柱表面时的成形运动

旋转运动和直线运动最简单，也最容易做到，因而简称为简单成形运动。但是，成形运动也不全是简单运动。如图 1-16a 所示，是用螺纹车刀车削螺纹的成形运动。螺纹车刀是成形刀具，因此形成螺旋面只需一个成形运动，即车刀在不动的工件上作空间螺旋运动。在机床上，最容易做到并最容易保证精度的是旋转运动（如主轴的旋转）和直线运动（如刀架的移动）。因此，往往把这个螺旋运动分解为等速的旋转运动和等速的直线运动。如图 1-16b 所示，图中的 B_{11} 代表等速的旋转运动，A_{12} 代表等速的直线运动。角标号的第一位数字表示第一个运动（此例中也只有一个运动），第二位数字表示这个运动中的两个组成部分。这样的运动就称为复合的表面成形运动，或简称为复合成形运动。为了得到一定导程的螺旋线，运动的两个组成部分 B_{11} 和 A_{12} 必须保持严格的相对运动关系，即工件每转一转，刀具应准确地移动一个螺旋线导程的距离。

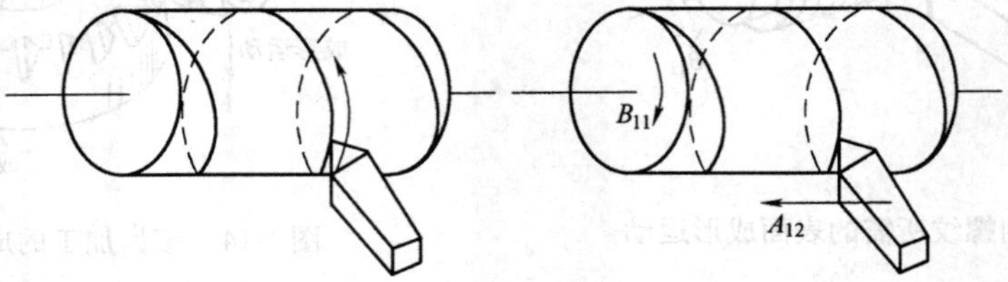

a) 螺纹车刀车削螺纹　　b) 螺纹表面的成形运动

图 1-16　加工螺纹时的运动

成形运动按其在切削加工中所起的作用，又可分为主运动和进给运动两类。

1. 主运动

主运动是由机床或人力提供的主要运动，它促使刀具和工件之间产生相对运动，从而使刀具前面接近工件，直接切除工件上的切削层，使之转变为切屑，从而形成工件的新表面。通常主运动消耗的功率占总切削功率的大部分。例如，卧式车床主轴带动工件的旋转，钻、镗、铣、磨床主轴带动刀具或砂轮的旋转，牛头刨床和插床的滑枕带动刨刀，龙门刨床工作台带动工件的往复直线运动等都是主运动。

主运动可以是简单成形运动，也可以是复合成形运动。例如，图 1-15 中用车刀车削外圆柱面，车床主轴带动工件的旋转运动 B_1 就是简单的成形运动。而图 1-16b 所示的车削螺纹，主运动就是复合成形运动，它在切除切屑的同时形成了所需的螺旋表面。

2. 进给运动

进给运动也是由机床或人力提供的运动，它使刀具与工件之间产生附加的相对运动，是使主运动能够依次连续不断地切除切屑的运动，以便形成所要求的几何形状的加工表面。在机床上，进给运动可由刀具或工件完成，它可以是间歇的也可以是连续进行的。但无论是哪一种情况，进给运动只消耗总切削功率的一小部分。

进给运动可能是简单成形运动，也可能是复合成形运动。例如在车床上车削外圆柱表面时，床鞍带动车刀的连续纵向移动；在牛头刨床上加工平面时，刨刀每往复一次，刨床工作台带动工件横向移动一个进给量等都是进给运动，且都是简单成形运动。图 1-17 所示是用成形铣刀铣削螺纹时的运动，进给运动是铣刀相对于工件的旋转运

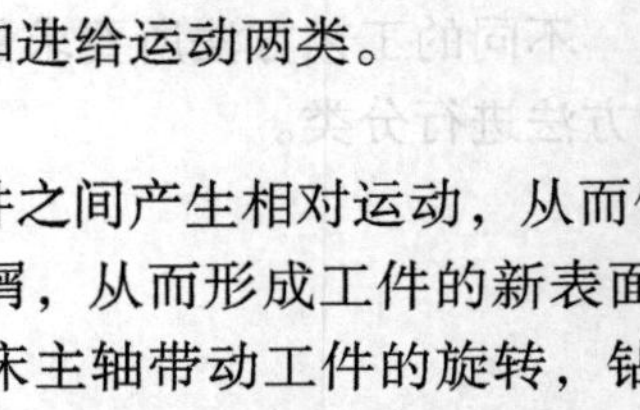

图 1-17　铣削螺纹时的运动

动，它是一个复合成形运动（$B_{21}+A_{22}$），主运动是铣刀的旋转运动（B_1），是一个简单成形运动。

1.3.2　辅助运动

机床上除表面成形运动外，还需要辅助运动（非表面成形运动），以实现机床的各种辅助动作。辅助运动的种类很多，主要包括以下一些运动。

1. 各种空行程运动

空行程运动是指进给前后的快速运动和各种位置的调整运动。例如，装卸工件时为避免碰伤操作者，刀具与工件应离得较远。在进给开始之前快速引进，使刀具与工件接近的运动；进给结束后，又快速退回的运动。又如，车床的刀架或铣床的工作台在进给前后的快速进给或快速退回的运动。位置调整运动是调整机床的过程中，把机床的有关部件移动到要求的位置。例如，摇臂钻床上为使钻头对准被加工孔的中心，主轴箱与工作台间进行相对位置调整时的运动；龙门铣床、龙门刨床的横梁，为适应工件不同的厚度而作的升降运动等。

2. 切入运动

切入运动是用于保证被加工表面获得所需要的尺寸的运动。

3. 分度运动

当加工若干个形状完全相同、但位置分布不同的表面时，为使表面成形运动得以周期地连续进行的运动称为分度运动。如车削多头螺纹，在车削完一条螺纹后，工件相对于刀具要回转 $1/k$ 转（k 为螺纹的头数）才能车削另一条螺纹表面，这个工件相对于刀具的回转运动就是分度运动。多工位机床的多工位工作台或多工位刀架也需分度运动，这时的分度运动是由工作台或刀架完成的。

4. 操纵及控制运动

操纵及控制运动包括起动、停止、变速、换向、部件与工件的夹紧和松开、转位以及自动换刀、自动测量、自动补偿等运动。

1.4　机床的传动

1.4.1　机床传动的基本组成部分

为了实现加工过程中所需的各种运动，机床必须有运动源、传动装置和执行机构三个基本部分。

1. 运动源

运动源是为执行件提供运动和动力的装置，如交流异步电动机、直流或交流调速电动机和伺服电动机等。可以几个运动共用一个运动源，也可以每个运动均有单独的运动源。

2. 传动装置

传动装置（传动件）是传递运动和动力的装置，通过它把执行件和运动源或有关的执行件之间联系起来。机床的传动装置有机械、液压、电气和气压等多种形式。其中，常见的机械传动有齿轮、链轮、带轮、丝杠和螺母等。

3. 执行机构

执行机构是执行机床运动的部件，如主轴、刀架和工作台等，其任务是装夹刀具或工件，并直接带动它们完成一定形式的运动（旋转或直线运动），并保证其运动轨迹的准确性。

1.4.2　机床的传动联系

机床上为了得到所需要的运动，需要通过一系列的传动比把执行件与运动源（如主轴和电动机），或者把执行件和执行件（如主轴和刀架）联系起来，称为传动联系。构成一个传动联系的一系列顺序排列的传动件，称为传动链。传动链中通常包含两类传动机构：一类是传动比和传动方向固定不变的传动机构，如定比齿轮副、螺旋副、蜗杆副和丝杠螺母副等，称为定比传动机构；另一类是根据加工要求可以变换传动比和传动方向的传动机构，如挂轮变速机构、滑移齿轮变速机构和离合器换向机构等，称为换置机构。根据传动性质不同，传动链又可以分为以下两类。

1. 外联系传动链

外联系传动链是联系运动源（如电动机）和机床执行件（如主轴、刀架、工作台）之间的传动链。外联系传动链两端件间的运动关系不紧密，传动比要求不严格，其误差不直接影响工件表面的几何形状精度，因此调整计算时不要求十分准确。例如，在卧式车床上车削圆柱螺纹时，如图 1-18 所示，其“电动机—1—2—u_y—3—4—车床主轴”的传动链就是外联系传动链，它只决定车削螺纹速度的快慢，而不影响螺纹表面的成形。

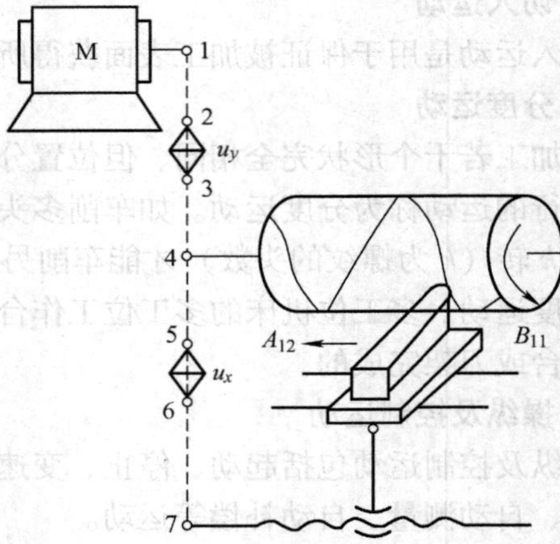

图 1-18　车削圆柱螺纹

2. 内联系传动链

内联系传动链是联系两个有关的执行件，并使其保持确定的运动关系的传动链。由定义可知，内联系传动链两端件间的运动应遵守严格的运动规律，各传动副的传动比必须准确，不应有摩擦传动或瞬时传动比的传动件。否则，传动误差会直接影响加工表面的几何形状精度。如图 1-18 所示，车削圆柱螺纹时需要工件旋转 B_{11} 和车刀直线移动 A_{12} 组成的复合运动，这两个单元运动应保持严格的运动关系：工件每转一转，车刀必须准确地移动工件螺纹一个导程的距离。“主轴—4—5—u_x—6—7—刀架”的传动链就是内联系传动链。

每条传动链都有一定的传动比，它用来保证机床运动部件按一定规律完成加工过程所需的运动。在切削过程中，一台机床的每个运动都对应这一条传动链，正是这些传动链和它们之间的相互联系，构成了整台机床的传动系统。

1.4.3　传动原理图

在运动分析中，为了便于研究机床的运动和传动联系，常用一些简明的符号把传动原理和传动路线表示出来，这就是传动原理图。图1-19中所列的是传动原理图常用的一部分符号。其中，表示执行件的符号还没有统一规定，一般采用较直观的图形表示。

下面以在卧式车床上用螺纹车刀车削圆柱螺纹为例来说明机床传动原理图的画法，如图1-18所示。

1）先画出机床在切削加工过程中执行件（如主轴和刀具）的示意图，并将它们的运动 B_{11} 和 A_{12} 等标出。

2）画出机床上变换运动性质的传动件（如丝杠螺母副等）的示意图。

3）画出运动源示意图，如电动机等。

4）画出该机床上的特殊机构符号，如换置机构（参见图1-19），并标上该机构的传动比，如 u_v/u_x。

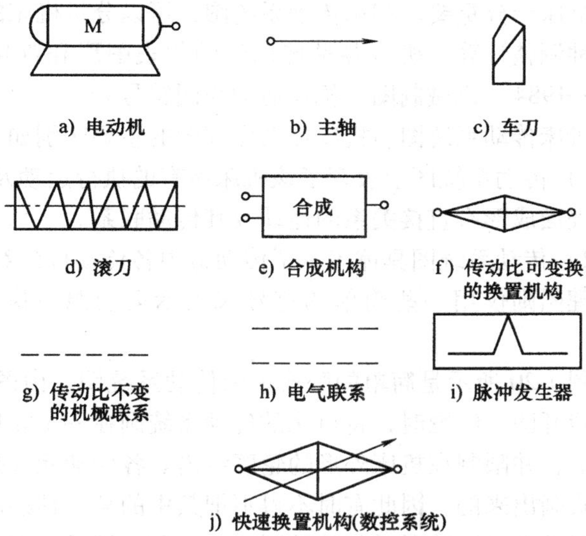

图1-19　传动原理图常用的一部分符号

5）再用虚线代表传动比不变的定比机构，把他们之间关联的部分联系起来，如电动机至主轴、主轴至丝杠之间的传动链。

其他的中间传动件则一概不画，这样就可以得到一幅简洁明了的示意图，这幅示意图表示了机床传动的最基本特征。

1.4.4　机床的机械和非机械的传动联系

机床上的传动联系，无论是内联系传动还是外联系传动，不仅可以用刚体传动件的机械方式来实现，还可以根据运动的性质，通过非机械的传动方式来实现，如液压、电气、气动、光和热等方式。随着微电子技术的迅速发展，目前由计算机或电子硬件控制运动和实现传动联系的方式，正得到越来越多的应用。

应用非机械方式实现的传动联系，可以简化机构、缩短传动链，而且便于实现自动控制。但对于传动精度要求高的复合表面成形运动传动链，如齿轮加工机床的展成运动和分度运动传动链，目前尚较少采用液压、电气和气动等方式实现运动的内联系传动。而对于不需要有较高传动精度的简单表面成形运动的传动链，如车床、铣床等的切削速度和进给运动的驱动，则较普遍地应用液压、电气和气动等方式来实现其传动联系。

1.5　机床的传动系统与运动计算

1.5.1　机床传动系统图

由规定的图形符号代表真实机床的机械传动系统中的各个传动件，而绘制成的机床各条传动链的综合简图，称为机床机械传动系统图，简称机床传动系统图。这种图简明地表示了机床内部结构及各条传动链，是分析机床传动规律的有力工具。熟悉传动系统图，对使用和研究机床十分重要。利用传动系统图，可以分析机床的性能、工作原理和适用范围，并可进行各种调整计算。机床各种传动件的代表图形和符号已列入国家标准（见国家标准 GB/T 4460—1984《机械制图　机构运动简图符号》）。

机床传动系统图与机床传动原理图的主要区别如下：

1）传动系统图上表现了该机床所有的执行运动及其传动联系；而传动原理图则主要表现与表面成形有直接关系的运动及其传动联系。

2）传动系统图具体表示了传动链中各传动件的结构形式，如轴、齿轮和带轮等；而传动原理图则仅用一些简单的符号来表示运动源与执行件、执行件与执行件之间的传动联系。

图 1-20 所示是简单的卧式车床传动系统图。由图可知，机床的传动系统图一般绘制成平面展开图。绘图时，将机床的传动系统画在一个能反映机床外形和主要部件相互位置的投影面上，并限制在机床外形的轮廓线内。各传动元件是按照运动传递的先后顺序，以展开图的形式画出来的，因此有时不得不把其中的某些轴绘制成折线或弯曲成一定夹角的折线。对于展开后失去运动联系的传动副，往往用大括号、双点划线或虚线连接起来，以表示其传动联系。传动系统图只表示传动关系，并不代表各传动间的实际尺寸和空间位置。在传动系统图上，通常还需要注明齿轮及蜗轮的齿数、带轮直径、丝杠的导程和头数、电动机的转速和

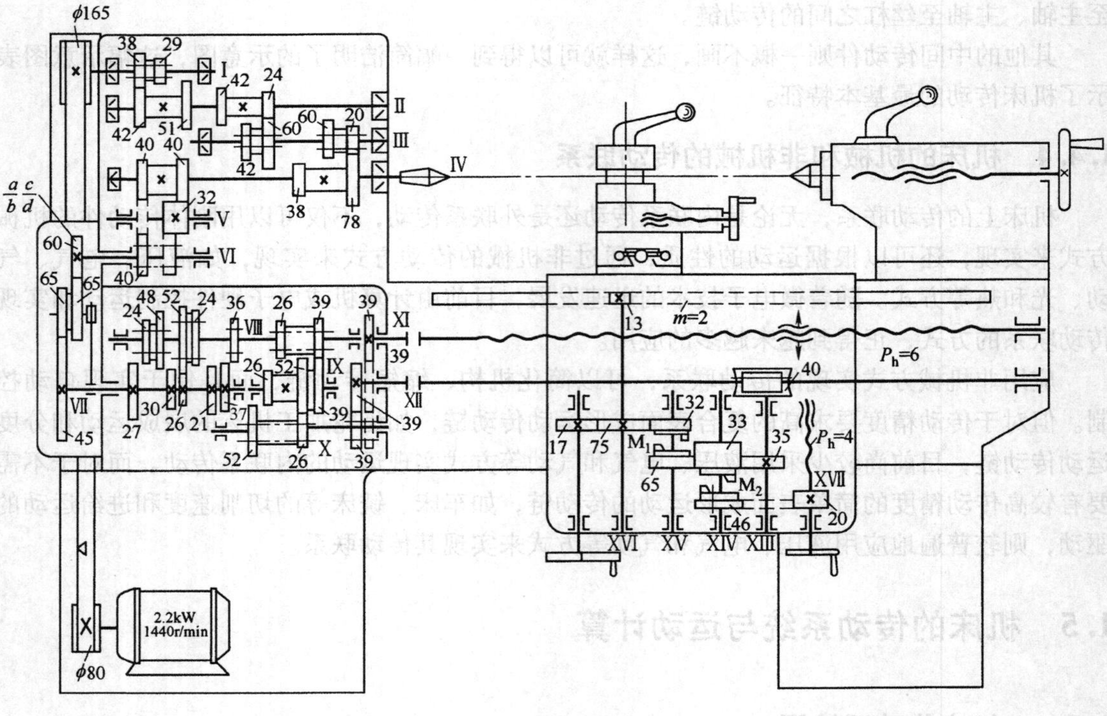

图 1-20　简单卧式车床传动系统图

功率、传动轴的编号等。传动轴的编号，一般是从运动源开始，按运动传递顺序，依次用罗马数字Ⅰ、Ⅱ、Ⅲ、…表示。

根据传动系统图分析机床的运动和传动的方法如下：

1）了解机床工作时有几条传动链，各执行件的运动及运动源是什么？

2）哪些运动之间应保持传动联系？

3）实现机床的运动共有几条传动链？

4）分别阅读各条传动链，对每一条传动链采用“抓两端、连中间”的方法进行分析。首先，找出传动链的两端件（首端件与末端件），然后研究各传动轴之间的传动结构、传动副与传动轴之间的连接关系、传动副的传动以及运动的传递过程，最后确定两端件之间的运动关系。

5）列出各传动链的传动路线表达式和运动平衡式。

6）根据运动平衡方程导出传动链调整计算的换置公式，求出执行件的运动速度、位移量或交换齿轮齿数。

以图1-20所示的简单卧式车床传动系统为例进行分析如下。

该机床有主轴和刀架两个执行件。工作时主轴作旋转运动，刀架作纵向或横向进给运动。两个执行件由一台电动机驱动，刀架与主轴之间应保持运动联系。实现主轴旋转的传动链是主运动传动链，实现刀架运动的传动链是进给运动传动链，实现主轴旋转与刀架纵向移动这一复合运动的传动链为车削螺纹的传动链。

主运动传动链的首端件是电动机，末端件是主轴。电动机轴以1440r/min的转速旋转，经V带传动副$\frac{\phi 80}{\phi 165}$传至主轴箱中的轴Ⅰ，然后再经Ⅰ—Ⅱ、Ⅱ—Ⅲ和Ⅲ—Ⅳ间的3个滑移齿轮变速机构带动主轴Ⅳ旋转，并使其获得$2\times2\times2=8$级转速。

车削螺纹传动链的首端件是主轴，末端件是刀架。主轴的运动由安装在后端的固定双联齿轮z_{40}传出，通过主轴Ⅳ—Ⅵ之间的换向机构、轴Ⅵ—Ⅶ之间的配换交换齿轮、轴Ⅶ—Ⅷ之间的滑移齿轮变速机构传至轴Ⅷ。当轴Ⅷ上的滑移齿轮z_{26}、z_{39}分别与轴Ⅸ上的齿轮z_{52}或z_{39}啮合时，运动将传至轴Ⅸ，然后经轴Ⅹ上的滑移齿轮z_{52}或z_{26}将运动传至轴Ⅹ，当轴Ⅹ上的滑移齿轮z_{39}向右移动与轴Ⅺ上的齿轮z_{39}啮合时，通过联轴器传动丝杠旋转，闭合开合螺母使刀架纵向移动。由于螺旋运动是一种复合运动，因此，两个执行件之间应保持严格的传动比关系，该传动链为内联系传动链。

进给运动传动链的两端件也是主轴与刀架，从主轴Ⅳ至轴Ⅹ的传动路线与车削螺纹传动链共用。当轴Ⅹ上的滑移齿轮z_{39}向左移动与轴Ⅻ上的齿轮z_{39}啮合时，运动经联轴器传至光杠，然后经蜗杆副$\frac{1}{40}$、轴ⅩⅢ和齿轮z_{35}传动轴ⅩⅣ上的空套齿轮z_{33}旋转。当离合器M_1接合时，运动经齿轮副$\frac{33}{65}$、离合器M_1、齿轮副$\frac{32}{75}$传至轴ⅩⅥ上的小齿轮z_{13}。齿轮z_{13}与固定在床身上的齿条（$m=2$）啮合，当齿轮z_{13}在齿条上滚动时，便驱动刀架作纵向进给运动。断开离合器M_1，接合离合器M_2时，运动经齿轮z_{33}、离合器M_2、齿轮副$\frac{46}{20}$传至横向丝杠ⅩⅦ，使刀架获得横向进给运动。

根据上述分析的传递过程，可写出图2-18所示传动系统的传动路线表达式。

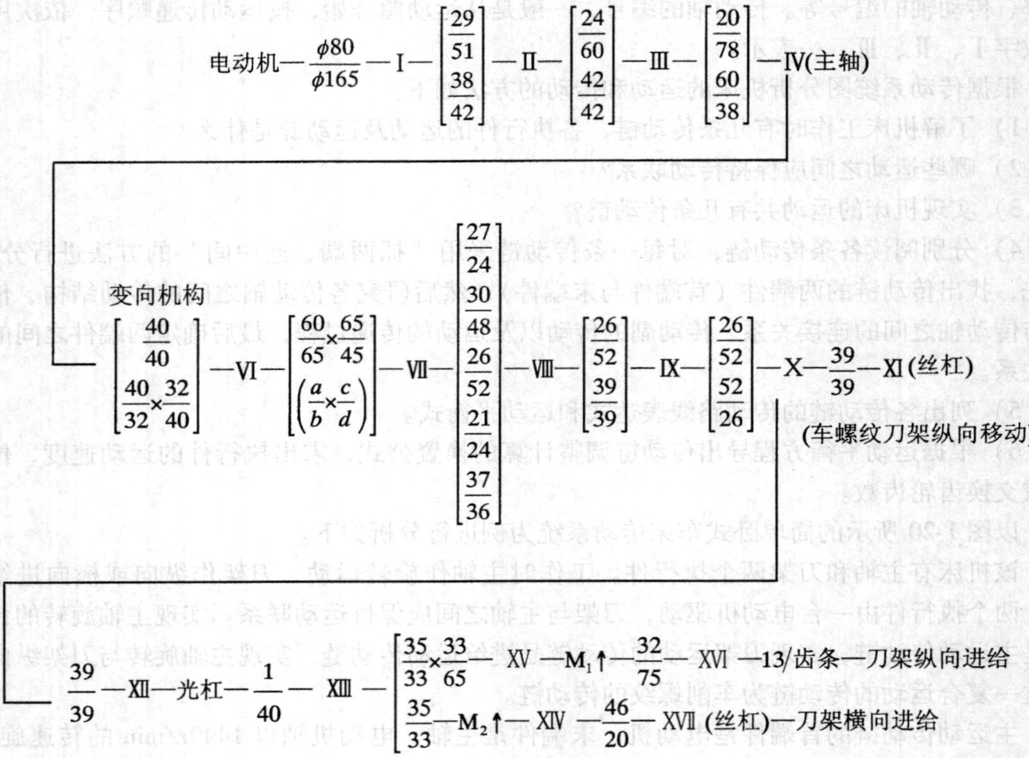

1.5.2　转速图

转速图是一种在对数坐标上表示变速传动系统运动规律的格线图，又称为转速分布图，简称为转速图。转速图能直观地反映出变速传动过程中传动轴和传动副的转速及运动输出轴获得各级转速时的传动路线等，是认识和分析机床变速传动系统的有效工具。

图 1-21 所示是简单的卧式车床主运动传动系统图（见图 1-21a）及转速分布图（见图 1-21b）。其转速图包含的内容如下：

1）竖线代表传动轴。间距相等的竖线代表各传动轴，传动轴按运动传递的先后顺序，从左向右依次排列。图 1-21 所示的传动链由 5 根传动轴组成，传动顺序为：电动机轴—Ⅰ—Ⅱ—Ⅲ—Ⅳ。

2）横线代表转速值。间距相等的横线由下至上依次表示由低到高的各级主轴转速。由于机床主轴的各级转速通常按等比数列排列，所以当采用对数坐标时，代表主轴各级转速的横线之间的间距应该相等。设转速数列 n_1、n_2、n_3、…、n_{z-1}、n_z 为等比数列，且公比为 φ，则有：

$$n_2 = n_1\varphi$$

$$n_3 = n_2\varphi = n_1\varphi^2$$

$$\vdots$$

$$n_z = n_{z-1}\varphi = n_1\varphi^{z-1}$$

将等式两边取对数，可得：

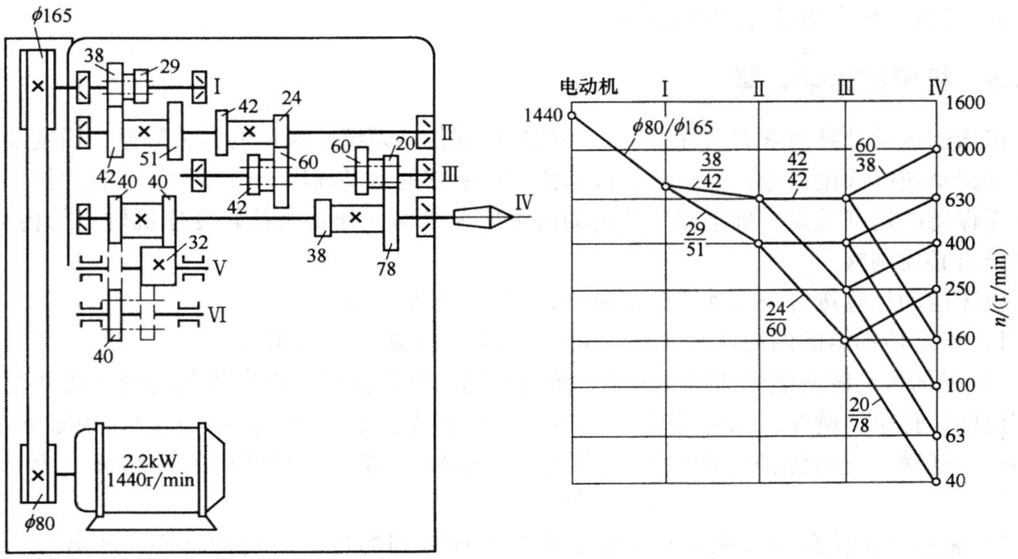

a) 传动系统图

b) 转速分布图

图 1-21 简单的卧式车床主运动传动系统图及转速分布图

$$\lg n_2 = \lg n_1\varphi = \lg n_1 + \lg\varphi$$

$$\lg n_3 = \lg n_2\varphi = \lg n_2 + \lg\varphi = \lg n_1 + 2\lg\varphi$$

$$\vdots$$

$$\lg n_z = \lg n_{z-1}\varphi = \lg n_{z-1} + \lg\varphi = \lg n_1 + (z-1)\lg\varphi$$

由上式分析可知，由各级转速的对数值所组成的数列为一等差数列，其公差为 $\lg\varphi$。因此，代表各级转速的横线画成等间距的格线，相邻两格线的距离为 $\lg\varphi$。为了书写方便及阅读直观，在转速图上习惯于略去符号“lg”，直接写出转速值。但阅读时，必须理解为每升高一格，转速值升高 φ 倍。该简单的卧式车床的主轴转速值为 40r/min、63r/min、100r/min、…、1000r/min，标于横线的右端。

3）竖线上的圆点表示各传动轴实际具有的转速。转速图中每条竖线上有若干个小圆点，表示该轴可以实现的实际转速。例如，电动机轴上只有一个圆点，表示电动机轴只有一个固定转速，即 $n_{电} = 1440$r/min。主轴上虽标有 1600r/min，但此处无圆点，表示主轴不能实现此种转速。

4）两个圆点之间的连线表示传动副的传动比。其倾斜程度表示传动副传动比的大小，从左向右，若连线向上倾斜，表示升速传动；若连线向下倾斜，表示降速传动；若连线为水平线，表示等速传动。因此，在同一变速组内倾斜程度相同的连线（平行线）表示其传动比相同，即代表同一传动副。

由图 1-21b 所示的转速图，可以看出该传动链的组成及运动的基本情况如下：

1）传动轴数及各轴运动传递的顺序。

2）变速组数及各变速组的传动副数。

3）各传动副的传动比值。

4）各传动轴的转速范围及转速级数。

5）实现主轴各级转速的传动路线。

1.5.3 机床的运动计算

机床的运动计算通常有两种情况：一种是根据传动系统图提供的有关数据，确定某些执行件的运动速度或位移量；另一种是根据执行件所需的运动速度、位移量，或有关执行件之间所需保持的运动关系，确定相应的传动链中换置机构（通常为挂轮变速机构）的传动比，以便进行必要调整。

机床运动计算按每一传动链分别进行，其一般步骤如下。

1）确定传动链的两端件，如电动机——主轴，主轴——刀架等。

2）根据传动链两端件的运动关系，确定它们的计算位移，即在指定的同一时间间隔内两端件的位移量。例如，主运动传动链的计算位移为：电动机 $n_{电}$（r/min），主轴 $n_{主}$（r/min）；车床螺纹进给传动链的计算位移为：主轴转 1 转，刀架移动工件螺纹一个导程 L（mm）。

3）根据计算位移以及相应传动链中各个顺序排列的传动副的传动比，列出运动平衡式。

4）根据运动平衡式，计算出执行件的运动速度（转速、进给量等）或位移量，或者整理出换置机构的换置公式，然后按加工条件确定挂轮变速机构所需采用的配换齿轮齿数，或确定对其他变速机构的调整要求。

例 1-1 根据图 1-21 所示传动系统，计算图示啮合位置的主轴转速。

1）传动链两端件：电动机——主轴。

2）计算位移：电动机 $n_{电}$（r/min）——主轴 $n_{主}$（r/min）。

3）运动平衡式：$n_{主} = n_{电} \times \dfrac{80}{165} \times \dfrac{38}{42} \times \dfrac{24}{60} \times \dfrac{20}{78}$

4）计算主轴转速：$n_{主} = 1440 \times \dfrac{80}{165} \times \dfrac{38}{42} \times \dfrac{24}{60} \times \dfrac{20}{78} \text{r/min} = 65 \text{r/min}$

例 1-2 根据图 1-22 所示螺纹进给传动链，确定挂轮变速机构的换置公式。

1）传动链两端件：主轴——刀架。

2）计算位移：主轴 1 转——刀架移动 L（L 是工件螺纹的导程，单位为 mm）。

3）运动平衡式：

$$1 \times \frac{60}{60} \times \frac{30}{45} \times \frac{a}{b}\frac{c}{d} \times 12 = L$$

4）换置公式：将上式化简整理，得挂轮变速机构的换置公式。

$$u_x = \frac{a}{b}\frac{c}{d} = \frac{L}{8}$$

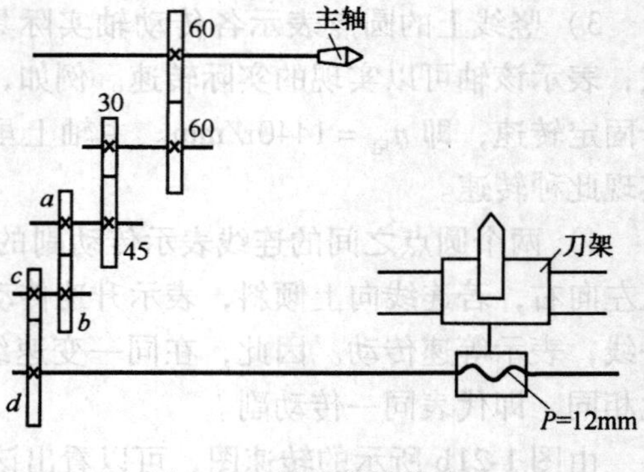

图 1-22 螺纹进给传动链

如将所需车削的工件螺纹导程的数值代入此换置公式，便可计算出挂轮变速机构的传动比及各配换齿轮的齿数。例如，$L = 9\text{mm}$，则：

$$u_x = \frac{a}{b}\frac{c}{d} = \frac{L}{8} = \frac{9}{8} = \frac{3 \times 3}{2 \times 4} = \frac{3 \times 15}{2 \times 15} \times \frac{3 \times 20}{4 \times 20} = \frac{45}{30} \times \frac{60}{80}$$

即配换齿轮的齿数为：$a=45$，$b=30$，$c=60$，$d=80$。

根据换置机构的传动比确定配换挂轮数的方法有多种，常用的有因子分解法和查表法。前一种方法见上例，后一种方法可参阅有关资料。显然，如果传动比的数值是有理数，且换算成分数后其分子、分母可分解成数值不大的几个因子时，通常可用因子分解法选取合适的配换挂齿轮齿数。此时配换挂轮的实际传动比与换置公式所要求的传动比相等，即没有传动比误差。如果传动比的数值是无理数，一般采用查表法按传动比的近似值选取配换挂轮齿数，因而产生传动比误差。传动比误差对于外联系传动链并不十分重要，但对于内联系传动链，由于会影响被加工表面的形状精度，因此，换置机构传动比的计算和调整都必须保持一定的精确度，将误差限制在允许的范围内。

传动比误差可按绝对值或相对值计算：

$$\Delta = u_{理} - u_{实}$$

$$\Delta' = \frac{u_{理} - u_{实}}{u_{理}} = 1 - \frac{u_{实}}{u_{理}}$$

其中：Δ、Δ'分别为传动比的绝对误差和相对误差；$u_{理}$ 为传动链换置公式所确定的传动比；$u_{实}$ 为所选用配换挂轮的实际传动比。

计算加工误差时，可根据具体情况采用两种误差形式中的任意一种。例如，计算由于各种螺纹进给传动链的传动比误差而引起的螺纹导程误差时，采用相对误差比较方便，因为长度为 L（单位为 mm）上的螺纹导程累计误差 ΔL（单位为 mm）等于：

$$\Delta L = L\Delta'$$

1.6　机床精度

前面我们讲述了机床成形工件表面的原理和方法。但各种机械零件，为了完成其在一台机器上的特定作用，不仅需要具有一定的几何形状，而且还必须满足一定的精度要求，包括零件的尺寸精度、表面形状精度和表面之间的相对位置精度，所以机床的基本任务，除形成零件上所需形状的表面外，还要保证一定的加工精度。

机床上加工工件所能达到的精度，取决于一系列因素，如机床、刀具、夹具、工艺方案、工艺参数以及工人技术水平等，而在正常加工条件下，机床本身的精度通常是最重要的一个因素。例如，在车床上车削圆柱面，其圆柱度主要取决于车床主轴与刀架的运动精度，以及刀架运动轨迹相对于主轴轴线的位置精度。

机床精度包括几何精度、传动精度和定位精度。不同类型和不同加工要求的机床，对这些方面的要求是不同的。

几何精度是指机床的某些基础零件工作面的几何形状精度，决定机床加工精度的运动部件的运动精度，决定机床加工精度的零、部件之间及其运动轨迹之间的相对位置精度等。例如，床身导轨的直线度、工作台台面的平面度、主轴的旋转精度、刀架和工作台等移动的直线度、车床刀架移动方向与主轴轴线的平行度等，这些都决定着刀具和工件之间的相对运动轨迹的准确性，从而也就决定了被加工表面的形状精度以及表面之间的相对位置精度，图 1-23 列举了这方面的几个例子。图 1-23a 表示由于车床主轴的轴向窜动，使车出的端面产生平面度误差；图 1-23b 表示由于垂直平面内车床刀架移动方向与主轴轴线的平行度误差，使车出的圆柱面成为中凹的回转双曲面；图 1-23c 表示由于卧式升降台铣床的主轴旋转轴线对工作台面的平行度误差，使车出的平面与底部的定位基准平面产生平行度误差。

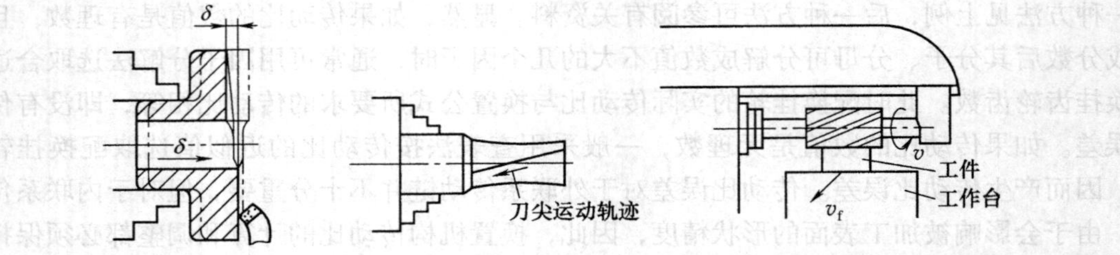

图 1-23　机床加工误差举例

机床的几何精度是保证工件加工精度最基本的条件，因此，所有机床都有一定的几何精度要求。

传动精度是指机床内联系传动链之间运动关系的准确性，它决定着复合运动轨迹的精度，从而直接影响被加工表面的形状精度。例如，卧式车床的螺纹进给传动链，应保证主轴每转一转时，刀架均匀地准确移动被加工螺纹的一个导程，否则工件螺纹将会产生螺距误差（相邻螺距误差和一定长度上的螺距累积误差）。所以，凡是具有内联系传动链的机床，如螺纹加工机床、齿轮加工机床等，除几何精度外，还要求有较高的传动精度。

定位精度是指机床运动部件，如工作台、刀架和主轴箱等，从某一起始位置运动到预定的另一位置时所到达的实际位置的准确程度。例如，车床上车削外圆时为了获得一定的直径尺寸 d，要求刀架横向移动 L（mm），使车刀刀尖从位置 Ⅰ 移动到位置 Ⅱ（见图 1-24a）；如果刀架到达的实际位置与预期的位置 Ⅱ 不一致，则车出的工件直径 d 将产生误差。又如图 1-24b 所示的车床液压刀架，由定位螺钉顶住死挡铁实现横向定位，以获得一定的工件直径尺寸 d；在加工一批工件时，如果每次刀架定位时的实际位置不相同，即刀尖与主轴轴线之间的距离在一定范围内变动，则车出的各个工件的直径尺寸 d 也不一致。上述这种车床运动部件在某一给定位置上，作多次重复定位时实际位置的一致程度，称为重复定位精度。

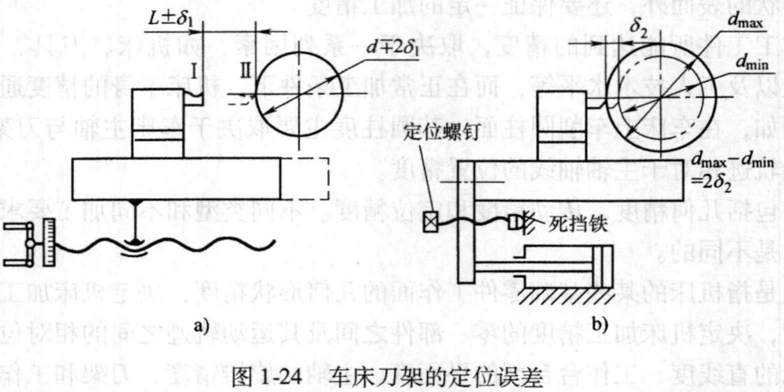

图 1-24　车床刀架的定位误差

机床的定位精度决定着工件的尺寸精度。对于主要通过试切和测量工件尺寸来实现机床运动部件准确定位的机床，如卧式车床、升降台式铣床、牛头刨床等普通机床对定位精度的要求不高，但对于依靠机床本身的定位装置或自动控制系统来实现运动部件准确定位的机床，如各种自动机床、坐标镗床等，对定位精度则有很高要求。

机床的几何精度、传动精度和定位精度，通常都是在没有切削载荷以及机床不运动或运动速度很低的情况下检测的，一般称为静态精度。静态精度主要取决于机床的主要零、部件，如主轴及其轴承、丝杠螺母、齿轮、床身、箱体等的制造与装配精度。为了控制机床的制造质量，保证加工出的零件能达到所需的精度，国家对各类机床都制订了精度标准。精度标准的内容包括：精度检验项目、检验方法和允许的误差范围。

静态精度只能在一定程度上反映机床的加工精度，因为机床在工作状态下，还会有一系列因素影响加工精度。例如，由于切削力、夹紧力等的作用，机床的零、部件会产生弹性变形；在机床内部热源（如电动机、液压传动装置的发热，齿轮、轴承、导轨等的摩擦发热）以及环境温度变化的影响下，机床的零、部件将产生热变形；由于切削力和运动速度的影响，机床会产生振动；机床运动部件以工作状态的速度运动时，由于相对滑动面之间的油膜以及其他因素的影响，其运动精度也与低速运动时不同。所有这些，都将引起机床静态精度的变化，影响工件的加工精度。机床在载荷、温升、振动等作用下的精度，称为机床的动态精度。动态精度除了与静态精度密切有关外，还在很大程度上取决于机床的刚度、抗振性和热稳定性等。

1.7 机床夹具

在机械加工过程中，根据工件的加工要求，使工件相对机床、刀具占有正确的位置，并能迅速、可靠地夹紧工件的机床附加装置称为机床夹具，简称夹具。

如图1-25所示，在车床上加工异型杠杆的ϕ14H7孔，要保证此孔的轴线与ϕ20h7外圆轴线距离尺寸为70mm ±0.05mm及平行度公差0.05mm。就需要车床夹具把工件夹紧然后才能加工。其车床夹具的结构如图1-26所示。工件以ϕ20h7、ϕ30mm外圆为定位基面，分别在V形块2、可调V形块6上定位。并用铰链压板1和螺钉5夹紧。由图可以看出，只要严格控制夹具上V形块2的位置和方向，便能够保证尺寸70mm ±0.05mm及平行度公差0.05mm的要求。

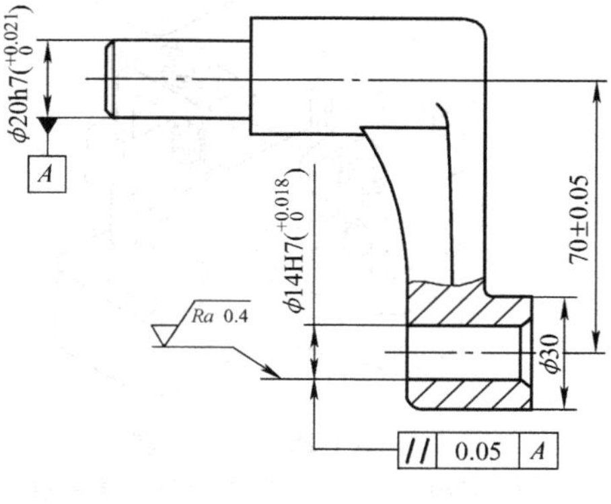

图1-25 异型杠杆简图

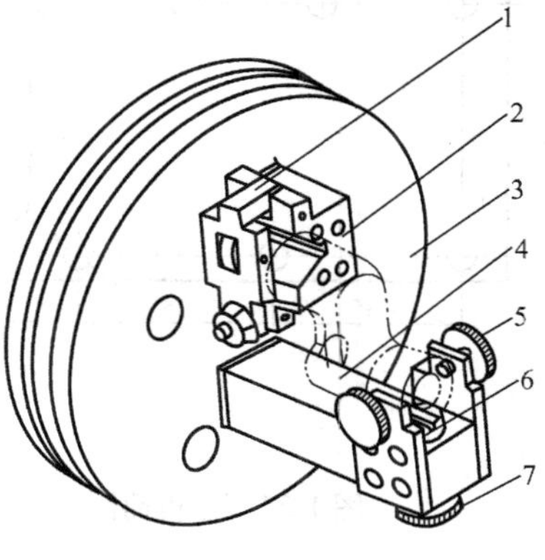

图1-26 车床夹具

1—铰链压板 2—V形块 3—夹具体 4—支架 5—螺钉 6—可调V形块 7—螺杆

从上述例子来看，夹具是一种装夹工件的工艺装备，它广泛地应用于机械制造过程的切削加工、热处理、装配、焊接和检测等工艺过程中。

机床夹具对工件进行装夹包含两层含义：一是使同一工序中一批工件都能在夹具中占据正确的位置，称为定位；二是使工件在加工过程中保持已经占据的正确位置不变，称为夹紧。工件在机床上装夹好以后，才能进行机械加工，装夹是否正确、稳固、迅速和方便，对加工质量、生产率和经济性均有较大的影响。

1.7.1　机床夹具的功用

1）保证加工精度。用夹具装夹工件，减小对其他生产设备和操作者技术水平的依赖性，能稳定地保证加工精度。

2）提高劳动生产率。用夹具装夹工件，无需找正便能迅速地定位和夹紧，显著地缩短辅助时间，提高劳动生产率。

3）改善工人的劳动条件。用夹具装夹工件，方便、迅速。当采用气动、液压等夹紧装置时，可减轻工人的劳动强度。

4）降低生产成本。在批量生产中使用夹具时，由于劳动生产率的提高和允许使用技术等级较低的工人操作，故可明显地降低生产成本。

5）扩大机床工艺范围。使用夹具可以扩大机床工艺范围，实现“一机多用”。如使用夹具可将车床改为镗床或拉床、深孔加工机床等。

图1-27所示为盖板简图，在钻床上钻9×ϕ5mm孔。其钻床夹具如图1-28所示，工件以底面及两侧分别与夹具体5的平面、圆柱销4、菱形销7、挡销6接触定位。钻模板1上由上述件4和7对定并盖在工件上，用压板3夹紧，通过钻模板上的钻套2引导钻头钻孔，只要控制好钻模板1上钻套间的位置及钻套孔与两对定位孔的位置，便能够保证9×ϕ5mm孔的尺寸与相互位置公差要求。

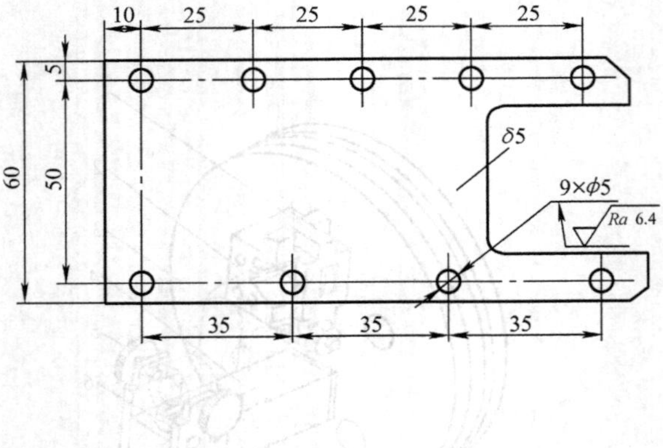

图1-27　盖板简图

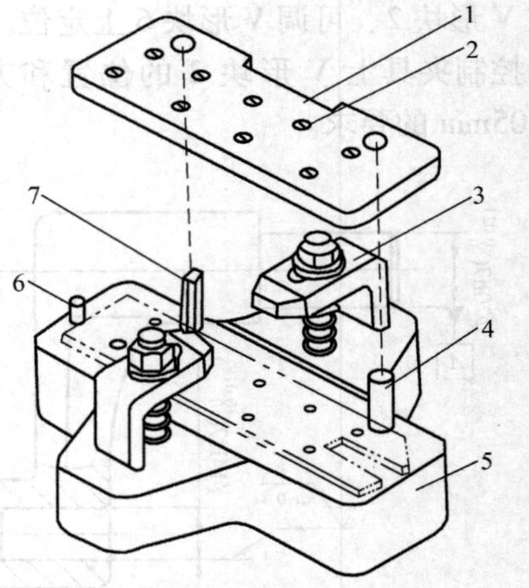

图1-28　钻床夹具

1—钻模板　2—钻套　3—压板　4—圆柱销
5—夹具体　6—挡销　7—菱形销

1.7.2　机床夹具的分类

夹具有多种分类方法，一般按使用范围和特点分为通用夹具、专用夹具、组合夹具和可调夹具、按所使用的机床分为车床夹具、铣床夹具、钻床夹具、镗床夹具等，框图如下。

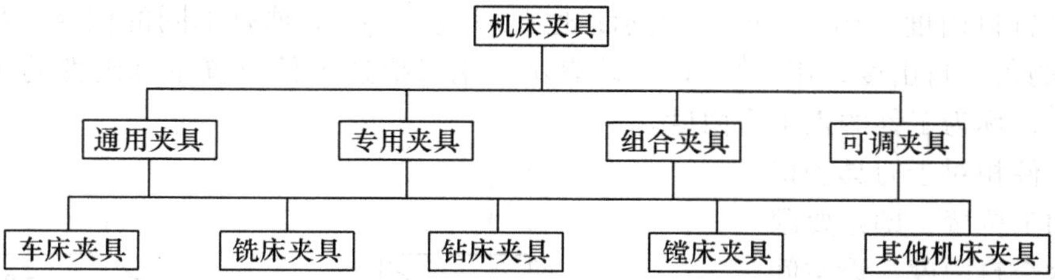

按夹紧的动力源分类，可分为手动夹具、气动夹具、液压夹具、气液增力夹具、电磁夹具以及真空夹具等。

通用夹具是指已经标准化的，可用于加工一定范围内的不同工件的夹具。如三爪自定心卡盘、四爪单动卡盘，铣床上使用的平口台虎钳、万能分度头及磁力工作台等。这些夹具作为机床附件由专门工厂制造供应。

专用夹具是指专为某一工序而设计的夹具。专用夹具一般在大批量生产中使用，是机械制造厂里数量最多的一种机床夹具。

1.7.3 夹具的组成

虽然各类机床夹具结构不同，但按其主要功能加以分析，机床夹具一般是由定位元件、夹紧装置、夹具体、其他装置或元件组成。

1. 定位元件

定位元件是夹具的主要功能元件之一。它的作用是使一批工件在夹具中占据正确的位置。如图1-26中的V形块2，可调V形块6；图1-28中的挡销6、圆柱销4、菱形销7等都是定位元件。

2. 夹紧装置

夹紧装置也是夹具的主要功能元件之一，它的作用是将工件压紧夹牢，保证工件在加工过程中受到外力（切削力等）作用时不脱离已经占据的正确位置。如图1-26中的铰链压板1、螺钉5；图1-28中的压板3等都是夹紧元件。

3. 夹具体

夹具体是夹具的基础件，通过它将夹具所有元件构成一个整体，如图1-26中的件3、图1-28中的件5等都是夹具体。

4. 其他装置或元件

除了定位元件、夹紧装置和夹具体之外，各种夹具根据需要还有一些其他装置或元件，如分度装置、对刀元件、连接元件、导向元件等。如图1-28的钻套2即为导向元件。

1.8 工件定位的基本原理和定位元件

1.8.1 六点定位原理

1. 工件自由度及其限制

一个在空间处于自由状态的工件，位置的不确定性可描述如下。如图1-29a所示，将一未定位的工件放在空间直角坐标系中，工件可以沿 x、y、z 轴有不同的位置，称为工件沿 x、y、z 轴的位置自由度，用 $\vec{x}$、$\vec{y}$、$\vec{z}$ 表示；也可以绕 x、y、z 轴有不同的位置，称为工件绕 x、y、z 轴的角度自由度，用 $\overset{\frown}{x}$、$\overset{\frown}{y}$、$\overset{\frown}{z}$ 表示。用以描述工件位置不确定性的 $\vec{x}$、$\vec{y}$、$\vec{z}$ 和 $\overset{\frown}{x}$、$\overset{\frown}{y}$、$\overset{\frown}{z}$，称为工件的六个自由度。

确定工件相对于刀具和机床的正确加工位置，即是要限制工件的六个自由度。设空间有一固定点，工件的底面与该点保证接触，那么工件沿 z 轴的位置自由度就被限制了。如图 1-29b 所示，设有六个固定点，工件的三个面分别与这些点保持接触，工件的六个自由度就都被限制了。这些用来限制工件自由度的固定点，称为定位支承点，简称支承点。

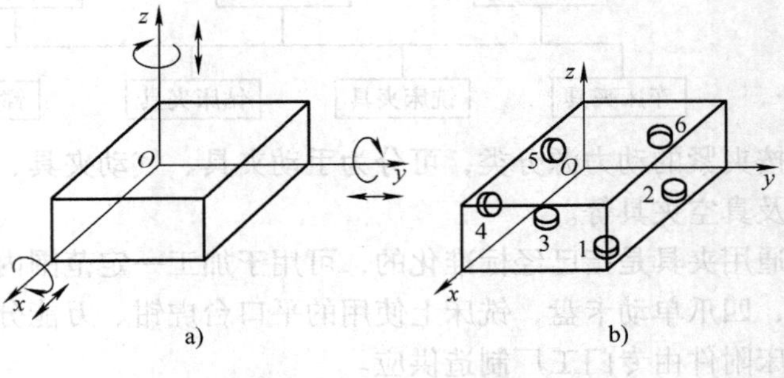

图 1-29　六点定位原理

无论工件的形状和结构怎么不同，它们的六个自由度都可以用六个支承点来限制，只是六个支承点在空间的分布不同罢了。

用合理分布的六个支承点限制工件六个自由度的法则，称为六点定则。

支承点的分布必须合理，否则六个支承点就限制不了六个自由度，或不能有效地限制六个自由度。例如图 1-30 中工件底面上的 1、2、3 三个支承点限制了 $\vec{z}$、$\overset{\frown}{x}$、$\overset{\frown}{y}$，它们应放成三角形，三角形的面积越大，定位越稳。工件侧面上的 4、5 两个支承限制了 $\vec{y}$、$\overset{\frown}{z}$，它们就不能垂直放置，否则，工件绕 z 轴的转动自由度 $\overset{\frown}{z}$ 就不能限制了。

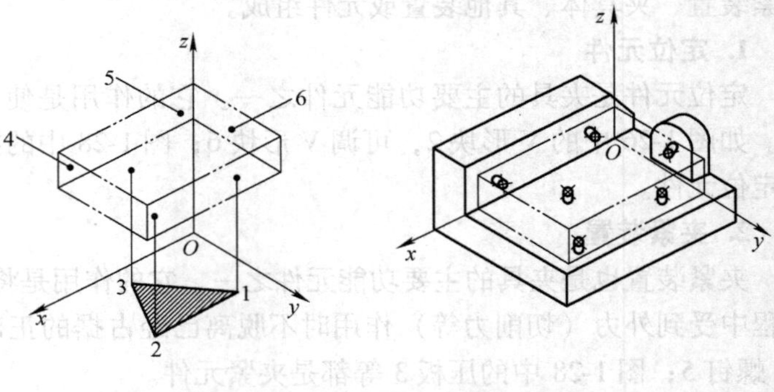

图 1-30　长方体定位支承点分布

六点定则是工件定位的基本法则，在生产实际中，起支承点作用的是一定形状的几何体。这些用来限制工件自由度的几何体就是定位元件。

2. 对工件定位的两种错误理解

分析工件在夹具中的定位时，容易产生两种错误的理解。一种错误的理解认为：工件在夹具中被夹紧了，也就没有自由度而言，因此工件也就定了位。这种把定位和夹紧混为一谈，是概念上的错误。工件的定位是指所有加工工件在夹紧前要在夹具中按加工要求占有一致的正确位置（不考虑定位误差的影响），而夹紧是在任何位置均可夹紧，不能保证各个工件在夹具中处于同一位置。

另一种错误的理解认为工件定位后，仍具有沿定位支承相反的方向移动的自由度，这种理解显然是错误的。因为工件的定位是以工件的定位基准面与定位元件相接触为前提条件，如果工件离开了定位元件也就不成为其定位，也就谈不上限制其自由度了。至于工件在外力的作用下，有可能离开定位元件，那是要由夹紧来解决的问题。

1.8.2　限制工件自由度与加工要求的关系

工件定位的实质就是要限制对加工有不良影响的自由度，影响加工要求的自由度必须限制；不影响加工要求的自由度，有时需要限制，有时不需要限制，要视具体情况而定。

按照加工要求确定工件必须要限制的自由度，是在夹具设计中首先解决的问题。

1. 完全定位和不完全定位

如图1-31所示的零件，要在工件上铣槽，为保证槽底与 A 面的平行度和 h 尺寸两项加工要求，需限制 $\vec{z}$、$\overset{\frown}{x}$、$\overset{\frown}{y}$ 三个自由度；为保证槽侧面与 B 面的平行度及 b 尺寸两项加工要求，需限制 $\overset{\frown}{y}$、$\overset{\frown}{z}$ 两个自由度。若铣通槽，则 $\vec{x}$ 自由度不必限制，若槽不铣通，则 $\vec{x}$ 自由度必须限制。

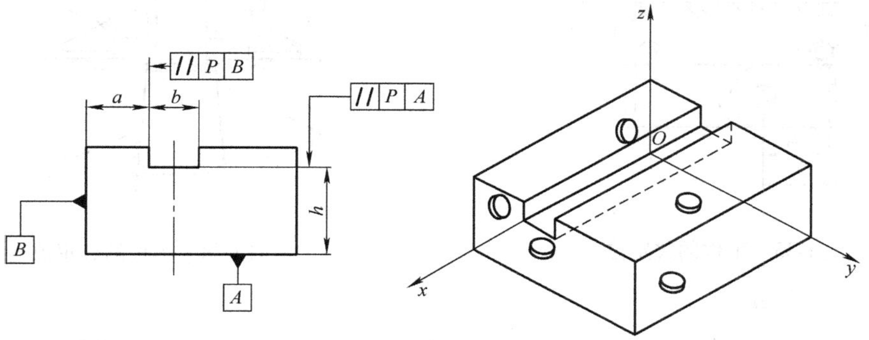

图1-31　按加工要求确定必须限制的自由度

工件六个自由度都限制了的定位称为完全定位。工件被限制的自由度少于六个，但能保证加工要求的定位称为不完全定位。如图1-32所示，图1-32a为加工内孔，限制了工件的4个自由度，图1-32b为加工定平面，只需限制工件的3个自由度。

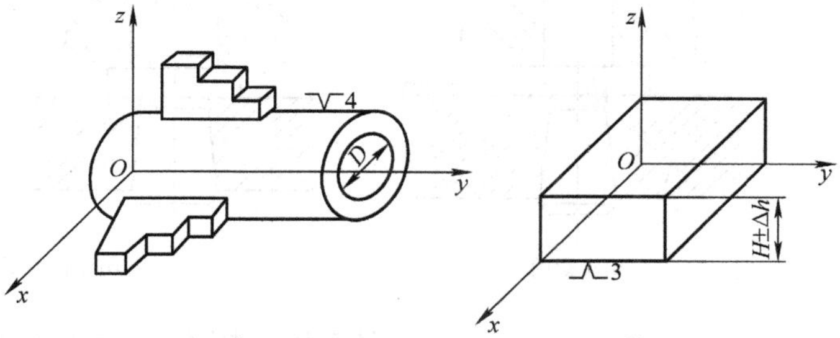

a)　b)

图1-32　工件的不完全定位

在工件定位时，有以下几种情况允许不完全定位：

1）加工通孔或通槽时，沿贯通轴的位置自由度可以不限制。

2）若毛坯是轴对称的，绕对称轴的角度自由度可以不限制。

3）加工贯通平面时，除可不限制沿两个贯通轴的位置自由度外，还可不限制绕垂直加工面的轴的角度自由度。

2. 欠定位和过定位

根据工件加工的技术要求，应该限制的自由度而没有被限制的定位状态称为欠定位。欠定位必然不能保证本工序的加工技术要求，是不允许的。如图1-33所示，在工件上钻孔，若在 x 方向上未设置定位销，孔到端面的距离就无法保证。

工件的同一自由度被两个以上不同的定位元件重复限制的定位，称为过定位。如图 1-34 所示，在插齿机上插齿时工件的定位，工件 4 以内孔在心轴上定位，限制了工件 $\vec{x}$、$\vec{y}$、$\overset{\frown}{x}$、$\overset{\frown}{y}$ 四个自由度，又以端面在凸台 3 上定位，限制了工件的 $\vec{z}$、$\overset{\frown}{x}$、$\overset{\frown}{y}$ 三个自由度，其中 $\overset{\frown}{x}$、$\overset{\frown}{y}$ 被心轴和凸台重复限制。由于工件的内孔和心轴的间隙很小，当工件的内孔与端面的垂直度误差较大时，工件端面与凸台实际上只有一点相接触，如图 1-35a 所示，造成定位不稳定。更为严重的是，工件一旦被压紧，在夹紧力的作用下势必引起心轴或工件的变形，如图 1-35b 所示，这样就会影响工件的装卸和加工精度，这种过定位是不允许的。

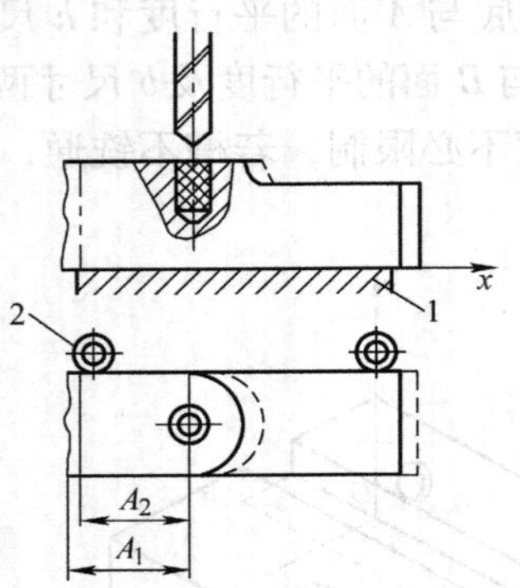

图 1-33　工件的欠定位

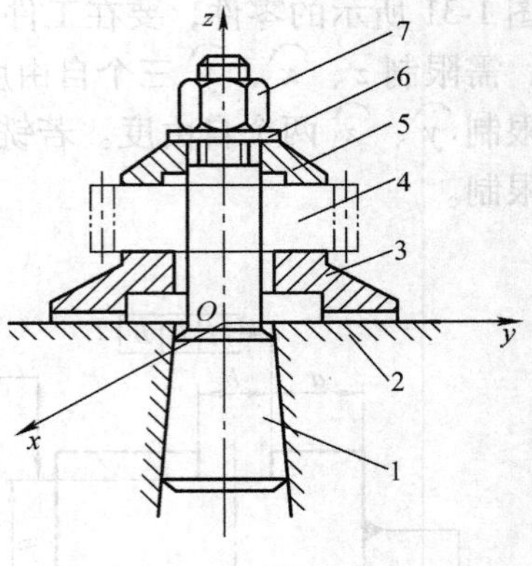

图 1-34　工件的过定位

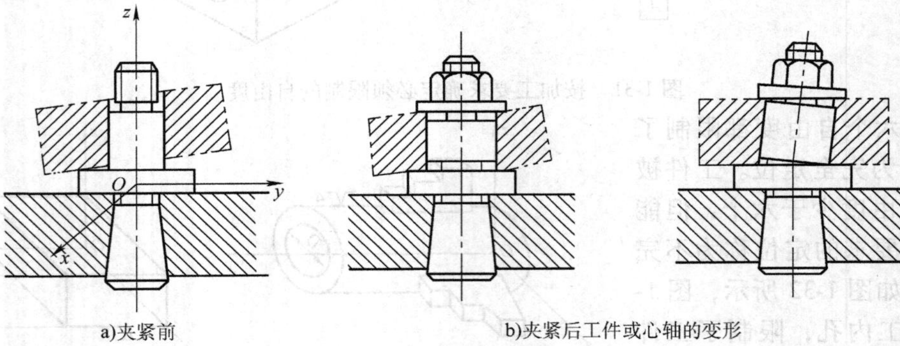

a)夹紧前　　b)夹紧后工件或心轴的变形

图 1-35　过定位对装夹的影响

在有些情况下，形式上的过定位是允许的。如图 1-34 所示，若工件的内孔和定位端面是在一次装夹中加工出来的，具有良好的垂直度，而夹具的心轴和凸台也具有较好的垂直度，即使两者仍然有很小的垂直度误差，但可由心轴和凸台配合间隙来补偿。因此，尽管心轴和凸台重复限制了 $\overset{\frown}{x}$、$\overset{\frown}{y}$ 自由度，属于过定位，但不会引起相互干涉和冲突，在夹紧力的作用下，工件和心轴不会变形。这种定位精度高、夹具的受力状态好，在实际生产中广泛使用。

1.8.3　常用定位元件及选用

工件在夹具中要想获得正确定位，首先应正确选择定位基准，其次是选择合适的定位元件。工件定位时，工件定位基准和夹具的定位元件接触形成定位副，以实现工件的六点定位。

1. 对定位元件的基本要求

1）限位基面应有足够的精度。定位元件具有足够的精度，才能保证工件的定位精度。

2）限位基面应有较好的耐磨性。由于定位元件的工作表面经常与工件接触和摩擦，容易磨损，为此要求定位元件限位表面的耐磨性要好，以保持夹具的使用寿命和定位精度。

3）支承元件应有足够的强度和刚度。定位元件在加工过程中，受工件重力、夹紧力和切削力的作用，因此要求定位元件应有足够的刚度和强度，避免使用中变形和损坏。

4）定位元件应有较好的工艺性。定位元件应力求结构简单、合理，便于制造、装配和更换。

5）定位元件应便于清除切屑。定位元件的结构和工作表面形状应有利于清除切屑，以防切屑嵌入夹具内影响加工和定位精度。

2. 常用定位元件所能限制的自由度

常用定位元件可按工件典型定位基准面分为以下几类：

（1）用于平面定位的定位元件　包括固定支承（钉支承和板支承）、自位支承、可调支承和辅助支承。

（2）用于外圆柱面定位的定位元件　包括V形架、定位套和半圆定位座等。

（3）用于孔定位的定位元件　包括定位销（圆柱定位销和圆锥定位销）、圆柱心轴和小锥度心轴。

常用定位元件所能限制的自由度见表1-3。

表1-3　常用定位元件所能限制的自由度

工件定位基准面	定位元件	定位方式简图	定位元件的特点	限制的自由度
平面 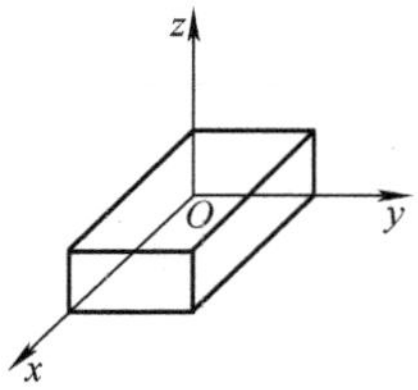	支承钉	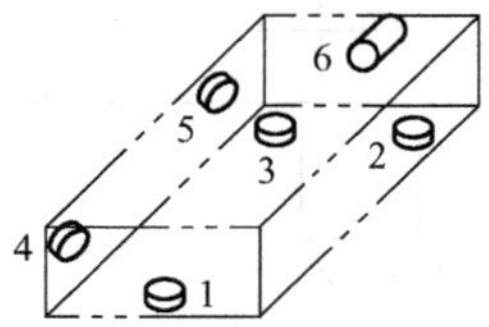		1、2、3——$\vec{z}$、$\overset{\frown}{x}$、$\overset{\frown}{y}$； 4、5——$\vec{y}$、$\overset{\frown}{z}$； 6——$\vec{x}$
	支承板	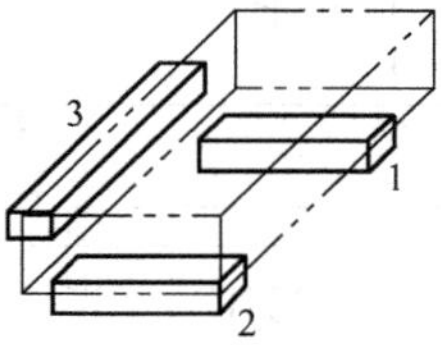	每个支承板也可设计成两个或两个以上小支承板	1、2——$\vec{z}$、$\overset{\frown}{x}$、$\overset{\frown}{y}$； 3——$\vec{y}$、$\overset{\frown}{z}$
	固定支承与浮动支承	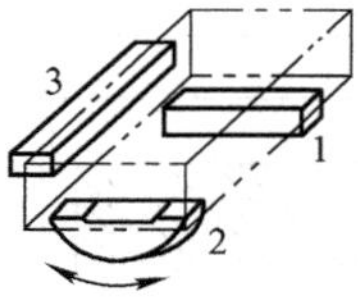	1、3为固定支承； 2为浮动支承	1、2——$\vec{z}$、$\overset{\frown}{x}$、$\overset{\frown}{y}$； 3——$\vec{y}$、$\overset{\frown}{z}$

（续）

工件定位基准面	定位元件	定位方式简图	定位元件的特点	限制的自由度
平面 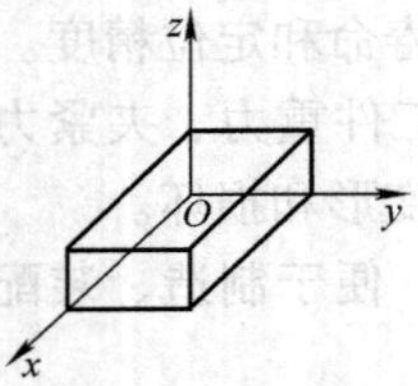 	固定支承与辅助支承	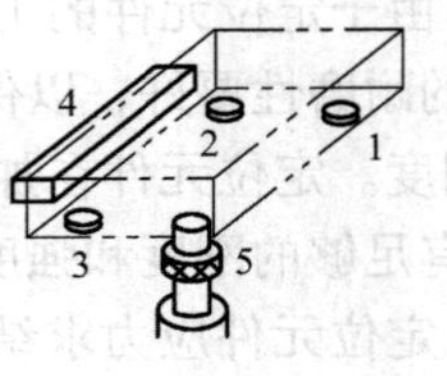 	1、2、3、4 为固定支承； 5 为辅助支承	1、2、3——$\vec{z}$、$\overset{\frown}{x}$、$\overset{\frown}{y}$； 4——$\vec{y}$、$\overset{\frown}{z}$； 5——增强刚性，不起定位作用
圆孔 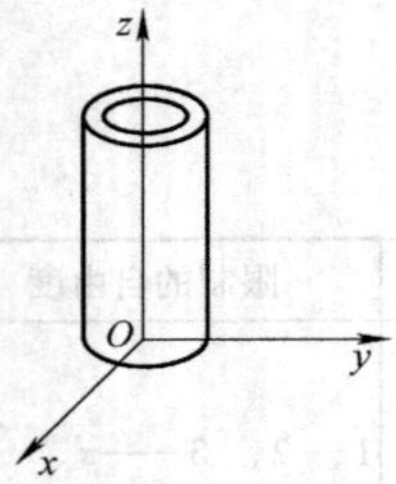 	定位销（心轴）	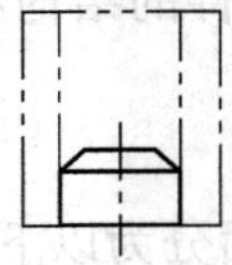	短销（短心轴）	$\vec{x}$、$\vec{y}$
		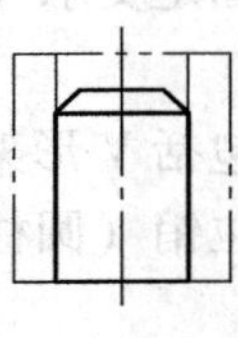	长销（长心轴）	$\vec{x}$、$\vec{y}$ $\overset{\frown}{x}$、$\overset{\frown}{y}$
	锥销	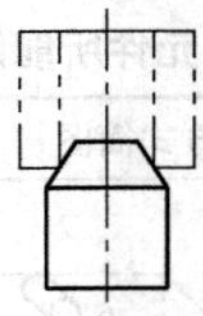	单锥销	$\vec{x}$、$\vec{y}$、$\vec{z}$
		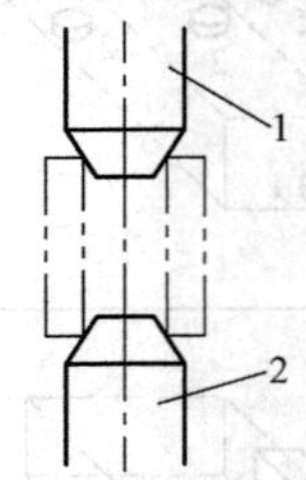 	1 为固定销； 2 为活动销	$\vec{x}$、$\vec{y}$、$\vec{z}$ $\overset{\frown}{x}$、$\overset{\frown}{y}$
外圆柱面 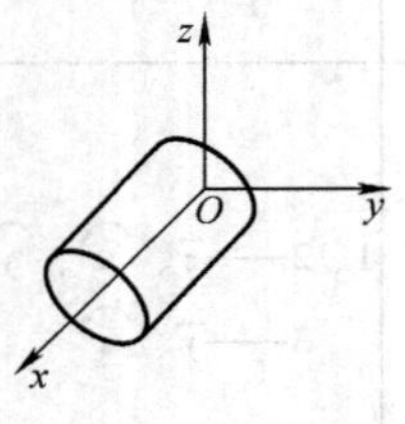 	支承板或支承钉	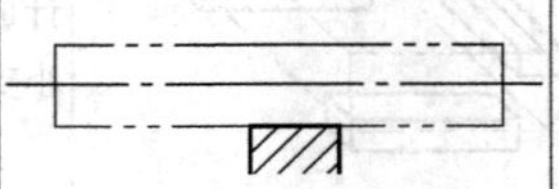	短支承板或支承钉	$\vec{z}$
			长支承板或两个支承钉	$\vec{z}$、$\overset{\frown}{y}$

定位。

1. 对定位元件的基本要求

1）限位基面应有足够的精度。定位元件具有足够的精度，才能保证工件的定位精度。

2）限位基面应有较好的耐磨性。由于定位元件的工作表面经常与工件接触和摩擦，容易磨损，为此要求定位元件限位表面的耐磨性要好，以保持夹具的使用寿命和定位精度。

3）支承元件应有足够的强度和刚度。定位元件在加工过程中，受工件重力、夹紧力和切削力的作用，因此要求定位元件应有足够的刚度和强度，避免使用中变形和损坏。

4）定位元件应有较好的工艺性。定位元件应力求结构简单、合理，便于制造、装配和更换。

5）定位元件应便于清除切屑。定位元件的结构和工作表面形状应有利于清除切屑，以防切屑嵌入夹具内影响加工和定位精度。

2. 常用定位元件所能限制的自由度

常用定位元件可按工件典型定位基准面分为以下几类：

（1）用于平面定位的定位元件　包括固定支承（钉支承和板支承）、自位支承、可调支承和辅助支承。

（2）用于外圆柱面定位的定位元件　包括V形架、定位套和半圆定位座等。

（3）用于孔定位的定位元件　包括定位销（圆柱定位销和圆锥定位销）、圆柱心轴和小锥度心轴。

常用定位元件所能限制的自由度见表1-3。

表1-3　常用定位元件所能限制的自由度

工件定位基准面	定位元件	定位方式简图	定位元件的特点	限制的自由度
平面 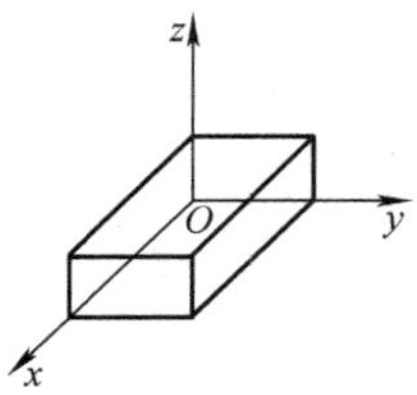	支承钉	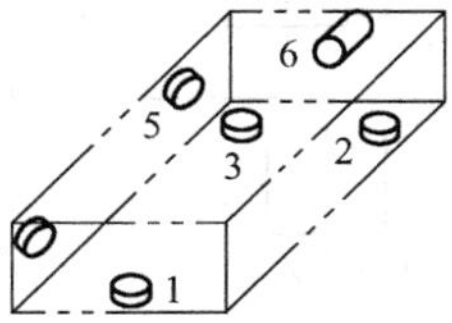		1、2、3——$\vec{z}$、$\overset{\frown}{x}$、$\overset{\frown}{y}$； 4、5——$\vec{y}$、$\overset{\frown}{z}$； 6——$\vec{x}$
	支承板	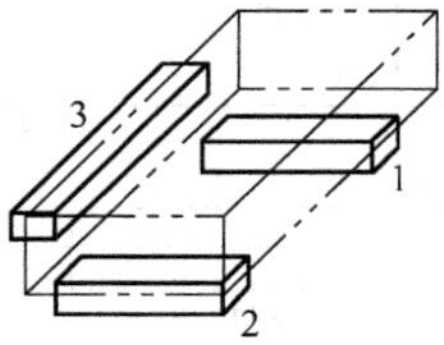	每个支承板也可设计成两个或两个以上小支承板	1、2——$\vec{z}$、$\overset{\frown}{x}$、$\overset{\frown}{y}$； 3——$\vec{y}$、$\overset{\frown}{z}$
	固定支承与浮动支承	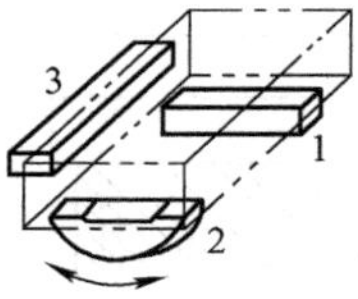	1、3为固定支承； 2为浮动支承	1、2——$\vec{z}$、$\overset{\frown}{x}$、$\overset{\frown}{y}$； 3——$\vec{y}$、$\overset{\frown}{z}$

（续）

工件定位基准面	定位元件	定位方式简图	定位元件的特点	限制的自由度
平面 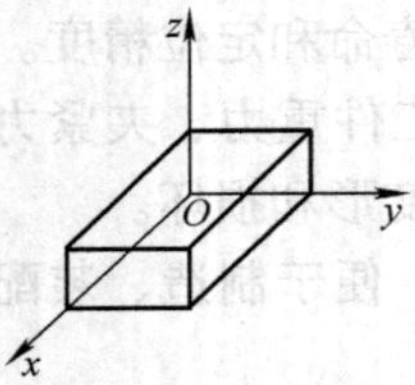	固定支承与辅助支承	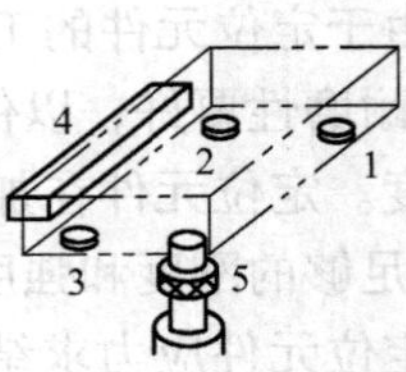	1、2、3、4 为固定支承；5 为辅助支承	1、2、3——$\vec{z}$、$\overset{\frown}{x}$、$\overset{\frown}{y}$； 4——$\vec{y}$、$\overset{\frown}{z}$； 5——增强刚性，不起定位作用
圆孔 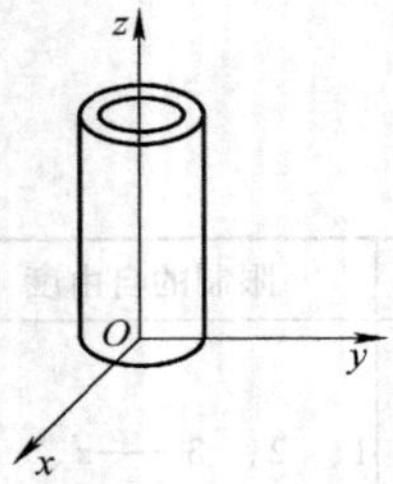	定位销（心轴）	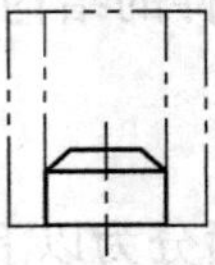	短销（短心轴）	$\vec{x}$、$\vec{y}$
		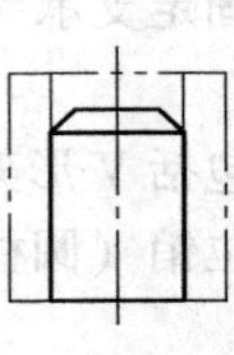	长销（长心轴）	$\vec{x}$、$\vec{y}$ $\overset{\frown}{x}$、$\overset{\frown}{y}$
	锥销	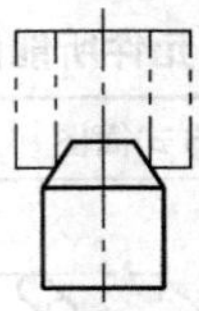	单锥销	$\vec{x}$、$\vec{y}$、$\vec{z}$
		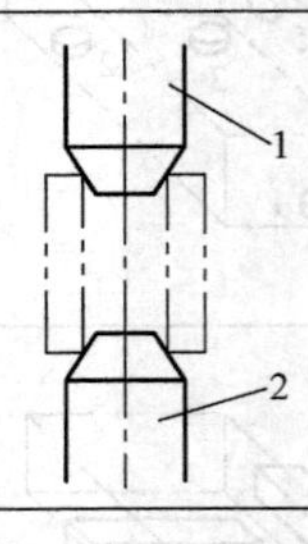	1 为固定销；2 为活动销	$\vec{x}$、$\vec{y}$、$\vec{z}$ $\overset{\frown}{x}$、$\overset{\frown}{y}$
外圆柱面 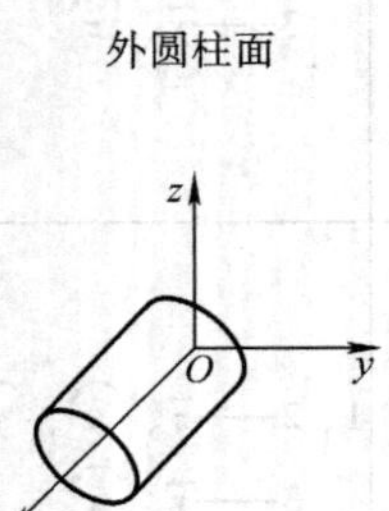	支承板或支承钉	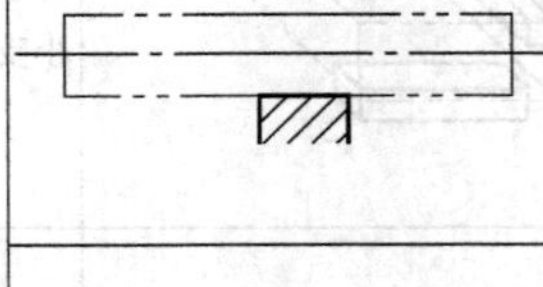	短支承板或支承钉	$\vec{z}$
		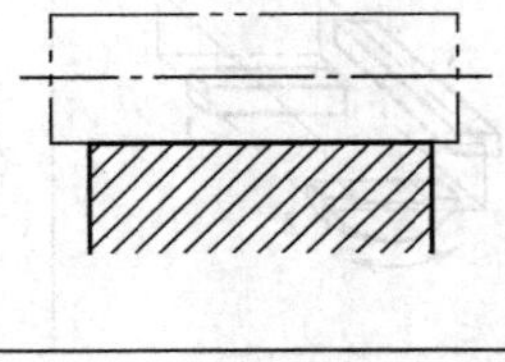	长支承板或两个支承钉	$\vec{z}$、$\overset{\frown}{y}$

（续）

工件定位基准面	定位元件	定位方式简图	定位元件的特点	限制的自由度
外圆柱面 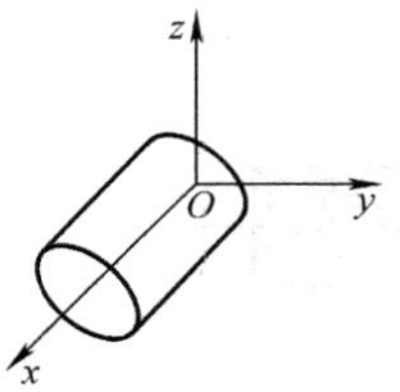	V 形块	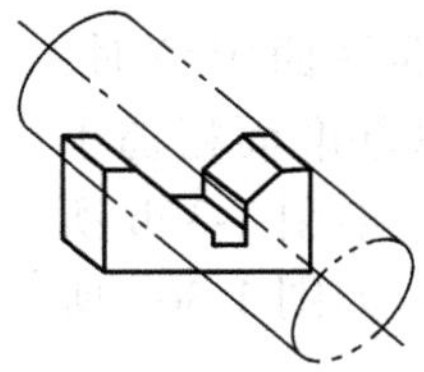	窄 V 形块	$\vec{y}$、$\vec{z}$
		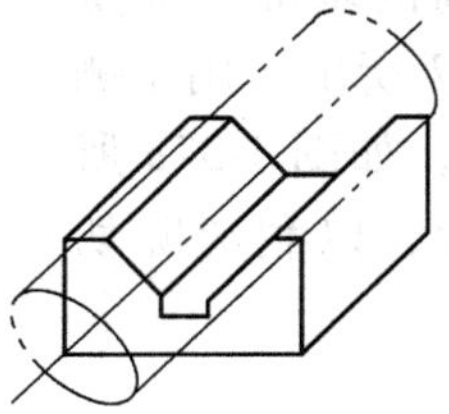	宽 V 形块或 两个窄 V 形块	$\vec{y}$、$\vec{z}$ $\overset{\frown}{y}$、$\overset{\frown}{z}$
	定位套	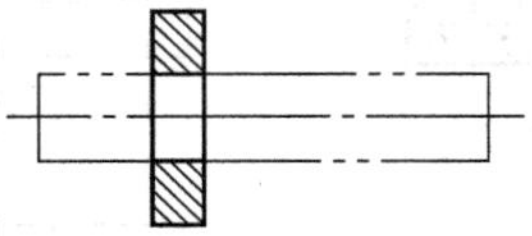	短套	$\vec{y}$、$\vec{z}$
		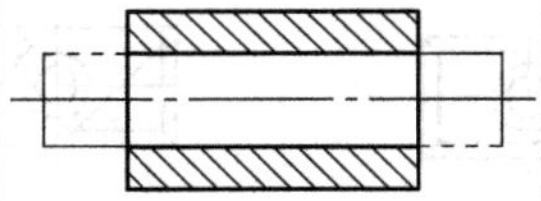	长套	$\vec{y}$、$\vec{z}$ $\overset{\frown}{y}$、$\overset{\frown}{z}$
	半圆孔	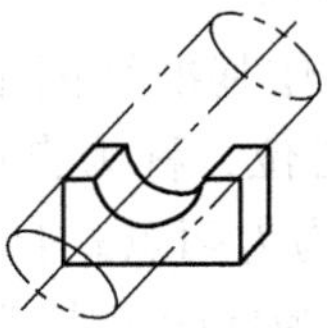	短半圆孔	$\vec{y}$、$\vec{z}$
			长半圆孔	$\vec{y}$、$\vec{z}$ $\overset{\frown}{y}$、$\overset{\frown}{z}$
	锥套	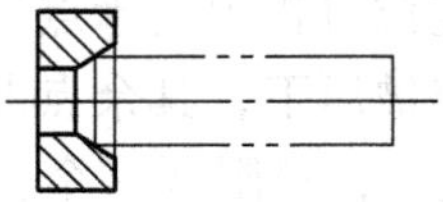	单锥套	$\vec{x}$、$\vec{y}$、$\vec{z}$
		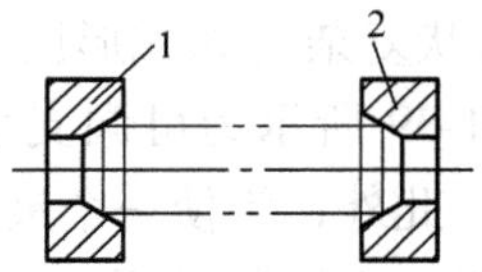	1 为固定锥套； 2 为活动锥套	$\vec{x}$、$\vec{y}$、$\vec{z}$ $\overset{\frown}{y}$、$\overset{\frown}{z}$

3. 常用定位元件的选用

常用定位元件选用时，应按工件定位基准面和定位元件的结构特点进行选择。

（1）工件以平面定位

1）以面积较小的已经加工的基准平面定位时，选用平头支承钉，如图1-36a所示；以基准面粗糙不平或毛坯面定位时，选用圆头支承钉，如图1-36b所示；侧面定位时，可选用网状支承钉，如图1-36c所示。

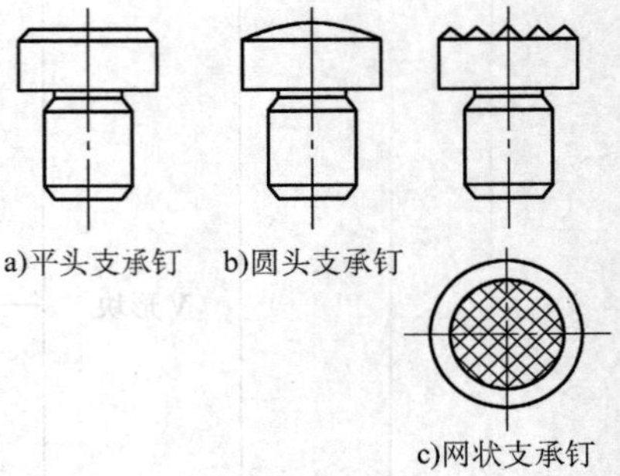

图1-36　支承钉

2）以面积较大、平面度精度较高的基准平面定位时，选用支承板定位元件，如图1-37所示。用于侧面定位时，可选用不带斜槽的支承板，如图1-37a所示；通常尽可能选用带斜槽的支承板，以利清除切屑，如图1-37b所示。

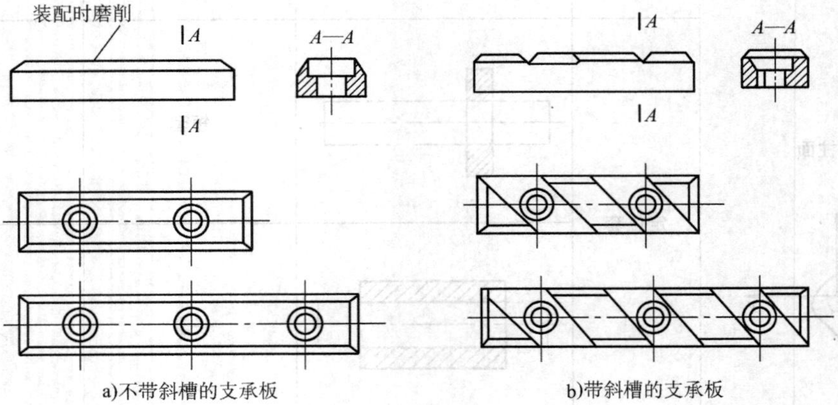

图1-37　支承板

3）以毛坯面、阶梯平面和环形平面作基准平面定位时，选用自位支承作为定位元件，这种把支承做成浮动或联动结构，使之自位，称为自位支承。如图1-38所示，即为夹具中常用的几种自位支承。图1-38a、b的结构为两点式自位支承，与工件有两个接触点，可用于断续表面或阶梯表面的定位；图1-38c为球面三点式，当定位基面在两个方向上均不平或倾斜时，能实现三点接触；图1-38d为滑柱三点式，在定位基面不直或倾斜时，仍能实现三点接触。自位支承的工件特点是：在定位过程中支承点位置能随工件定位基面位置的变化而自行浮动并与之适应。当自位支承的点被压下，其余点即上升，直至这些点都与定位基面接触为止。而其作用仍相当于一个固定支承，只限制一个自由度。由于增加了接触点数，可提高工件的支承刚度和稳定性，但夹具结构稍复杂，适用于工件以毛面定位或刚性不足的场合。

4）以粗基准面定位或定位面的形状复杂（如成形面，台阶面），以及各批毛坯的尺寸、形状变化较大时，选用可调支承。图1-39所示为可调支承的基本形式，它由螺钉及螺母组成。支承高度调节以后，要注意锁紧。此外，为使一个夹具适用于几道工序或几种类似的工件，需要将支承钉的位置做一定调整时，也能用可调支承。

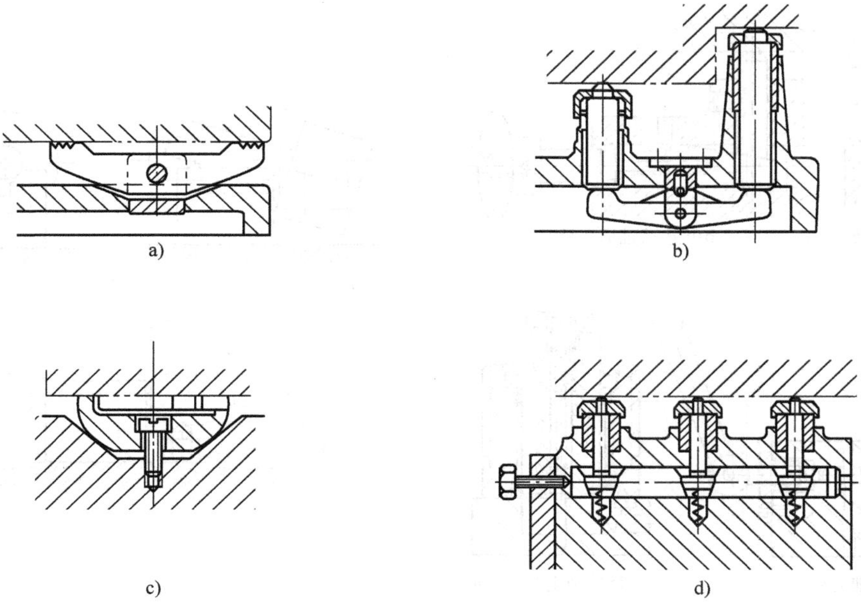

图1-38　自位支承

5）当工件定位基准面需要提高定位刚度、稳定性和可靠性时，可选用辅助支承作辅助定位元件，如图1-40、图1-41和图1-42所示。但需要**注意**，辅助支承不起限制工件自由度的作用，且每次加工均需重新调整支承点高度，支承位置应选在有利工件承受夹紧力和切削力的地方。

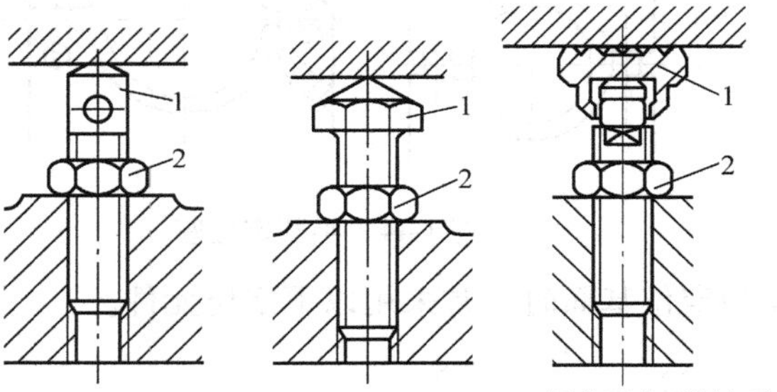

a)圆头可调支承　b)锥顶可调支承　c)网状平头可调支承

图1-39　可调支承

1—调整螺钉　2—紧固螺母

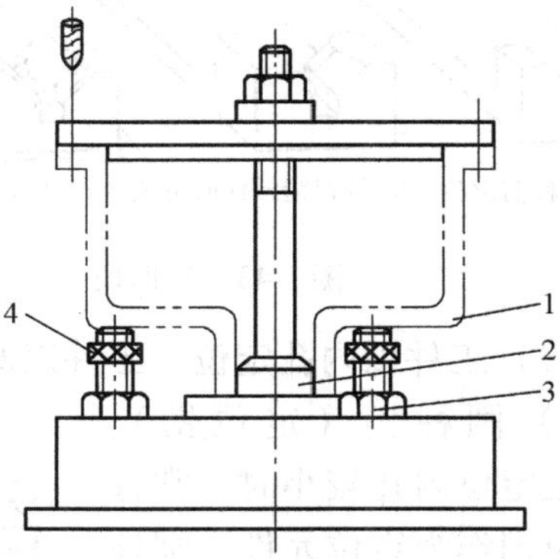

图1-40　辅助支承提高工件刚度和稳定性

1—工件　2—短定位销　3—支承环　4—辅助支承

（2）工件以外圆柱定位

1）当工件的对称度要求较高时，可选用V形块定位。V形块工作面间的夹角 α 常取60°、90°、120°三种，其中应用最多的是90°V形块。90°V形块的典型结构和尺寸已标准化，使用时可根据定位圆柱面的长度和直径进行选择。V形块结构有多种形式，如图1-43a所示V形块适用于较长的加工过的圆柱面定位；图1-43b所示V形块适于较长的粗糙的圆柱面定位；图1-43c所示V形块适用于尺寸较大的圆柱面定位，这种V形块底座采用铸件，V形面采用淬火钢件，V形块是由两者镶合而成。

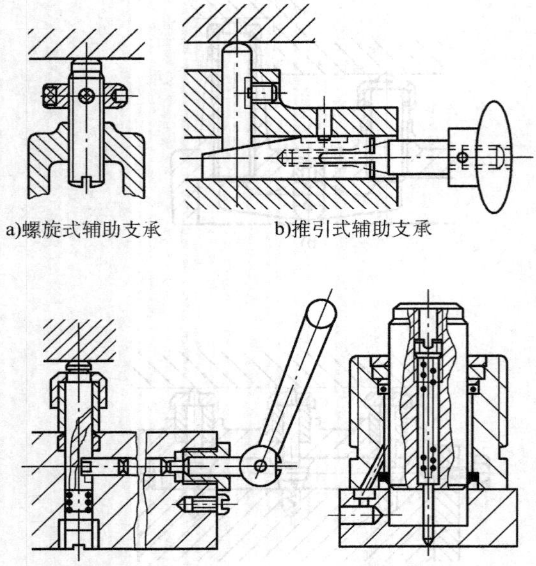

a)螺旋式辅助支承　b)推引式辅助支承

c)自位式辅助支承　d)液压锁定辅助支承

图 1-41　辅助支承的类型

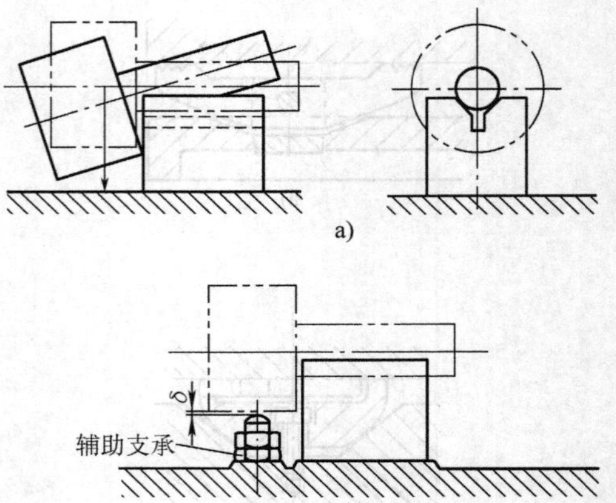

a)　b)

图 1-42　辅助支承起预定位作用

2）当工件定位圆柱面精度较高时（一般不低于 IT8），可选用定位套或半圆形定位座定位。大型轴类和曲轴等不宜以整个圆孔定位的工件，可选用半圆定位座，如图 1-44 所示。

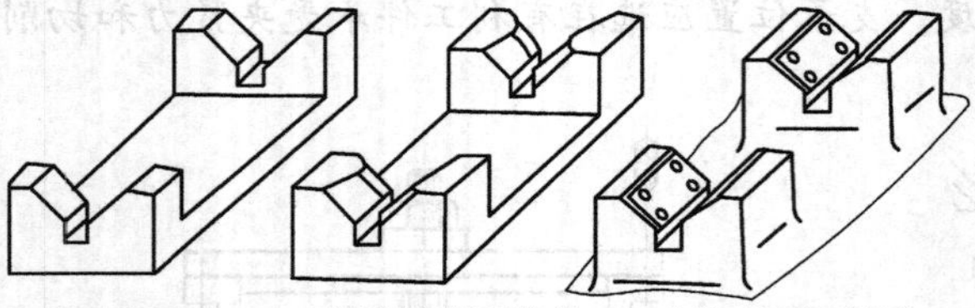

a) 长圆柱面定位　b) 较粗糙圆柱面定位　c) 大尺寸圆柱面定位

图 1-43　V 形块

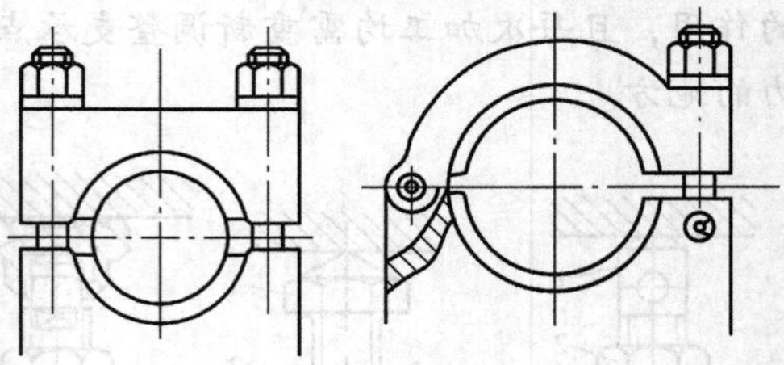

图 1-44　半圆定位座

（3）工件以内孔定位　工件以圆孔表面作为定位基面时，常采用以下定位元件。

1）圆柱销（定位销）。工件上定位内孔较小时，常选用定位销作为定位元件。圆柱销的结构和尺寸标准化，不同直径的定位销有其相应的结构形式，可根据工件定位内孔的直径选用。当工件圆柱孔用孔端边缘定位时，需选用圆锥定位销，如图 1-45 所示。当工件圆孔端边缘形状精度较差时，选用如图 1-45a 所示形式的圆锥定位销；当工件圆孔端边缘形状精度较高时，选用如图 1-45b 所示形式的圆锥定位销；当工件需平面和圆孔端边缘同时定位时，选用如图 1-45c 所

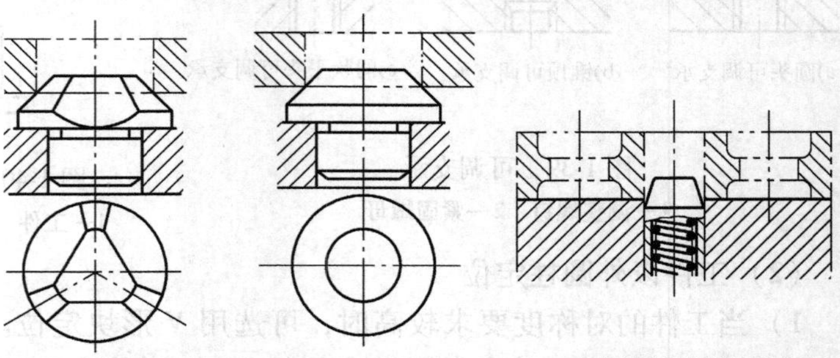

a) 圆孔边缘形状精度较差时定位　b) 圆孔边缘形状精度较好时定位　c) 平面和圆孔边缘同时定位

图 1-45　圆锥定位销

示形式的浮动圆锥定位销。

2）圆柱心轴。在套类、盘类零件的车削、磨削和齿轮加工中，大都选用心轴定位，为了便于夹紧和减小工件因间隙造成的倾斜，当工件定位内孔与基准端面垂直精度较高时，常以孔和端面联合定位。因此，这类心轴通常是带台阶定位面的心轴，如图1-46a所示；当工件以内花键为定位基准时，可选用外花键轴，如图1-46b所示；当内孔带有花键槽时，可在圆柱心轴上设置键槽配装键块；当工件内孔精度很高，而加工时工件力矩很小时，可选用小锥度心轴定位。

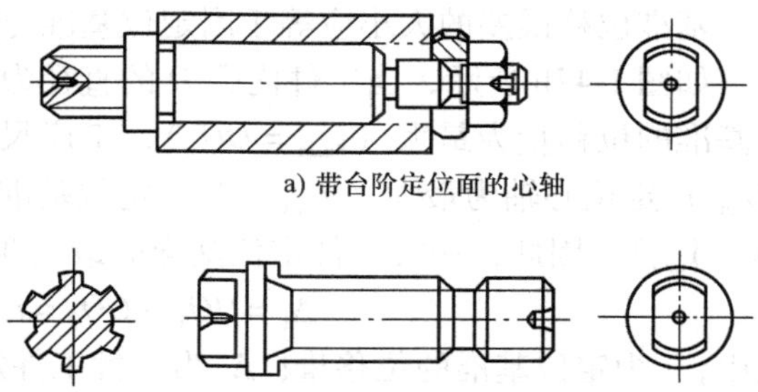

a) 带台阶定位面的心轴

b) 带外花键定位面的心轴

图1-46　圆柱心轴

1.9　定位误差的分析与计算

六点定位原则解决了消除工件自由度的问题，即解决了工件在夹具中位置“定与不定”的问题。但是，由于一批工件逐个在夹具中定位时，各个工件所占据的位置不完全一致，即出现工件位置定得“准与不准”的问题。如果工件在夹具中所占据的位置不准确，加工后各工件的加工尺寸必然大小不一，形成误差。这种只与工件定位有关的误差称为定位误差，用Δ_D表示。

在工件的加工过程中，产生误差的因素很多，定位误差仅是加工误差的一部分，为了保证加工精度，一般限定定位误差不超过工件加工公差T的1/5～1/3，即

$$\Delta_D \leqslant (1/5 \sim 1/3)\ T \tag{1-1}$$

式中，Δ_D为定位误差，单位为mm；T为工件的加工误差，单位为mm。

1.9.1　定位误差产生的原因

造成定位误差的原因有两个：一是定位基准与工序基准不重合，由此产生基准不重合误差Δ_B；二是定位基准与限位基准不重合，由此产生基准位移误差Δ_Y。计算定位误差首先要找出工序基准，然后求出其在加工尺寸上的最大变动量即可。

1. 基准位移误差Δ_Y

由于定位副（工件的定位表面和定位元件的工作面）的制造公差和最小配合间隙的影响，定位基准相对于理想位置的最大变动量称为基准位移误差，用Δ_Y表示。

图1-47a所示为在圆柱面上铣槽的工序简图，工序尺寸为A和B。图1-47b所示为工序定位示意图，工件以内孔D在圆柱心轴上定位，O是心轴轴心，O_1、O_2是工件孔的轴心，C是对刀尺寸。

对尺寸A而言，工序基准是内孔D轴心线，定位基准也是内孔D轴心线，两者重合，故$\Delta_B=0$。

由于定位副有制造公差和最小配合间隙，使定位基准（内孔轴心线）与限位基准（心轴轴心线）不能重合，定位基准相对于限位基准偏移了一段距离，另外由于刀具调整好位置后在加工一批工件过程中位置不再变动（限位基准的位置不变），所以定位基准位置的变

动给工序尺寸 A 造成加工误差，即为基准位移误差。

基准位移误差的大小应等于因定位基准与限位基准不重合造成工序尺寸的最大变动量。

如图 1-47b 所示，当工件内孔 D 的直径为最大（D_{max}）、定位心轴为最小（d_{min}）时，定位基准的位移量为最大（$i_{max}=OO_1$），工序尺寸也最大（A_{max}）；当工件内孔的直径为最小（D_{min}）定位心轴为最大（d_{max}）时，定位基准的位移量为最小（$i_{min}=OO_2$），工序尺寸也最小（A_{min}）。因此，一批工件定位基准的最大变动量为

$$\Delta_i = OO_1 - OO_2 = i_{max} - i_{min} = A_{max} - A_{min}$$

式中，i 为定位基准的位移量；Δ_i 为一批工件定位基准的最大变动量。

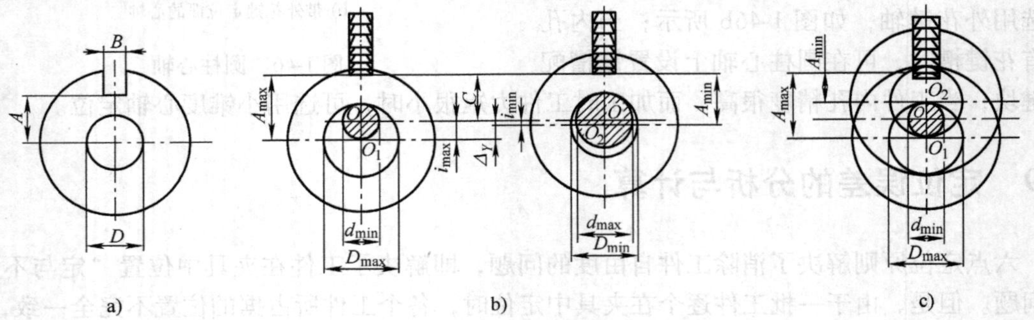

图 1-47　基准位移误差

当定位基准定位变动方向与加工尺寸的方向相同时，基准位移误差等于定位基准的最大变动量，即 $\Delta_Y=\Delta_i$。

（1）定位副固定单边接触　如图 1-47b 所示，当心轴水平放置时，工件在自重作用下与心轴固定单边接触，此时有

$$\Delta_Y = \Delta_i = OO_1 - OO_2 = i_{max} - i_{min} = A_{max} - A_{min} = \frac{D_{max}-d_{min}}{2} - \frac{D_{min}-d_{max}}{2}$$

$$= \frac{D_{max}-D_{min}}{2} + \frac{d_{max}-d_{min}}{2} = \frac{T_D}{2} + \frac{T_d}{2}$$

（2）定位副任意边接触　如图 1-47c 所示，当心轴垂直放置时，工件与心轴任意边接触，此时

$$\Delta_Y = \Delta_i = OO_1 + OO_2 = D_{max} - d_{min} = T_D + T_d + X_{min}$$

当定位基准定位变动方向与加工尺寸的方向不一致，两者之间成夹角 α 时，基准位移误差等于基准的变动范围在加工尺寸方向上的投影，即

$$\Delta_Y = \Delta_i \cos\alpha$$

2. 基准不重合误差 Δ_B

由于定位基准和工序基准（通常为设计基准）不重合而造成的加工误差，称为基准不重合误差，用 Δ_B 表示。

图 1-48 所示为铣缺口的工序简图，加工尺寸是 A 和 B，工件以底面和 E 面定位，C 是确定夹具与刀具相对位置的对刀尺寸，在一批工件的加工过程中，C 的大小是不变的。

对于尺寸 A 而言，工序基准是 F 面，定位基准是 E 面，二者不重合。当一批工件逐一在夹具上定位时，受到尺寸 S 的影响，工序基准 F 面的位置是变动的，而 F 面的变动影响了 A 的大小，给尺寸 A 造成误差，这就是基准不重合误差。

显然，基准不重合误差的大小等于因定位基准与工序基准不重合而造成的加工尺寸的变动范围，即

$$\Delta_B = A_{max} - A_{min} = S_{max} - S_{min} = T_S$$

S 是定位基准 E 和工序基准 F 间的距离尺寸，称为定位尺寸。当工序基准的变动方向与加工尺寸的方向相同时，基准的不重合误差等于定位尺寸的公差，即

$$\Delta_B = T_S$$

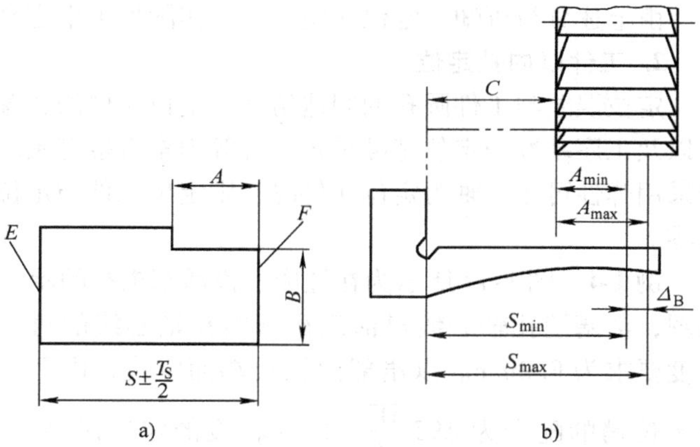

图1-48　基准不重合误差

注意：当工序基准的变动方向与加工尺寸的方向不一致时，基准不重合误差等于定位尺寸公差在加工尺寸方向上的投影。

1.9.2　定位误差的计算

定位误差的常用计算方法有合成法、极限位置法（直接计算出由于定位而引起的加工尺寸的最大变动范围）、尺寸链分析计算法。此处只介绍合成法。

合成法是根据定位误差造成的原因，定位误差应由基准不重合误差与基准位移误差组合而成。计算时，先分别算出 Δ_Y 和 Δ_B，然后将两者组合而成 Δ_D。

1）当 $\Delta_Y \neq 0$，$\Delta_B = 0$ 时，$\Delta_D = \Delta_Y$。

2）当 $\Delta_Y = 0$，$\Delta_B \neq 0$ 时，$\Delta_D = \Delta_B$。

3）当 $\Delta_Y \neq 0$，$\Delta_B \neq 0$ 时，若工序基准不在定位基面上：$\Delta_D = \Delta_Y + \Delta_B$；若工序基准在定位基面上：$\Delta_D = \Delta_Y \pm \Delta_B$。在定位基面尺寸变动方向一定（由大变小，或由小变大）的条件下，Δ_Y（或定位基准）与 Δ_B（或工序基准）的变动方向相同时取“+”号，变动方向相反时取“-”号。

1.9.3　几种典型定位情况的定位误差

1. 工件以平面定位

定位基准为平面时，其定位误差主要是由基准不重合引起的，如图1-48所示，一般不计算基准位移误差。因为基准位移误差主要是由平面度引起的，该误差很小，可忽略不计。

例1-3　在图1-48中，设 $S = 40\text{mm}$，$T_S = 0.15\text{mm}$，$A = (18 \pm 0.1)\text{ mm}$，求加工尺寸 A 的定位误差，并分析定位质量。

解　工序基准和定位基准不重合，有基准不重合误差，其大小等于定位尺寸 S 的公差 T_S，即 $\Delta_B = T_S = 0.15\text{mm}$；以 E 面定位加工 A 时，不会产生基准位移误差，即 $\Delta_Y = 0$。所以有

$$\Delta_D = \Delta_B = 0.15\text{mm}$$

加工尺寸 A 的尺寸公差为 $T_A = 0.2\text{mm}$，此时

$$\Delta_D = 0.15\text{mm} > \frac{1}{3}T_A = \frac{1}{3} \times 0.2\text{mm} = 0.0667\text{mm}$$

由上述分析可知，定位误差太大，实际加工中容易出现废品，应改变定位方案。

2. 工件以内孔定位

定位误差与工件圆孔的制造精度、定位元件的放置形式、定位基面与定位元件的配合性质以及工序基准与定位基准是否重合等因素直接有关。如图1-47所示，存在基准位移误差，当采用弹性可胀心轴为定位元件时，则定位元件与定位基准之间无相对移动，基准位移误差为零。

例1-4　图1-49所示为在镗床上镗活塞销孔的示意图，活塞销孔轴心线对活塞裙部内孔轴心线的对称度要求为0.2mm。以裙部内孔及端面定位，内孔与定位销的配合为 $\phi 95\frac{H7}{g6}$。求对称度的定位误差，并分析定位质量。

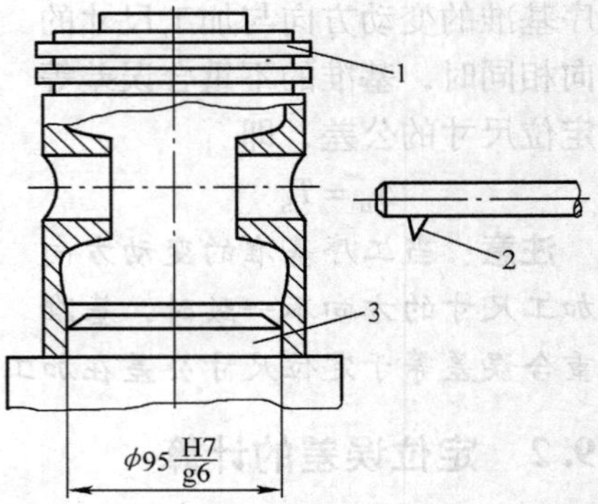

图1-49　镗活塞销孔示意图
1—工件　2—镗刀　3—定位销

解　查表可知：$\phi 95H7=\phi 95^{+0.035}_{0}$ mm，$\phi 95g6=\phi 95^{-0.012}_{-0.034}$ mm。

1）对称度的工序基准是裙部内孔轴心线，定位基准也是裙部内孔轴心线，两者重合，$\Delta_B=0$。

2）由于定位销垂直放置，定位基准可任意方向转动。

$$\Delta_Y=\Delta_i=T_D+T_d+X_{min}=D_{max}-d_{min}=[95.035-(95-0.034)]\text{ mm}=0.069\text{mm}$$

3）$\Delta_D=\Delta_Y=0.069$mm

4）由于 $\Delta_D=0.069\text{mm}\approx(1/3)\times 0.2\text{mm}=0.067$mm，所以该定位方案可行。

3. 工件以外圆定位

工件以外圆定位时，常见的定位元件为各种定位套、支承板和V形块等。定位套和支承板定位的误差分析与前述的圆孔定位和平面定位相似。V形块的定位误差分析以下例予以说明。

例1-5　如图1-50所示，工件在铣削键槽时，以外圆在V形块上定位，分析加工尺寸分别为 A_1、A_2、A_3 时的定位误差。

解　由图1-51可知，由于工件外圆柱面直径有制造误差，由此产生的基准位移误差为

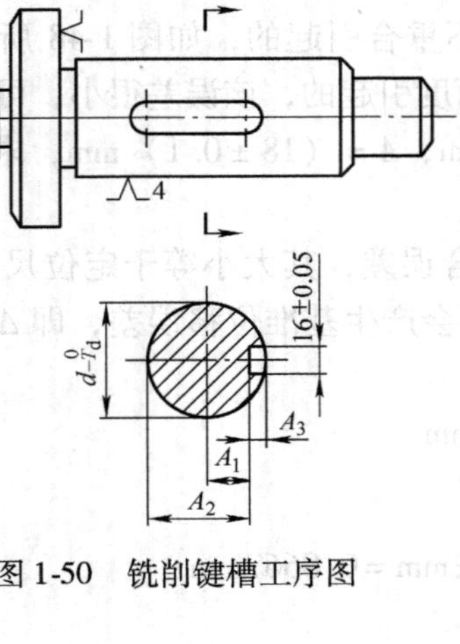

图1-50　铣削键槽工序图

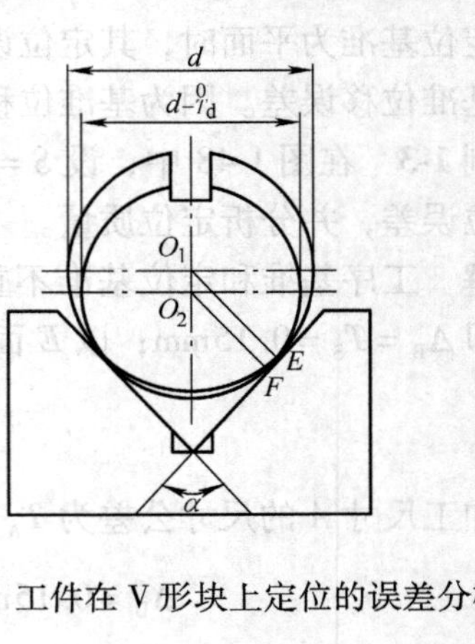

图1-51　工件在V形块上定位的误差分析

$$\Delta_Y = \Delta_i = O_1O_2 = \frac{d}{2\sin(\alpha/2)} - \frac{d - T_d}{2\sin(\alpha/2)} = \frac{T_d}{2\sin(\alpha/2)}$$

对于图1-50中的三种工序尺寸标注，其定位误差分别如下：

1）当工序尺寸为A_1时，工序基准是圆柱轴心线，定位基准也是圆柱轴心线，两者重合，$\Delta_B = 0$。则

$$\Delta_D = \Delta_Y = \frac{T_d}{2\sin(\alpha/2)}$$

2）当工序尺寸标为A_2时，工序基准是圆柱下母线，定位基准是圆柱轴心线，两者不重合，$\Delta_B = \frac{T_d}{2}$。此时，工序基准在定位基面上，当定位基面直径由大变小时，定位基准向下变动；当定位基准不动、定位基面直径由大变小时，工序基准向上变动。两者的变动方向相反，取"－"号。则

$$\Delta_D = \Delta_Y - \Delta_B = \frac{T_d}{2\sin(\alpha/2)} - \frac{T_d}{2} = \frac{T_d}{2}\left[\frac{1}{\sin(\alpha/2)} - 1\right]$$

3）当工序尺寸标为A_3时，工序基准是圆柱上母线，定位基准是圆柱轴心线，两者不重合，$\Delta_B = \frac{T_d}{2}$。此时，工序基准在定位基面上，当定位基面直径由大变小时，定位基准向下变动；当定位基准不动，定位基面直径由大变小时，工序基准也向下变动。两者变动方向相同，取"＋"号。则

$$\Delta_D = \Delta_Y + \Delta_B = \frac{T_d}{2\sin(\alpha/2)} + \frac{T_d}{2} = \frac{T_d}{2}\left[\frac{1}{\sin(\alpha/2)} + 1\right]$$

4. 一面两孔组合定位

工件以一面两孔组合定位时，必须注意各定位元件对定位误差的综合影响。其中基准位移误差包括平面内任意方向移动的基准位移误差和转动的基准位移误差（简称转角误差）。移动的基准位移误差一般取决于第一定位副的最大间隙；转角误差应考虑最不利的情况通过几何关系转换计算来求得。

例1-6　图1-52a所示为连杆盖工序图，加工时采用图1-52b所示的定位方式，已知圆柱销直径$d_1 = \phi12^{-0.006}_{-0.017}$mm，菱形销直径$d_2 = \phi12^{-0.080}_{-0.091}$mm，求$4\times\phi3$mm孔所注有关工序尺寸的定位误差。

解　连杆盖本工序的加工尺寸较多，除了四孔的直径和深度外，还有（63±0.1）mm、（20±0.1）mm、（31.5±0.2）mm和（10±0.15）mm。其中，（63±0.1）mm和（20±0.1）mm没有定位误差，因为它们的大小主要取决于钻套间的距离，与工件定位无关；而（31.5±0.2）mm和（10±0.15）mm均受工件定位的影响，有定位误差。

1）影响加工尺寸（31.5±0.2）mm的定位误差。由于定位基准与工序基准不重合，定位尺寸为（29.5±0.1）mm，所以$\Delta_B = 0.2$mm。

由于尺寸（31.5±0.2）mm的方向与两定位孔连心线平行，此时该方向的位移误差取决于孔与圆柱销之间的最大间隙，所以

$$\Delta_Y = X_{1\max} = (0.027 + 0.017)\ \text{mm} = 0.044\text{mm}$$

由于工序基准不在定位基面上，所以

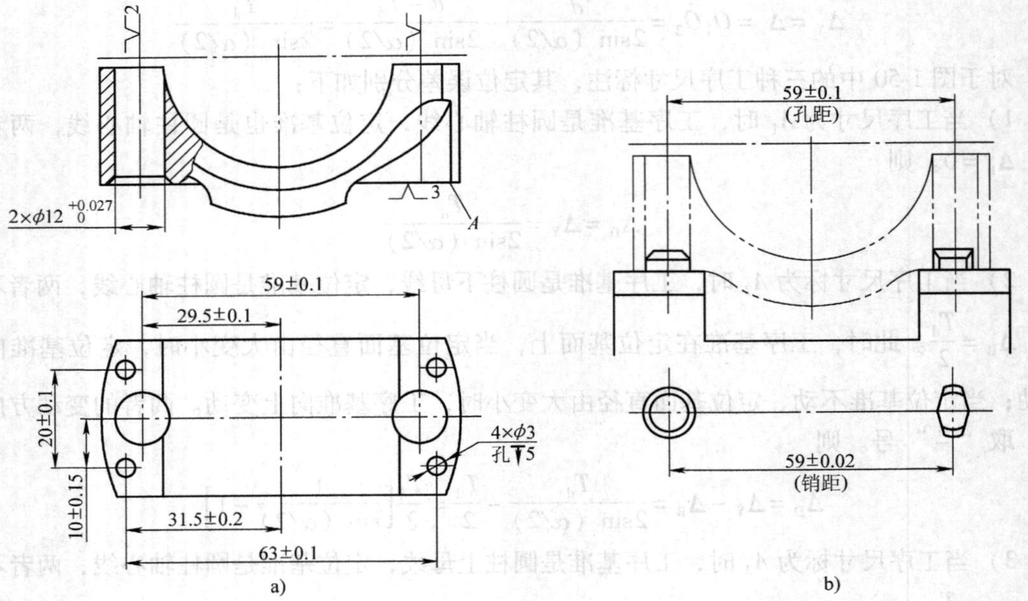

图 1-52 连杆盖

$$\Delta_D = \Delta_Y + \Delta_B = (0.044 + 0.2)\ \text{mm} = 0.244\text{mm}$$

2）影响加工尺寸（10 ±0.15）mm 的定位误差。因为定位基准与工序基准重合，故 $\Delta_B = 0$。同侧或另一侧单边接触（图 1-53a）；两孔和两销上下错移或反向错移接触（图 1-53b）。后者造成工件相对夹具上两定位销连线发生偏移量，产生最大转角误差 Δ_α。此时对加工尺寸（10 ±0.15）mm 的影响是最大转角误差产生的位移量，它大于两孔和两销同一侧接触的位移量，所以最大转角误差 Δ_α 所产生的基准位移量是定位误差。

由图 1-53b 可得

$$\tan\Delta_\alpha = \frac{O_1O_1' + O_2O_2'}{L} = \frac{X_{1\max} + X_{2\max}}{2L}$$

$$\Delta_\alpha = \arctan\frac{X_{1\max} + X_{2\max}}{2L}$$

实际上，工件还可能向另一方向偏转 Δ_α，所以真正的转角误差应当是 $\pm\Delta_\alpha$。

代入数值计算得

$$\tan\Delta_\alpha = \frac{O_1O_1' + O_2O_2'}{L} = \frac{X_{1\max} + X_{2\max}}{2L} = \frac{0.044 + 0.118}{2 \times 59} = 0.00138$$

从图 1-53c 中可见，左边两孔的基准位移误差为

$$\Delta_{Y1} = X_{1\max} + 2L_1\tan\Delta_\alpha = (0.044 + 2 \times 2 \times 0.00138)\ \text{mm} = 0.05\text{mm}$$

右边两小孔的基准位移误差为

$$\Delta_{Y2} = X_{2\max} + 2L_1\tan\Delta_\alpha = (0.118 + 2 \times 2 \times 0.00138)\ \text{mm} = 0.124\text{mm}$$

由于是对四孔的统一要求，由此其定位误差为

$$\Delta_D = \Delta_{Y2} = 0.124\text{mm}$$

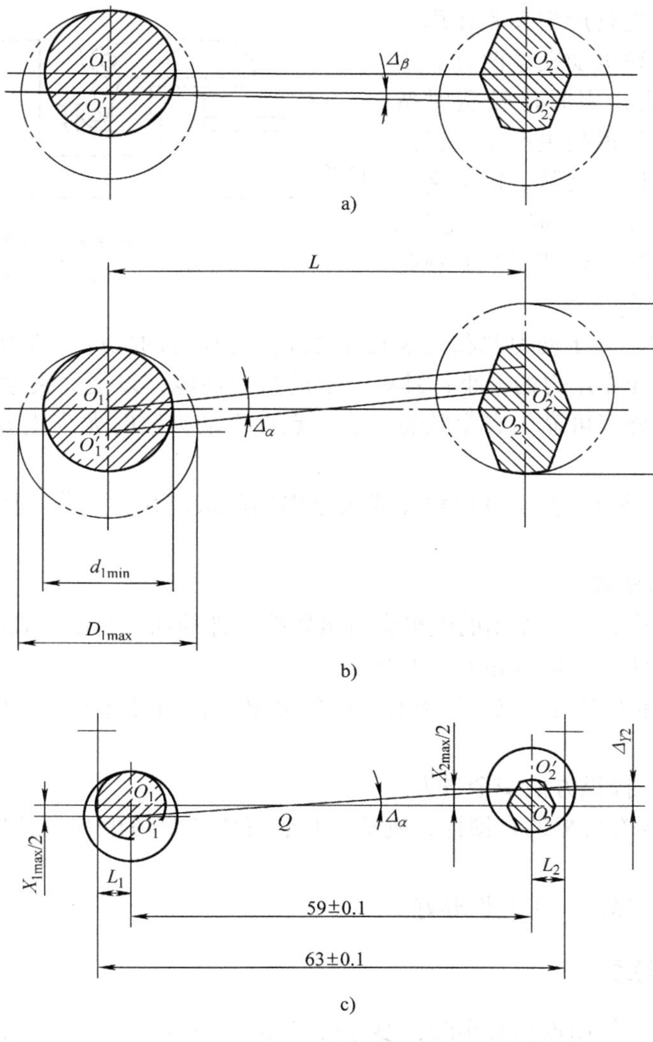

图 1-53　一面两孔组合定位的定位误差

1.10　工件的夹紧

在机械加工过程中，工件会受到切削力、离心力、惯性力等的作用。为了保证在这些外力作用下，工件仍能在夹具中保持已由定位元件所确定的加工位置，而不致发生振动和位移，在夹具结构中必须设置一定的夹紧装置将工件可靠地夹牢。

1.10.1　夹紧装置的组成及其基本要求

工件定位后，将工件固定并使其在加工过程中保持定位位置不变的装置，称为夹紧装置。

1. 夹紧装置的组成

夹紧装置的组成如图 1-54 所示，由以下三部分组成。

（1）动力源装置　它是产生夹紧作用力的装置，分为手动夹紧和机动夹紧两种。手动夹紧的力源来自人力，用时比较费时费力。为了改善劳动条件和提高生产率，目前在大批量生产中均采用机动夹紧。机动夹紧的力源来自气动、液压、气液联动、电磁、真空等动力夹紧装置。图 1-54 中的气缸就是一种动力源装置。

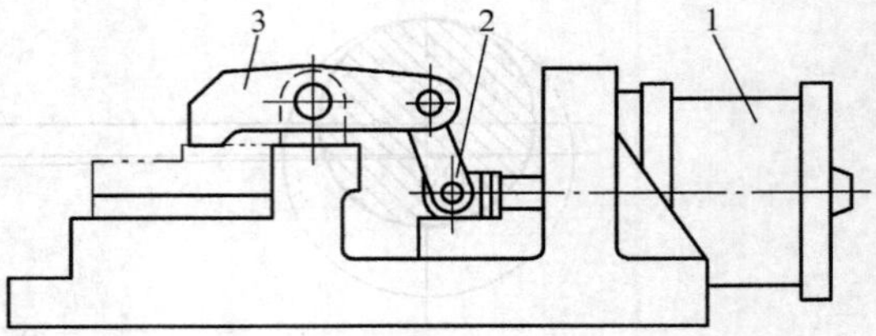

图 1-54　夹紧装置的组成
1—气缸　2—杠杆　3—压板

（2）传力机构　它是介于动力源和夹紧元件之间传递动力的机构。传力机构的作用是：改变作用力的方向；改变作用力的大小；具有一定的自锁性能，以便在夹紧力一旦消失后，仍能保证整个夹紧系统处于可靠的夹紧状态，这一点在手动夹紧时尤为重要。图 1-54 中的杠杆就是传力机构。

（3）夹紧元件　它是直接与工件接触完成夹紧作用的最终执行元件。图 1-54 中的压板就是夹紧元件。

2. 夹紧装置的基本要求

在夹紧工件的过程中，夹紧作用的效果会直接影响工件的加工精度、表面粗糙度以及生产效率。因此，对夹紧装置应提出如下基本要求：

1）夹紧既不应破坏工件的定位，又要有足够的夹紧力，同时又不应产生过大的夹紧变形及加工中的振动。

2）夹紧动作迅速，操纵方便安全省力。

3）手动夹紧机构要有可靠的自锁性；机动夹紧装置要统筹考虑其自锁性和稳定的原动力。

4）结构应尽量简单紧凑，工艺性要好。

1.10.2　夹紧力的确定

确定夹紧力的方向、作用点和大小时，要分析工件的结构特点、加工要求、切削力和其他外力作用工件的情况，以及定位元件的结构和布置方式。

1. 夹紧力的方向

夹紧力的方向与工件定位的基本配置情况，以及工件所受外力的作用方向等有关，选择时必须遵守以下准则：

1）夹紧力作用方向不应破坏工件的定位。如图 1-55a 所示的直角支座镗孔，要求孔与 A 面垂直，所以应以 A 面为主要定位基面，且夹紧力 F_w 方向与之垂直，则较容易保证质量。如图 1-55b、c 中的 F_w 都不利于保证镗孔轴线与 A 的垂直度，而图 1-55d 中的 F_w 朝向了主要定位基面，则有利于保证加工孔轴线与 A 面的垂直度。

2）夹紧力作用方向应使所需夹紧力尽可能小。为此，夹紧力 F_w 的方向最好与切削力 F、工件的重力 G 的方向重合。图 1-56 所示为工件在夹具中加工时常见的几种受力情况，显然，图 1-56a 为最合理，图 1-56f 情况为最差。

3）夹紧力作用方向应使工件的夹紧变形尽量小。由于工件在不同方向上刚度是不等的。不同的受力表面也因其接触面积大小而变形各异。尤其在夹压薄壁零件时，更需注意使

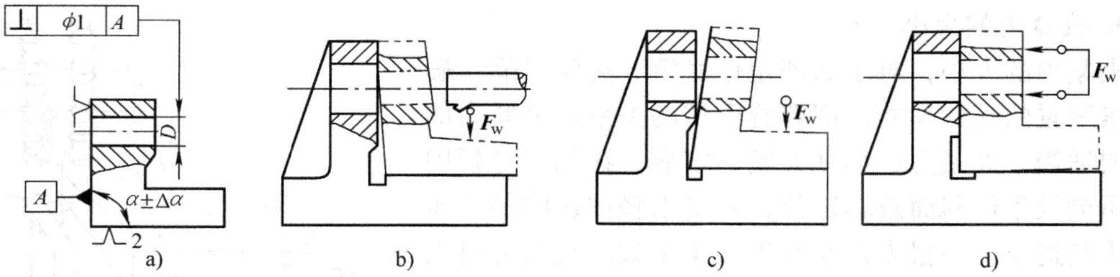

图 1-55　夹紧力应指向主要定位基面

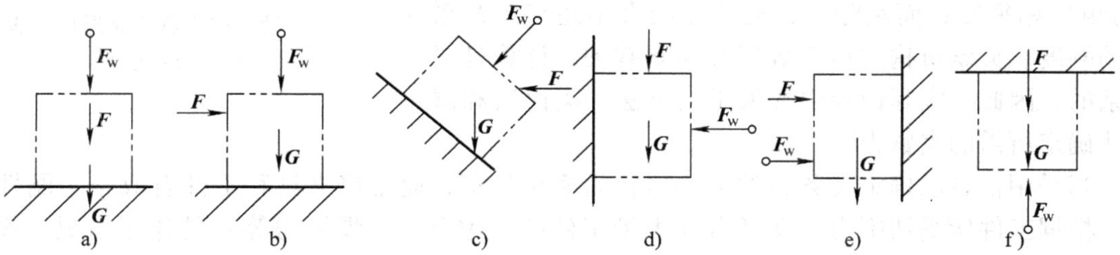

图 1-56　夹紧力方向与夹紧力大小的关系

夹紧力的方向指向工件刚性最好的方向。径向夹紧方式将产生过大的夹紧变形而无法保证加工精度。若改用轴向夹紧方式，则可大大减小工件的夹紧变形。

2. 夹紧力的作用点

夹紧力作用点是指夹紧件与工件接触的一小块面积。选择作用点的问题是指在夹紧力作用方向已定的情况下确定夹紧力作用点的位置和数目。夹紧力作用点的选择是达到最佳夹紧状态的首要因素。合理选择夹紧力作用点必须遵守以下准则：

1）夹紧力的作用点应落在定位元件的支承范围内，应尽可能使夹紧点与支承点对应，使夹紧力作用在支承上。如图 1-57a 所示，夹紧力作用在支承面范围之外，会使工件倾斜或移动，夹紧时将破坏工件的定位；而如图 1-57b 所示则是合理的。

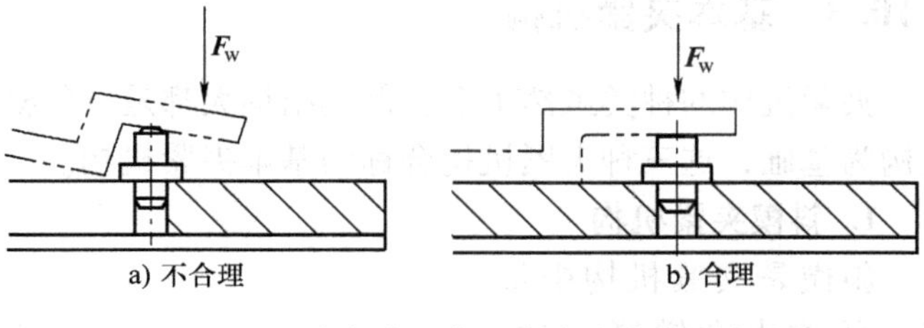

图 1-57　夹紧力的作用点应在支承面内

2）夹紧力的作用点应选在工件刚性较好的部位。这对刚度较差的工件尤其重要，如图 1-58 所示，将作用点由中间的单点改成两旁的两点夹紧，可使变形大为减小，并且夹紧更加可靠。

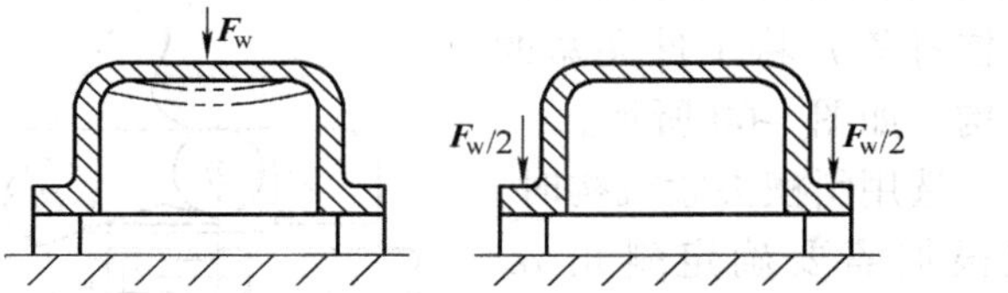

图 1-58　夹紧力作用点应在刚性较好部位

3）夹紧力的作用点应尽量靠近加工表面，以防止工件产生振动和变形，提高定位的稳定性和可靠性。如图 1-59 所示，支承 a 尽量靠近被加工表面，同时给予夹紧力 F_{W2}，这样使得翻转力矩小又增加了工件的刚性，既保证了定位夹紧的可靠性，又可减小振动和变形。

3. 夹紧力的大小

夹紧力的大小，对于保证定位稳定、夹紧可靠，确定夹紧装置的结构尺寸，都有着密切的关系。夹紧力的大小要适当。夹紧力过小则夹紧不牢靠，在加工过程中工件可能发生位移而破坏定位，其结果轻则影响加工质量，重则造成工件报废甚至发生安全事故。夹紧力过大则会使工件变形，也会对加工质量不利。

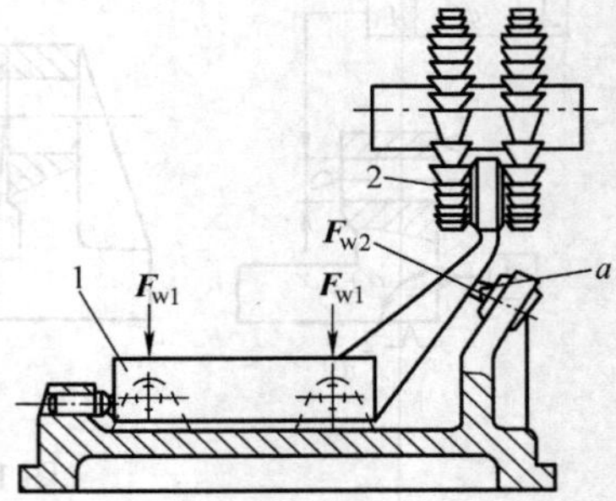

图 1-59　夹紧力作用点应靠近加工表面
1—工件　2—刀具

理论上，夹紧力的大小应与作用在工件上的其他力（力矩）相平衡；而实际上，夹紧力的大小还与工艺系统的刚度、夹紧机构的传递效率等因素有关，计算是很复杂的。因此，实际设计中常采用估算法、类比法和试验法确定所需的夹紧力。

当采用估算法确定夹紧力的大小时，为简化计算，通常将夹具和工件看成一个刚性系统。根据工件所受切削力、夹紧力（大型工件应考虑重力、惯性力等）的作用情况，找出加工过程中对夹紧最不利的状态，按静力平衡原理计算出理论夹紧力，最后再乘以安全系数作为实际所需夹紧力，即

$$F_{wk} = KF_{w} \tag{1-2}$$

式中　F_{wk}为实际所需夹紧力，单位为 N；F_{w} 为在一定条件下，由静力平衡算出的理论夹紧力，单位为 N；K 为安全系数，粗略计算时，粗加工取 $K=2.5\sim3$，精加工取 $K=1.5\sim2$。

夹紧力三要素的确定，实际是一个综合性问题，必须全面考虑工件结构特点、工艺方法、定位元件的结构和布置等多种因素，才能最后确定并具体设计出较为理想的夹紧装置。

1.10.3　基本夹紧机构

夹紧机构的种类虽然很多，但其结构大都是以斜楔夹紧机构、螺旋夹紧机构和偏心夹紧机构为基础，这三种夹紧机构合称为基本夹紧机构。

1. 斜楔夹紧机构

斜楔是夹紧机构中最基本的增力和锁紧元件。斜楔夹紧机构是利用楔块上的斜面直接或间接（如用杠杆等）将工件夹紧的机构，如图 1-60 所示。

选用斜楔夹紧机构时，应根据需要确定斜角 α。凡有自锁要求的楔块夹紧，其斜角通常取 $\alpha=6°\sim8°$。在现代夹具中，斜楔夹紧机构常与气压、液压传动装置联合使用，由于气压

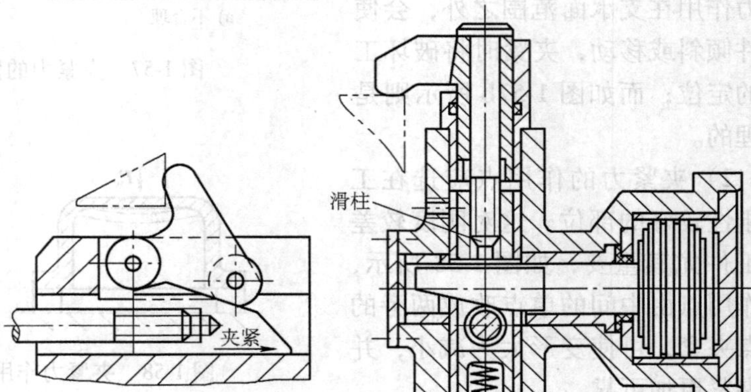

图 1-60　斜楔夹紧机构

和液压可保持一定压力，楔块斜角 α 不受此限，可取更大些，一般在 15° ~ 30°内选择。斜楔夹紧机构结构简单，操作方便，但传力系数小，夹紧行程短，自锁能力差。

2. 螺旋夹紧机构

由螺钉、螺母、垫圈、压板等元件组成，采用螺旋直接夹紧或与其他元件组合实现夹紧工件的机构，统称为螺旋夹紧机构。螺旋夹紧机构不仅结构简单、容易制造，而且自锁性能好、夹紧可靠，夹紧力和夹紧行程都较大，是夹具中用得最多的一种夹紧机构。

（1）简单螺旋夹紧机构　这种装置有两种形式，图 1-61a 所示的机构螺杆直接与工件接触，容易使工件受损害或移动，一般只用于毛坯和粗加工零件的夹紧。图 1-61b 所示的是常用的螺旋夹紧机构，其螺钉头部常装有摆动压块，可防止螺杆夹紧时带动工件转动和损伤工件表面，螺杆上部装有手柄，夹紧时不需要扳手，操作方便、迅速。当工件夹紧部分不宜使用扳手，且夹紧力要求不大的部位，可选用这种机构。

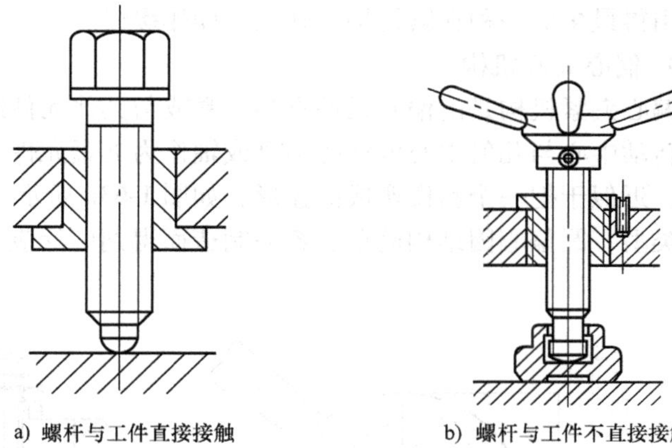

图 1-61　简单螺旋夹紧机构

（2）螺旋压板夹紧机构　在夹紧机构中，结构形式变化最多的是螺旋压板机构，常用的螺旋压板夹紧机构如图 1-62 所示。选用时，可根据夹紧力大小的要求、工作高度尺寸的

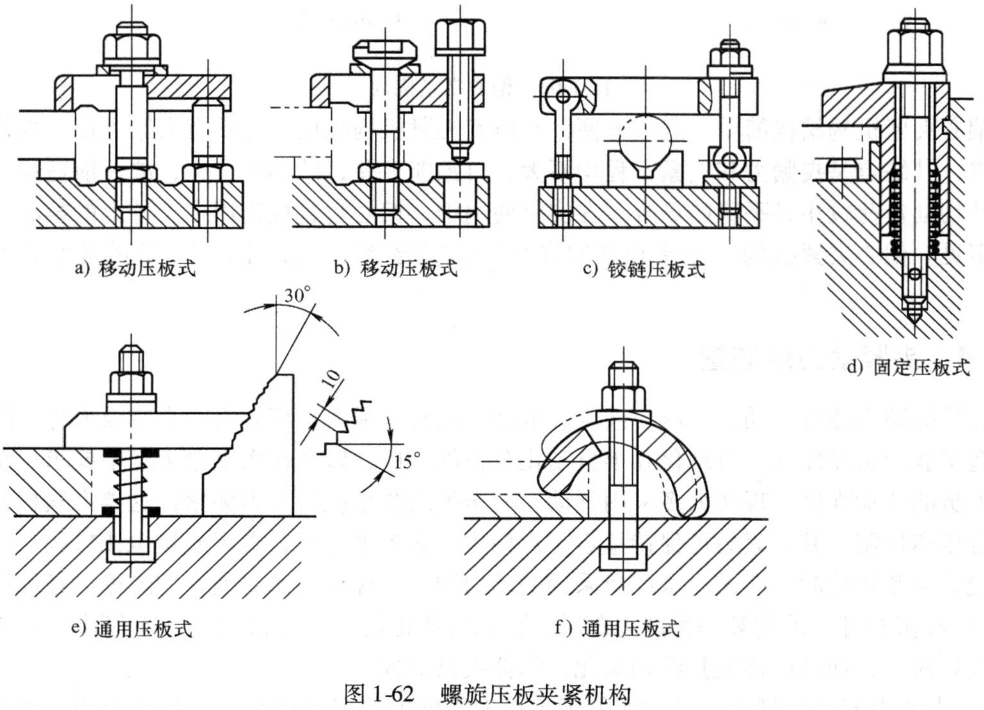

图 1-62　螺旋压板夹紧机构

变化范围、夹具上夹紧机构允许占有的部位和面积进行选择。例如，当夹具中只允许夹紧机构占很小面积，而夹紧力又要求不很大时，可选用如图 1-62a、b 所示的螺旋钩形压板夹紧机构。又如工件夹紧高度变化较大的小批、单件生产，可选用如图 1-62e、f 所示的通用压板夹紧机构。

螺旋夹紧机构的特点：结构简单，制造容易，操作方便，而且由于绕在螺钉表面的螺旋线很长，升角又小，所以螺旋夹紧机构的自锁性能好，夹紧力和夹紧行程都较大，是手动夹紧中用得最多的一种夹紧机构。缺点是操作缓慢。

3. 偏心夹紧机构

偏心夹紧机构是由偏心元件直接夹紧或与其他元件组合而实现对工件夹紧的机构，它是利用转动中心与几何中心偏移的圆盘或轴作为夹紧元件。它的工作原理也是基于斜楔的工作原理，近似于把一个斜楔弯成圆盘形，如图 1-63a 所示。偏心元件一般有圆偏心和曲线偏心两种类型，圆偏心因结构简单、容易制造而得到广泛应用。

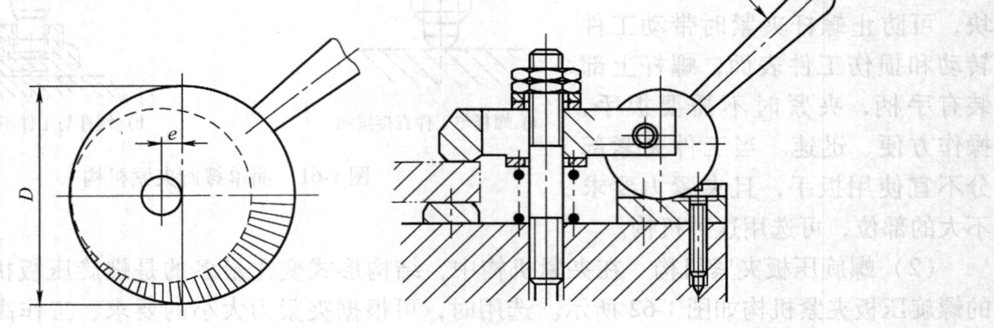

a) 工作原理　　b) 偏心结构

图 1-63　偏心夹紧机构

偏心夹紧机构结构简单、制造方便，与螺旋夹紧机构相比，还具有夹紧迅速、操作方便等优点；其缺点是夹紧力和夹紧行程均不大，自锁能力差，结构不抗振，故一般适用于夹紧行程及切削负荷较小且平稳的场合。在实际使用中，偏心轮直接作用在工件上的偏心夹紧机构不多见。偏心夹紧机构一般多和其他夹紧元件联合使用。如图 1-63b 所示是偏心夹紧机构。

1.10.4　夹紧动力源装置

夹具的动力源有手动、气压、液压、电动、电磁、弹力、离心力、真空吸力等。随着机械制造工业的迅速发展，自动化和半自动化设备的推广，以及在大批量生产中要求尽量减轻操作人员的劳动强度，现在大多采用气动、液压等夹紧来代替人力夹紧，这类夹紧机构还能进行远距离控制，其夹紧力可保持稳定，机构也不必考虑自锁，夹紧质量也比较高。

设计夹紧机构时，应同时考虑所采用的动力源。选择动力源时通常应遵循两条原则：

1）经济合理。采用某一种动力源时，首先应考虑使用的经济效益，不仅应使动力源设施的投资减少，而且应使夹具结构简化，降低夹具的成本。

2）与夹紧机构相适应。动力源的确定很大程度上决定了所采用的夹紧机构，因此动力源必须与夹紧机构结构特性、技术特性以及经济价值相适应。

1. 手动动力源

选用手动动力源的夹紧系统一定要具有可靠的自锁性能以及较小的原始作用力，故手动动力源多用于螺栓螺母施力机构和偏心施力机构的夹紧系统。设计这种夹紧装置时，应考虑操作者体力和情绪的波动对夹紧力的大小波动的影响，应选用较大的裕度系数。

2. 气压动力源

气压动力源夹紧系统如图1-64所示。它包括三个组成部分：第一部分为气源，包括空气压缩机2、冷却器3、储气罐4等，这一部分一般集中在压缩空气站内；第二部分为控制部分，包括分水滤气器6（降低湿度）、调压阀7（调整与稳定工作压力）、油雾器9（将油雾化润滑元件）、单向阀10、配气阀11（控制气缸进气与排气方向）、调速阀12（调节压缩空气的流速和流量）等，这些气压元件一般安装在机床附近或机床上；第三部分为执行部分，如气缸13等，它们通常直接装在机床夹具上与夹紧机构相连。

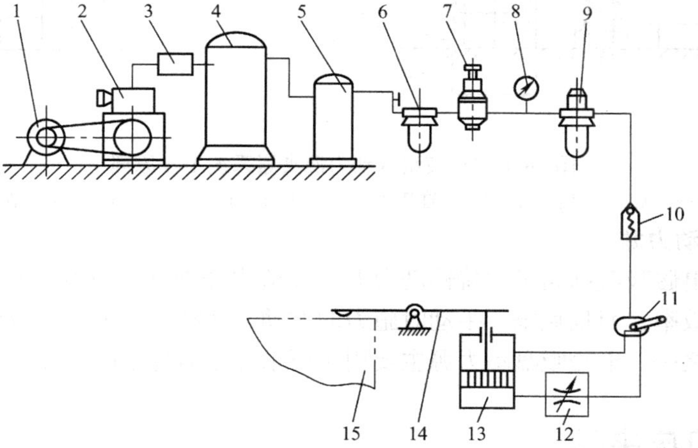

图1-64 气压动力源夹紧系统的组成

1—电动机 2—空气压缩机 3—冷却器 4—储气罐 5—过滤器 6—分水滤气器 7—调压阀 8—压力表 9—油雾器 10—单向阀 11—配气阀 12—调速阀 13—气缸 14—夹具示意图 15—工件

气缸是将压缩空气的工作压力转换为活塞的移动，以此驱动夹紧机构实现对工件夹紧的执行元件。它的种类很多，按活塞的结构可分为活塞式和膜片式两大类；按安装方式可分固定式、摆动式和回转式等；按工作方式还可分为单向作用和双向作用气缸。

气压动力源的介质是空气，故不会变质、不产生污染，且在管道中的压力损失小，但气压较低，一般为0.4～0.6MPa，当需要较大的夹紧力时，气缸就要很大，致使夹具结构不紧凑。另外，由于空气的压缩性大，所以夹具的刚度和稳定性较差。此外，还有较大的排气噪声。

3. 液压动力源

液压动力源夹紧系统是利用液压油为工作介质来传力的一种装置。与气动夹紧机构比较，液压夹紧机构具有压力大、体积小、结构紧凑、夹紧力稳定、吸振能力强、不受外力变化的影响等优点。但结构比较复杂、制造成本较高，因此仅适用于大量生产。液压夹紧的传动系统与普通液压系统类似，但系统中常设有蓄能器，用以存储压力油，以提高液压泵电动机的使用效率。在工件夹紧后，液压泵电动机可停止工作，靠蓄能器补偿漏油，保持夹紧状态。

4. 气-液组合动力源

气－液组合动力源夹紧系统的动力源为压缩空气，但要使用特殊的增压器，比气动夹紧装置复杂。它的工作原理如图 1-65 所示，压缩空气进入气缸 1 的右腔，推动增压器活塞 3 左移，活塞杆 4 随之在增压缸 2 内左移。因活塞杆 4 的作用面积小，使增压缸 2 和工作缸 5 内的油压得到增加，并推动工作缸活塞 6 上抬，将工件夹紧。

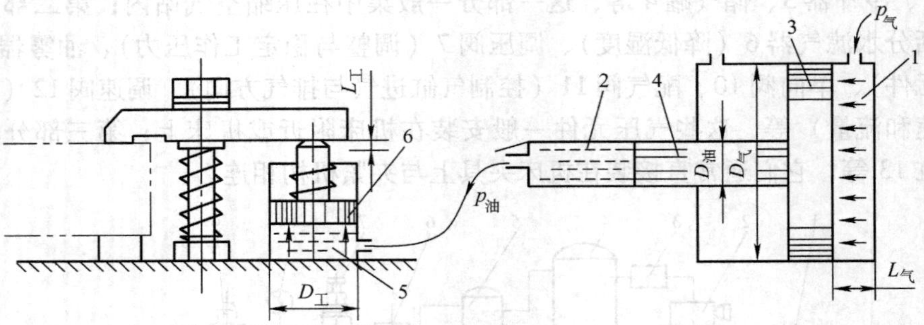

图 1-65　气-液组合动力源夹紧系统工作原理

1—气缸　2—增压缸　3—气缸活塞　4—活塞杆　5—工作缸　6—工作缸活塞

5. 电动电磁动力源

电动扳手和电磁吸盘都属于硬特性动力源，在流水作业线中常采用电动扳手代替手动，不仅提高了生产效率，而且克服了手动时施力的波动，并减轻了工人的劳动强度，是获得稳定夹紧力的方法之一。电磁吸盘动力源主要用于要求夹紧力稳定的精加工夹具中。

1.11　各类机床夹具

1.11.1　车床夹具

1. 车床夹具的分类

车床主要用于加工零件的内、外圆柱面、圆锥面、回转成形面、螺纹以及端平面等。上述各种表面都是围绕机床主轴的旋转轴线旋转而形成的，根据这一加工特点和夹具在机床上安装的位置，将车床夹具分为两种基本类型。

（1）安装在车床主轴上的夹具　这类夹具中，除了各种卡盘、顶尖等通用夹具或其他机床附件外，往往还根据加工的需要设计各种心轴或其他专用夹具，加工时夹具随机床主轴一起旋转，切削刀具作进给运动。

（2）安装在滑板或床身上的夹具　对于某些形状不规则和尺寸较大的工件，常常把夹具安装在车床滑板上，刀具则安装在车床主轴上作旋转运动，夹具作进给运动。加工回转成形面的靠模属于此类夹具。

车床夹具按使用范围，可分为通用车夹具、专用车夹具和组合车夹具三类。

生产中需要设计且用得较多的是安装在车床主轴上的各种夹具，故下面只介绍该类夹具的结构特点。

2. 车床常用通用夹具的结构

（1）三爪自定心卡盘　三爪自定心卡盘的三个卡爪是同步运动的，能自动定心，工件装夹后一般不需找正，装夹工件方便、省时，但夹紧力不太大，所以仅适用于装夹外形规则的中、小型工件，其结构如图 1-66 所示。

为了扩大三爪自定心卡盘的使用范围，可将卡盘上的三个卡爪换下来，装上专用卡爪，变为专用的三爪自定心卡盘。

（2）四爪单动卡盘　由于四爪单动卡盘的四个卡爪各自独立运动，因此工件装夹时必须将加工部分的旋转中心找正到与车床主轴旋转中心重合后才可车削。四爪单动卡盘找正比较费时，但夹紧力较大，所以适用于装夹大型或形状不规则的工件。四爪单动卡盘可装成正爪或反爪两种形式，反爪用来装夹直径较大的工件。

图 1-67 是四爪单动卡盘上用 V 形架固定圆件的方法，调好中心后，用三爪固定一个 V 形架，只用第四个卡爪夹紧和松开元件。

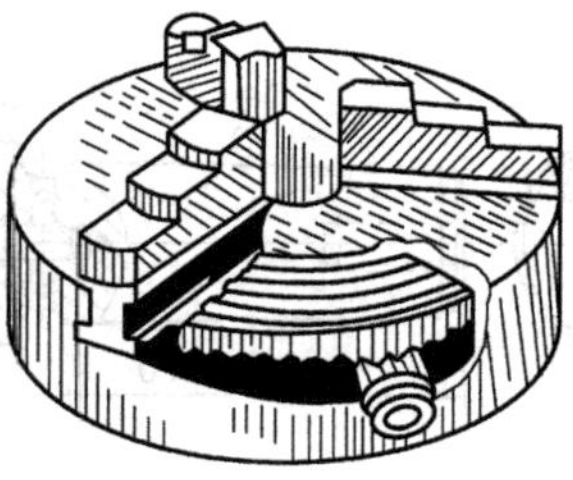

图 1-66　三爪自定心卡盘

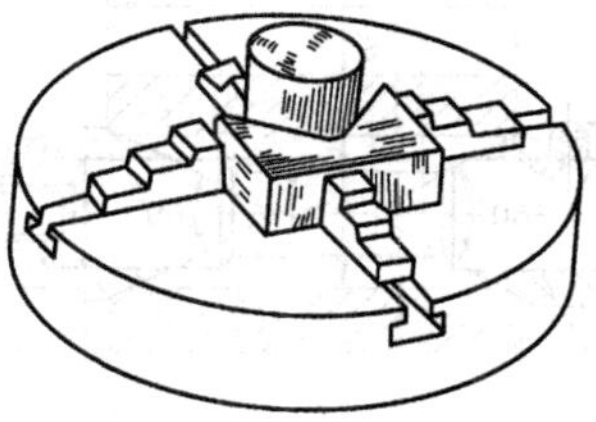

图 1-67　四爪单动卡盘

（3）拨动顶尖　为了缩短装夹时间，可采用内、外拨动顶尖如图 1-68 所示。这种顶尖的锥面上的齿能嵌入工件，拨动工件旋转。圆锥角一般采用 60°，硬度为 58～60HRC。图 1-68a 为外拨动顶尖，用于装夹套类工件，它能在一次装夹中加工外圆。图 1-68b 为内拨动顶尖，用于装夹轴类工件。

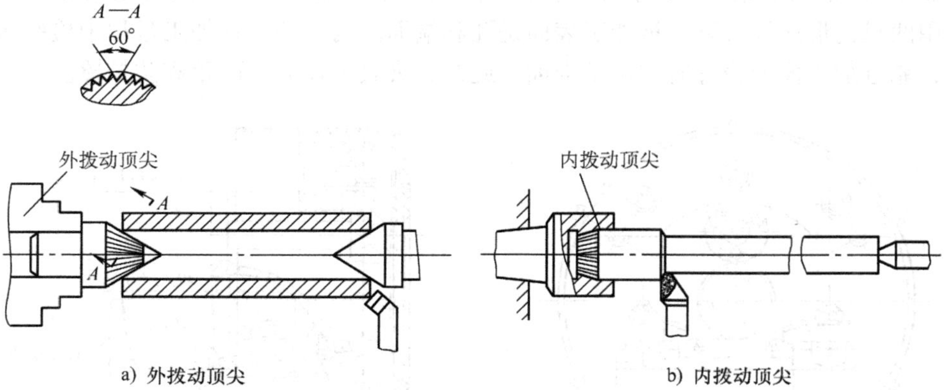

a) 外拨动顶尖　　b) 内拨动顶尖

图 1-68　内、外拨动顶尖

端面拨动顶尖：这种顶尖装夹工件时，利用端面拨爪带动工件旋转，工件仍以中心孔定位。这种顶尖的优点是能快速装夹工件，并在一次安装中能加工出全部外表面。它适用于装夹外径为 ϕ50～150mm 的工件，其结构如图 1-69 所示。

3. 车床专用夹具的典型结构

（1）心轴类车床夹具　心轴宜用于以孔作定位基准的工件，由于结构简单而常采用。按照与机床主轴的联接方式，心轴可分为顶尖式心轴和锥柄式心轴。

图 1-70 为顶尖式心轴，工件以孔口 60° 角定位车削外圆表面。当旋转螺母 6，活动顶尖 4 左移，从而使工件定心夹紧。顶尖式心轴结构简单、夹紧可靠、操作方便，适用于加工内、外圆无同轴度要求，或只需加工外圆的套类零件。被加工工件的内径 d_s 一般在 32 ~ 100mm 范围内，长度 L_s 在 120 ~ 780mm 范围内。

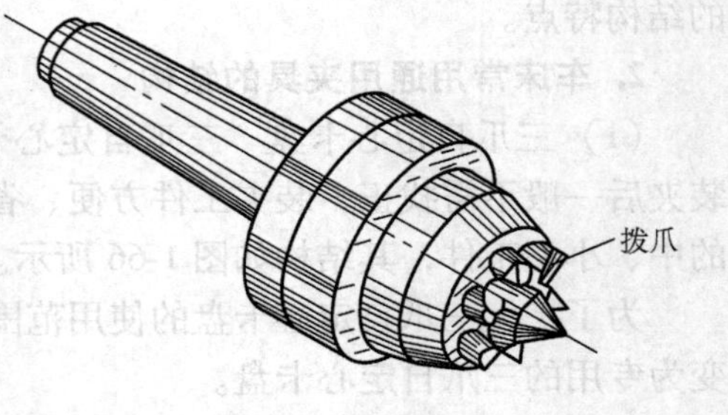

图 1-69　端面拨动顶尖

图 1-71 为锥柄式心轴，仅能加工短的套筒或盘状工件。锥柄式心轴应和机床主轴锥孔的锥度相一致。锥柄尾部的螺纹孔是当承受力较大时用拉杆拉紧心轴用的。

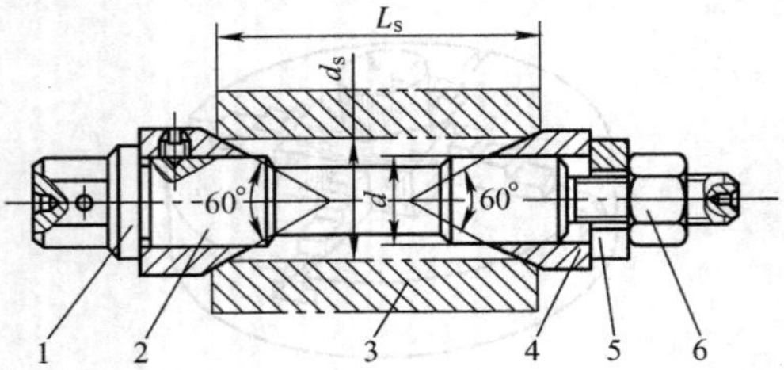

图 1-70　顶尖式心轴

1—轴间　2—心轴　3—工件

4—活动顶尖　5—垫圈　6—螺母

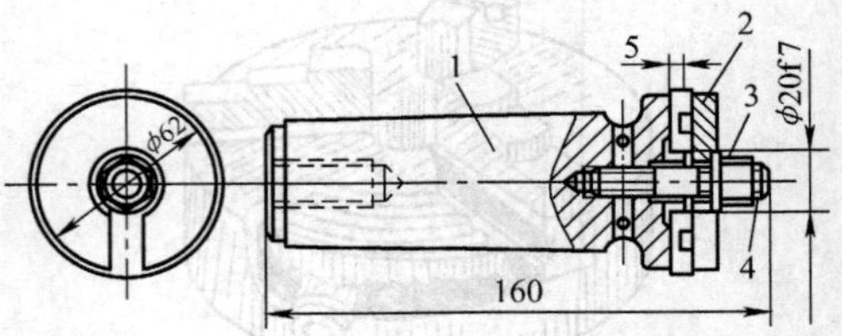

图 1-71　锥柄式心轴

1—心轴　2—开口垫片

3—螺母　4—螺栓

（2）角铁式车床夹具　角铁式车床夹具的结构特点是具有类似角铁的夹具体。它常用于加工壳体、支座、接头等类零件上的圆柱面及端面。

如图 1-72 所示的夹具，工件以一平面和两孔为基准在夹具倾斜的定位面和两个销子上定位。用两只钩形压板夹紧。被加工表面是孔和端面。为了便于在加工过程中检验所切端面的尺寸，靠近加工面处设计有测量基准面。此外，夹具上还装有配重和防护罩。

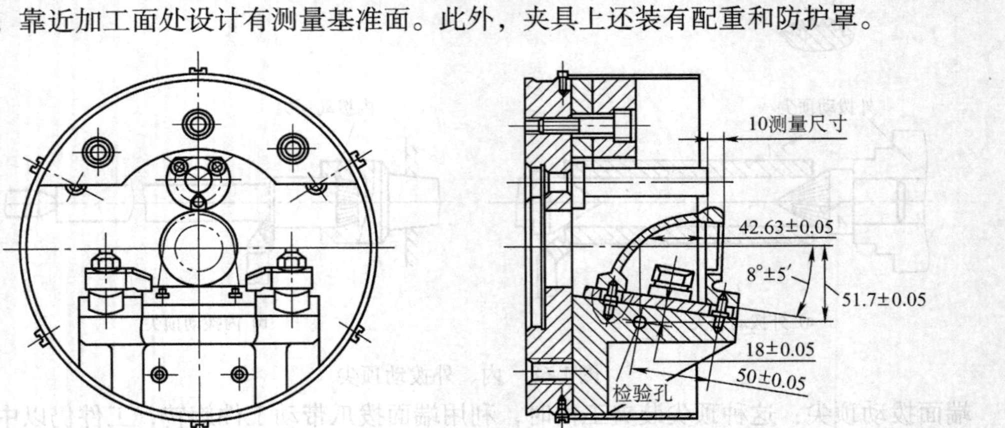

图 1-72　角铁式车床夹具

如图1-73所示的夹具是用来加工气门杆的端面，由于该工件是以细的外圆柱面为基准，这就很难采用自动定心装置，于是夹具就采用半圆孔定位，所以夹具体必然成角铁状。为了使夹具平衡，该夹具采用了在重的一侧钻平衡孔的办法。

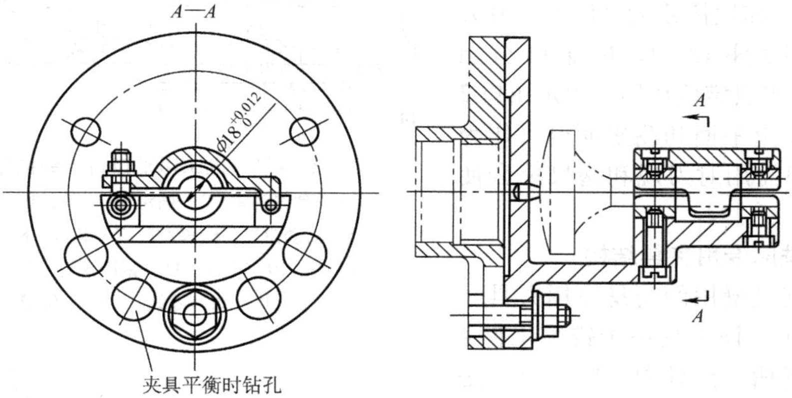

图1-73　车气门杆的角铁式夹具

由此可见，角铁式车床夹具主要应用于两种情况：第一是形状较特殊，被加工表面的轴线要求与定位基准面平行或成一定角度；第二是工件的形状虽不特殊，但却不宜设计成对称式夹具时，也可采用角铁式结构。

4. 车床夹具的设计特点

1）因为整个车床夹具随机床主轴一起回转，所以要求它结构紧凑，轮廓尺寸尽可能小，重量要尽量轻，重心尽可能靠近回转轴线，以减小惯性力和回转力矩。

2）应有消除回转中的不平衡现象的平衡措施，以减小振动等不利影响。一般设置配置块或减重孔消除不平衡。

3）与主轴连接部分是夹具的定位基准，应有较准确的圆柱孔（或圆锥孔），其结构形式和尺寸，依照具体使用的机床而定。

4）为使夹具使用安全，应尽可能避免有尖角或凸起部分，必要时回转部分外面可加防护罩。夹紧力要足够大，自锁可靠。

1.11.2　铣床夹具

1. 铣床夹具的分类

铣床夹具按使用范围，可分为通用铣夹具、专用铣夹具和组合铣夹具三类。按工件在铣床上加工的运动特点，可分为直线进给夹具、圆周进给夹具、沿曲线进给夹具（如仿形装置）三类。还可按自动化程度和夹紧动力源的不同（如气动、电动、液压）以及装夹工件数量的多少（如单件、双件、多件）等进行分类。其中，最常用的分类方法是按通用、专用和组合进行分类。

2. 铣床常用通用夹具的结构

铣床常用的通用夹具主要有平口台虎钳，它主要用于装夹长方形工件，也可用于装夹圆柱形工件。

机床用平口台虎钳的结构如图1-74所示。机床用平口台虎钳是通过台虎钳体1固定在

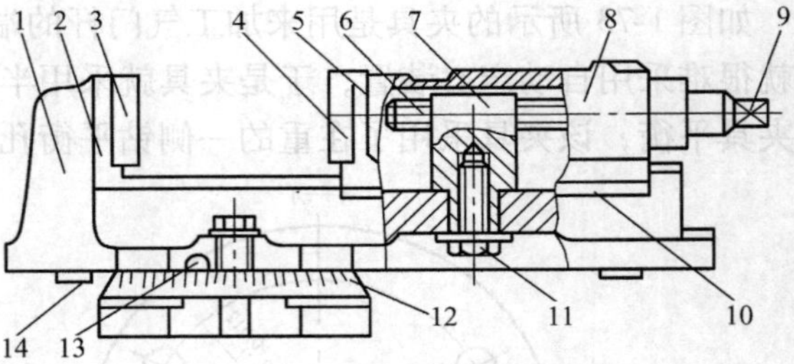

图 1-74　机床用平口台虎钳的结构

1—台虎钳体　2—固定钳口　3、4—钳口铁　5—活动钳口　6—丝杆　7—螺母　8—活动座　9—方头　10—压板　11—紧固螺钉　12—回转底座　13—钳座零线　14—定位键

机床上。固定钳口 2 和钳口铁 3 起垂直定位作用，台虎钳体 1 上的导轨平面起水平定位作用。活动座 8、螺母 7、丝杆 6（及方头 9）和紧固螺钉 11 可作为夹紧元件。回转底座 12 和定位键 14 分别起角度分度和夹具定位作用。固定钳口 2 上的钳口铁 3 上平面和侧平面也可作为对刀部位，但需用对刀规和塞尺配合使用。

3. 典型铣床专用夹具结构

（1）铣削键槽用的简易专用夹具　如图 1-75 所示，该夹具用于铣削工件 4 上的半封闭键槽。夹具中，V 形块 1 是夹具体兼定位件，它使工件在装夹时轴线位置必在 V 形面的角平分线上，从而起到定位作用。对刀块 6 同时也起到端面定位作用。压板 2 和螺栓 3 及螺母是夹紧元件，它们用以阻止工件在加工过程中因受切削力而产生的移动和振动。对刀块 6 除对工件起轴向定位外，主要用以调整铣刀和工件的相对位置。对刀面 a 通过铣刀周刃对刀，调整铣刀与工件的中心对称位置；对刀面 b 通过铣刀端面刃对刀，调整铣刀端面与工件外圆（或水平中心线）的相对位置。定位键 5 在夹具与机床间起定位作用，使夹具体即 V 形块 1 的 V 形槽槽向与工作台纵向进给方向平行。

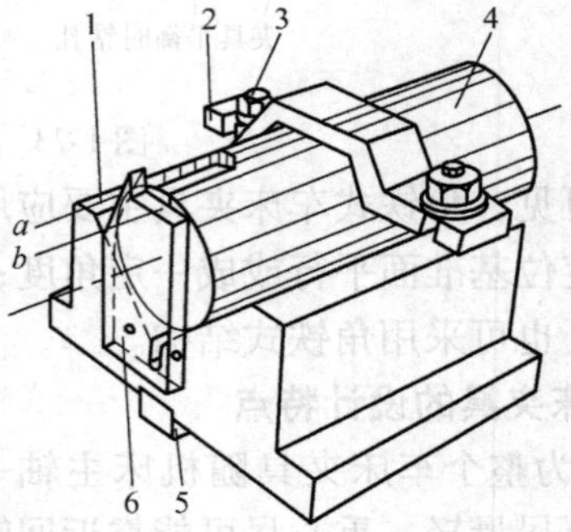

图 1-75　铣削键槽用的简易专用夹具

1—V 形块　2—压板　3—螺栓　4—工件　5—定位键　6—对刀块

（2）加工壳体的铣床专用夹具　如图 1-76 所示为加工壳体侧面棱边所用的铣床专用夹具。工件以端面、大孔和小孔作定位基准，定位元件为支承板 2 和安装在其上的大圆柱销 6 和菱形销 10。夹紧装置是采用螺旋压板的联动夹紧机构。操作时，只需拧紧螺母 4 就可使左右两个压板同时夹紧工件。夹具上还有对刀块 5，用来确定铣刀的位置。两个定向键 11 用来确定夹具在机床工作台上的位置。

4. 铣床夹具的设计特点

铣床夹具与其他机床夹具的不同之处在于：它是通过定位键在机床上定位，用对刀装置决定铣刀相对于夹具的位置。

（1）铣床夹具的安装　铣床夹具在铣床工作台上的安装位置，直接影响被加工表面的位置精度，因而在设计时必须考虑其安装方法，一般是在夹具底座下面装两个定位键。定位键的结构尺寸已标准化，应按铣床工作台的 T 形槽尺寸选定，它和夹具底座以及工作台 T 形槽的配合为 $\frac{H7}{h6}$、$\frac{H8}{h8}$。两定位键的距离应力求最大，以利提高安装精度。

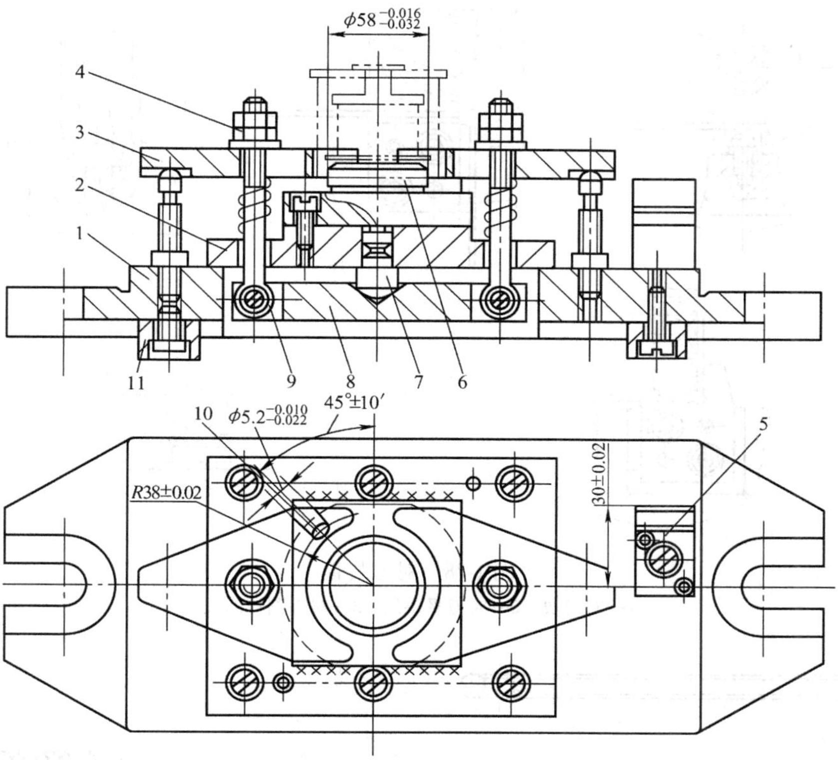

图1-76　加工壳体的铣床专用夹具

1—夹具体　2—支承板　3—压板　4—螺母　5—对刀块　6—大圆柱销
7—球头钉　8—铰接板　9—螺杆　10—菱形销　11—定向键

图1-77所示为定位键的安装情况。夹具通过两个定位键嵌入到铣床工作台的同一条T形槽中，再用T形螺栓和垫圈、螺母将夹具体紧固在工作台上，所以在夹具体上还需要提供两个穿T形螺栓的耳座。如果夹具宽度较大时，可在同侧设置两个耳座，两耳座的距离要和铣床工作台两个T形槽间的距离一致。

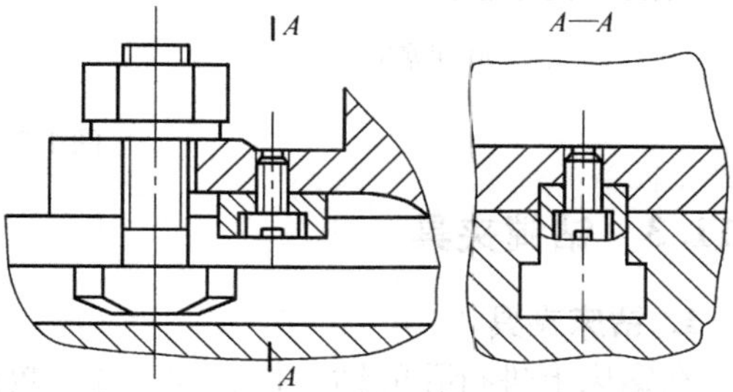

图1-77　定位键及其联接

（2）铣床夹具的对刀装置　铣床夹具在工作台上安装好了以后，还要调整铣刀对夹具的相对位置，以便于进行定距加工。为了使刀具与工件被加工表面的相对位置能迅速而正确地对准，在夹具上可以采用对刀装置。对刀装置是由对刀块和塞尺等组成，其结构尺寸已标准化。各种对刀块的结构可以根据工件的具体加工要求进行选择。如图1-78所示是对刀装置的使用简图。常用的塞尺有平塞尺和圆柱塞尺两种，其形状如图1-79所示。

由于铣削时切削力较大，振动也大，夹具体应有足够的强度和刚度，还应尽可能降低夹具的重心，工件待加工表面应尽可能靠近工作台，以提高夹具的稳定性，通常夹具体的高宽比 $H/B \leqslant 1 \sim 1.25$ 为宜。

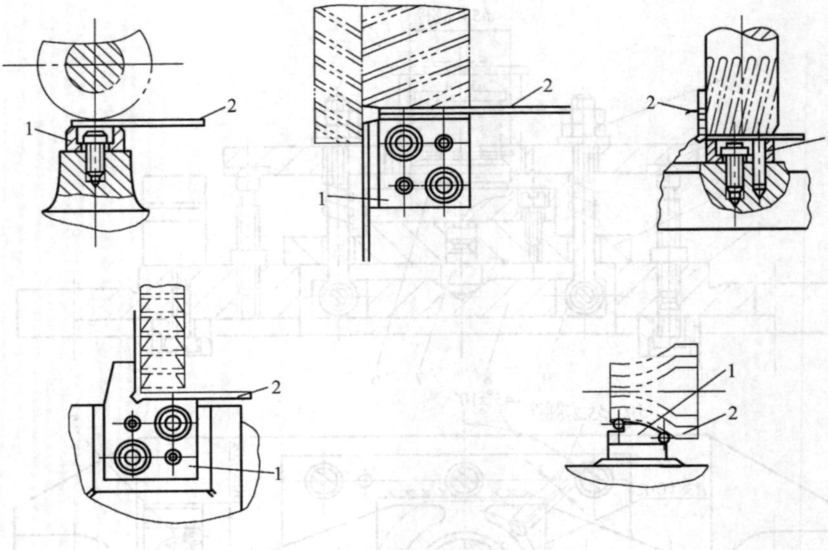

图 1-78 对刀装置

1—对刀块 2—对刀平塞尺 3—对刀圆柱塞尺

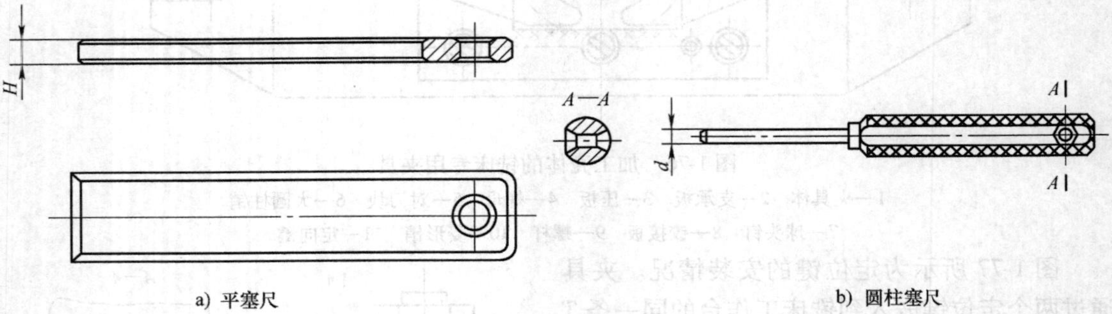

图 1-79 对刀塞尺

1.11.3 钻镗夹具

1. 钻床夹具

在钻床上进行孔的钻、扩、铰、锪、攻螺纹加工所用的夹具，称为钻床夹具。钻床夹具是用钻套引导刀具进行加工的，所以简称为钻模。钻模有利于保证被加工孔对其定位基准和各孔之间的尺寸精度和位置精度，并可显著提高劳动生产率。

（1）钻床夹具的分类 钻床夹具的种类繁多，根据被加工孔的分布情况和钻模板的特点，一般分为固定式、回转式、移动式、翻转式、盖板式和滑柱式等几种类型。

1）固定式钻模。在使用过程中，夹具和工件在机床上的位置固定不变，常用于在立式钻床上加工较大的单孔或在摇臂钻床上加工平行孔系。

在立式钻床上安装钻模时，一般先将装在主轴上的定尺寸刀具（精度要求高时用心轴）伸入钻套中，以确定钻模的位置，然后将其紧固。这种加工方式的钻孔精度较高。

2）回转式钻模。在钻削加工中，回转式钻模使用较多，它用于加工同一圆周上的平行孔系，或分布在圆周上的径向孔。它包括立轴、卧轴和斜轴回转三种基本形式。由于回转工作台已经标准化，故回转式夹具的设计，在一般情况下是设计专用的工作夹具和标准回转工作台联合使用，必要时才设计专用的回转式钻模。图1-80为一套专用回转式钻模，用其加工工件上均布的径向孔。

3）移动式钻模。这类钻模用于钻削中、小型工件同一表面上的多个孔。图1-81为移动式钻模，用于加工连杆大、小头上的孔。工件以端面及大、小头圆弧面作为定位基面，在定位套12、13，固定V形块2及活动V形块7上定位。先通过手轮8推动活动V形块7压紧工件。然后转动手轮8带动螺钉11转动，压迫钢球10，使两片半月键9向外胀开而锁紧。V形块带有斜面，使工件在夹紧分力作用下与钻套贴紧。通过移动钻模，使钻头分别在两个钻套4、5中导入，从而加工工件上的两个孔。

4）翻转式钻模。这类钻模主要用于加工中、小型工件分布在不同表面上的孔，图1-82为加工套筒上四个径向孔的翻转式钻模。工件以内孔及端面在台肩销1上定位，用垫圈2和螺母3夹紧。钻完一组孔后，翻转60°钻另一组孔。该夹具的结构比较简单，但每次钻孔都需找正钻套相对钻头的位置，所以辅助时间较长，而且翻转费力。因此，夹具连同工件的总重量不能太重，其加工批量也不宜过大。

5）盖板式钻模。这类钻模没有夹具体，钻模板上除钻套外，一般还装有定位元件和夹紧装置，只要将它覆盖在工件上即可进行加工。

图1-83所示为加工车床溜板箱上多个小孔的盖板式钻模。在钻模盖板1上不仅装有钻套，还装有定位用的

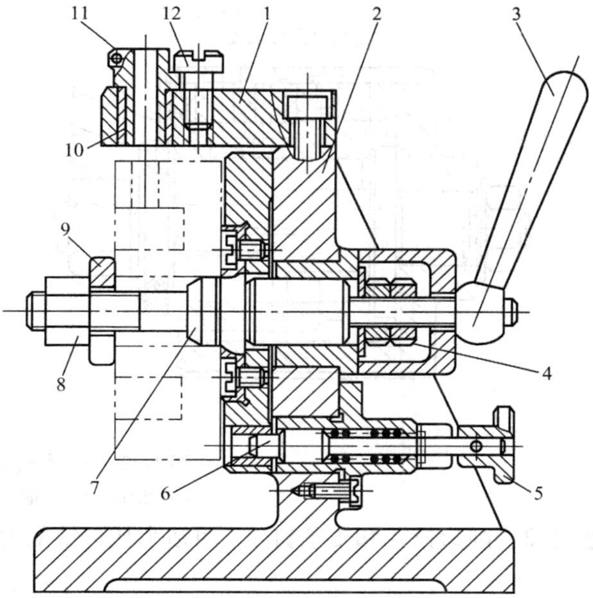

图1-80　专用回转式钻模

1—钻模板　2—夹具体　3—手柄　4、8—螺母　5—把手　6—对定销　7—圆柱销　9—垫圈　10—衬套　11—钻套　12—螺钉

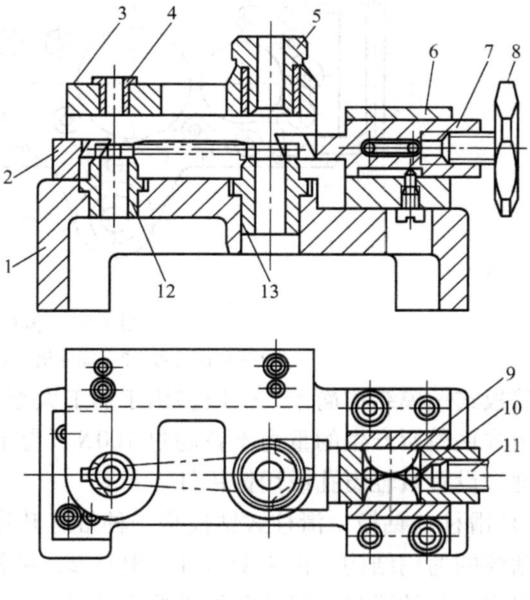

图1-81　移动式钻模

1—夹具体　2—固定V形块　3—钻模板　4、5—钻套　6—支座　7—活动V形块　8—手轮　9—半月键　10—钢球　11—螺钉　12、13—定位套

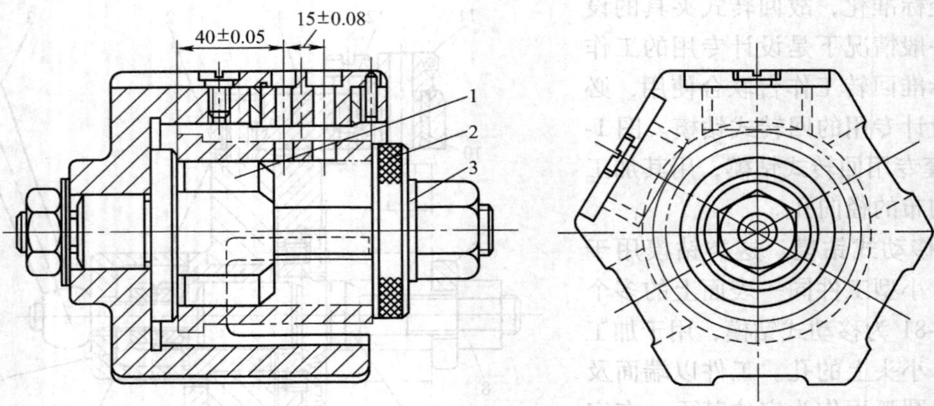

图 1-82　60°翻转式钻模

1—台肩销　2—垫圈　3—螺母

圆柱销 2、削边销 3 和支承钉 4。因钻小孔，钻削力矩小，故未设置夹紧装置。

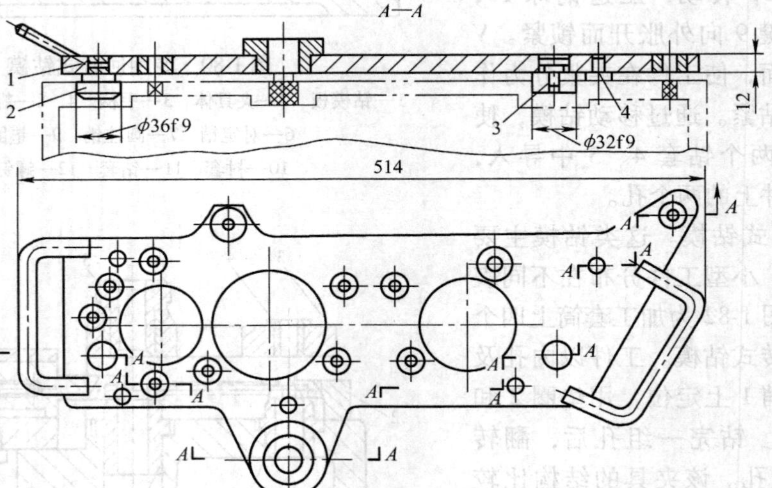

图 1-83　盖板式钻模

1—钻模盖板　2—圆柱销　3—削边销　4—支承钉

盖板式钻模结构简单，一般多用于加工大型工件上的小孔。因夹具在使用时经常搬动，故盖板式钻模所产生的重力不宜超过 100N。为了减轻重量，可在盖板上设置加强肋而减小其厚度，设置减轻窗孔或用铸铝件。

6）滑柱式钻模。滑柱式钻模是一种带有升降钻模板的通用可调夹具。图 1-84 为手动滑柱式钻模的通用结构，由夹具体 1、滑柱 2、钻模板 4 和传动、锁紧机构所组成。使用时，只要根据工件的形状、尺寸和加工要求等具体情况，专门设计制造相应的定位、夹紧装置和钻套等，装在夹具体的平台和钻模板上的适当位置，就可用于加工。转动手柄 6，经过齿轮齿条的传动和左右滑柱的导向，便能顺利地带动钻模板升降，将工件夹紧或松开。

这种手动滑柱钻模的机械效率较低，夹紧力不大，此外，由于滑柱和导孔为间隙配合

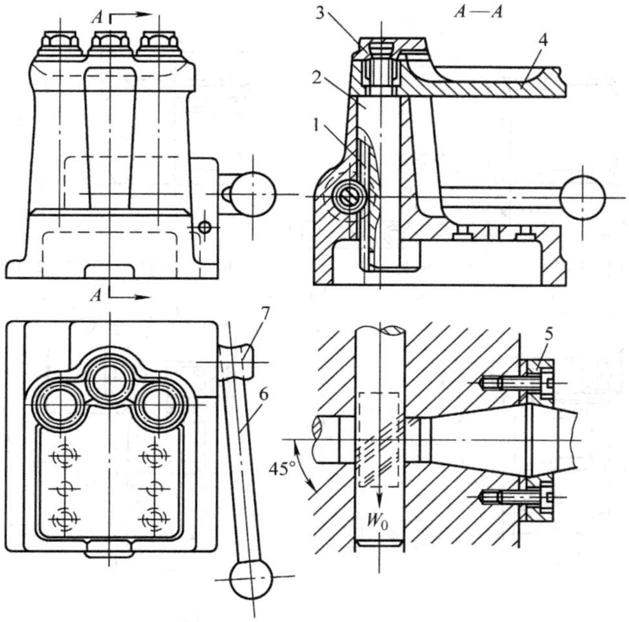

图 1-84　手动滑柱式钻模的通用结构

1—夹具体　2—滑柱　3—锁紧螺母　4—钻模板　5—套环　6—手柄　7—螺旋齿轮轴

（一般为$\frac{H7}{f7}$），因此被加工孔的垂直度和孔的位置尺寸难以达到较高的精度。但是其自锁性能可靠，结构简单，操作迅速，具有通用可调的优点，所以不仅广泛使用于大批量生产，而且也已推广到小批生产中。它适用于一般中、小件加工。

（2）钻床夹具的设计特点　钻床夹具的主要特点是都有一个安装钻套的钻模板。钻套和钻模板是钻床夹具的特殊元件。钻套装配在钻模板或夹具体上，其作用是确定被加工孔的位置和引导刀具加工。

1）钻套的类型：钻套按其结构和使用特点可分为以下四种类型。

①　固定钻套。如图 1-85a、b 所示，它分为 A、B 型两种。钻套安装在钻模板或夹具体中，其配合为$\frac{H7}{n6}$或$\frac{H7}{r6}$。固定钻套的结构简单，钻孔精度高，适用于单一钻孔工序和小批生产。

②　可换钻套，如图 1-85c 所示。当工件为单一钻孔工序的大批量生产时，为便于更换磨损的钻套，选用可换钻套。钻套与衬套之间采用$\frac{F7}{m6}$或$\frac{F7}{k6}$配合，衬套与钻模板之间采用$\frac{H7}{n6}$配合。当钻套磨损后，可卸下螺钉，更换新的钻套。螺钉能防止加工时钻套的转动，或退刀时随刀具自行拔出。

③　快换钻套，如图 1-85d 所示。当工件需钻、扩、铰多工序加工时，为能快速更换不同孔径的钻套，应选用快换钻套。快换钻套的有关配合同可换钻套。更换钻套时，将钻套削边转至螺钉处，即可取钻套。削边的方向应考虑刀具的旋向，以免钻套随刀具自行拔出。

以上三类钻套已标准化，其结构参数、材料、热处理方法等，可查阅有关手册。

④　特殊钻套。由于工件形状或被加工孔位置的特殊性，需要设计特殊结构的钻套。图

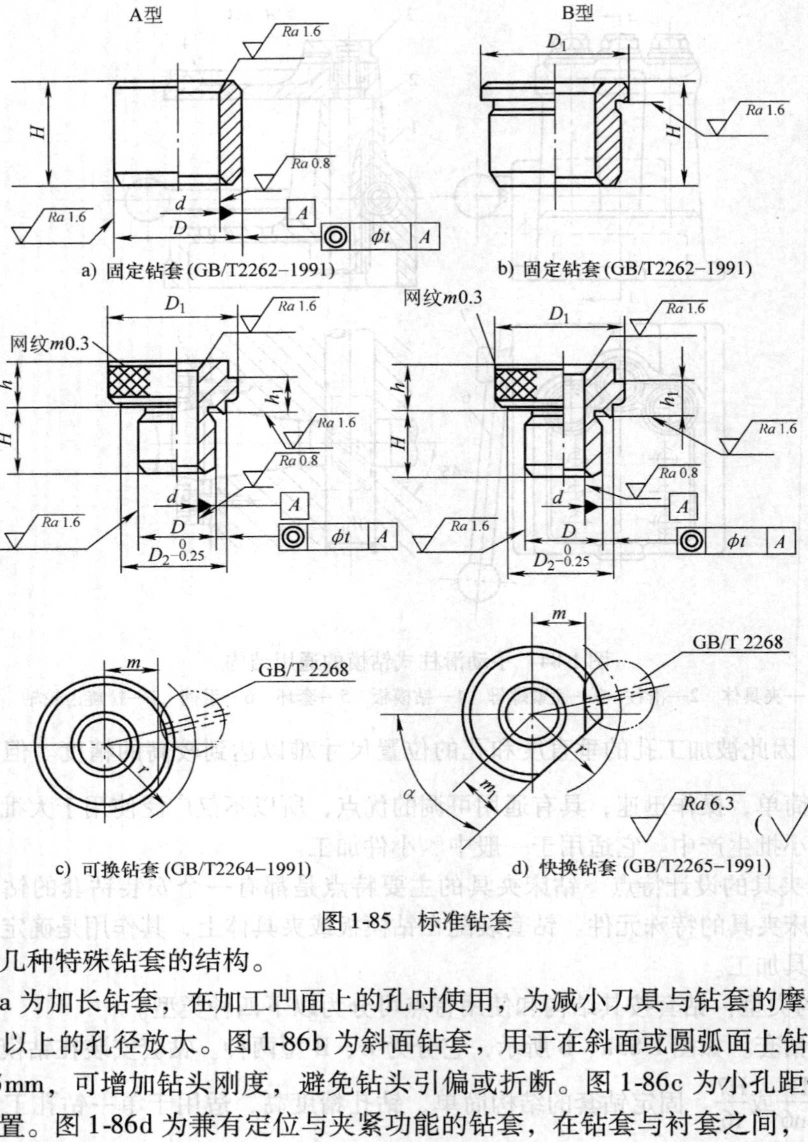

a) 固定钻套 (GB/T2262–1991)　　b) 固定钻套 (GB/T2262–1991)

c) 可换钻套 (GB/T2264–1991)　　d) 快换钻套 (GB/T2265–1991)

图 1-85　标准钻套

1-86 所示是几种特殊钻套的结构。

图 1-86a 为加长钻套，在加工凹面上的孔时使用，为减小刀具与钻套的摩擦，可将钻套引导高度 H 以上的孔径放大。图 1-86b 为斜面钻套，用于在斜面或圆弧面上钻孔，排屑空间的高 $h<0.5$mm，可增加钻头刚度，避免钻头引偏或折断。图 1-86c 为小孔距钻套，用圆销确定钻套位置。图 1-86d 为兼有定位与夹紧功能的钻套，在钻套与衬套之间，一段为圆柱间隙配合，一段为螺纹联接，钻套下端为内锥面，可使工件定位。

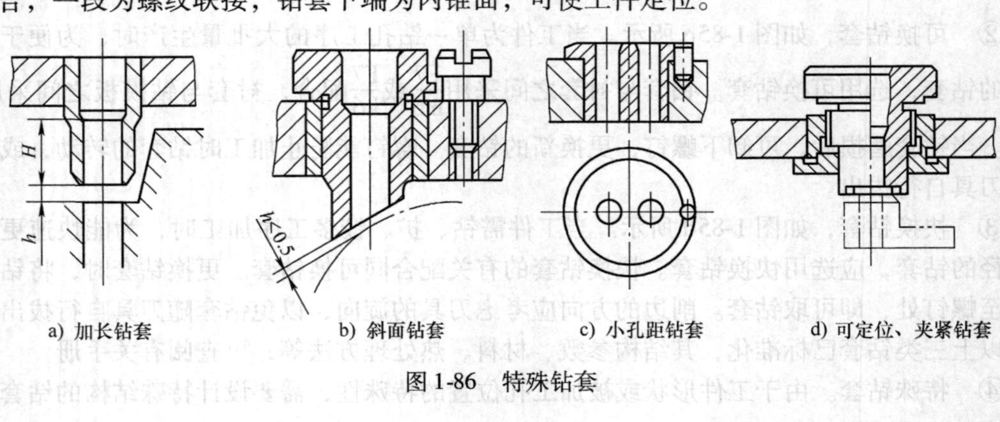

a) 加长钻套　　b) 斜面钻套　　c) 小孔距钻套　　d) 可定位、夹紧钻套

图 1-86　特殊钻套

2）钻模板是供安装钻套用的，应有一定的强度和刚度，以防止变形而影响钻套的位置和引导精度。

3）为减小夹具底面与机床工作台的接触面积，使夹具放置平稳，一般都在相对钻头送进方向的夹具体上设置四个支脚。

2. 镗床夹具

镗床夹具通常称为镗模，镗模是一种精密夹具。它主要用来加工箱体类零件上的精密孔系。镗模和钻模一样，是依靠专门的导引元件——镗套来导引镗杆，从而保证所镗的孔具有很高的位置精度。采用镗模后，镗孔的精度可不受机床精度的影响。

（1）镗模的组成　一般镗模由定位元件、夹紧装置、导引元件（镗套）、夹具体（镗模支架和镗模底座）四个部分组成。

图1-87所示为加工磨床尾座孔用的镗模。镗模上有两个引导镗刀杆的支承，并分别设置在刀具的两侧，镗刀杆9和主轴之间通过浮动接头10连接。工件以底面、槽及侧面在定位板3、4及可调支承钉7上定位，限制工件的全部自由度。采用联动夹紧机构，拧紧夹紧螺钉6，压板5、8便同时将工件夹紧。镗模支架1上装有滚动回转镗套2，用以支承和引导镗刀。镗模以地面 *A* 安装在机床工作台上，其位置用 *B* 面找正。

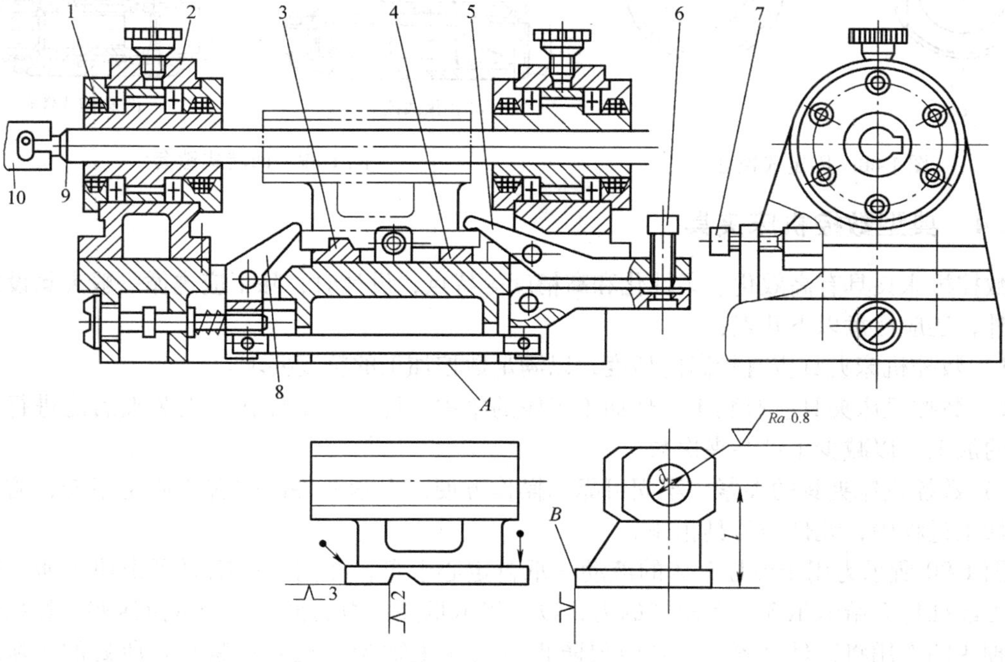

图1-87　加工磨床尾座孔用镗模

1—支架　2—镗套　3、4—定位板　5、8—压板　6—夹紧螺钉　7—可调支承钉　9—镗刀杆　10—浮动接头

（2）镗套　镗套结构对于被镗孔的几何形状、尺寸精度以及表面粗糙度有很大影响，因为镗套结构决定了镗套位置的准确度和稳定性。常用的镗套结构型式有以下两类：

1）固定式镗套。如图1-88所示，它的结构形状和前面介绍的钻套基本相似，它固定在镗模支架上而不能随镗杆一起转动，因此镗杆和镗套之间有相对运动，存在摩擦。固定式镗套外形尺寸小、结构紧凑、制造简单、容易保证镗套中心位置的准确度，但固定式镗套只适用于低速加工。

2）回转式镗套。回转式镗套在镗孔过程中是随镗杆一起转动的，所以镗杆与镗套之间无相对转动，只有相对移动。当高速镗孔时，由于镗杆在镗套内只作相对移动（转动部分采用轴承），因而可避免因摩擦发热而产生“卡死”现象。根据回转部分安排的位置不同，回转式镗套又分为外滚式和内滚式。图 1-89 所示是几种回转式镗套，其中图 1-89a、b 是外滚式镗套；图 1-89c、d 是内滚式镗套。装有滑动轴承的内滚式镗套（图 1-89c），在良好的润滑条件下具有较好的抗振性，常用于半精镗和精镗孔，压入滑动套内的铜套内孔应与刀杆配研，以保证较高的精度要求。

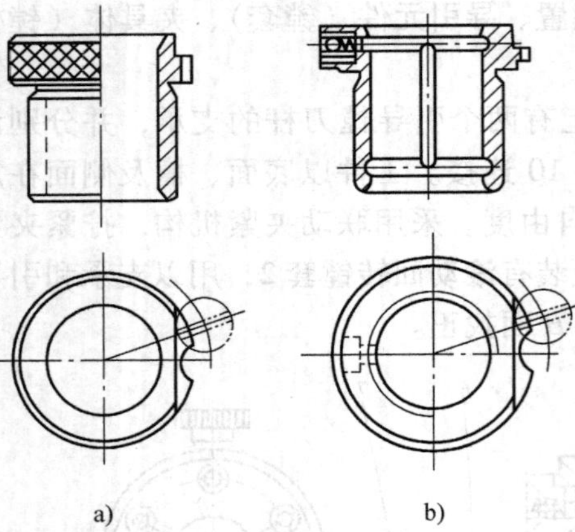

图 1-88　固定式镗套

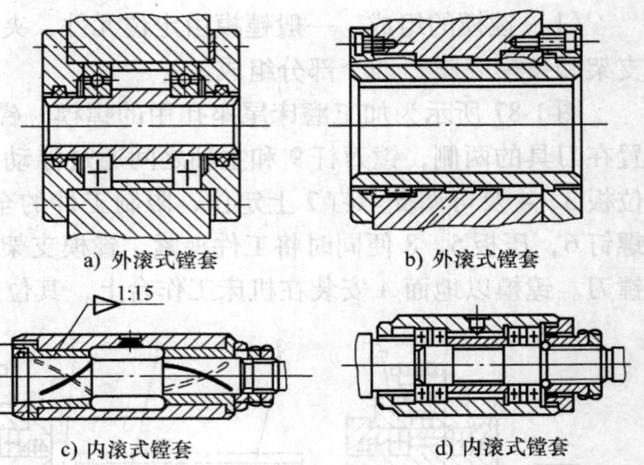

图 1-89　回转式镗套

1.11.4　典型数控机床夹具

数控机床夹具有高效化、柔性化和高精度等特点，设计时，除了应遵循一般夹具设计的原则外，还应注意以下几点：

1）数控机床夹具应有较高的精度，以满足数控加工的精度要求。

2）数控机床夹具应有利于实现加工工序的集中，即可使工件在一次装夹后能进行多个表面的加工，以减少工件装夹次数。

3）数控机床夹具的夹紧应牢固可靠、操作方便；夹紧元件的位置应固定不变，防止在自动加工过程中，元件与刀具相碰。

图 1-90 所示为用于数控车床的液动三爪自定心卡盘，在高速车削时平衡块 1 所产生的离心力经杠杆 2 给卡爪 3 一个附加的力，以补偿卡爪夹紧力的损失。卡爪由活塞 5 经拉杆和楔槽轴 4 的作用将工件夹紧。夹紧时要防止刀具（主轴端）进入夹紧装置所处的区域，通常应对该区域确定一个极限值，如图 1-91 所示。

4）每种数控机床都有自己的坐标系和坐标原点，它们是编制程序的重要依据之一。设计数控机床夹具时，应按坐标图上规定的定位和夹紧表面以及机床坐标的起始点，确定夹具坐标原点的位置。图 1-90 所示中的 *A* 为机床原点，*B* 为工件在夹具上的原点。

1. 数控铣床夹具

（1）对数控铣床夹具的基本要求　实际上，数控铣削加工时一般不要求很复杂的夹具，只要求有简单的定位、夹紧机构就可以了。其设计原理也和通用铣床夹具相同，结合数控铣

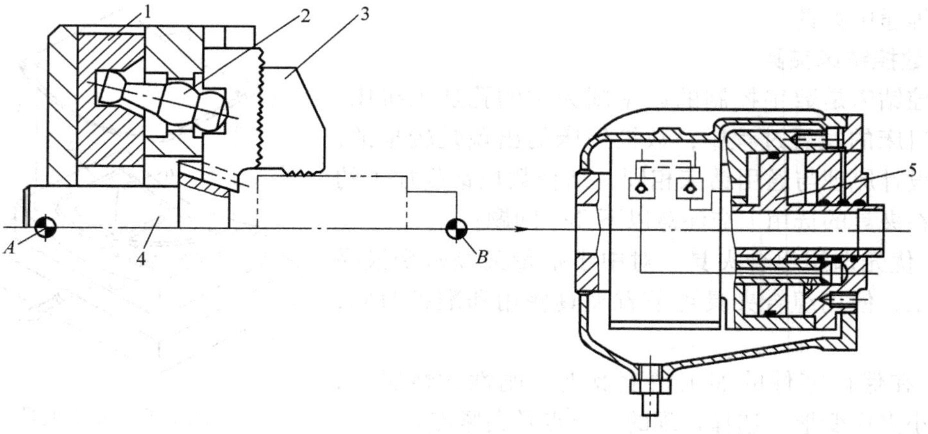

a) 卡盘　　b) 工作液压缸

图1-90　液动三爪自定心卡盘

1—平衡块　2—杠杆　3—卡爪　4—楔槽轴　5—活塞

削加工的特点，这里只提出几点基本要求：

1）为保持零件安装方位与机床坐标系及编程坐标系方向的一致性，夹具应能保证在机床上实现定向安装，还要求能协调零件定位面与机床之间保持一定的坐标尺寸联系。

2）为保持工件在本工序中所有需要完成的待加工面充分暴露在外，夹具要做得尽可能敞开，因此夹紧机构元件与加工面之间应保持一定的安全距离，同时要求夹紧机构元件能低则低，以防止夹具与铣床主轴套筒或刀套、刀具在加工过程中发生碰撞。

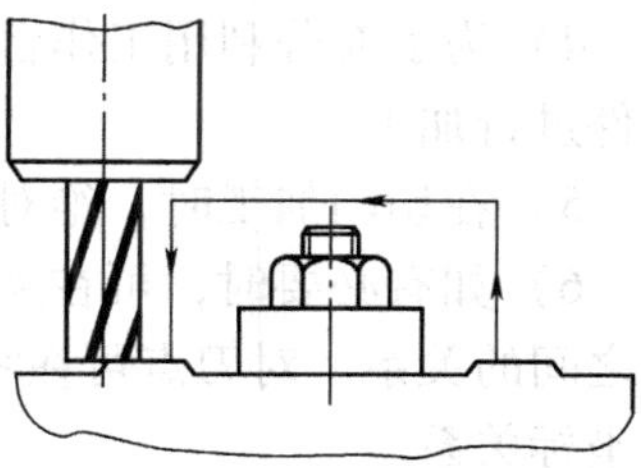

图1-91　防止刀具与夹具元件相碰

3）夹具的刚性与稳定性要好。尽量不采用在加工过程中更换夹紧点的设计，当必须在加工过程中更换夹紧点时，要特别注意不能因更换夹紧点而破坏夹具或工件定位精度。

（2）常用数控铣床夹具的种类　数控铣削加工常用的夹具大致有下几种：

1）组合夹具：适用于小批量生产或研制时的中、小型工件在数控铣床上进行铣加工。

2）专用铣削夹具：是特别为某一项或类似的几项工件设计制造的夹具，一般在批量生产或研制时必需时采用。

3）多工位夹具：可以同时装夹多个工件，可减少换刀次数，也便于一面加工，一面装卸工件，有利于缩短准备时间，提高生产率，较适宜于中批量生产。

4）气动或液压夹具：适用于生产批量较大，采用其他夹具又特别费工、费力的工件。这类夹具能减轻工人的劳动强度和提高生产率，但其结构较复杂，造价往往较高，而且制造周期长。

5）真空夹具：适用于有较大定位平面或具有较大可密封面积的工件。有的数控铣床（如壁板铣床）自身带有通用真空夹具，如图1-92所示，工件利用定位销定位，通过夹具体上的环形密封槽中的密封条与夹具密封。起动真空泵，使夹具定位面上的沟槽成为真空，工件在大气压力的作用下被夹紧在夹具体上。

除上述几种夹具外，数控铣削加工中也经常采用机床用平口台虎钳、分度头和三爪自定心卡盘等通用夹具。

2. 数控钻床夹具

数控钻床是数字控制的以钻削为主的孔加工机床。在数控机床的发展过程中，数控钻床的出现是较早的，其夹具设计原理与通用钻床相同，结合数控钻削加工的特点，在夹具的选用上应注意以下几个问题：

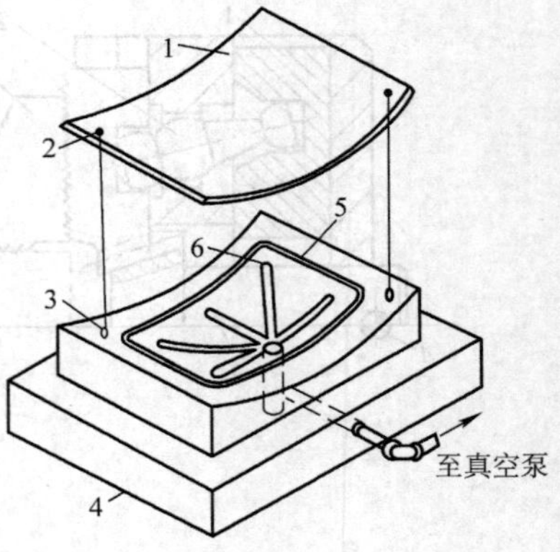

图 1-92　真空夹具
1—待加工零件　2—定位孔
3—定位销　4—夹具体
5—密封槽　6—空气槽

1）优先选用组合夹具。对中小批量又经常变换品种的加工，使用组合夹具可节省夹具费用和准备时间，应首选。

2）在保证零件的加工精度及夹具刚性的情况下，尽量减小夹压变形，选择合理的定位点及夹紧点。

3）对于单件加工工时较短的中小零件，应尽量减少装卸夹压时间，可采用各种气压、液压夹具和快速联动夹紧方法以提高生产效率。

4）为了充分利用工作台的有效面积，对中小型零件可考虑在工作台面上同时装夹几个零件进行加工。

5）在切削加工时，绝对不允许刀具或刀柄与夹具发生碰撞。

6）如有必要时，可在夹具上设置对刀点。对刀点实际是用来确定工件坐标与机床坐标系之间的关系。对刀点可在零件上，也可以在夹具或机床上，但必须与零件定位基准有一定的坐标关系。

3. 加工中心夹具

加工中心是一种功能较全的数控加工机床。在加工中心上，夹具的任务不仅是夹具工件，而且还要以各个方向的定位面为参考基准，确定工件编程的零点。在加工中心上加工的零件一般都比较复杂。零件在一次装夹中，既要粗铣、粗镗，又要精铣、精镗，需要多种多样的刀具，这就要求夹具既能承受大切削力，又要满足定位精度要求。在加工中心的自动换刀（ATC）功能又决定了在加工中不能使用支架、位置检测及对刀等夹具元件。加工中心的高柔性要求其夹具比普通机床结构紧凑、简单，夹紧动作迅速、准确，尽量减少辅助时间，操作方便、省力、安全，而且要保证足够的刚性，还要灵活多变。根据加工中心的特点和加工需要，目前常用的夹具结构类型有专用夹具、组合夹具、可调夹具和成组夹具。

加工中心上零件夹具的选择要根据零件标准公差等级、零件结构特点、产品批量及机床精度等情况综合考虑。在此，推荐一选择顺序：优先考虑组合夹具，其次考虑可调夹具，最后考虑专用夹具、成组夹具。当然，还可使用三爪自定心卡盘、机床用平口台虎钳等大家熟悉的通用夹具。

【实训模块】

实训 1　钻床夹具设计及认识

1. 夹具设计任务

图 1-93a 所示为钻摇臂小头孔的工序简图。已知：工件材料为 45 钢，毛坯为模锻件，所用机床为 Z525 型立式钻床，成批生产规模。试为该工序设计一钻床夹具。

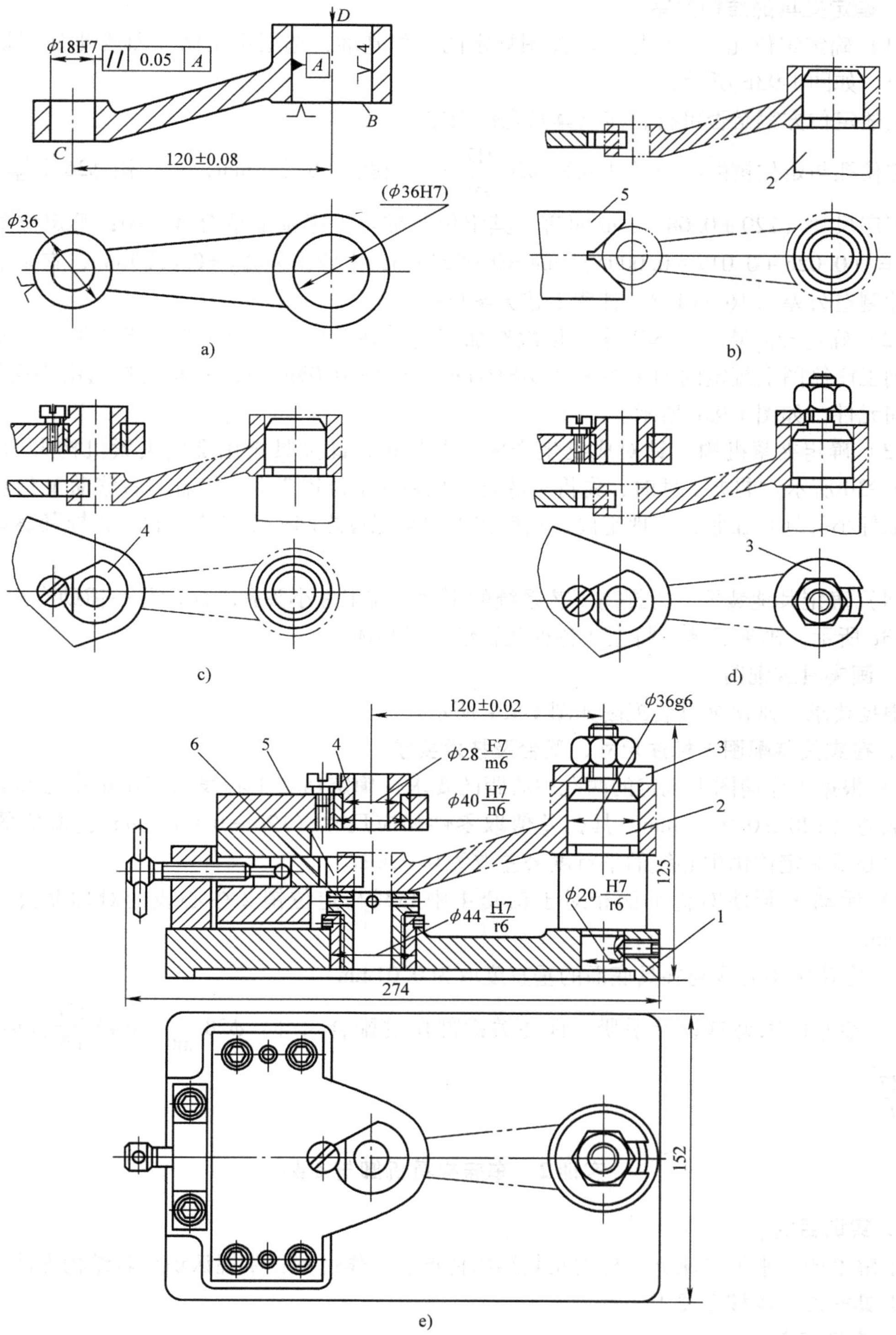

图1-93　机床夹具设计实例

1—夹具体　2—定位销　3—开口垫圈　4—钻套　5—V形块　6—辅助支承

2. 确定夹具的结构方案

（1）确定定位元件　根据工序简图规定的定位基准，选用定位销 2 和活动 V 形块 5 实现定位，如图 1-93b 所示。

上述定位方案是否可行，需核算其定位误差。

定位孔与定位销的配合尺寸取为 $\phi36\ \frac{H7}{g6}$（定位孔 $\phi36^{+0.026}_{0}$ mm，定位销 $\phi36^{-0.0095}_{-0.0265}$ mm）。对于工序尺寸（120 ±0.08）mm 而言，其定位基准与工序基准重合 $\Delta_B=0$；其定位基准误差 $\Delta_Y=(0.026+0.017+0.0095)\text{ mm}=0.0525\text{mm}$；定位误差 $\Delta_D=0.0525\text{mm}$，它小于该工序尺寸制造公差 0.16 的 1/3。证明上述方案可行。

（2）确定导向装置　本工序需依次对加工进行钻、扩、精铰 3 个工步的加工，才能最终达到工序简图上规定的加工要求（ϕ18H7mm，120 ±0.08mm），故此夹具选用快换钻套 4 作导向元件，如图 1-93c 所示。

（3）确定夹紧机构　针对成批生产的工艺特征，此夹具选用螺旋夹紧机构夹压工件，如图 1-93d 所示。装夹工件时，先将工件定位孔装入定位销 2 上，接着向右移动 V 形块 5 使之与工件小头外圆靠紧，实现定位；然后在工件与螺母之间插上开口垫圈 3，拧紧螺母夹紧工件。

（4）确定其他装置　为提高工艺系统的刚度，在工件小头孔端面设置一辅助支承 6，如图 1-93e 所示。画夹具体，将上述各种装置组成以整体。

3. 画夹具装配图

根据要求，画出夹具装配图如图 1-93e 所示。

4. 在夹具装配图上标注尺寸、配合及技术要求

1）根据工序简图上规定的两孔中心距的要求，确定钻套中心线与定位销中心线之间的尺寸取为（120 ±0.02）mm，其公差值取零件相应尺寸（120 ±0.08）mm 公差值的 1/4；钻套中心线对定位销中心线的平行度公差取为 0.02mm。

2）活动 V 形块对称平面相对于钻套 4 中心线与定位销 2 中心线的对称度公差取为 0.05mm。

3）定位销中心线与夹具底面的垂直度取为 0.01mm。

4）参考机床夹具设计手册，标注关键部位的配合尺寸：$\phi28\ \frac{F7}{m6}$、$\phi40\ \frac{H7}{n6}$、$\phi44\ \frac{H7}{r6}$、$\phi20\ \frac{H7}{r6}$。

实训 2　车床夹具拆卸与安装

1. 实训目的

了解生产中常见车床夹具种类及其结构特点、工作过程；掌握认识夹具结构方法，把握车床夹具安装工件核心要求。

2. 实训任务

车床夹具一般用于加工回转零件。车削时车床主轴通过夹具带动工件作旋转运动。图 1-94 为常用的高速液压三爪自定心卡盘，图 1-95 为常用的高速液压四爪单动卡盘，试拆卸、安装此夹具。

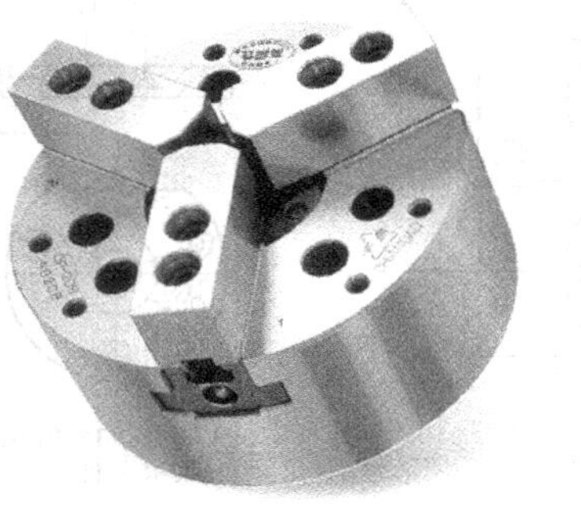

图1-94　高速液压三爪自定心卡盘

图1-95　高速液压四爪单动卡盘

【思考题与习题】

1-1　机床夹具通常由哪几部分组成？各组成部分的功能如何？

1-2　何谓定位基准？何谓六点定位规则？试举例说明。

1-3　试举例说明什么叫工件在夹具中的“完全定位”、“不完全定位”、“欠定位”和“过定位”？

1-4　针对图1-96所示工件钻孔工序的要求，试确定：

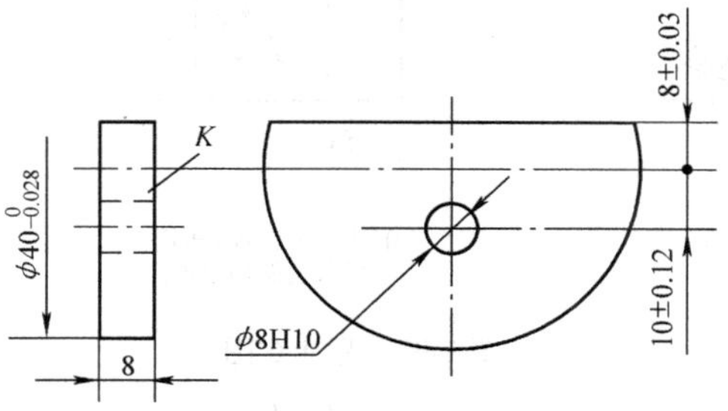

图1-96　题1-4图

1）定位方法和定位元件。

2）分析各定位元件限制着哪几个自由度？

1-5　何谓定位误差？定位误差是由哪些因素引起的？定位误差的数值一般应控制在零件加工公差的什么范围之内？

1-6　如图1-97所示，根据工件要求，确定工件在夹具中定位时应限制的自由度。

1-7　欲在图1-98所示工件上铣削一缺口，保证尺寸$8_{-0.08}^{0}$mm，试确定工件的定位方案，并分析定位方案的定位误差。

1-8　有一批套类零件如图1-99所示，欲在其上铣一键槽，试分析各定位方案中，H_1和H_3的定位误差。

1）在可胀心轴上定位（见图1-99b）。

2）在水平放置的具有间隙的刚性心轴上定位，定位心轴直径为$d_{\mathrm{Bxd}}^{\mathrm{Bsd}}$（见图1-99c）。

3）在垂直放置的具有间隙的刚性心轴上定位，定位心轴直径为d（见图1-99c）。

4）如果计及工件内外圆的同轴度，上述三种定位方案中，H_1和H_3的定位误差又将如何？

1-9　如图1-100a所示的工件上加工键槽，要求保证尺寸$54_{-0.14}^{0}$和对称度0.03。现有3种定位方案，分别如图1-100b、c、d所示。试分别计算3种方案的定位误差，并选择最佳方案。

1-10　如图1-101所示零件，外圆及两端面已加工好（外圆直径$D=50_{-0.1}^{0}$mm）。现加工槽B，要求保证位置尺寸L和H。试：

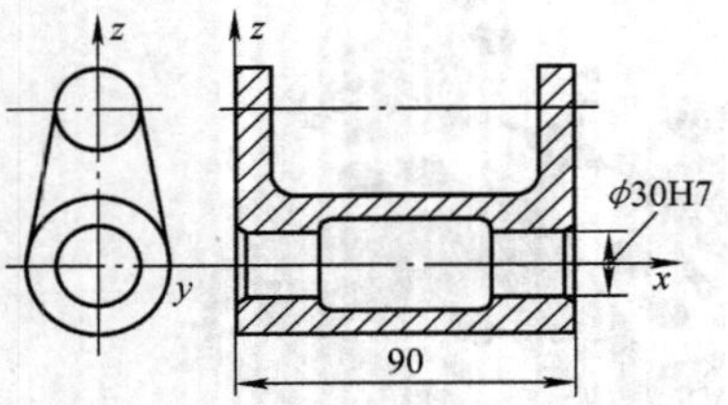

a) 镗ϕ30H7孔，全部表面均未加工

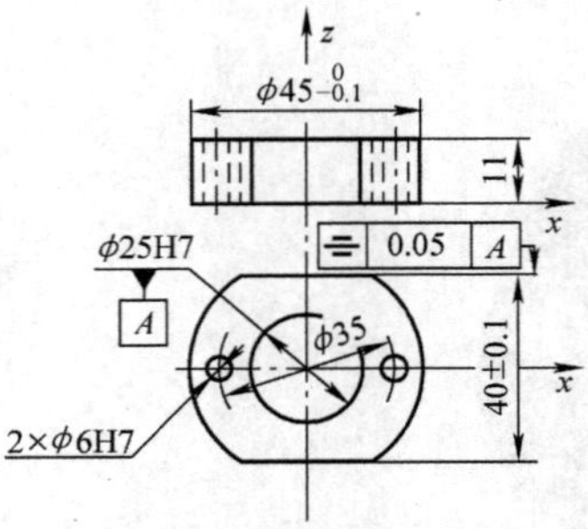

b) 铣(40±0.1)mm平面，
其余表面均已加工

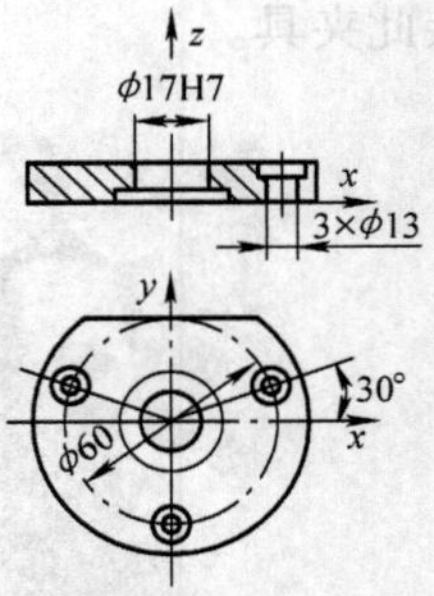

c) 同时钻3×ϕ13mm孔，
其余表面均已加工

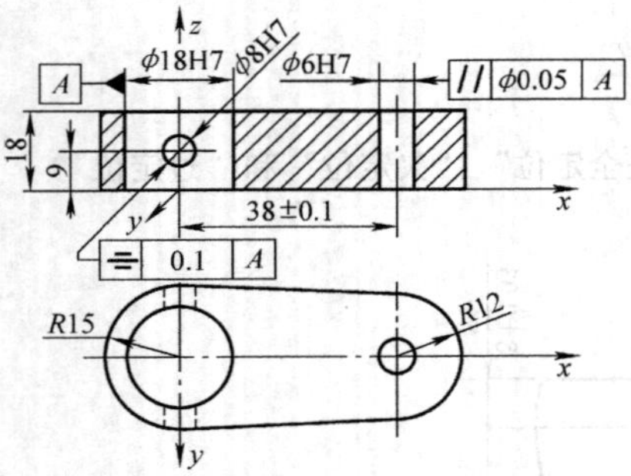

d) 钻、铰ϕ8H7及ϕ6H7孔，
其余表面均已加工

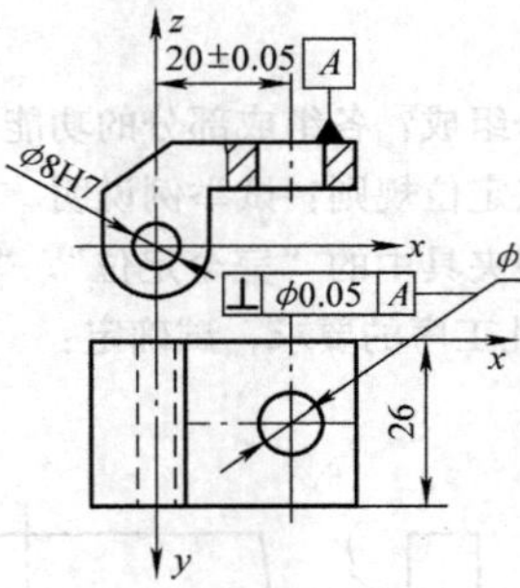

e) 钻、扩、铰ϕ9H7孔，
其余表面均已加工

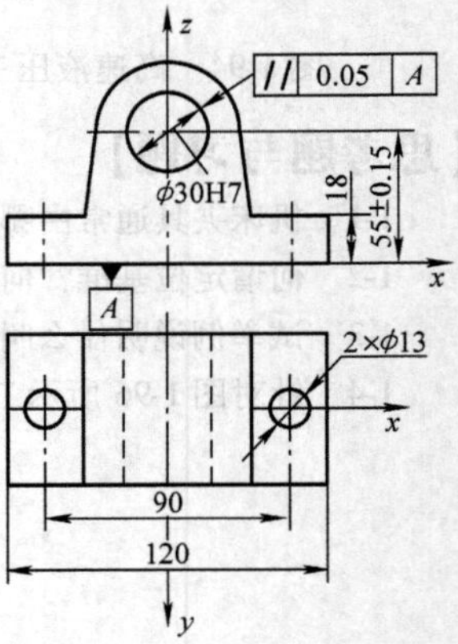

f) 镗ϕ30H7孔，
2×ϕ13mm孔已加工

图 1-97　题 1-6 图

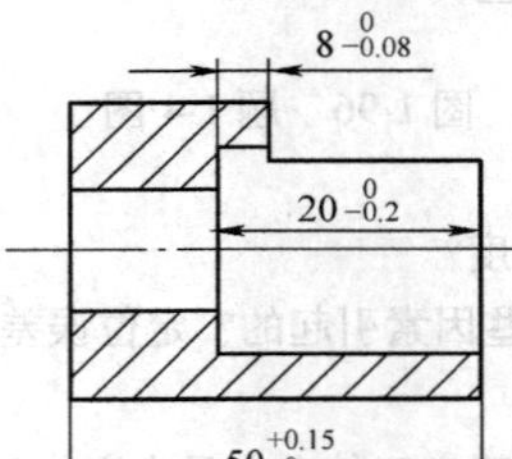

图 1-98　题 1-7 图

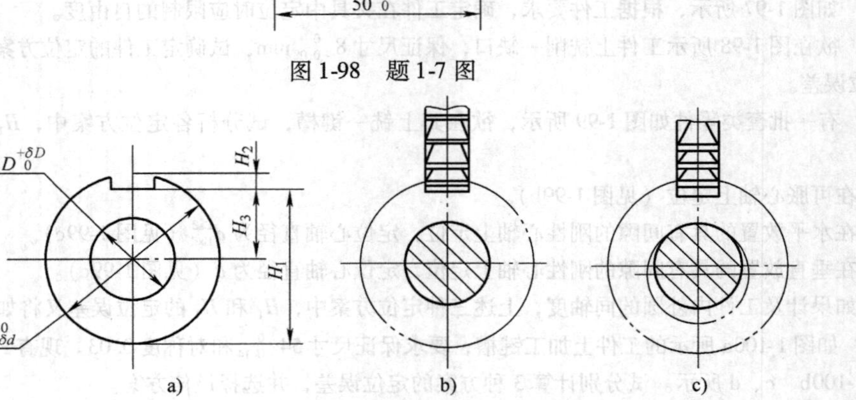

a)　　　　　　　　b)　　　　　　　　c)

图 1-99　题 1-8 图

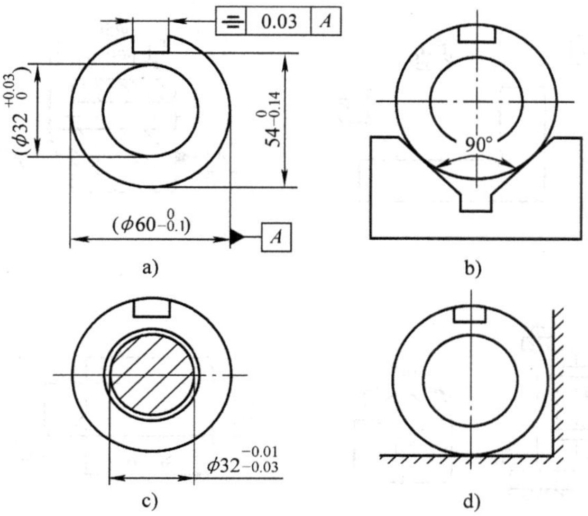

图1-100　题1-9图

1）确定加工时必须限制的自由度。

2）选择定位方法和定位元件，并在图中示意画出。

3）计算所选定位方法的定位误差。

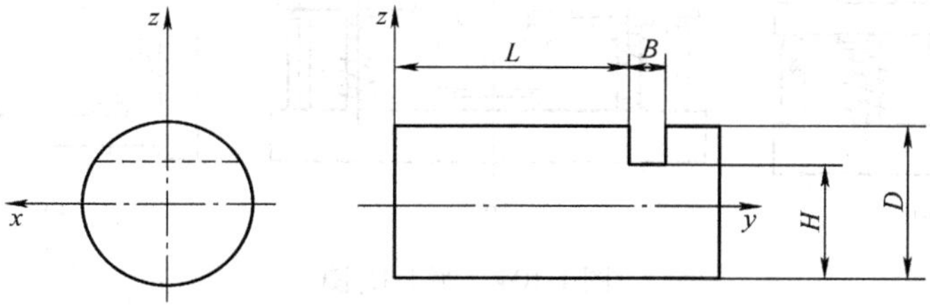

图1-101　题1-10图

1-11　如图1-102所示齿轮坯，内孔及外圆已加工合格（$D=\phi35^{+0.025}_{0}$mm，$d=\phi80^{0}_{-0.1}$mm），现在插床上以调整法加工键槽，要求保证尺寸$H=38.5^{+0.2}_{0}$mm。试计算图示定位方法的定位误差（忽略外圆与内孔同轴度误差）。

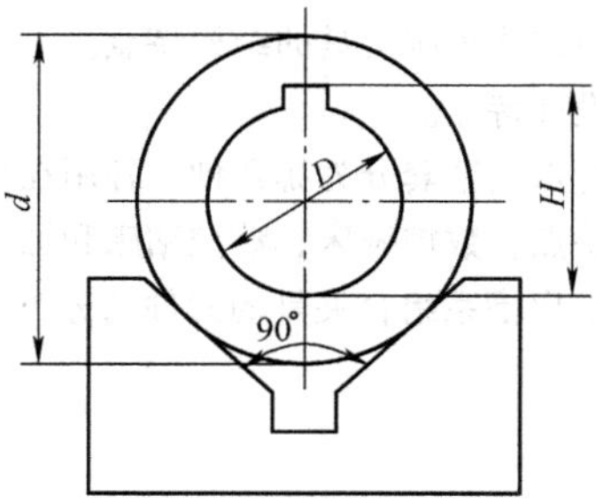

图1-102　题1-11图

1-12　夹紧和定位有何区别？试述夹具的夹紧装置的组成和设计要求。

1-13　试述在设计夹具时，对夹紧力的三要素（力的作用点、方向、大小）有何要求？

1-14　试分析如图1-103中所示的夹紧力的方向和作用点是否合理？如不合理，如何改进？

1-15　试分析如图1-104a、b、c所示的夹紧方案是否合理？如不合理？如何改进？

1-16　固定支承有哪几种形式？各适用什么场合？

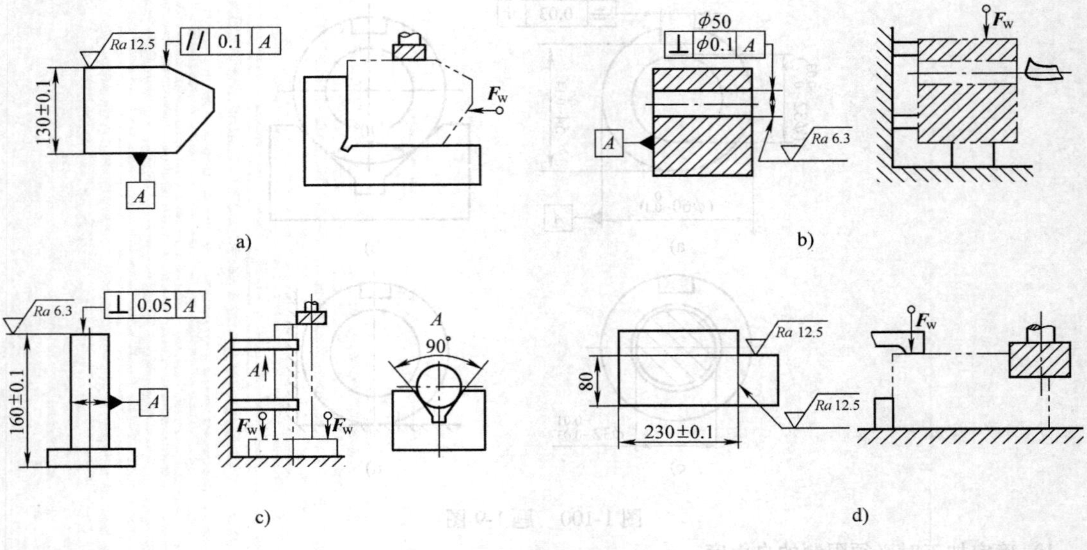

图 1-103　题 1-14 图

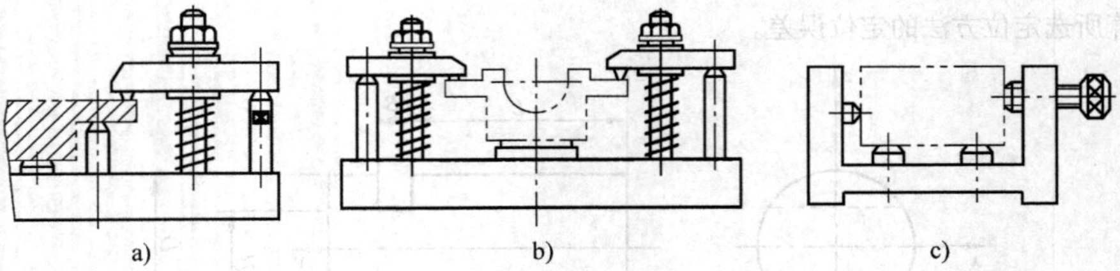

图 1-104　题 1-15 图

1-17　何谓自位支承？何谓可调支承？何谓辅助支承？三者的特点和区别何在？使用辅助支承和可调支承时应注意什么问题？

1-18　何谓联动夹紧机构？设计联动夹紧机构时应注意哪些问题？试举例说明。

1-19　试比较斜楔、螺旋、偏心夹紧机构的优缺点及其应用范围。

1-20　试比较通用夹具、专用夹具、组合夹具、可调夹具和自动夹具的特点及其应用场合。

1-21　车床夹具如何分类？试述角铁式车床夹具的结构特点。

1-22　试述铣床夹具的分类及其设计特点。

1-23　试述钻床夹具的分类及其特点。钻套分为哪几种？各用在什么场合？

1-24　简要说明数控机床夹具的特点。数控铣床、数控钻床和加工中心常用夹具有哪些？

1-25　组合夹具有何特点？试述 T 形槽系组合夹具的元件的分类、功用和组装步骤。

项目 2　机械加工工艺规程设计

学习指南　学会编制机械加工工艺规程

<table>
<tr><td rowspan="3">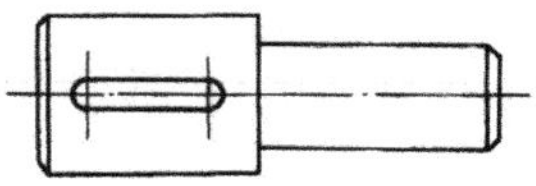</td><td colspan="4">项目 2　机械加工工艺规程设计</td></tr>
<tr><td>起草人员</td><td></td><td>起草时间</td><td></td></tr>
<tr><td>教学学期</td><td></td><td>参考课时</td><td>16 学时</td></tr>
<tr><td colspan="5">教学条件：教室、实训中心、机械制造工艺手册、视频光盘、计算机、网络、零件图样、机床设备、工艺装备、课件、黑板和多媒体等
机　　床：卧式车床、立式铣床、坐标磨床、万能外圆磨床
工艺装备：回转工作台、倾斜工作台、量块和百分表等</td></tr>
<tr><td colspan="5">学习过程计划</td></tr>
<tr><td>学习项目描述</td><td colspan="4">受××××公司委托，加工冲模后侧导柱模架 20 套。要求为相关零件（冲压模上模座如图 2-1 所示）编制加工工艺规程，并完成加工</td></tr>
<tr><td>具体任务的设置</td><td colspan="4">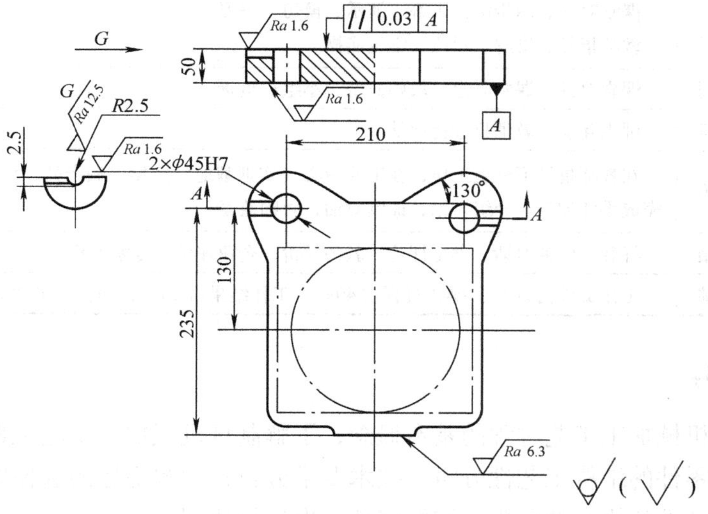

图 2-1　冲压模上模座</td></tr>
<tr><td>能力目标</td><td colspan="4">1. 能正确选择平面、孔的加工方法
2. 能完成平面、孔系加工工艺路线设计
3. 能正确选用平面、孔的加工刀具和切削用量
4. 能编制板类零件的加工工艺规程，填写加工工艺过程卡
5. 完成冲模座的加工</td></tr>
<tr><td>专业技术内容</td><td colspan="4">1. 分析平面和孔的技术要求，明确其加工方法
2. 完成板类零件、冲模座的加工方法和加工工艺的确定，填写工艺卡
3. 熟悉加工余量与工序尺寸的计算
4. 初步掌握冲模座加工的实操方法</td></tr>
</table>

（续）

教学方法建议	任务驱动法、多媒体教学、现场实作、分组讨论	
学习小组行动阶段	1. 资讯	学生从工作任务中收集工作的必要信息，初步掌握板类零件加工的专业知识和技能
	2. 计划	学生制订学习计划，建立工作小组
	3. 决策	确定工作方案，工作任务分配到个人，并记录到工作任务表中
	4. 实施	学生以小组的形式，在工作任务的引导下完成专业知识的学习和技能训练，完成实际中板类零件的加工操作及实操工件质量的检测
	5. 检查	（1）加工工艺卡是否正确 （2）设计方案是否正确 （3）工序尺寸计算是否正确 （4）零件尺寸精度是否达到
	6. 评价	（1）能否加工出合格的产品 （2）所确定的是否为最合适的工艺方案 （3）学习目的是否达到，按照成绩评定标准给予评价（成绩评定标准由教师事先制订），填写反馈表
方法媒介和环境	1. 分析	课堂对话、四步法：讲解、演示、模仿、练习 教师指导、讲解、示范、学生实操
	2. 计划	课堂对话、课堂分组、教师监督、小组长负责
	3. 决策	师生互动，教师只进行评估
	4. 实施	在教师指导下分组工作，在工业中心（实训基地）实操实做产品，合理编制加工过程卡，小组完成零件加工。分组讨论，课堂对话，教师监督
	5. 总结	答疑，任务对话，学生评价，教师评价，企业评价，专家评价
	6. 成绩	工作文件占 20%，操作过程占 40%，工作结果占 20%，回报效果占 10%，团队占 10%

知识目标

1）理解机械加工工艺过程的基本概念，了解制订机械加工工艺规程的主要问题。

2）了解零件的结构工艺性分析、技术要求分析；理解毛坯的选择原则。

3）理解基准的概念的分类；掌握定位基准选择原则。

4）掌握确定加工余量的方法。

5）掌握工艺尺链的概念、建立和计算公式；掌握工序尺寸及其公差的确定。

6）了解工艺过程的技术经济分析。

技能目标

1）零件的结构工艺性分析及毛坯的选择。

2）定位基准的选择，工艺路线的拟定。

3）确定加工余量，确定工序尺寸及其公差。

4）编制机械加工工艺规程。

案例导入

一台相同结构相同要求的机器，一个相同要求的机器零件，可以采用几种不同的工艺过程完成，但其中总有一种工艺过程是在某一具体条件下最合理的，人们把合理工艺过程的有关内容写在工艺文件中，用以指导生产。图 2-1 为冲压模上模座零件图，要想完成此零件，除了选择合适的夹具和适当的定位方法外，必须制订合理的工艺规程。因此机械加工工艺规程设计是一项重要而又严肃的工作，是用来制造零件的纪律性文件。

【知识模块】

2.1　基本概念

制订机械加工工艺规程是机械制造企业工艺技术人员的一项主要工作内容。机械加工工艺规程的制订与生产实际有着密切的联系，它要求工艺规程制订者具有一定的生产实践知识和专业基础知识。

在实际生产中，由于零件的结构形状、几何精度、技术条件和生产数量等要求不同，一个零件往往要经过一定的加工过程才能将其由图样变成成品零件。因此，制定机械加工工艺规程的技术人员必须从工厂现有的生产条件和零件的生产数量出发，根据零件的具体要求，在保证加工质量、提高生产效率和降低生产成本的前提下，对零件上的各加工表面选择适宜的加工方法，合理地安排加工顺序，科学地拟定加工工艺过程，才能获得合格的机械零件。下面介绍在确定零件加工过程时应掌握的一些基本概念。

2.1.1　生产过程与工艺过程

1. 生产过程和工艺过程的概念

机械产品的生产过程是指将原材料转变为成品的所有劳动过程。这里所指的成品可以是一台机器、一个部件，也可以是某种零件。对于机器制造而言，生产过程包括：

1）原材料、半成品和成品的运输和保存。

2）生产和技术准备工作，如产品的开发和设计、工艺及工艺装备的设计与制造、各种生产资料的准备以及生产组织。

3）毛坯制造和处理。

4）零件的机械加工、热处理及其他表面处理。

5）部件或产品的装配、检验、调试、油漆和包装等。

由上可知，机械产品的生产过程是相当复杂的。它通过的整个路线称为工艺路线。

工艺过程是指改变生产对象的形状、尺寸、相对位置和性质等，使其成为半成品或成品的过程。它是生产过程的一部分。工艺过程可分为毛坯制造、机械加工、热处理和装配等。

机械加工工艺过程是指用机械加工的方法直接改变毛坯的形状、尺寸和表面质量，使之成为零件或部件的那部分生产过程。装配工艺过程是把零件装配成机器并达到装配要求的过程。机械加工工艺过程与装配工艺过程是“机械制造工艺学”研究的两项主要内容。本书所称工艺过程均指机械加工工艺过程，以下简称为工艺过程。

2. 工艺过程的组成

在机械加工工艺过程中，针对零件的结构特点和技术要求，要采用不同的加工方法和装备，按照一定的顺序进行加工，才能完成由毛坯到零件的过程。组成机械加工工艺过程的基本单元是工序。工序又由安装、工位、工步和进给等组成。

一个或一组工人，在一个工作地点对同一个或同时对几个工件进行加工所连续完成的那部分工艺过程，称之为工序。由定义可知，判别是否为同一工序的主要依据是：工作地点是否变动和加工是否连续。

生产规模不同，加工条件不同，其工艺过程及工序的划分也不同。图 2-2 所示的阶梯轴，根据加工是否连续和变换机床的情况，小批量生产时，可划分为表 2-1 所示的三道工序；大批量生产时，则可划分为表 2-2 所示的五道工序；单件生产时，甚至可以划分为表 2-3 所示的两道工序。因此，工序不仅是制订工艺过程的基本单元，也是制订时间定额、配备工人、安排作业计划和进行质量检验的基本单元。

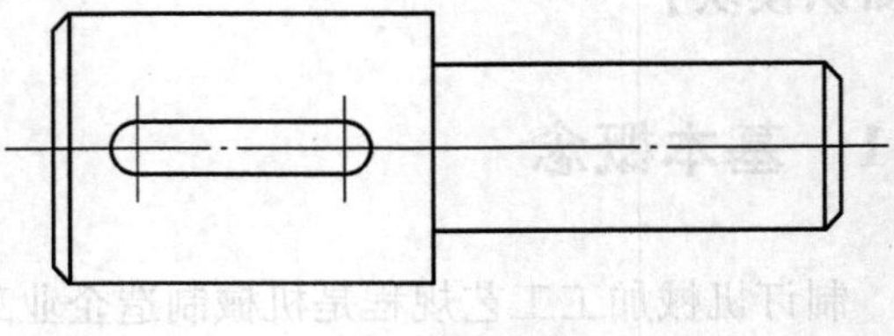

图 2-2　阶梯轴

表 2-1　小批量生产的工艺过程

工序号	工序内容	设备
1	车一端面，钻中心孔；调头车另一端面，钻中心孔	车床
2	车大端外圆及倒角；车小端外圆及倒角	车床
3	铣键槽；去毛刺	铣床

表 2-2　大批量生产的工艺过程

工序号	工序内容	设备
1	铣端面，钻中心孔	中心孔机床
2	车大端外圆及倒角	车床
3	车小端外圆及倒角	车床
4	铣键槽	立式铣床
5	去毛刺	钳工

表 2-3　单件生产的工艺过程

工序号	工　序　内　容	设备
1	车一端面，钻中心孔；车另一端面，钻中心孔；车大端外圆及倒角；车小端外圆及倒角	车床
2	铣键槽；去毛刺	铣床

（1）安装　在加工前，应先使工件在机床上或夹具中占有正确的位置，这一过程称为定位；工件定位后，将其固定，使其在加工过程中保持定位位置不变的操作称为夹紧；将工件在机床或夹具中每定位、夹紧一次所完成的那一部分工序内容称为安装。一道工序中，工件可能被安装一次或多次。

（2）工位　为了完成一定的工序内容，一次安装工件后，工件与夹具或设备的可动部分一起相对刀具或设备的固定部分所占据的每一个位置称为工位。为了减少由于多次安装带来的误差和时间损失，加工中常采用回转工作台、回转夹具或移动夹具，使工件在一次安装中，先后处于几个不同的位置进行加工，称为多工位加工。如图 2-3 所示为一利用回转工作台，在一次安装中依次

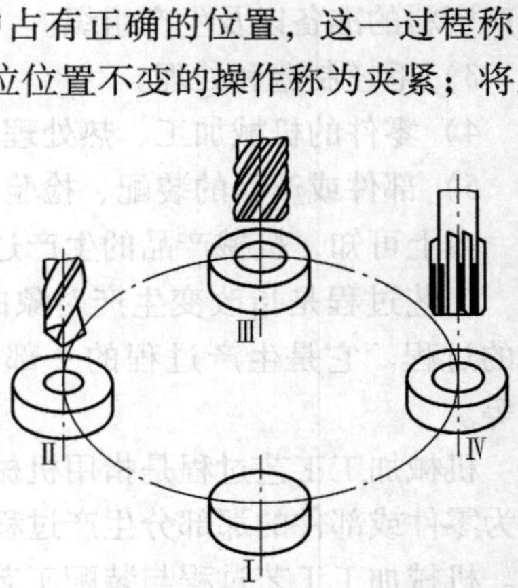

图 2-3　多工位加工

完成装卸工件、钻孔、扩孔、铰孔四个工位加工的例子。采用多工位加加工方法，既可以减少安装次数，提高加工精度，并减轻工人的劳动强度；又可以使各工位的加工与工件的装卸同时进行，提高劳动生产率。

（3）工步　工序又可分成若干工步。加工表面不变、切削刀具不变、切削用量中的进给量和切削速度基本保持不变的情况下所连续完成的那部分工序内容，称为工步。以上三个不变因素中只要有一个因素改变，即成为新的工步。一道工序包括一个或几个工步。

为简化工艺文件，对于那些连续进行的几个相同的工步，通常可看作一个工步。为了提高生产率，常将几个待加工表面用几把刀具同时加工，这种由刀具合并起来的工步，称为复合工步，如图2-4所示。如图2-5所示，在一次安装中，用一把钻头连续钻削四个ϕ15mm的孔，则可算作钻为4×ϕ15mm孔工步。

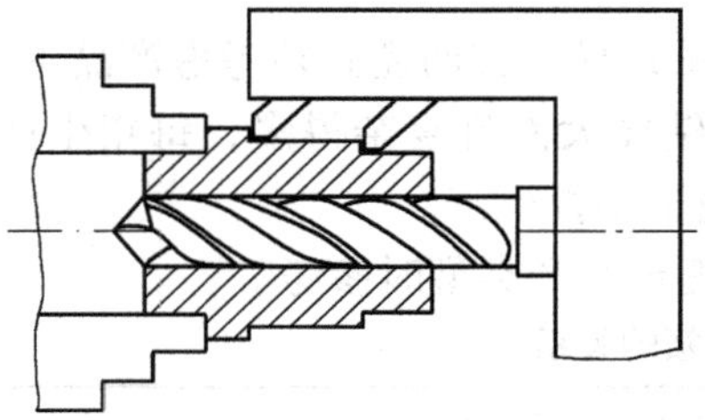

图2-4　复合工步

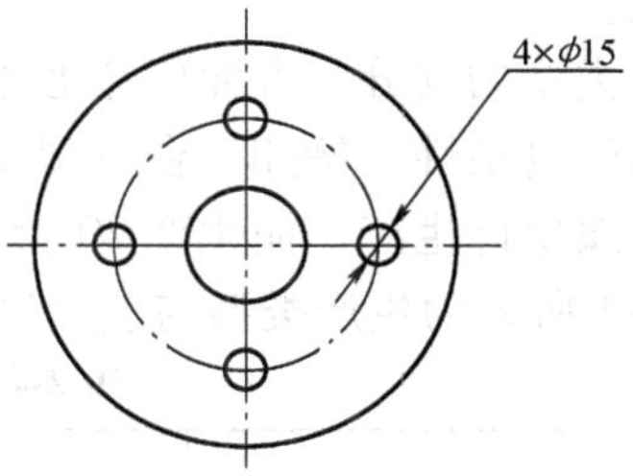

图2-5　简化相同工步实例

（4）进给　在一个工步中，若需切去的金属层很厚，则可分为几次切削。则每进行一次切削就是一次进给。一个工步可以包括一次或几次进给。

2.1.2　生产纲领和生产类型

1. 生产纲领

生产纲领是指企业在计划期内应当生产的产品产量和进度计划。计划期通常为1年，所以生产纲领也称为年产量。

对于零件而言，产品的产量除了制造机器所需要的数量之外，还要包括一定的备品和废品，因此零件的生产纲领应按下式计算：

$$N = Qn(1 + \alpha + \beta) \tag{2-1}$$

式中，N为零件的年产量，单位为件/年；Q为产品的年产量，单位为台/年；n为每台产品中该零件的数量，单位为件/台；α为备品的百分率；β为该零件的废品的百分率。

生产纲领的大小对生产组织和零件加工工艺过程起着重要作用，它决定了各工序所需专业化和自动化的程度，决定了所选用的工艺方法和工艺装备。

2. 生产类型

生产类型是指企业生产专业化程度的分类。人们按照产品的生产纲领、投入生产的批量，可将生产分为：单件生产、成批生产和大量生产三种类型。

（1）单件生产　单个生产不同结构和尺寸的产品，很少重复甚至不重复，这种生产称为单件生产。如新产品试制、维修车间的配件制造和重型机械制造等都属此种生产类型。其特点是：生产的产品种类较多，而同一产品的产量很小，工作地点的加工对象经常改变。

（2）成批生产　一年中分批轮流制造几种不同的产品，每种产品均有一定的数量，工作地点的加工对象周期性地重复，这种生产称为成批生产。如一些通用机械厂、某些农业机械厂、陶瓷机械厂、造纸机械厂、烟草机械厂等的生产即属这种生产类型。其特点是：产品的种类较少，有一定的生产数量，加工对象周期性地改变，加工过程周期性地重复。

同一产品（或零件）每批投入生产的数量称为批量。根据批量的大小又可分为大批量生产、中批量生产和小批量生产。小批量生产的工艺特征接近单件生产，大批量生产的工艺特征接近大量生产。

（3）大量生产　同一产品的生产数量很大，大多数工作地点经常按一定节奏重复进行某一零件的某一工序的加工，这种生产称为大量生产。如自行车制造和一些链条厂、轴承厂等专业化生产即属此种生产类型。其特点是：同一产品的产量大，工作地点较少改变，加工过程重复。

生产类型的划分一方面要考虑生产纲领，即年产量；另一方面还必须考虑产品本身的大小和结构的复杂性。例如一台重型龙门铣床比一台台钻要大而且复杂得多，每年生产 20 台台钻只能属单件生产，而生产 20 台重型龙门铣床则属于小批生产。

表 2-4 所列为生产类型与生产纲领的关系，可供确定生产类型时参考。

表 2-4　生产类型与生产纲领的关系

生产类型		生产纲领/（件/年）或（台/年）		
		重型（30kg 以上）	中型（4～30kg）	轻型（4kg 以下）
单件生产		5 以下	10 以下	100 以下
成批生产	小批量生产	5～100	10～200	100～500
	中批量生产	100～300	200～500	500～5000
	大批量生产	300～1000	500～5000	5000～50000
大量生产		1000 以上	5000 以上	50000 以上

不同生产类型零件的加工工艺有很大的不同。产量大、产品固定时，有条件的应采用各种高生产率的专用机床和专用夹具，以提高劳动生产率和降低成本。但在产量小、产品品种多时，目前多采用通用机床和通用夹具，生产率较低；当采用数控技术加工时，生产率将有较大的提高。各种生产类型的工艺特点见表 2-5。

表 2-5　各种生产类型的工艺特点

工艺特点	单 件 生 产	成 批 生 产	大 量 生 产
毛坯的制造方法	铸件用木模手工造型，锻件用自由锻	铸件用金属模造型，部分锻件用模锻	铸件广泛用金属模机器造型，锻件用模锻
零件互换性	无需互换、互配零件可成对制造，广泛用修配法装配	大部分零件有互换性，少数用修配法装配	全部零件有互换性，某些要求精度高的配合，采用分组装配
机床设备及其布置	采用通用机床；按机床类别和规格采用“机群式”排列	部分采用通用机床，部分专用机床；按零件加工分“工段”排列	广泛采用生产率高的专用机床和自动机床；按流水线形式排列
夹具	很少用专用夹具，由划线和试切法达到设计要求	广泛采用专用夹具，部分用划线法进行加工	广泛用专用夹具，用调整法达到精度要求

（续）

工艺特点	单件生产	成批生产	大量生产
刀具和量具	采用通用刀具和万能量具	较多采用专用刀具和专用量具	广泛采用高生产率的刀具和量具
对技术工人要求	需要技术熟练的工人	各工种需要一定熟练程度的技术工人	对机床调整工人技术要求高，对机床操作工人技术要求低
对工艺文件的要求	只有简单的工艺过程卡	有详细的工艺过程卡或工艺卡，零件的关键工序有详细的工序卡	有工艺过程卡、工艺卡和工序卡等详细的工艺文件

2.2　机械加工工艺规程

2.2.1　机械加工工艺规程的概念

机械加工工艺规程是将产品或零部件的制造工艺过程和操作方法按一定格式固定下来的技术文件。它是在具体生产条件下，本着最合理、最经济的原则编制而成的，经审批后用来指导生产的法规性文件。

机械加工工艺规程包括零件加工工艺流程、加工工序内容、切削用量、采用设备及工艺装备、工时定额等。

2.2.2　机械加工工艺规程的作用

机械加工工艺规程是机械制造工厂最主要的技术文件，是工厂规章制度的重要组成部分，其作用主要有：

1）它是组织和管理生产的基本依据。工厂进行新产品试制或产品投产时，必须按照工艺规程提供的数据进行技术准备和生产准备，以便合理编制生产计划，合理调度原材料、毛坯和设备，及时设计制造工艺装备，科学地进行经济核算和技术考核。

2）它是指导生产的主要技术文件。工艺规程是在结合本厂具体情况，总结实践经验的基础上，依据科学的理论和必要的工艺实验后制订的，它反映了加工过程中的客观规律，工人必须按照工艺规程进行生产，才能保证产品质量，才能提高生产效率。

3）它是新建和扩建工厂的原始资料。根据工艺规程，可以确定生产所需的机械设备、技术工人、基建面积以及生产资源等。

4）它是进行技术交流、开展技术革新的基本资料。典型和标准的工艺规程能缩短生产的准备时间，提高经济效益。先进的工艺规程必须广泛吸取合理化建议，不断交流工作经验，才能适应科学技术的不断发展。工艺规程则是开展技术革新和技术交流必不可少的技术语言和基本资料。

2.2.3　机械加工工艺规程的类型

1. 工艺规程的内容

机械加工工艺规程是规定产品或零部件制造工艺过程和操作方法的工艺文件，用于指导工人操作、组织生产和实施工艺管理。它一般包括下列内容：毛坯类型和材料定额；工件的加工工艺路线；所经过的车间和工段；各工序的内容要求及采用的机床和工艺装备；工件质量的检验项目及检验方法；切削用量；工时定额及工人技术等级等。

2. 工艺规程的格式

将工艺规程的内容，填入一定格式的卡片，即成为工艺文件。工艺文件一般有三种：

（1）机械加工工艺过程卡片　机械加工工艺过程卡片主要列出了零件加工所经过的整个工艺路线（包括毛坯、机械加工和热处理等），主要用来了解零件的加工流向，是制订其他工艺文件的基础，也是生产技术准备、编制作业计划和组织生产的依据。

在这种卡片中，各工序的说明不具体，多作为生产管理方面使用。在单件小批生产中，通常不编制其他更详细的工艺文件，而以这种卡片指导生产。机械加工工艺过程卡片的格式见表2-6。

表2-6　机械加工工艺过程卡

<table>
<tr><td colspan="2" rowspan="2">（工厂名）</td><td rowspan="2">机械加工
工艺过程卡</td><td colspan="3">产品型号</td><td colspan="2"></td><td colspan="2">零(部)件图号</td><td colspan="2"></td><td colspan="2">共　页</td></tr>
<tr><td colspan="3">产品名称</td><td colspan="2"></td><td colspan="2">零(部)件名称</td><td colspan="2"></td><td colspan="2">第　页</td></tr>
<tr><td rowspan="2">材料</td><td>名称</td><td></td><td rowspan="2">毛坯
种类</td><td rowspan="2">毛坯
尺寸</td><td rowspan="2"></td><td rowspan="2">每毛坯
件数</td><td rowspan="2"></td><td rowspan="2">每台
件数</td><td rowspan="2"></td><td rowspan="2">零件
重量</td><td>毛重</td><td colspan="2"></td></tr>
<tr><td>牌号</td><td></td><td>净重</td><td colspan="2"></td></tr>
<tr><td rowspan="2">工序
号</td><td rowspan="2">工序
名称</td><td colspan="4" rowspan="2">工序内容</td><td rowspan="2">车间</td><td rowspan="2">工段</td><td rowspan="2">设备名称
及编号</td><td colspan="3">工艺装备及编号</td><td colspan="2">工时</td></tr>
<tr><td>夹具</td><td>刀具</td><td>量具</td><td>准终</td><td>单件</td></tr>
<tr><td></td><td></td><td colspan="4"></td><td></td><td></td><td></td><td></td><td></td><td></td><td></td><td></td></tr>
<tr><td></td><td></td><td></td><td></td><td></td><td></td><td></td><td></td><td></td><td></td><td>编制</td><td>会签</td><td>审核</td><td>批准</td></tr>
<tr><td></td><td></td><td></td><td></td><td></td><td></td><td></td><td></td><td></td><td></td><td rowspan="2"></td><td rowspan="2"></td><td rowspan="2"></td><td rowspan="2"></td></tr>
<tr><td>标记</td><td>处记</td><td>更改
文件号</td><td>签字</td><td>日期</td><td>标记</td><td>处记</td><td>更改
文件号</td><td>签字</td><td>日期</td></tr>
</table>

（2）机械加工工艺卡片　机械加工工艺卡是以工序为单位详细说明整个工艺过程的工艺文件。内容包括零件的材料、质量、毛坯的制造方法、各工序的具体内容及加工后要达到的精度和表面粗糙度等。它是用来指导工人生产和帮助车间管理人员和技术人员掌握整个零件加工过程的一种主要技术文件，它广泛地应用于成批和小批生产的重要零件。机械加工工艺卡片的格式见表2-7。

表2-7　机械加工工艺卡

<table>
<tr><td colspan="2" rowspan="2">工　厂</td><td colspan="3" rowspan="2">机械加工工艺卡</td><td colspan="2">产品型号</td><td></td><td colspan="2">零(部)件图号</td><td></td><td colspan="3">共　页</td></tr>
<tr><td colspan="2">产品名称</td><td></td><td colspan="2">零(部)件名称</td><td></td><td colspan="3">第　页</td></tr>
<tr><td colspan="3">材料牌号</td><td>毛坯
种类</td><td>毛坯
外形
尺寸</td><td colspan="3"></td><td>每毛坯
件数</td><td></td><td>每台件数</td><td>备注</td><td colspan="2"></td></tr>
<tr><td rowspan="2">工序</td><td rowspan="2">装夹</td><td rowspan="2">工步</td><td rowspan="2">工序内容</td><td rowspan="2">同时加工零件数</td><td></td><td></td><td></td><td></td><td rowspan="2">设备装
备名称
及编号</td><td>工艺装备
名称编号</td><td rowspan="2">技术
等级</td><td colspan="2">工时定额</td></tr>
<tr><td>背吃刀量
/mm</td><td>切削速度
/(m/min)</td><td>每分钟
转数或
往复次数</td><td>进给量/
(mm或mm
/双行程)</td><td></td><td>单件</td><td>准终</td></tr>
<tr><td></td><td></td><td></td><td></td><td></td><td></td><td></td><td></td><td></td><td></td><td></td><td></td><td></td><td></td></tr>
</table>

（续）

<table>
<tr><td colspan="2" rowspan="2">工 厂</td><td colspan="3" rowspan="2">机械加工工艺卡</td><td colspan="2">产品型号</td><td colspan="2"></td><td colspan="2">零(部)件图号</td><td colspan="2"></td><td colspan="2">共 页</td></tr>
<tr><td colspan="2">产品名称</td><td colspan="2"></td><td colspan="2">零(部)件名称</td><td colspan="2"></td><td colspan="2">第 页</td></tr>
<tr><td></td><td></td><td></td><td></td><td></td><td></td><td></td><td></td><td></td><td></td><td rowspan="2">编制（日期）</td><td rowspan="2">审核（日期）</td><td rowspan="2">会签（日期）</td><td rowspan="2"></td><td rowspan="2"></td></tr>
<tr><td></td><td></td><td></td><td></td><td></td><td></td><td></td><td></td><td></td><td></td></tr>
<tr><td>标记</td><td>处记</td><td>更改文件号</td><td>签名</td><td>日期</td><td>标记</td><td>处记</td><td>更改文件号</td><td>签字</td><td>日期</td><td></td><td></td><td></td><td></td><td></td></tr>
</table>

（3）机械加工工序卡片　机械加工工序卡片详细地说明了零件的各个工序如何进行加工。在这种卡片上，要画出工序图，说明该工序的加工表面及应达到的尺寸和公差、零件的装夹方法，刀具的类型和位置、进刀方向和切削用量等。这种卡片只在大批量生产中使用。机械加工工序卡的格式见表 2-8。

表 2-8　机械加工工序卡

<table>
<tr><td colspan="3" rowspan="2">（工厂名）</td><td colspan="2" rowspan="2">机械加工工序卡</td><td colspan="2">产品型号</td><td colspan="2"></td><td colspan="2">零件图号</td><td colspan="2"></td><td colspan="2">共 页</td><td colspan="3"></td></tr>
<tr><td colspan="2">产品名称</td><td colspan="2"></td><td colspan="2">零件名称</td><td colspan="2"></td><td colspan="2">第 页</td><td colspan="3"></td></tr>
<tr><td>材料牌号</td><td></td><td>毛坯种类</td><td></td><td>毛坯外形尺寸</td><td colspan="2">每毛坯件数</td><td colspan="2"></td><td colspan="2">每台件数</td><td colspan="2"></td><td colspan="2">备 注</td><td colspan="3"></td></tr>
<tr><td colspan="5" rowspan="8">（工序简图）</td><td colspan="3">车间</td><td colspan="3">工序号</td><td colspan="3">工序名称</td><td colspan="4">材料性能</td></tr>
<tr><td colspan="3"></td><td colspan="3"></td><td colspan="3"></td><td colspan="4"></td></tr>
<tr><td colspan="3">同时加工件数</td><td colspan="3">技术等级</td><td colspan="3">单件时间/min</td><td colspan="4">准终时间/min</td></tr>
<tr><td colspan="3"></td><td colspan="3"></td><td colspan="3"></td><td colspan="4"></td></tr>
<tr><td colspan="3">设备名称</td><td colspan="3">设备编号</td><td colspan="3">夹具名称</td><td colspan="4">夹具编号</td></tr>
<tr><td colspan="3"></td><td colspan="3"></td><td colspan="3"></td><td colspan="4"></td></tr>
<tr><td colspan="3">量具名称</td><td colspan="3">量具编号</td><td colspan="3">切削液</td><td colspan="4">其 他</td></tr>
<tr><td colspan="3"></td><td colspan="3"></td><td colspan="3"></td><td colspan="4"></td></tr>
<tr><td rowspan="2">工步号</td><td rowspan="2">工步内容</td><td colspan="3">计算数据/mm</td><td rowspan="2">进给次数</td><td colspan="4">切削用量</td><td colspan="3">工时定额/min</td><td colspan="5">刀具量具及辅助工具</td></tr>
<tr><td>直径或长度</td><td>进给长度</td><td>单边余量</td><td>背吃刀量</td><td>进给量</td><td>主轴转速</td><td>切削速度</td><td>基本时间</td><td>辅助时间</td><td>工作地点服务时间</td><td>工序号</td><td>名称</td><td>规格</td><td>编号</td><td>数量</td></tr>
<tr><td></td><td></td><td></td><td></td><td></td><td></td><td></td><td></td><td></td><td></td><td></td><td></td><td></td><td></td><td></td><td></td><td></td><td></td></tr>
<tr><td></td><td></td><td></td><td></td><td></td><td></td><td></td><td></td><td></td><td></td><td colspan="2">编制</td><td colspan="2">会签</td><td colspan="2">审核</td><td>批准</td><td></td></tr>
<tr><td></td><td></td><td></td><td></td><td></td><td></td><td></td><td></td><td></td><td></td><td colspan="2" rowspan="2"></td><td colspan="2" rowspan="2"></td><td colspan="2" rowspan="2"></td><td rowspan="2"></td><td rowspan="2"></td></tr>
<tr><td>标记</td><td>处记</td><td>更改文件号</td><td>签字</td><td>日期</td><td>标记</td><td>处记</td><td>更改文件号</td><td>签字</td><td>日期</td></tr>
</table>

2.2.4　制订工艺规程的原则和依据

1. 制订工艺规程的原则

制订工艺规程时，必须遵循以下原则：

1）必须充分利用本企业现有的生产条件。

2）必须可靠地加工出符合图样要求的零件，保证产品质量。

3）保证良好的劳动条件，提高劳动生产率。

4）在保证产品质量的前提下，尽可能降低消耗、降低成本。

5）应尽可能采用国内外先进工艺技术。

由于工艺规程是直接指导生产和操作的技术文件，因此工艺规程还应做到清晰、正确、完整和统一，所用术语、符号、编码、计量单位等都必须符合相关标准。

2. 制订工艺规程的主要依据

制订工艺规程时，必须依据如下原始资料：

1）产品的装配图和零件的工作图。

2）产品的生产纲领。

3）本企业现有的生产条件，包括毛坯的生产条件或协作关系、工艺装备和专用设备及其制造能力、工人的技术水平以及各种工艺资料和标准等。

4）产品验收的质量标准。

5）国内外同类产品的新技术、新工艺及其发展前景等的相关信息。

2.2.5 制订工艺规程的步骤

制订机械加工工艺规程的步骤大致如下：

1）熟悉和分析制订工艺规程的主要依据，确定零件的生产纲领和生产类型。

2）分析零件工作图和产品装配图，进行零件结构工艺性分析。

3）确定毛坯，包括选择毛坯类型及其制造方法。

4）选择定位基准或定位基面。

5）拟定工艺路线。

6）确定各工序需用的设备及工艺装备。

7）确定工序余量、工序尺寸及其公差。

8）确定各主要工序的技术要求及检验方法。

9）确定各工序的切削用量和时间定额，并进行技术经济分析，选择最佳工艺方案。

10）填写工艺文件。

2.3 零件的结构工艺性分析及毛坯的选择

零件图是制造零件的主要技术依据，在设计工艺路线之前，首先需要仔细进行工艺分析。着重了解零件的结构特征和主要技术要求。为了准确了解零件的功用、工作条件以及相关零件间的配合关系，还应研究零件所在产品的总装图、部件装配图及验收标准。

2.3.1 零件图的研究和工艺分析

制定零件的机械加工工艺规程前，必须认真研究零件图，对零件进行工艺分析。

1. 零件图的研究

零件图是制订工艺规程最主要的原始资料。只有通过对零件图和装配图的分析，才能了解产品的性能、用途和工作条件，明确各零件的相互装配位置和作用，了解零件的主要技术要求，找出生产合格产品的关键技术问题。零件图的研究包括三项内容：

（1）检查零件图的完整性和正确性　主要检查零件图是否表达直观、清晰、准确、充分；尺寸、公差、技术要求是否合理、齐全。如有错误或遗漏，应提出修改意见。

（2）分析零件材料选择是否恰当　零件材料的选择应立足于国内，尽量采用我国资源丰富的材料，尽量避免采用贵重金属；同时，所选材料必须具有良好的加工性。

（3）分析零件的技术要求　包括零件加工表面的尺寸精度、形状精度、位置精度、表面粗糙度、表面微观质量以及热处理等要求。分析零件的这些技术要求在保证使用性能的前提下是否经济合理，在本企业现有生产条件下是否能够实现。

2. 零件的结构工艺性分析

零件的结构工艺性是指所设计的零件在不同类型的具体生产条件下，零件毛坯的制造、零件的加工和产品的装配所具备的可行性和经济性。零件结构工艺性涉及面很广，具有综合性，必须全面综合地分析。零件的结构对机械加工工艺过程的影响很大，不同结构的两个零件尽管都能满足使用要求，但它们的加工方法和制造成本却可能有很大的差别。所谓具有良好的结构工艺性，应是在不同生产类型的具体生产条件下，对零件毛坯的制造、零件的加工和产品的装配，都能以较高的生产率和最低的成本、采用较经济的方法进行并能满足使用性能的结构。在制订机械加工工艺规程时，主要对零件切削加工工艺性进行分析。

两使用性能完全相同的零件，因结构稍有不同，其制造成本就有很大的差别。表 2-9 列举生产中零件机械加工结构工艺性的实例，供参考和借鉴。

表 2-9　零件机械加工结构工艺性实例分析

序号	结构工艺性内容	不　好	好
1	尽量减小大平面加工	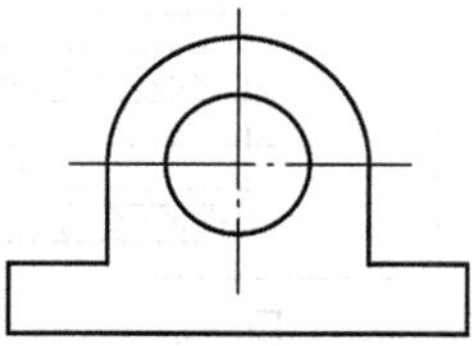	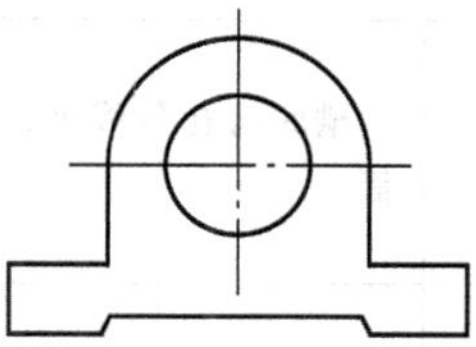
2	尽量减少长孔加工	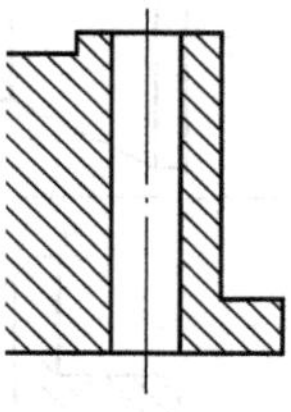	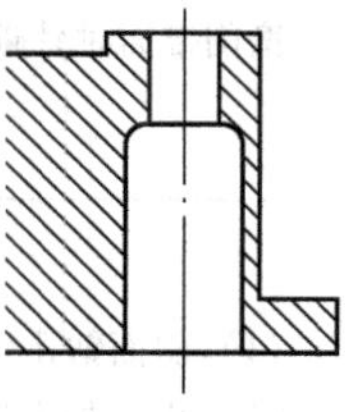
3	键槽在同一方向可减少调整次数	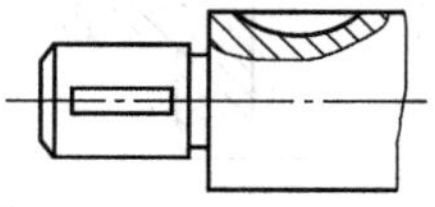	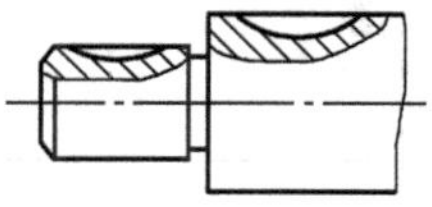
4	（1）加工面与非加工面明显分开 （2）凸台高度相同，一次加工	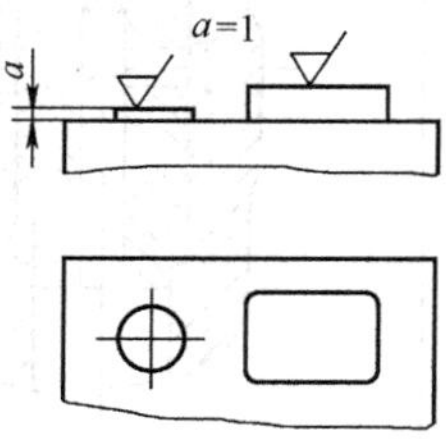	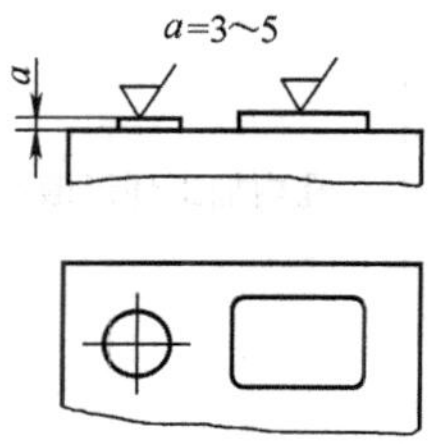

（续）

序号	结构工艺性内容	不　好	好
5	槽宽尺寸一致	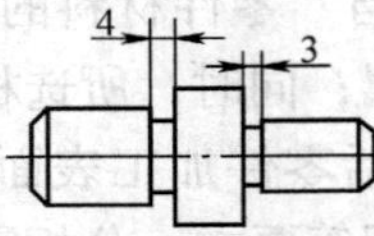	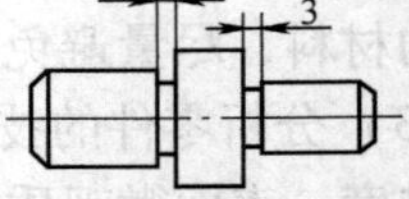
6	磨削表面应有退刀槽	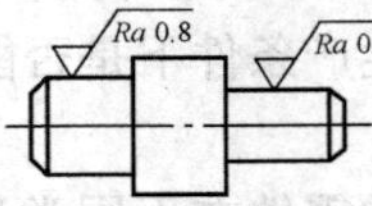	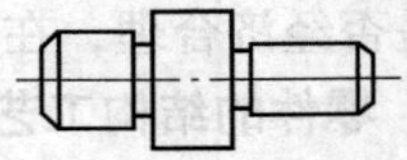
7	（1）内螺纹孔口应有倒角 （2）根部有退刀槽	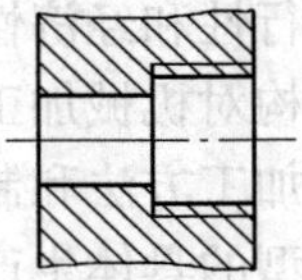	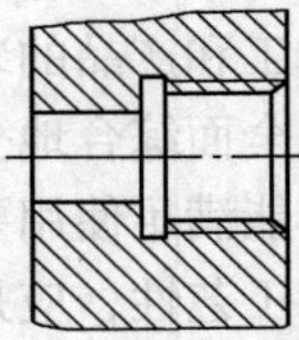
8	孔离箱壁太近，需用加长钻头加工	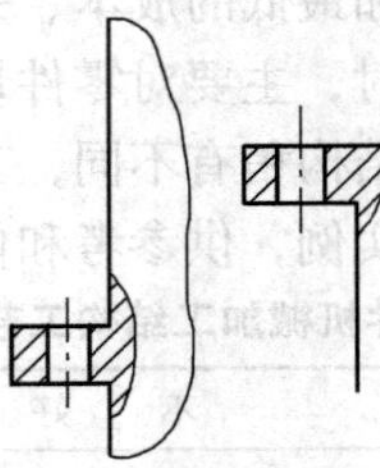	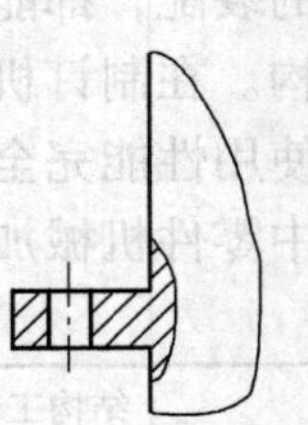
9	槽底与孔母线平，易划伤加工面	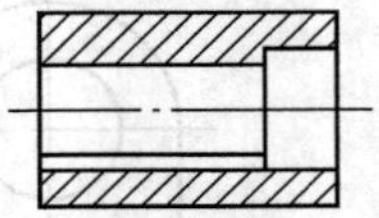	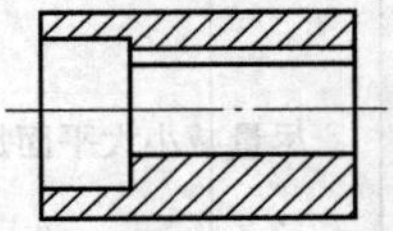
10	磨削锥面时易碰伤加工面	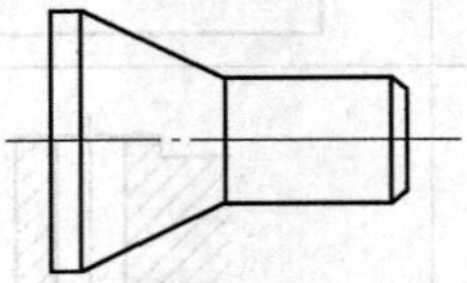	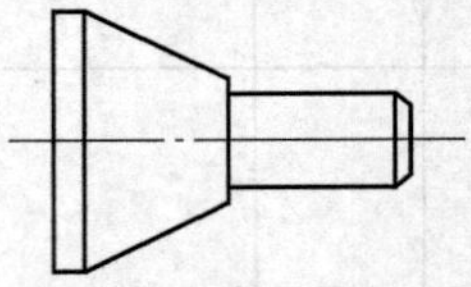
11	（1）斜面钻孔，易引偏 （2）出口处有阶梯，钻头易折断		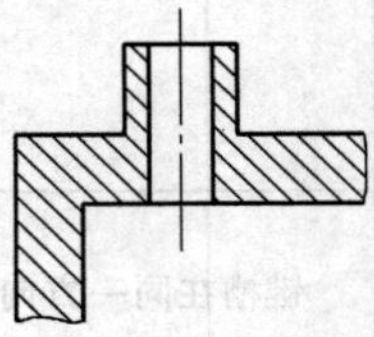
12	孔内加工环形槽不方便	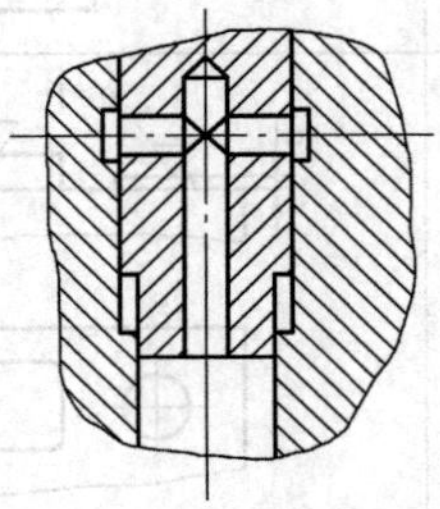	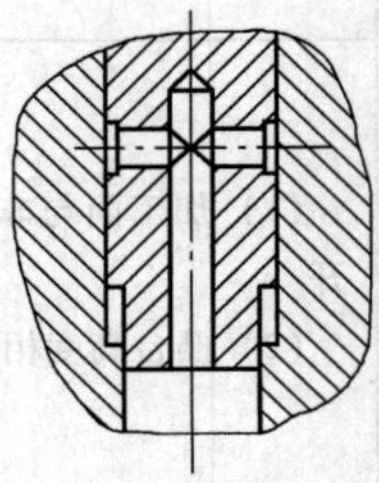

（续）

序号	结构工艺性内容	不　好	好
13	同一组件上的几个配合表面应依次进入装配	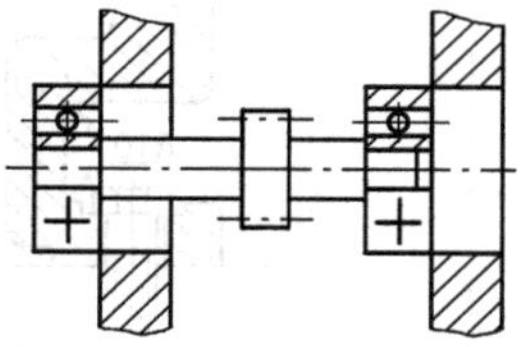	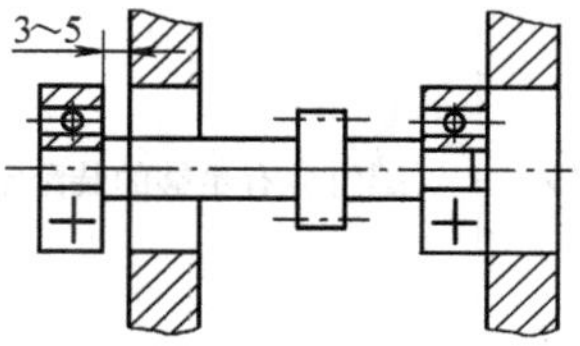
14	轴上零件可单独组装成组件后，一次装入箱体内	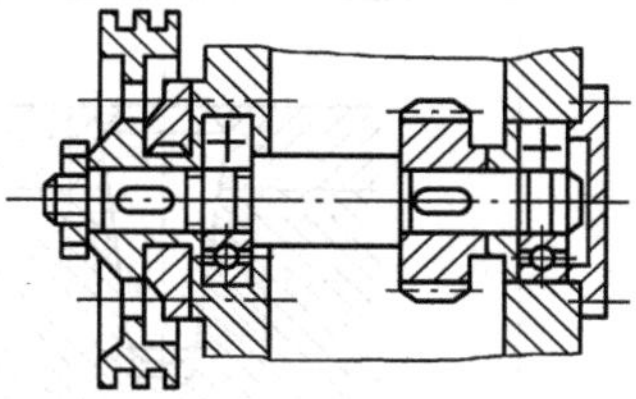	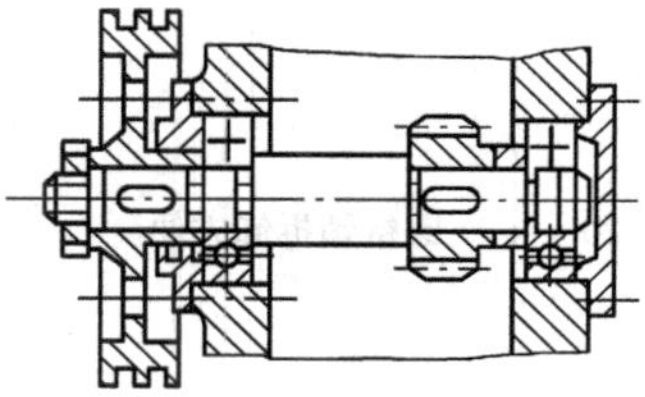
15	床身和油盘联接螺钉应在容易装配的地方	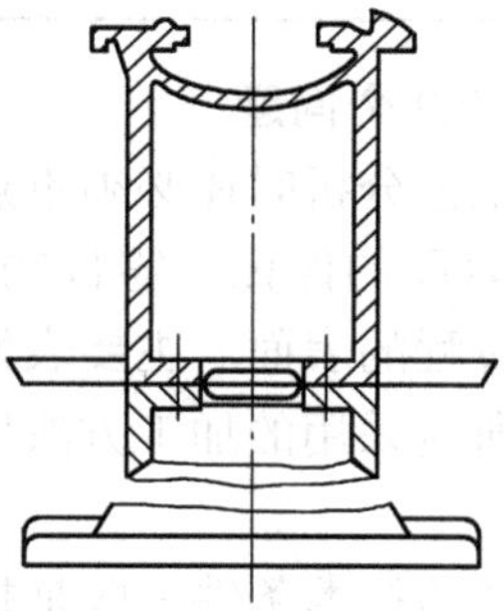	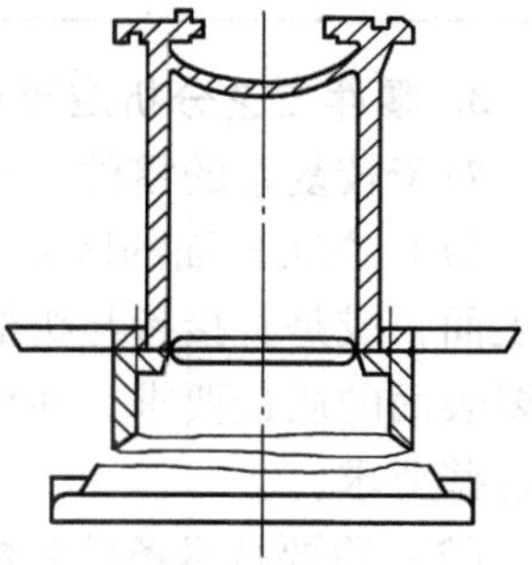
16	箱体内凸台上加工油孔不方便	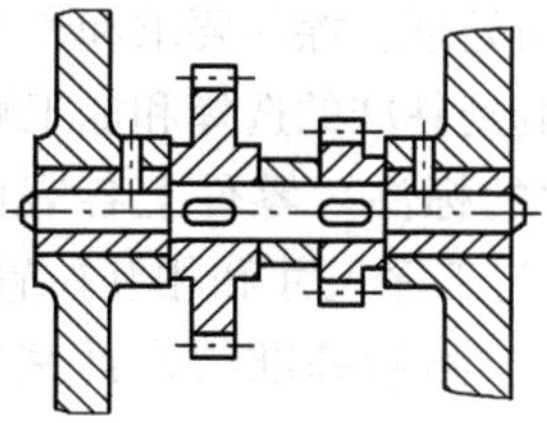	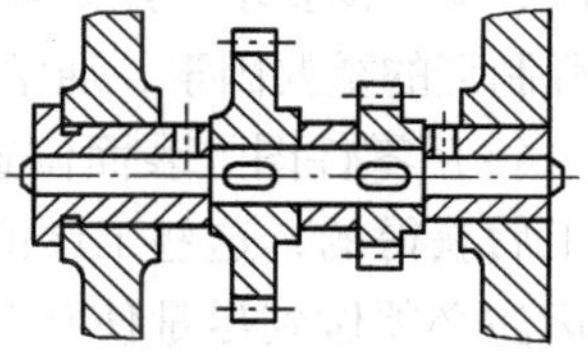
17	轴承内圈拆卸方便	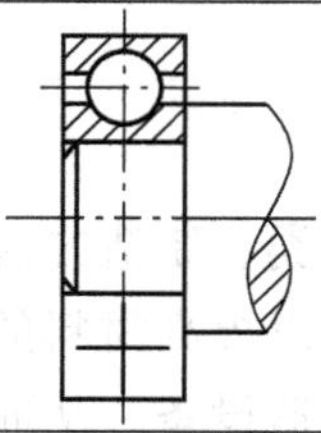	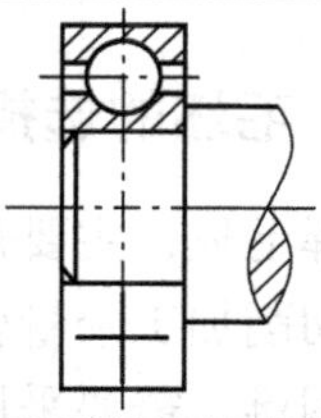
18	轴承外圈拆卸方便	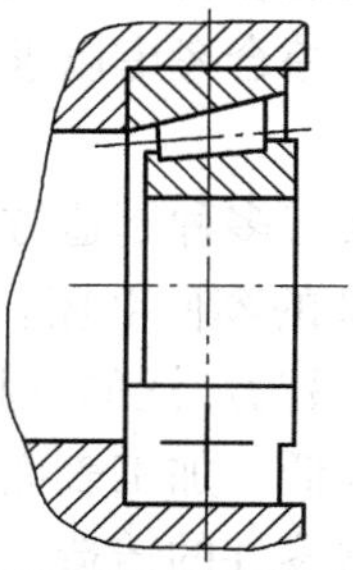	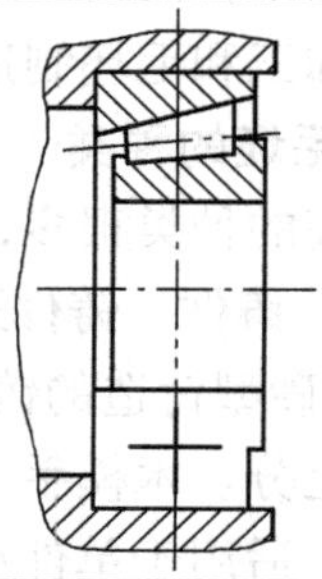

（续）

序号	结构工艺性内容	不　好	好
19	螺钉应有足够的装配空间	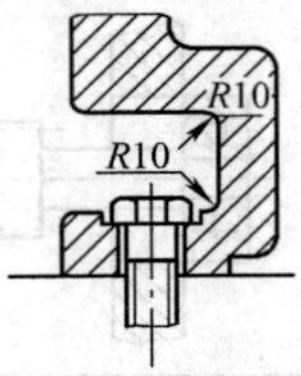	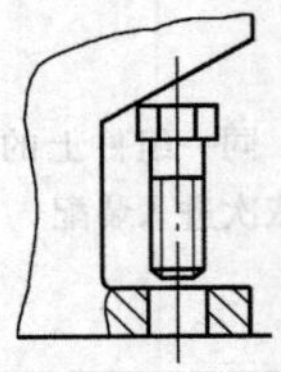
20	圆锥销拆卸方便	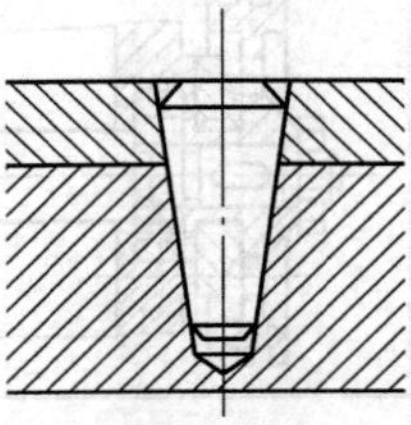	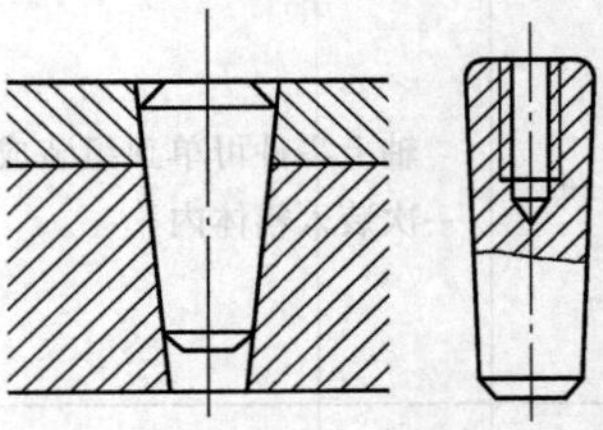

3. 零件工艺分析应重点研究的几个问题

对于较复杂的零件，在进行工艺分析时还必须重点研究以下三个方面的问题：

（1）主次表面的区分和主要表面的保证　零件的主要表面是指零件与其他零件相配合的表面，或是直接参与机器工作过程的表面。主要表面以外的其他表面称为次要表面。根据主要表面的质量要求，便可确定所应采用的加工方法以及采用哪些最后加工的方法来保证实现这些要求。

（2）重要技术条件分析　零件的技术条件一般是指零件的表面形状精度和位置精度，静平衡、动平衡要求，热处理、表面处理，探伤要求和气密性试验等。重要技术条件是影响工艺规程制订的重要因素，通常会影响到基准的选择和加工顺序，还会影响工序的集中与分散。

（3）零件图上表面位置尺寸的标注　零件上各表面之间的位置精度是通过一系列工序加工后获得的，这些工序的顺序与工序尺寸和相互位置关系的标注方式直接相关，这些尺寸的标注必须做到尽量使定位基准、测量基准与设计基准重合，以减小基准不重合带来的误差。

2.3.2　毛坯的选择

选择毛坯，主要是确定毛坯的种类、制造方法及其制造精度。毛坯的形状、尺寸越接近成品，切削加工余量就越少，从而可以提高材料的利用率和生产效率，然而这样往往会使毛坯制造困难，需要采用昂贵的毛坯制造设备，从而增加毛坯的制造成本。所以选择毛坯时应从机械加工和毛坯制造两方面出发，综合考虑以求最佳效果。

1. 毛坯的种类

毛坯的种类很多，同一种毛坯又有多种制造方法。

（1）铸件　铸件适用于形状复杂的零件毛坯。根据铸造方法的不同，铸件又分为：

1）砂型铸造的铸件。这是应用最为广泛的一种铸件。它又有木模手工造型和金属模机器造型之分。木模手工造型铸件精度低，加工表面需留较大的加工余量；木模手工造型生产效率低，适用于单件小批生产或大型零件的铸造。金属模机器造型生产效率高，铸件精度也高，但设备费用高，铸件的重量也受限制，适用于大批量生产的中小型铸件。

2）金属型铸造铸件。将熔融的金属浇注到金属模具中，依靠金属自重充满金属铸型腔而获得的铸件。这种铸件比砂型铸造铸件精度高、表面质量和力学性能好，生产效率也较高，但需专用的金属型腔模，适用于大批量生产中的尺寸不大的有色金属铸件。

3）离心铸造铸件。将熔融金属注入高速旋转的铸型内，在离心力的作用下，金属液充满型腔而形成的铸件。这种铸件晶粒细，金属组织致密，零件的力学性能好，外圆精度及表面质量高，但内孔精度差，且需要专门的离心浇注机，适用于批量较大的黑色金属和有色金属的旋转体铸件。

4）压力铸造铸件。将熔融的金属在一定的压力作用下，以较高的速度注入金属型腔内而获得的铸件。这种铸件精度高，可达 IT11 ~ IT13；表面粗糙度值小，可达 $Ra3.2 \sim 0.4\mu m$；铸件力学性能好。可铸造各种结构较复杂的零件，铸件上各种孔眼、螺纹、文字及花纹图案均可铸出。但需要一套昂贵的设备和型腔模。适用于批量较大的形状复杂、尺寸较小的有色金属铸件。

5）精密铸造铸件。将石蜡通过型腔模压制成与工件一样的蜡制工件，再在蜡制工件周围粘上特殊型砂，凝固后将其烘干焙烧，蜡被蒸发而放出，留下工件形状的模壳，用来浇铸。精密铸造铸件精度高，表面质量好。一般用来铸造形状复杂的铸钢件，可节省材料，降低成本，是一项先进的毛坯制造工艺。

（2）锻件　锻件适用于强度要求高、形状比较简单的零件毛坯，其锻造方法有自由锻和模锻两种。

自由锻造锻件是在锻锤或压力机上用手工操作而成形的锻件。它的精度低，加工余量大，生产率也低，适用于单件小批生产及大型锻件。

模锻件是在锻锤或压力机上，通过专用锻模锻制成形的锻件。它的精度和表面粗糙度均比自由锻的好，可以使毛坯形状更接近工件形状，加工余量小。同时，由于模锻件的材料纤维组织分布好，锻制件的机械强度高。模锻的生产效率高，但需要专用的模具，且锻锤的吨位也要比自由锻的大。主要适用于批量较大的中小型零件。

（3）焊接件　焊接件是根据需要将型材或钢板焊接而成的毛坯件，它制作方便、简单，但需要经过热处理才能进行机械加工。适用于单件小批生产中制造大型毛坯，其优点是制造简便，加工周期短，毛坯重量轻；缺点是焊接件抗振动性差，机械加工前需经过时效处理以消除内应力。

（4）冲压件　冲压件是通过冲压设备对薄钢板进行冷冲压加工而得到的零件，它可以非常接近成品要求，冲压零件可以作为毛坯，有时还可以直接成为成品。冲压件的尺寸精度高，适用于批量较大而零件厚度较小的中小型零件。

（5）型材　型材主要通过热轧或冷拉而成。热轧的型材精度低，价格较冷拉的便宜，用于一般零件的毛坯。冷拉的型材尺寸小，精度高，易于实现自动送料，但价格贵，多用于批量较大且在自动机床上进行加工的情形。按其截面形状，型材可分为圆钢、方钢、六角钢、扁钢、角钢、槽钢以及其他特殊截面的型材。

（6）冷挤压件　冷挤压件是在压力机上通过挤压模挤压而成，其生产效率高。冷挤压毛坯精度高，表面粗糙度值小，可以不再进行机械加工，但要求材料塑性好，主要为有色金属和塑性好的钢材，适用于大批量生产中制造形状简单的小型零件。

（7）粉末冶金件　粉末冶金件是以金属粉末为原料，在压力机上通过模具压制成型后经高温烧结而成。其生产效率高，零件的精度高，表面粗糙度值小，一般可不再进行精加工，但金属粉末成本较高，适用于大批大量生产中压制形状较简单的小型零件。

2. 确定毛坯时应考虑的因素

在确定毛坯时，应考虑以下因素：

（1）零件的材料及其力学性能　当零件的材料选定以后，毛坯的类型就大体确定了。例如，材料为铸铁的零件，自然应选择铸造毛坯；而对于重要的钢质零件，力学性能要求高时，可选择锻造毛坯。

（2）零件的结构形状和外形尺寸　形状复杂的毛坯常采用铸件，但对于形状复杂的薄壁件，一般不能采用砂型铸造；对于一般用途的阶梯轴，如果各段直径相差不大、力学性能要求不高时，可选择棒料做毛坯，倘若各段直径相差较大，为了节省材料，应选择锻件。

（3）生产类型　当零件的生产批量较大时，应采用精度和生产率都比较高的毛坯制造方法，这时毛坯制造增加的费用可由材料耗费减少的费用以及机械加工减少的费用来补偿。

（4）现有生产条件　选择毛坯类型时，要结合本企业的具体生产条件，如现场毛坯制造的实际水平和能力、外协的可能性等。

（5）充分考虑利用新技术、新工艺和新材料的可能性　为了节约材料和能源，减少机械加工余量，提高经济效益，只要有可能，就应尽量采用精密铸造、精密锻造、冷挤压、粉末冶金和工程塑料等新工艺、新技术和新材料。

3. 确定毛坯时的几项工艺措施

实现少切屑、无切屑加工，是现代机械制造技术的发展趋势。但是，由于毛坯制造技术的限制，加之现代机器对零件精度和表面质量的要求越来越高，为了保证机械加工能达到质量要求，毛坯的某些表面仍需留有加工余量。加工毛坯时，由于一些零件形状特殊，安装和加工不大方便，必须采取一定的工艺措施才能进行机械加工。下面列举几种常见的工艺措施。

1）为了便于安装，有些铸件毛坯需铸出工艺凸台，如图 2-6 所示。工艺凸台在零件加工完毕后一般应切除，如对使用和外观没有影响，也可保留在零件上。

2）装配后需要形成同一工作表面的两个相关偶件，为了保证加工质量并使加工方便，常常将这些分离零件先制作成一个整体毛坯，加工到一定阶段后再切割分离。如图 2-7 所示的车床进给系统中的开合螺母外壳，其毛坯就是两件合制的；柴油机连杆大端也是合制的。

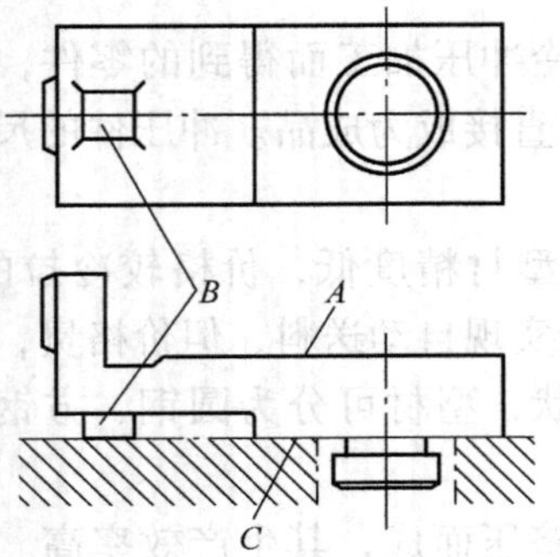

图 2-6　工艺凸台的实例

A—加工面　*B*—工艺凸台　*C*—定位面

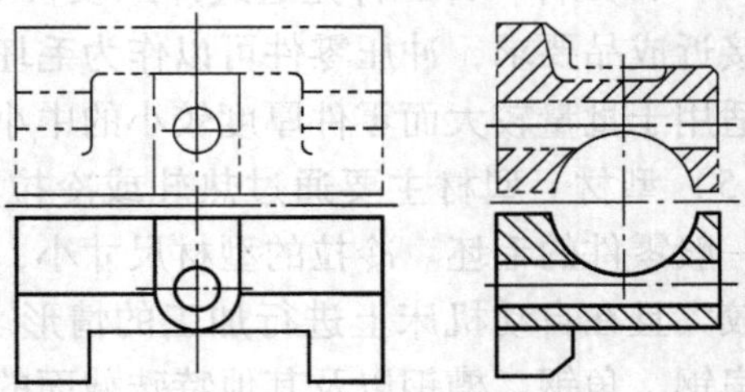

图 2-7　车床进给系统的开合螺母外壳简图

3）对于形状比较规则的小型零件，为了便于安装和提高机械加工的生产率，可将多件合成一个毛坯，加工到一定阶段后，再分离成单件，如图2-8所示的滑键，对毛坯的各平面加工好后再切离成单件，再对单件进行加工。

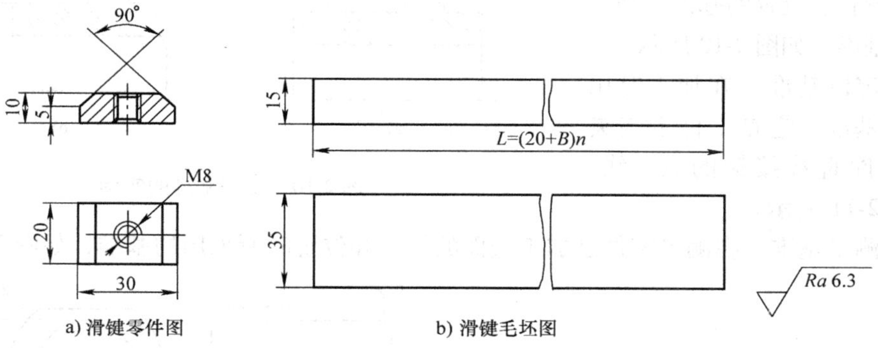

图2-8　滑键零件图与毛坯图

2.4　定位基准的选择

定位基准的选择对于保证零件的尺寸精度和位置精度以及合理安排加工顺序都有很大影响，当使用夹具安装工件时，定位基准的选择还会影响夹具结构的复杂程度。因此，定位基准的选择是制订工艺规程时必须认真考虑的一个重要工艺问题。

2.4.1　基准的概念及其分类

基准是指确定零件上某些点、线、面位置时所依据的那些点、线、面，或者说是用来确定生产对象上几何要素间的几何关系所依据的那些点、线、面。

按其作用的不同，基准可分为设计基准和工艺基准两大类。

1. 设计基准

设计基准是指零件设计图上用来确定其他点、线、面位置关系所采用的基准，如图2-9所示。

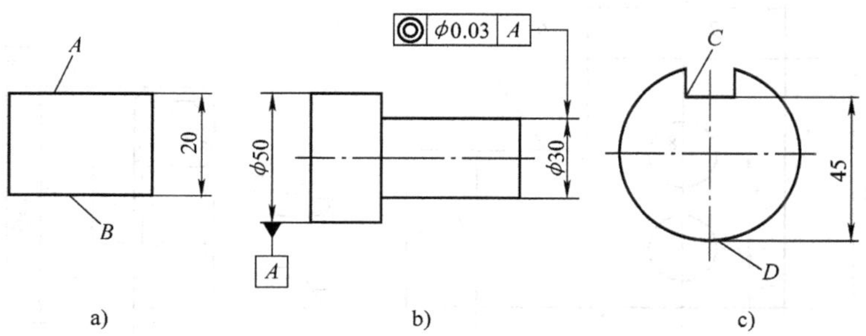

图2-9　设计基准的实例

2. 工艺基准

工艺基准是指在加工或装配过程中所使用的基准。工艺基准根据其使用场合的不同，又可分为工序基准、定位基准、测量基准和装配基准四种。

（1）工序基准　在工序图上，用来确定本工序所加工表面加工后的尺寸、形状、位置的基准，即工序图上的基准，如图2-10所示。

（2）定位基准　在加工时用作定位的基准，它是工件上与夹具定位元件直接接触的点、线、面，如图2-11所示。

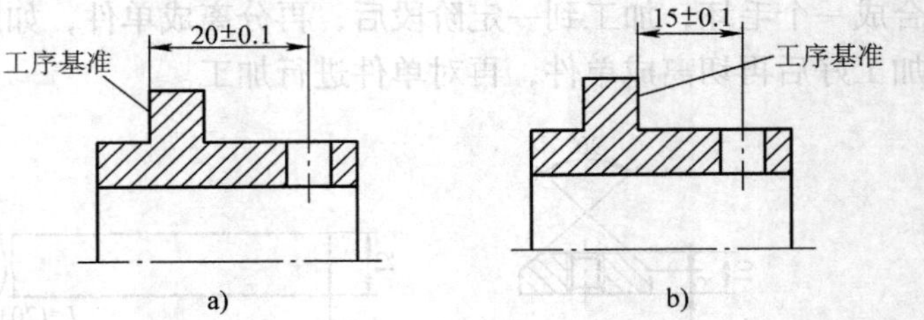

图2-10　工序基准的实例

（3）测量基准　在测量零件已加工表面的尺寸和位置时所采用的基准，如图2-12所示。

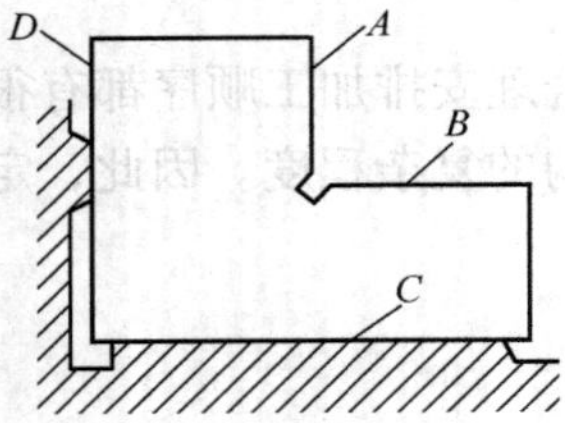

图2-11　定位基准的实例

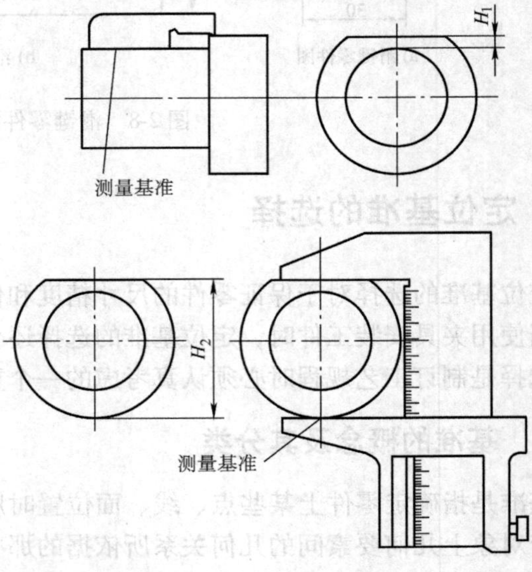

图2-12　测量基准的实例

（4）装配基准　装配时用来确定零件或部件在产品中的相对位置所采用的基准，如图2-13所示。

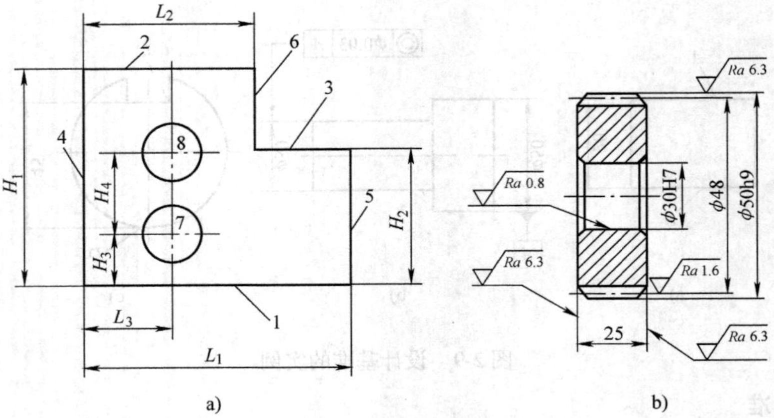

图2-13　装配基准的实例

2.4.2　基准问题的分析

分析基准时，必须注意以下几点：

1）基准是制订工艺的依据，必然是客观存在的。当作为基准的是轮廓要素，如平面、圆柱面等时，容易直接接触到，也比较直观。但是有些作为基准的是中心要素，如圆心、球心、对称轴线等时，则无法触及，然而它们却也是客观存在的。

2）当作为基准的要素无法触及时，通常由某些具体的表面来体现，这些表面称为基面。如轴的定位则可以外圆柱面为定位基面，这类定位基准的选择则转化为恰当地选择定位基面的问题。

3）作为基准，可以是没有面积的点、线以及面积极小的面。但是工件上代表这种基准的基面总是有一定接触面积的。

4）不仅表示尺寸关系的基准问题如上所述，表示位置精度的基准关系也是如此。

2.4.3　定位基准的选择

选择定位基准时应符合两点要求：

1）各加工表面应有足够的加工余量，非加工表面的尺寸、位置符合设计要求。

2）定位基面应有足够大的接触面积和分布面积，以保证能承受大的切削力，保证定位稳定可靠。

定位基准可分为粗基准和精基准。若选择未经加工的表面作为定位基准，则这种基准被称为粗基准。若选择已加工的表面作为定位基准，则这种定位基准称为精基准。粗基准考虑的重点是如何保证各加工表面有足够的余量，而精基准考虑的重点是如何减小误差。在选择定位基准时，通常是从保证加工精度要求出发的，因而分析定位基准选择的顺序应从精基准到粗基准。

1. 精基准的选择

选择精基准应考虑如何保证加工精度和装夹可靠方便，一般应遵循以下原则：

1）基准重合原则：即应尽可能选择设计基准作为定位基准。这样可以避免基准不重合引起的误差。图 2-14 所示为采用调整法加工 C 面，则尺寸 c 的加工误差 T_c 不仅包含本工序的加工误差 Δ_j，而且还包括基准不重合带来的设计基准与定位基准之间的尺寸误差 T_a。如果采用如图 2-15 所示的方式安装工件，则可消除基准不重合误差。

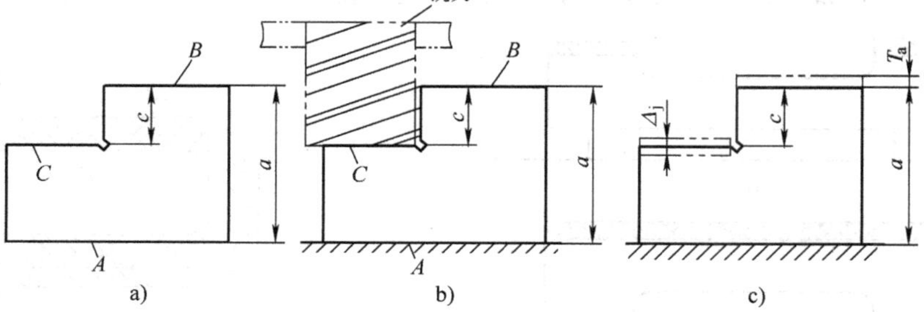

图 2-14　基准不重合误差示例

2）基准统一原则：即应尽可能采用同一个定位基准加工工件上的各个表面。采用基准统一原则，可以简化工艺规程的制定，减少夹具数量，节约夹具设计和制造费用；同时由于减少了基准的转换，更有利于保证各表面间的相互位置精度。利用两中心孔加工轴类零件的各外圆表面，即符合基准统一原则。

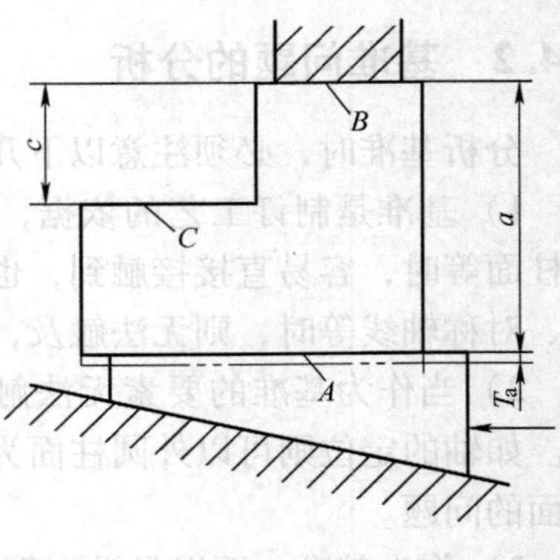

图 2-15　基准重合工件安装示意图

3）互为基准原则：即对工件上两个相互位置精度要求比较高的表面进行加工时，可以利用两个表面互相作为基准，反复进行加工，以保证位置精度要求。例如，为保证套类零件内外圆柱面较高的同轴度要求，可先以孔为定位基准加工外圆，再以外圆为定位基准加工内孔，这样反复多次，就可使两者的同轴度达到很高要求。

4）自为基准原则：即某些加工表面加工余量小而均匀时，可选择加工表面本身作为定位基准。如图 2-16 所示，在导轨磨床上磨削床身导轨面时，就是以导轨面本身为基准，用百分表来找正定位的。

5）准确可靠原则：即所选基准应保证工件定位准确、安装可靠；夹具设计简单、操作方便。

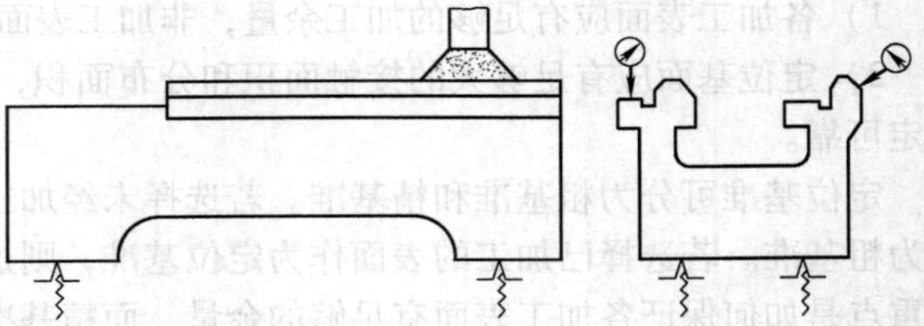
图 2-16　自为基准实例

2. 粗基准的选择

选择粗基准时，主要保证各加工面有足够的余量，并注意尽快获得精基面，在具体选择时应遵循下列原则：

1）如果主要要求保证工件上某重要表面的加工余量均匀，则应选择该表面作为粗基准。例如，车床身粗加工时，为保证导轨面有均匀的金相组织和较高的耐磨性，应使其加工余量适当而且均匀，因此应选择导轨面作为粗基准先加工床脚面，再以床脚面为精基准加工导轨面，如图 2-17 所示。

2）若主要要求保证非加工表面与加工表面之间的相对位置精度，应选择非加工表面作为粗基准，如图 2-18 所示，选不加工的外圆 A 为粗基准，从而保证其壁厚均匀；如果零件上同时具有多个非加工面时，应选择与加工面位置精度要求最高的非加工表面作为粗基准。

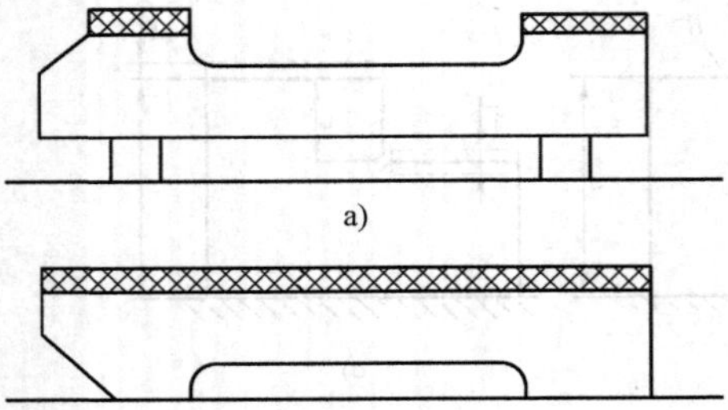

图 2-17　粗基准选择（一）

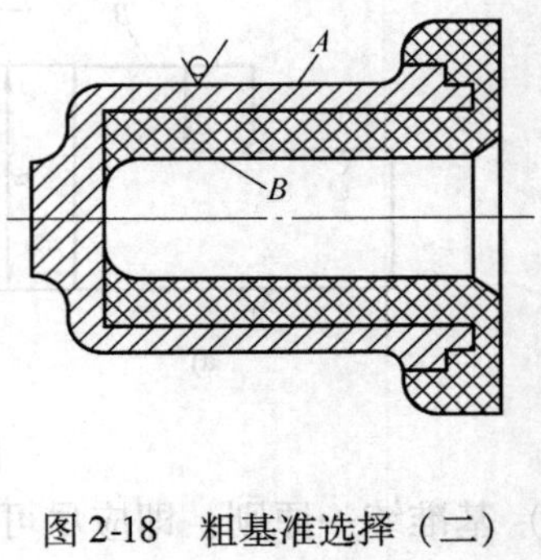

图 2-18　粗基准选择（二）

3）有多个表面需要一次加工时，应选择精度要求最高、或者加工余量最小的表面作为粗基准，以便于保证精度要求，使外形对称等。

4）粗基准在同一尺寸方向上通常只允许使用一次。因为毛坯面粗糙且精度低，重复使用将产生较大的误差。

5）选作粗基准的表面应平整光洁，有一定面积，无飞边、浇口、冒口，以保证定位稳定、夹紧可靠。

实际上，无论是粗基准还是精基准的选择，上述原则都不可能同时满足，有时甚至互相矛盾。因此，在选择基准时，必须具体情况具体分析，权衡利弊，保证零件的主要设计要求。

2.5　工艺路线的拟定

拟定工艺路线是制订工艺规程的关键一步，它不仅影响零件的加工质量和效率，而且影响设备投资、生产成本、甚至工人的劳动强度。拟定工艺路线时，在选择好定位基准后，紧接着需要考虑如下几方面的问题。

2.5.1　表面加工方法的选择

表面加工方法的选择，就是为零件上每一个有质量要求的表面选择一套合理的加工方法。在选择时，一般先根据表面精度和粗糙度要求选择最终加工方法，然后再确定精加工前的前期工序的加工方法。选择加工方法，既要保证零件的表面质量，又要争取高生产效率，同时还应考虑以下因素：

1）首先应根据每个加工表面的技术要求，确定加工方法和分几次加工。

2）应选择相应的能获得经济精度和经济粗糙度的加工方法。加工时，不要盲目采用高的加工精度和小的表面粗糙度的加工方法，以免增加生产成本，浪费设备资源。

3）应考虑工件材料的性质。例如，淬火钢精加工应采用磨床加工；有色金属的精加工，为避免磨削时堵塞砂轮，则应采用金刚镗或高速精细车削等。

4）要考虑工件的结构和尺寸。例如，对于IT7级精度的孔，采用镗、铰、拉和磨削等都可达到要求。但箱体上的孔一般不宜采用拉或磨削，大孔时宜选择镗孔，小孔时则宜选择铰孔。

5）要根据生产类型选择加工方法。大批量生产时，应采用生产率高、质量稳定的专用设备和专用工艺装备加工。单件小批生产时，则应采用通用设备和工艺装备以及一般的加工方法。

6）还应考虑本企业的现有设备情况和技术条件以及充分利用新工艺、新技术的可能性。应充分利用企业的现有设备和工艺手段，节约资源，发挥群众的创造性，挖掘企业潜力；同时应重视新技术、新工艺，设法提高企业的工艺水平。

7）其他特殊要求。例如工件表面纹路要求、表面力学性能要求等。

2.5.2　加工阶段的划分

为了保证零件的加工质量和合理地使用设备、人力，零件往往不可能在一个工序内完成全部加工工作，而必须将整个加工过程划分为多个加工阶段，一般可分为粗加工、半精加工和精加工三个阶段。如果加工精度和表面粗糙度要求特别高时，还可增设光整加工和超精密加工阶段。各加工阶段的主要任务为：

1）粗加工阶段的任务是高效地切除各加工表面的大部分余量，使毛坯在形状和尺寸上接近成品。

2）半精加工阶段的任务是消除粗加工留下的误差，为主要表面的精加工做准备，并完成一些次要表面的加工。

3）精加工阶段的任务是从工件上切除少量余量，保证各主要表面达到图样规定的质量要求。

光整加工和超精密加工是对要求特别高的零件增设的加工方法，主要目的是达到所要求的光洁表面和加工精度。

划分加工阶段的主要原因有：

（1）保证零件加工质量 粗加工时切除的金属层较厚，会产生较大的切削力和切削热，所需的夹紧力也较大，因而工件会产生较大的弹性变形和热变形；另外，粗加工后由于内应力重新分布，也会使工件产生较大的变形。划分阶段后，粗加工造成的误差将通过半精加工和精加工予以纠正。

（2）有利于合理使用设备 粗加工时可使用功率大、刚度好而精度较低的高效率机床，以提高生产率。而精加工则可使用高精度机床，以保证加工精度要求。这样既充分发挥了机床各自的性能特点，又避免了以粗干精，延长了高精度机床的使用寿命。

（3）便于及时发现毛坯缺陷 由于粗加工切除了各表面的大部分余量，毛坯的缺陷如气孔、砂眼、余量不足等可及早被发现，及时修补或报废，从而避免继续加工而造成的浪费。

（4）避免损伤已加工表面 将精加工安排在最后，可以保护精加工表面在加工过程中少受损伤或不受损伤。

（5）便于安排必要的热处理工序 划分阶段后，在适当的时机在机械加工过程中插入热处理，可使冷、热工序配合得更好，避免因热处理带来的变形。

值得指出的是，加工阶段的划分不是绝对的。例如，对那些加工质量不高、刚性较好、毛坯精度较高、加工余量小的工件，也可不划分或少划分加工阶段；对于一些刚性好的重型零件，由于装夹、运输费时，也常在一次装夹中完成粗、精加工，为了弥补不划分加工阶段引起的缺陷，可在粗加工之后松开工件，让工件的变形得到恢复，稍留间隔后用较小的夹紧力重新夹紧工件再进行精加工。

2.5.3 加工顺序的安排

复杂零件的机械加工要经过切削加工、热处理和辅助工序，在拟定工艺路线时必须将三者统筹考虑，合理安排顺序。

1. 切削加工工序顺序的安排原则

切削加工工序安排的总原则是：前期工序必须为后续工序创造条件，作好基准准备。具体原则如下：

（1）基准先行 零件加工一开始，总是先加工精基准，然后再用精基准定位加工其他表面。例如，对于箱体零件，一般是以主要孔为粗基准加工平面，再以平面为精基准加工孔系；对于轴类零件，一般是以外圆为粗基准加工中心孔，再以中心孔为精基准加工外圆、端面等其他表面。如果有几个精基准，则应该按照基准转换的顺序和逐步提高加工精度的原则来安排基面和主要表面的加工。

（2）先主后次　零件的主要表面一般都是加工精度或表面质量要求比较高的表面，它们的加工质量好坏对整个零件的质量影响很大，其加工工序往往也比较多，因此应先安排主要表面的加工，再将其他表面加工适当安排在它们中间穿插进行。通常将装配基面、工作表面等视为主要表面，而将键槽、紧固用的光孔和螺孔等视为次要表面。

（3）先粗后精　一个零件通常由多个表面组成，各表面的加工一般都需要分阶段进行。在安排加工顺序时，应先集中安排各表面的粗加工，中间根据需要依次安排半精加工，最后安排精加工和光整加工。对于精度要求较高的工件，为了减小因粗加工引起的变形对精加工的影响，通常粗、精加工不应连续进行，而应分阶段、间隔适当时间进行。

（4）先面后孔　对于箱体、支架和连杆等工件，应先加工平面后加工孔。因为平面的轮廓平整、面积大，先加工平面再以平面定位加工孔，既能保证加工时孔有稳定可靠的定位基准，又有利于保证孔与平面间的位置精度要求。

2. 热处理工序的安排

热处理工序在工艺路线中安排的是否恰当，对零件的加工质量和材料的使用性能影响很大，因此应根据零件的材料和热处理的目的妥善安排之。以下就常见的几种热处理介绍如下。

（1）退火与正火　退火或正火的目的是为了消除组织的不均匀，细化晶粒，改善金属的切削加工性能。对高碳钢零件用退火降低其硬度，对低碳钢零件用正火提高其硬度，以获得适中的硬度和较好的可切削性，同时能消除毛坯制造中的应力。退火与正火一般安排在机械加工之前进行。

（2）时效　毛坯制造和切削加工都会在工件内部留下残余应力，这些残余应力将会引起工件的变形，影响加工质量甚至造成废品。为了消除残余应力，在工艺过程中常需要安排时效处理。时效处理分自然时效、人工时效和冰冷处理三大类。自然时效是指将铸件在露天放置几个月或几年；人工时效是指将铸件以 50 ~ 100℃/h 的速度加热到 500 ~ 550℃，保温数小时或更久，然后以 20 ~ 50℃/h 的速度随炉冷却；冰冷处理是指将零件置于 0 ~ −80℃之间的某种气体中停留 1 ~ 2h。对一般铸件，常在粗加工前或粗加工后安排一次时效处理；对于要求较高的零件，在半精加工后尚需再安排一次时效处理；对于一些刚性较差、精度要求特别高的重要零件（如精密丝杠、主轴等），常常在每一个加工阶段之间都安排一次时效处理。

（3）淬火和调质　淬火和调质处理可以获得需要的力学性能。但淬火和调质处理后会产生较大的变形，所以调质处理一般安排在机械加工之前，而淬火则因其硬度高且不易切削一般安排在精加工阶段的磨削加工之前进行。

（4）渗碳淬火和渗氮　低碳钢零件有时需要渗碳淬火，并要求保证一定的渗碳层厚度。渗碳变形较大，一般安排在精加工之前进行，但渗碳表面预先常安排粗磨，以便控制渗碳层厚度和减少以后的磨削余量，渗碳时对零件不需要淬硬处（如装配时需要配铰的销孔等）应注意保护，或者在渗碳后安排切除渗碳层工序，然后再进行淬火和进行精加工。

渗氮处理是为了提高工件硬度和抗蚀性，它的变形较小，一般安排在工艺过程的最后阶段、该表面的最终加工之前或之后进行。

3. 辅助工序的安排

辅助工序包括工件的检验、去毛刺、清洗、去磁和防锈等。辅助工序也是机械加工的必要工序，安排不当或遗漏，会给后续工序和装配带来困难，影响产品质量甚至机器的使用性能。例如，未去毛刺的零件装配到产品中会影响装配精度或危及工人安全，机器运行一段时间后，毛刺变成碎屑后混入润滑油中，将影响机器的使用寿命；用磁力夹紧过的零件如果不安排去磁，则可能将微细切屑带入产品中，也必然会严重影响机器的使用寿命，甚至还可能造成不必要的事故。因此，必须十分重视辅助工序的安排。

检验是最主要的辅助工序，它对保证产品质量有重要的作用。检验工序应安排在：

1）粗加工阶段结束后。

2）转换车间的前后，特别是进入热处理工序的前后。

3）重要工序之前或加工工时较长的工序前后。

4）特种性能检验，如磁力探伤、密封性检验等之前。

5）全部加工工序结束之后。

2.5.4　工序的集中与分散

拟定工艺路线时，选定了各表面的加工工序和划分加工阶段之后，就可以将同一阶段中的各加工表面组合成若干工序。确定工序数目或工序内容的多少有两种不同的原则，它和设备类型的选择密切相关。

1. 工序集中与工序分散的概念

工序集中就是将工件的加工集中在少数几道工序内完成。每道工序的加工内容较多。工序集中又可分为：采用技术措施集中的机械集中，如采用多刀、多刃、多轴或数控机床加工等；采用人为组织措施集中的组织集中，如普通车床的顺序加工。

工序分散则是将工件的加工分散在较多的工序内完成。每道工序的加工内容很少，有时甚至每道工序只有一个工步。

2. 工序集中与工序分散的特点

（1）工序集中的特点

1）采用高效率的专用设备和工艺装备，生产效率高。

2）减少了装夹次数，易于保证各表面间的相互位置精度，还能缩短辅助时间。

3）工序数目少，机床数量、操作工人数量和生产面积都可减少，节省人力、物力，还可简化生产计划和组织工作。

4）工序集中通常需要采用专用设备和工艺装备，使得投资大，设备和工艺装备的调整、维修较为困难，生产准备工作量大，转换新产品较麻烦。

（2）工艺分散的特点

1）设备和工艺装备简单、调整方便、工人便于掌握，容易适应产品的变换。

2）可以采用最合理的切削用量，减少基本时间。

3）对操作工人的技术水平要求较低。

4）设备和工艺装备数量多、操作工人多、生产占地面积大。

3. 工序集中与工序分散的选择

工序集中与工序分散各有利弊，如何选择，应根据企业的生产规模、产品的生产类型、现有的生产条件、零件的结构特点和技术要求、各工序的生产节拍，进行综合分析后选定。

一般说来，单件小批生产采用组织集中，以便简化生产组织工作；大批大量生产可采用较复杂的机械集中；对于结构简单的产品，可采用工序分散的原则；批量生产应尽可能采用高效机床，使工序适当集中。对于重型零件，为了减少装卸运输工作量，工序应适当集中；而对于刚性较差且精度高的精密工件，则工序应适当分散。随着科学技术的进步，先进制造技术的发展，目前的发展趋势是倾向于工序集中。

2.6　工序内容的拟定

零件的加工工艺路线拟定以后，下一步应该进行工序内容的设计。工序内容的拟定包括为每一工序选择机床和工艺装备，划分工步，确定加工余量、工序（工步）尺寸和公差，确定切削用量和工时定额，确定工序要求的检测方法等。

2.6.1　机床和工艺装备的选择

1. 机床的选择

确定了工序集中或工序分散的原则后，基本上也就确定了设备的类型。如采用工序集中，则宜选用高效自动加工设备；若采用工序分散，则加工设备可较简单。此外，选择设备时还应考虑：

1）机床精度与工件精度相适应。

2）机床规格与工件的外形尺寸相适应。

3）选择的机床应与现有加工条件相适应，如设备负荷的平衡状况等。

4）如果没有现成设备供选用，经过方案的技术经济分析后，也可提出专用设备的设计任务书或改装旧设备。

2. 工艺装备的选择

工艺装备选择的合理与否，将直接影响工件的加工精度、生产效率和经济效益。应根据生产类型、具体加工条件、工件结构特点和技术要求等选择工艺装备。

（1）夹具的选择　单件、小批生产应首先采用各种通用夹具和机床附件，如卡盘、机床用平口台虎钳、分度头等；对于大批和大量生产，为提高生产率应采用专用高效夹具；多品种中、小批量生产，可采用可调夹具或成组夹具。

（2）刀具的选择　一般优先采用标准刀具。若采用机械集中，则可采用各种高效的专用刀具、复合刀具和多刃刀具等。刀具的类型、规格和精度等级应符合加工要求。

（3）量具的选择　单件、小批生产应广泛采用通用量具，如游标卡尺、百分表和千分表等；大批、大量生产，应采用极限量块和高效的专用检验夹具和量仪等。量具的精度必须与加工精度相适应。

2.6.2　加工余量的确定

1. 加工余量的基本概念

加工余量是指在加工中被切去的金属层厚度。加工余量有工序余量、总余量之分。

（1）工序余量　指某一工序所切除的金属层的厚度，即相邻两工序的工序尺寸之差。

如图 2-19 所示。

1）计算工序余量 Z 时，对于平面类非对称表面，应取单边加工余量：

对于外表面，

$$Z = a - b \tag{2-2}$$

对于内表面，

$$Z = b - a \tag{2-3}$$

式中，Z 为本工序的工序余量；a 为前道工序的工序尺寸；b 为本工序的工序尺寸。

2）旋转表面的工序余量则是对称的双边加工余量：

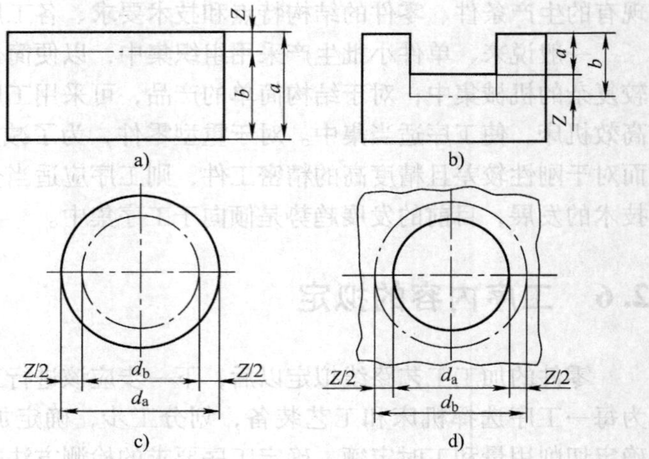

图 2-19　工序余量

对于被包容面，

$$Z = d_a - d_b \tag{2-4}$$

对于包容面，

$$Z = d_b - d_a \tag{2-5}$$

式中，Z 为直径上的加工余量；d_a 为前道工序的加工直径；d_b 为本工序的加工直径。

由于工序尺寸有公差，故实际切除的余量大小不等。因此，工序余量也是一个变动量。

当工序尺寸用尺寸计算时，所得的加工余量称为基本余量或者公称余量。公称余量即为前后工序的基本尺寸之差。

保证该工序加工表面的精度和质量所需切除的最小金属层厚度称为最小余量 Z_{min}。该工序余量的最大值则称为最大余量 Z_{max}。

图 2-20 表示了工序余量与工序尺寸的关系。

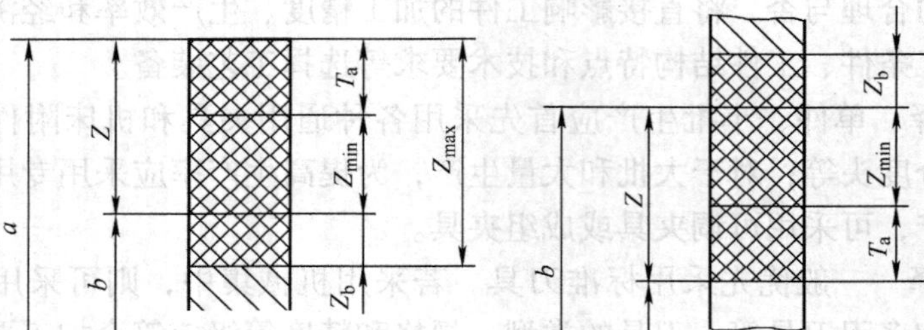

图 2-20　工序余量与工序尺寸及其公差的关系

工序余量和工序尺寸及公差的关系式如下：

$$Z = Z_{min} + T_a \tag{2-6}$$

$$Z_{max} = Z + T_b = Z_{min} + T_a + T_b \tag{2-7}$$

由上式可知

$$T_z = Z_{max} - Z_{min} = (Z_{min} + T_a + T_b) - Z_{min} = T_a + T_b \tag{2-8}$$

式中，T_a 为前道工序尺寸的公差；T_b 为本工序尺寸的公差；T_z 为本工序的余量公差。

即余量公差等于前道工序与本工序的尺寸公差之和。

为了便于加工，工序尺寸公差都按“入体原则”标注，即被包容面的工序尺寸公差取上极限偏差为零；包容面的工序尺寸公差取下极限偏差为零；而毛坯尺寸公差按双向布置上、下极限偏差。

（2）总余量　总余量是指工件由毛坯到成品的整个加工过程中某一表面被切除金属层的总厚度。即

$$Z_{总} = Z_1 + Z_2 + \cdots + Z_n$$

$$Z_{总} = \sum_{i=1}^{n} Z_i \tag{2-9}$$

式中，$Z_{总}$为加工总余量；Z_1、Z_2、…、Z_n为各道工序余量；n为该表面总共加工的工序（或工步）数。

2. 影响加工余量的因素

影响加工余量的因素是多方面的，主要有：

1）前道工序的表面粗糙度 Ra 和表面层缺陷层厚度 D_a。

2）前道工序的尺寸公差 T_a。

3）前道工序的形位误差 ρ_a，如工件表面的弯曲、工件的空间位置误差等。

4）本工序的安装误差 e_b。

因此，本工序的加工余量必须满足：

对称余量，

$$Z \geqslant 2(Ra + D_a) + T_a + 2|\rho_a + e_b| \tag{2-10}$$

单边余量，

$$Z \geqslant Ra + D_a + T_a + |\rho_a + e_b| \tag{2-11}$$

3. 加工余量的确定方法

加工余量的大小对工件的加工质量、生产率和生产成本均有较大影响。加工余量过大，不仅增加机械加工的劳动量、降低生产率，而且增加了材料、刀具和电力的消耗，提高了加工成本；加工余量过小，则既不能消除前道工序的各种表面层缺陷和误差，又不能补偿本工序加工时工件的安装误差，造成废品。因此，应合理地确定加工余量。

确定加工余量的基本原则是：在保证加工质量的前提下，加工余量越小越好。

实际工作中，确定加工余量的方法有以下三种：

（1）查表法　根据有关手册提供的加工余量数据，再结合本厂生产实际情况加以修正后确定加工余量。这是各工厂广泛采用的方法。

（2）经验估计法　根据工艺人员本身积累的经验确定加工余量。一般为了防止余量过小而产生废品，所估计的余量总是偏大。常用于单件、小批量生产。

（3）分析计算法　根据理论公式和一定的试验资料，对影响加工余量的各因素进行分析、计算后确定加工余量。这种方法较合理，但需要全面可靠的试验资料，计算也较复杂。一般只在材料十分贵重或少数大批、大量生产的工厂中采用。

2.6.3　工序尺寸及其公差的确定

工件上的设计尺寸一般都要经过几道工序的加工才能得到，每道工序所应保证的尺寸称

为工序尺寸。编制工艺规程的一个重要工作就是要确定每道工序的工序尺寸及公差。在确定工序尺寸及公差时，存在工序基准与设计基准重合和不重合两种情况。

1. 基准重合时工序尺寸及其公差的计算

当工序基准、定位基准或测量基准与设计基准重合，表面多次加工时，工序尺寸及其公差的计算相对来说比较简单。其计算顺序是：先确定各工序的加工方法，然后确定该加工方法所要求的加工余量及其所能达到的精度，再由最后一道工序逐个向前推算，即由零件图上的设计尺寸开始，一直推算到毛坯图上的尺寸。工序尺寸的公差都按各工序的经济精度确定，并按“入体原则”确定上、下极限偏差。

例 2-1　某主轴箱体主轴孔的设计要求为 ϕ100H7，$Ra=0.8\mu m$。其加工工艺路线为：毛坯—粗镗—半精镗—精镗—浮动镗。试确定各工序尺寸及其公差。

解　从机械工艺手册查得各工序的加工余量和所能达到的精度，具体数值见表 2-10 中的第二、三列，计算结果见表 2-10 中的第四、五列。

表 2-10　主轴孔工序尺寸及公差的计算

工序名称	工序余量	工序的经济精度	工序基本尺寸/mm	工序尺寸及公差
浮动镗	0.1	H7（$^{+0.035}_{0}$）	100	$\phi100^{+0.035}_{0}$，$Ra=0.8\mu m$
精镗	0.5	H9（$^{+0.087}_{0}$）	100 − 0.1 = 99.9	$\phi99.9^{+0.087}_{0}$，$Ra=1.6\mu m$
半精镗	2.4	H11（$^{+0.22}_{0}$）	99.9 − 0.5 = 99.4	$\phi99.4^{+0.22}_{0}$，$Ra=6.3\mu m$
粗镗	5	H13（$^{+0.54}_{0}$）	99.4 − 2.4 = 97	$\phi97^{0.54}_{0}$，$Ra=12.5\mu m$
毛坯孔		（±1.2）	97 − 5 = 92	$\phi92\pm1.2$

2. 基准不重合时工序尺寸及其公差的计算

加工过程中，工件的尺寸是不断变化的，由毛坯尺寸到工序尺寸，最后达到满足零件性能要求的设计尺寸。一方面，由于加工的需要，在工序图以及工艺卡上要标注一些专供加工用的工艺尺寸，工艺尺寸往往不是直接采用零件图上的尺寸，而是需要另行计算；另一方面，当零件加工时，有时需要多次转换基准，因而引起工序基准、定位基准或测量基准与设计基准不重合。这时，需要利用工艺尺寸链原理来进行工序尺寸及其公差的计算。

（1）工艺尺寸链的基本概念

1）工艺尺寸链的定义。加工图 2-21 所示零件，零件图上标注的设计尺寸为 A_1 和 A_0。当用零件的面 1 来定位加工面 2，得尺寸 A_1，仍以面 1 定位加工面 3，保证尺寸 A_2，于是 A_1、A_2 和 A_0 就形成了一个封闭的图形。这种由相互联系的尺寸按一定顺序首尾相接排列成的封闭尺寸图形就称为尺寸链。由单个零件在工艺过程中的有关工艺尺寸所组成的尺寸链，称为工艺尺寸链。

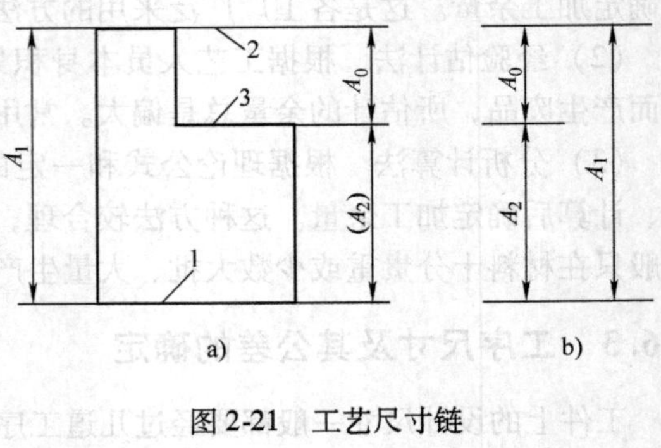

图 2-21　工艺尺寸链

2）工艺尺寸链的组成。我们把组成工艺尺寸链的各个尺寸称为尺寸链的环。这些环可分为封闭环和组成环。

①封闭环：尺寸链中最终间接获得或间

接保证精度的那个环。每个尺寸链中必有一个，且只有一个封闭环。

②组成环：除封闭环以外的其他环都称为组成环。组成环又分为增环和减环。

i）增环：若其他组成环不变，某组成环的变动引起封闭环随之同向变动，则该环为增环。

ii）减环：若其他组成环不变，某组成环的变动引起封闭环随之反向变动，则该环为减环。

工艺尺寸链一般都用工艺尺寸链图表示。建立工艺尺寸链时，应首先对工艺过程和工艺尺寸进行分析，确定间接保证精度的尺寸，并将其定为封闭环，然后再从封闭环出发，按照零件表面尺寸间的联系，用首尾相接的单向箭头顺序表示各组成环，这种尺寸图就是尺寸链图。根据上述定义，利用尺寸链图即可迅速判断组成环的性质，凡与封闭环箭头方向相同的环即为减环，而凡与封闭环箭头方向相反的环即为增环。

3）工艺尺寸链的特性。通过上述分析可知，工艺尺寸链的主要特性是封闭性和关联性。

所谓封闭性，是指尺寸链中各尺寸的排列呈封闭形式。没有封闭的不能称为尺寸链。

所谓关联性，是指尺寸链中任何一个直接获得的尺寸及其变化，都将影响间接获得或间接保证的那个尺寸及其精度的变化。

（2）工艺尺寸链计算的基本公式　工艺尺寸链的计算方法有两种，即极值法和概率法，这里仅介绍生产中常用的极值法。

1）封闭环的基本尺寸：封闭环的基本尺寸等于增环基本尺寸之和减去各减环基本尺寸之和，即

$$A_0 = \sum_{i=1}^{m} \overrightarrow{A_i} - \sum_{j=1}^{n} \overleftarrow{A_j} \tag{2-12}$$

式中，A_0 为封闭环的的尺寸；$\overrightarrow{A_i}$为增环的基本尺寸；$\overleftarrow{A_j}$为减环的基本尺寸；m 为增环的环数；n 为减环的环数。

2）封闭环的极限尺寸：封闭环的上极限尺寸等于所有增环的上极限尺寸之和减去所有减环的下极限尺寸之和；封闭环的下极限尺寸等于所有增环的下极限尺寸之和减去所有减环的上极限尺寸之和。故极值法也称为极大极小法。即

$$A_{0\max} = \sum_{i=1}^{m} \overrightarrow{A}_{i\max} - \sum_{j=1}^{n} \overleftarrow{A}_{j\min} \tag{2-13}$$

$$A_{0\min} = \sum_{i=1}^{m} \overrightarrow{A}_{i\min} - \sum_{j=1}^{n} \overleftarrow{A}_{j\max} \tag{2-14}$$

3）封闭环的上极限偏差 ES_{A_0} 与下极限偏差 EI_{A_0}：

封闭环的上极限偏差等于所有增环的上极限偏差之和减去所有减环的下极限偏差之和，即

$$ES_{A_0} = A_{0\max} - A_0 = \sum_{i=1}^{m} ES\overrightarrow{A_i} - \sum_{j=1}^{n} EI\overleftarrow{A_j} \tag{2-15}$$

封闭环的下极限偏差等于所有增环的下极限偏差之和减去所有减环的上极限偏差之和，即

$$EI_{A_0} = A_{0\min} - A_0 = \sum_{i=1}^{m} EI\overrightarrow{A_i} - \sum_{j=1}^{n} ES\overleftarrow{A_j} \tag{2-16}$$

4）封闭环的公差：封闭环的公差等于所有组成环公差之和，即

$$T_{A_0} = ES_{A_0} - EI_{A_0} = \sum_{i=1}^{m} T_{A_i} + \sum_{j=1}^{n} T_{A_j} \tag{2-17}$$

5）计算封闭环的竖式：计算封闭环时还可列竖式进行解算。解算时的应用口诀：封闭环、增环各个参数照抄；减环基本尺寸加负号，上下偏差对调并反号。即：

环的类型	基本尺寸	上极限偏差　ES	下极限偏差　EI
增环$\overrightarrow{A_1}$	$+A_1$	ES_{A_1}	EI_{A_1}
增环$\overrightarrow{A_2}$	$+A_2$	ES_{A_2}	EI_{A_2}
减环$\overleftarrow{A_3}$	$-A_3$	$-EI_{A_3}$	$-ES_{A_3}$
减环$\overleftarrow{A_4}$	$-A_4$	$-EI_{A_4}$	$-ES_{A_4}$
封闭环 A_Σ	A_Σ	ES_{A_Σ}	EI_{A_Σ}

具体计算过程请参照后面的实例。

（3）工艺尺寸链的计算形式

1）正计算形式：已知各组成环尺寸，求封闭环尺寸。其计算结果是唯一的。产品设计的校验常用这种形式。

2）反计算形式：已知封闭环尺寸，求各组成环尺寸。由于组成环通常有若干个，所以反计算形式需将封闭环的公差值按照尺寸大小和精度要求合理地分配给各组成环。产品设计常用此形式。

3）中间计算形式：已知封闭环尺寸和部分组成环尺寸，求某一组成环尺寸。该方法应用最广，常用于加工过程中基准不重合时计算工序尺寸。

3. 工艺尺寸链的分析与计算

（1）基准不重合时工艺尺寸链计算

① 测量基准与设计基准不重合时的工艺尺寸及其公差的确定。在工件加工过程中，有时会遇到一些表面加工之后，按设计尺寸不便直接测量的情况，因此需要在零件上另选一容易测量的表面作为测量基准进行测量，以间接保证设计尺寸的要求。这时就需要进行工艺尺寸的换算。

例 2-2　加工如图 2-22a 所示轴承座，设计尺寸为 $50_{-0.1}^{\ 0}$mm 和 $10_{-0.05}^{\ 0}$mm。由于设计尺寸 $50_{-0.1}^{\ 0}$mm 在加工时无法直接测量，只好通过测量尺寸 x 来间接保证它。尺寸 $50_{-0.1}^{\ 0}$mm、$10_{-0.05}^{\ 0}$mm 和 x 就形成了一工艺尺寸链。分析该尺寸链可知，尺寸 $50_{-0.1}^{\ 0}$mm 为封闭环，尺寸 $10_{-0.05}^{\ 0}$mm 为减环，x 为增环。

解　尺寸链图如图 2-22b 所示。利用尺寸链的解算公式可知，

$$x = 50\text{mm} + 10\text{mm} = 60\text{mm}$$

$$ES_x = 0\text{mm} + (-0.05)\ \text{mm} = -0.05\text{mm}$$

$$EI_x = -0.1\text{mm} - 0\text{mm} = -0.1\text{mm}$$

因此，$x = 60_{-0.1}^{-0.05}$mm。

计算上面的尺寸链，由于环数少，利用尺寸链解算公式比较简便。不过，公式记忆起来有的人会感到有些困难，甚至容易弄混；如果尺寸链环数很多，利用尺寸链解算公式计算就会比较麻烦，并且容易出错。下面介绍一种用竖式解算尺寸链的方法。

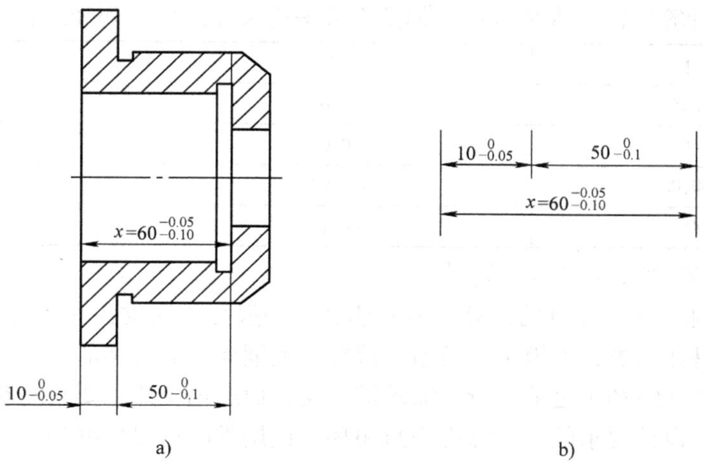

图 2-22　例 2-2 图

利用竖式解算尺寸链时，必须用一句口诀对增环、减环的上、下极限偏差进行处理。这句口诀是："增环上下极限偏差照抄，减环上下极限偏差对调并反号"。仍以例 2-2 为例，由尺寸链图可知，尺寸 $50_{-0.1}^{\ 0}$mm 为封闭环，尺寸 $10_{-0.05}^{\ 0}$mm 为减环，x 为增环。将该尺寸链列竖式，则为：

基本尺寸	上极限偏差　ES	下极限偏差　EI
$x=60$	−0.05	−0.1
−10	+0.05	0
$A_0=50$	0	−0.1

同样解得：$x=60_{-0.1}^{-0.05}$mm。

② 定位基准与设计基准不重合时的工艺尺寸及其公差的确定。采用调整法加工零件时，若所选的定位基准与设计基准不重合，那么该加工表面的设计尺寸就不能由加工直接得到，这时就需要进行工艺尺寸的换算，以保证设计尺寸的精度要求，并将计算的工序尺寸标注在工序图上。

例 2-3　加工如图 2-23 所示零件，A、B、C 面在镗孔前已经过加工，镗孔时，为方便工件装夹，选择 A 面为定位基准来进行加工，而孔的设计基准为 C 面，显然，属于定位基准与设计基准不重合。加工时镗刀需按定位基准 A 面来进行调整，故应先计算出工序尺寸 A_3。

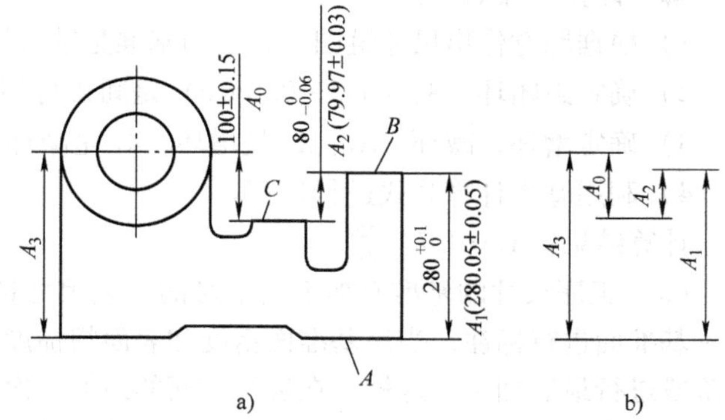

图 2-23　例 2-3 图

解　据题意作出工艺尺寸链简图如图 2-23b 所示。由于面 A、B、C 在镗孔前已加工，故 A_1、A_2 在本工序前就已被保证精度，A_3 为本道工序直接保证精度的尺寸，故三者均为组成环，而 A_0 为本工序加工后才得到的尺寸，故 A_0 为封闭环。由工艺尺寸链简图可知，组成环 A_2 和 A_3 是增环，

A_1 是减环。为使计算方便，现将各尺寸都换算成平均尺寸。由此列竖式：

基本尺寸	ES	EI
$A_3 = 300.08$	+0.07	-0.07
$A_2 = 79.97$	+0.03	-0.03
$A_1 = -280.05$	+0.05	-0.05
$A_0 = 100$	+0.15	-0.15

解得：$A_3 = 300.08 \pm 0.07 = 300^{+0.15}_{+0.01}$。

（2）表面处理工序尺寸链的计算　表面热处理一般分为两类：一类是渗入类，如渗碳、渗氮等；另一类是镀层类，如镀金、镀铬、镀锌、镀铜等。渗入类的工艺尺寸计算解决的问题是：渗入是在表面终加工之前进行，需求深入层，而终加工后，要自动获得图样设计要求的渗入深度。显然设计要求的渗入深度为封闭环。镀层类的情况恰好相反，电镀后一般不加工，电镀时直接保证的镀层深度，而电镀后工件的尺寸是间接保证的，因此，需求电镀前工件的工序尺寸，显然，电镀后要保证的工件的设计尺寸是封闭环。

例 2-4　如图 2-24a 所示为轴类零件，外圆加工顺序为：精车到尺寸 $\phi40.4^{\ 0}_{-0.1}$ mm；然后渗碳处理，深入深度为 A_2；最后精磨外圆到尺寸 $\phi40^{\ 0}_{-0.016}$ mm，同时保证渗入深度 0.5 ~ 0.8mm，试求渗碳时的渗入深度 A_2。

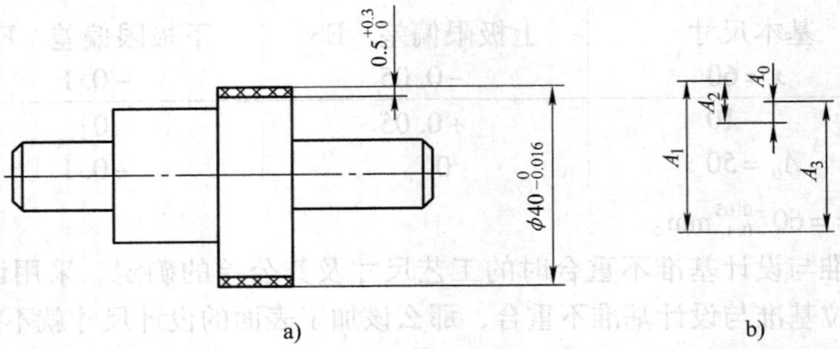

图 2-24　例 2-4 图

解　计算步骤如下：

1）根据题意作出尺寸链图。直径的基准是轴心线，其尺寸链简图如图 2-24b 所示。

2）确定封闭环。A_0（0.5 ~ 0.8mm）是间接得到的，因而 A_0 是封闭环。

3）确定增环、减环。A_2、A_3 是增环，A_1 是减环。

4）利用基本计算公式进行计算。

计算结果：$A_2 = 0.7^{+0.250}_{+0.008}$。

（3）工序尺寸的基准有加工余量时的工艺尺寸链计算　零件图上有时存在几个尺寸从同一基准面进行标注，当该基准面精度和表面粗糙度要求较高时，往往是在工艺过程的精加工阶段进行最后加工。这样，在进行该面的最终一次加工时，要同时保证几个设计尺寸，其中只有一个设计尺寸可以直接保证，其他设计尺寸只能间接获得，需要进行尺寸计算。下面以实例来说明。

例 2-5　如图 2-25a 所示为齿轮内孔局部简图。内孔和键槽的加工顺序为：

1）半精镗孔至 $\phi84.8^{+0.1}_{\ 0}$ mm；

2）插键槽至尺寸 A；

3）淬火；

4）磨内孔至尺寸 $\phi85^{+0.035}_{0}$mm，同时保证键槽深度 $90.4^{+0.2}_{0}$mm。

求插键槽深度 A。

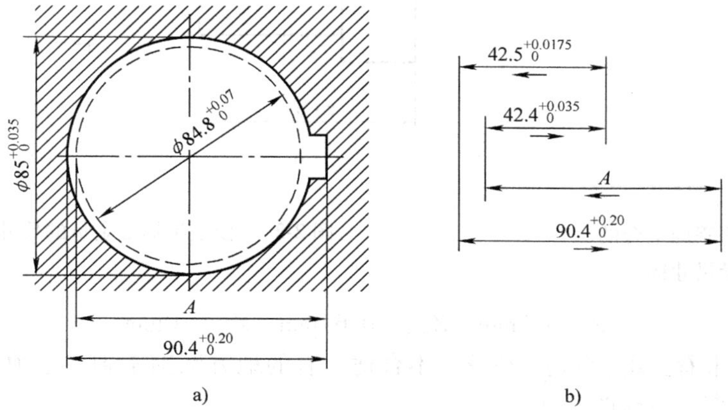

图 2-25　例 2-5 图

解　计算步骤如下：

1）画出尺寸链简图。直径的基准是轴心线，其尺寸链简图如图 2-25b 所示。

2）确定封闭环。$\phi90.4^{+0.2}_{0}$mm 是间接得到的，因而 $\phi90.4^{+0.2}_{0}$mm 是封闭环。

3）确定增环、减环。如图 2-25b 所示的尺寸链简图。

4）利用基本计算公式进行计算。

$$90.4\text{mm} = A + 42.5\text{mm} - 42.4\text{mm} \Rightarrow A = 90.3\text{mm}$$

$$0.2\text{mm} = \text{ES}_A + 0.0175\text{mm} - 0\text{mm} \Rightarrow \text{ES}_A = 0.1825\text{mm}$$

$$0\text{mm} = \text{EI}_A + 0\text{mm} - 0.035\text{mm} \Rightarrow \text{EI}_A = 0.035\text{mm}$$

所以 A 的尺寸为：$90.3^{+0.183}_{+0.035}$mm。

（4）加工余量校核尺寸链的计算　当某表面进行多次加工时，若采用的是同一工序基准，本工序的加工余量的变动取决于该表面上、下两道工序的公差，它们的关系如图 2-26 所示，其中加工余量 Z 为封闭环。

当采用不同的工序基准多次加工某一表面时，本工序的加工余量变动，不仅与本工序和上工序的公差有关，而且与其他有关工序的公差有关。此时，以加工余量为封闭环的工艺尺寸链，组成环的数目较多，由于累积误差，有可能使本工序的余量过大，故必须对加工余量进行校核。

例 2-6　如图 2-27a 所示小轴的加工工艺如下：

1）车端面 1 及端面 2，保证尺寸 $A_1 = 49.5^{+0.30}_{0}$mm；

2）车端面 3，保证尺寸 $A_2 = 80^{0}_{-0.2}$mm；

3）磨端面 2，保证尺寸 $A_3 = 30^{0}_{-0.14}$mm。

试校核端面的磨削余量。

解　由于端面 2 的车削和磨削采用的是不同基准，因此余量 Z 与有关尺寸有关，尺寸链简图如图 2-27b 所示。磨削余量 Z 是封闭环。

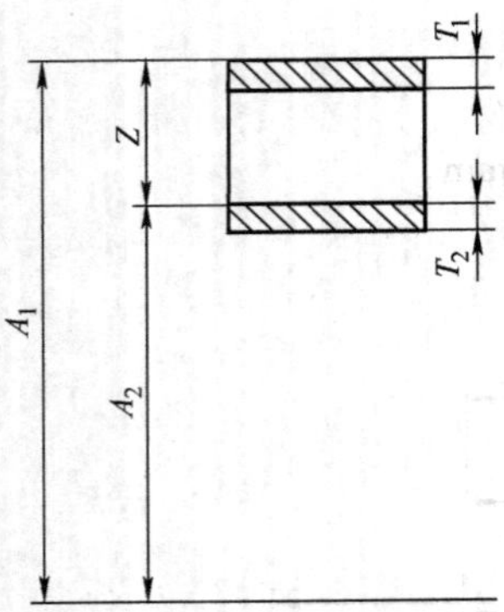

图 2-26　工序基准重合的加工余量尺寸链

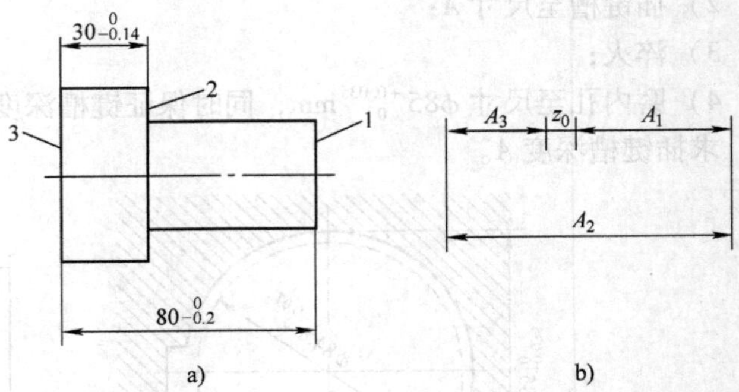

图 2-27　校核精加工余量的尺寸链

$$Z=0.5\text{mm},\ Z_{\max}=0.64\text{mm},\ Z_{\min}=0\text{mm}$$

从计算结果来看：$Z_{\max}$合适，但$Z_{\min}$不合适，有的地方磨削不到，必须加大。A_2、A_3是设计尺寸不能改变，只能改变A_1。

令$Z_{\min}=0.1\text{mm}$，代入$Z_{\max}$的计算公式，经计算可得：$A_1=49.5^{+0.20}_{\ 0}\text{mm}$。

从上述示例可以看出：工艺尺寸链对合理制订加工工艺，提高生产效率，保证结果精度具有重要的意义。在实际应用中，工艺尺寸链的计算多数是为了保证间接获得设计尺寸而求解工序尺寸，少数是余量的校核计算。无论哪一种计算方法，根据工艺过程正确分析尺寸链，正确确定各环的性质是工艺尺寸链计算的前提。

2.7　机械加工生产率和技术经济分析

制订工艺规程的根本任务在于保证产品质量的前提下，提高劳动生产率和降低成本，即做到高产、优质、低消耗。要达到这一目的，制订工艺规程时，还必须对工艺过程认真开展技术经济分析，有效采取提高机械加工生产率的工艺措施。

2.7.1　时间定额

机械加工生产率是指工人在单位时间内生产的合格产品的数量，或者指制造单件产品所消耗的劳动时间。它是劳动生产率的指标。机械加工生产率通常通过时间定额来衡量。

时间定额是指在一定的生产条件下，规定每个工人完成单件合格产品或某项工作所必需的时间。

时间定额是安排生产计划、核算生产成本的重要依据，也是设计、扩建工厂或车间时计算设备和工人数量的依据。

完成零件一道工序的时间定额称为单件时间。它由下列部分组成：

1）基本时间（T_b）：指直接改变生产对象的尺寸、形状、相对位置与表面质量或材料性质等工艺过程所消耗的时间。对机械加工而言，就是切除金属所耗费的时间（包括刀具切入、切出的时间）。时间定额中的基本时间可以根据切削用量和行程长度来计算。

2）辅助时间（T_a）：指为实现工艺过程所必须进行的各种辅助动作消耗的时间。它包括装卸工件，开、停机床，改变切削用量，试切和测量工件，进刀和退刀等所需的时间。

基本时间与辅助时间之和称为作业时间 T_B。它是直接用于制造产品或零、部件所消耗的时间。

3）布置工作场地时间（T_s）：指为使加工正常进行，工人管理工作场地和调整机床等（如更换、调整刀具，润滑机床，清理切屑，收拾工具等）所需的时间。一般按作业时间的 2% ~7%（以 a 表示）计算。

4）休息和生理需要时间（T_r）：指工人在工作班内为恢复体力和满足生理需要等消耗的时间。一般按作业时间的 2% ~4%（以 β 表示）计算。

以上四部分时间的总和称为单件时间 T_p，即

$$T_p = T_b + T_a + T_s + T_r = T_B + T_s + T_r = (1 + a + \beta)T_B \tag{2-18}$$

5）准备与终结时间（T_e）：简称为准终时间，指工人在加工一批产品、零件进行准备和结束工作所消耗的时间。加工开始前，通常都要熟悉工艺文件，领取毛坯、材料、工艺装备，调整机床，安装工件、刀具和夹具，选定切削用量等；加工结束后，需送交产品，拆下、归还工艺装备等。准终时间对一批工件来说只消耗一次，零件批量越大，分摊到每个工件上的准终时间 T_e/n 就越小，其中 n 为批量。因此，单件或成批生产的单件计算时间 T_c 应为

$$T_c = T_p + T_e/n = T_b + T_a + T_s + T_r + T_e/n \tag{2-19}$$

大批、大量生产中，由于 n 的数值很大，所以 $T_e/n \approx 0$，即可忽略不计，所以大批、大量生产的单件计算时间 T_c 应为

$$T_c = T_p = T_b + T_a + T_s + T_r \tag{2-20}$$

2.7.2　提高机械加工生产率的工艺措施

劳动生产率是一个综合技术经济指标，它与产品设计、生产组织、生产管理和工艺设计都有密切关系。这里讨论提高机械加工生产率的问题，主要从工艺技术的角度，研究如何通过减少时间定额，寻求提高生产率的工艺途径。

1. 缩短基本时间

（1）提高切削用量　增大切削速度、进给量和背吃刀量都可以缩短基本时间，这是机械加工中广泛采用的提高生产率的有效方法。近年来，国外出现了聚晶金钢石和聚晶立方氮化硼等新型刀具材料，切削普通钢材的速度可达 900m/min；加工 60HRC 以上的淬火钢、高镍合金钢，在 980℃时仍能保持其红硬性，切削速度可在 900m/min 以上。高速滚齿机的切削速度可达 65 ~75m/min，目前最高滚切速度已超过 300m/min。磨削方面，近年的发展趋势是在不影响加工精度的条件下，尽量采用强力磨削，提高金属切除率，磨削速度已超过 60m/s 以上；而高速磨削速度已达到 180m/s 以上。

（2）减少或重合切削行程长度　利用几把刀具或复合刀具对工件的同一表面或几个表面同时进行加工，或者利用宽刃刀具、成形刀具作横向进给同时加工多个表面，实现复合工步，都能减少每把刀的切削行程长度或使切削行程长度部分或全部重合，减少基本时间。

（3）采用多件加工　多件加工可分为顺序多件加工、平行多件加工和平行顺序多件加工三种形式。

顺序多件加工是指工件按进给方向一个接一个地顺序装夹，减少了刀具的切入、切出时间，即减少了基本时间。这种形式的加工常见于滚齿、插齿、龙门刨、平面磨和铣削加工

中。

平行多件加工是指工件平行排列，一次进给可同时加工 n 个工件，加工所需基本时间和加工一个工件相同，所以分摊到每个工件的基本时间就减少到原来的 $1/n$。这种方式常见于铣削和平面磨削中。

平行顺序多件加工是上述两种形式的综合，常用于工件较小、批量较大的情况，如立轴平面磨削和立轴铣削加工中。

2. 缩短辅助时间

缩短辅助时间的方法通常是使辅助操作实现机械化和自动化，或使辅助时间与基本时间重合。具体措施有：

（1）采用先进高效的机床夹具　这不仅可以保证加工质量，而且大大减少了装卸和找正工件的时间。

（2）采用多工位连续加工　即在批量和大量生产中，采用回转工作台和转位夹具，在不影响切削加工的情况下装卸工件，使辅助时间与基本时间重合。该方法在铣削平面和磨削平面中得到广泛应用，可显著地提高生产率。

（3）采用主动测量或数字显示自动测量装置　零件在加工中需多次停机测量，尤其是精密零件或重型零件更是如此，这样不仅降低了生产率，不易保证加工精度，还增加了工人的劳动强度。主动测量的自动测量装置能在加工中测量工件的实际尺寸，并能用测量的结果控制机床进行自动补偿调整。该方法在内、外圆磨床上采用，已取得了显著效果。

（4）采用两个相同夹具交替工作的方法　当一个夹具安装好工件进行加工时，另一个夹具同时进行工件装卸，这样也可以使辅助时间与基本时间重合。该方法常用于批量生产中。

3. 缩短布置工作场地时间

布置工作场地时间，主要消耗在更换刀具和调整刀具的工作上。因此，缩短布置工作场地时间主要是减少换刀次数、换刀时间和调整刀具的时间。减少换刀次数就是要提高刀具或砂轮的耐用度，而减少换刀和调刀时间是通过改进刀具的装夹和调整方法，采用对刀辅具来实现的。例如，采用各种机外对刀的快换刀夹具、专用对刀样板或样件以及自动换刀装置等。目前，在车削和铣削中已广泛采用机械夹固的可转位硬质合金刀片，既能减少换刀次数，又减少了刀具的装卸、对刀和刃磨时间，从而大大提高了生产效率。

4. 缩短准备与终结时间

缩短准备与终结时间的主要方法是扩大零件的批量和减少调整机床、刀具和夹具的时间。

2.7.3　工艺过程的技术经济分析

制订机械加工工艺规程时，通常应提出几种方案。这些方案应都能满足零件的设计要求，但成本则会有所不同。为了选取最佳方案，需要进行技术经济分析。

1. 生产成本和工艺成本

制造一个零件或一件产品所必需的一切费用的总和，称为该零件或产品的生产成本。生产成本实际上包括与工艺过程有关的费用和与工艺过程无关的费用两类。因此，对不同的工艺方案进行经济分析和评价时，只需分析、评价与工艺过程直接相关的生产费用，即所谓工艺成本。

在进行经济分析时，应首先统计出每一方案的工艺成本，再对各方案的工艺成本进行比较，其中成本最低、见效最快的方案为最佳方案。

工艺成本由两部分构成，即可变费用（V）和不变费用（S）。

可变费用（V）是指与生产纲领 N 直接有关，并随生产纲领成正比例变化的费用。它包括工件材料（或毛坯）费用、操作工人工资、机床电费、通用机床的折旧费和维修费、通用工艺装备的折旧费和维修费等。

不变费用（S）是指与生产纲领 N 无直接关系，不随生产纲领的变化而变化的费用。它包括调整工人的工资、专用机床的折旧费和维修费、专用工艺装备的折旧费和维修费等。

零件加工的全年工艺成本（E）为

$$E = VN + S \tag{2-21}$$

此式为直线方程，其坐标关系如图 2-28 所示，可以看出，E 与 N 是线性关系，即全年工艺成本与生产纲领成正比，直线的斜率为工件的可变费用，直线的起点为工件的不变费用，当生产纲领产生 ΔN 的变化时，则年工艺成本的变化为 ΔE。

单件工艺成本 E_d 可由式（2-21）变换得到，即

$$E_d = V + S / N \tag{2-22}$$

由图 2-29 可知，E_d 与 N 呈双曲线关系，当 N 增大时，E_d 逐渐减小，极限值接近可变费用。

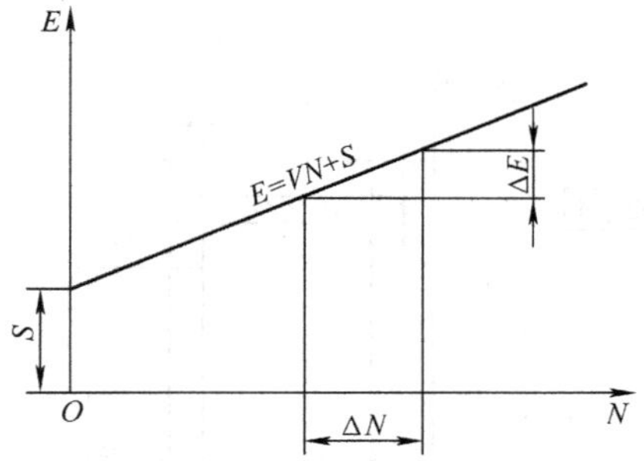

图 2-28　全年工艺成本与生产纲领的关系

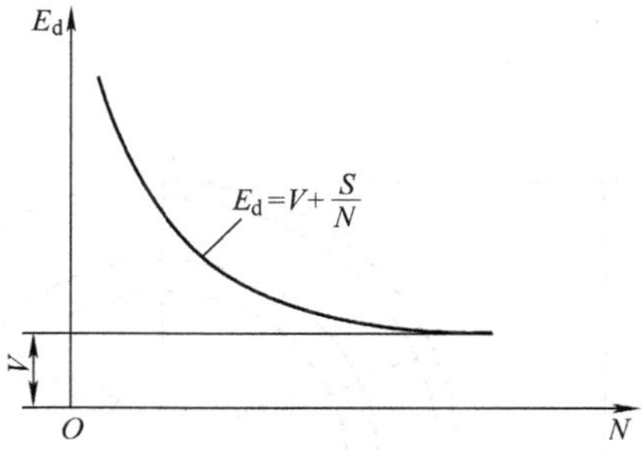

图 2-29　单件工艺成本与生产纲领的关系

2. 不同工艺方案的经济性比较

在进行不同工艺方案的经济性分析时，常对零件或产品的全年工艺成本进行比较，这是因为全年工艺成本与生产纲领呈线性关系，容易比较。设两种不同方案分别为 Ⅰ 和 Ⅱ，它们的全年工艺成本分别为

$$E_1 = V_1N + S_1$$

$$E_2 = V_2N + S_2$$

两种方案比较时，往往一种方案的可变费用较大时，另一种方案的不变费用就会较大。如果某方案的可变费用和不变费用均较大，那么该方案在经济上是不可取的。

现在同一坐标图上分别画出方案 Ⅰ 和 Ⅱ 全年的工艺成本与年产量的关系，如图 2-30 所示。由图可知，两条直线相交于 $N = N_K$ 处，N_K 称为临界产量，在此年产量时，两种工艺方案的全年工艺成本相等。由 $V_1N_K + S_1 = V_2N_K + S_2$ 可得

$$N_K = (S_1 - S_2)/(V_2 - V_1)$$

当 $N < N_K$ 时，宜采用方案 Ⅱ，即年产量小时，宜采用不变费用较少的方案；当 $N > N_K$

时，则宜采用方案Ⅰ，即年产量大时，宜采用可变费用较少的方案。

如果需要比较的工艺方案中基本投资差额较大，则还应考虑不同方案的基本投资差额的回收期。投资回收期必须满足以下要求：

1）小于采用设备和工艺装备的使用年限。

2）小于该产品由于结构性能或市场需求等因素所决定的生产年限。

3）小于国家规定的标准回收期，即新设备的回收期应小于 4 ~6 年，新夹具的回收期应小于 2 ~3 年。

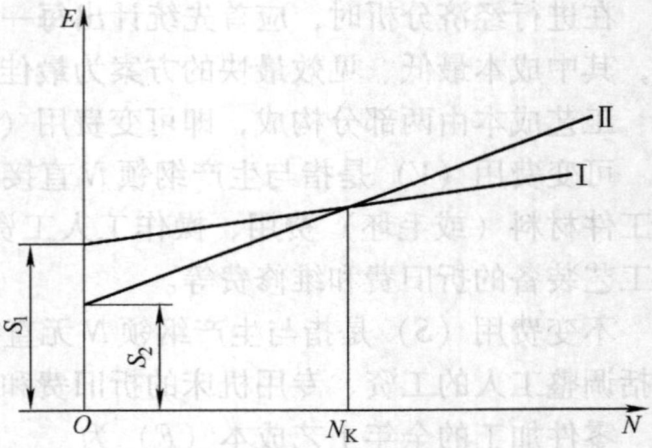

图 2-30　两种方案全年工艺成本的比较

【实训模块】

实训 1　变速箱壳体加工工艺设计

图 2-31 所示为某坐标镗床的变速箱壳体零件简图，材料为 ZL106，内部涂黄漆。现以小批量条件下，制定该零件的机械加工工艺规程。

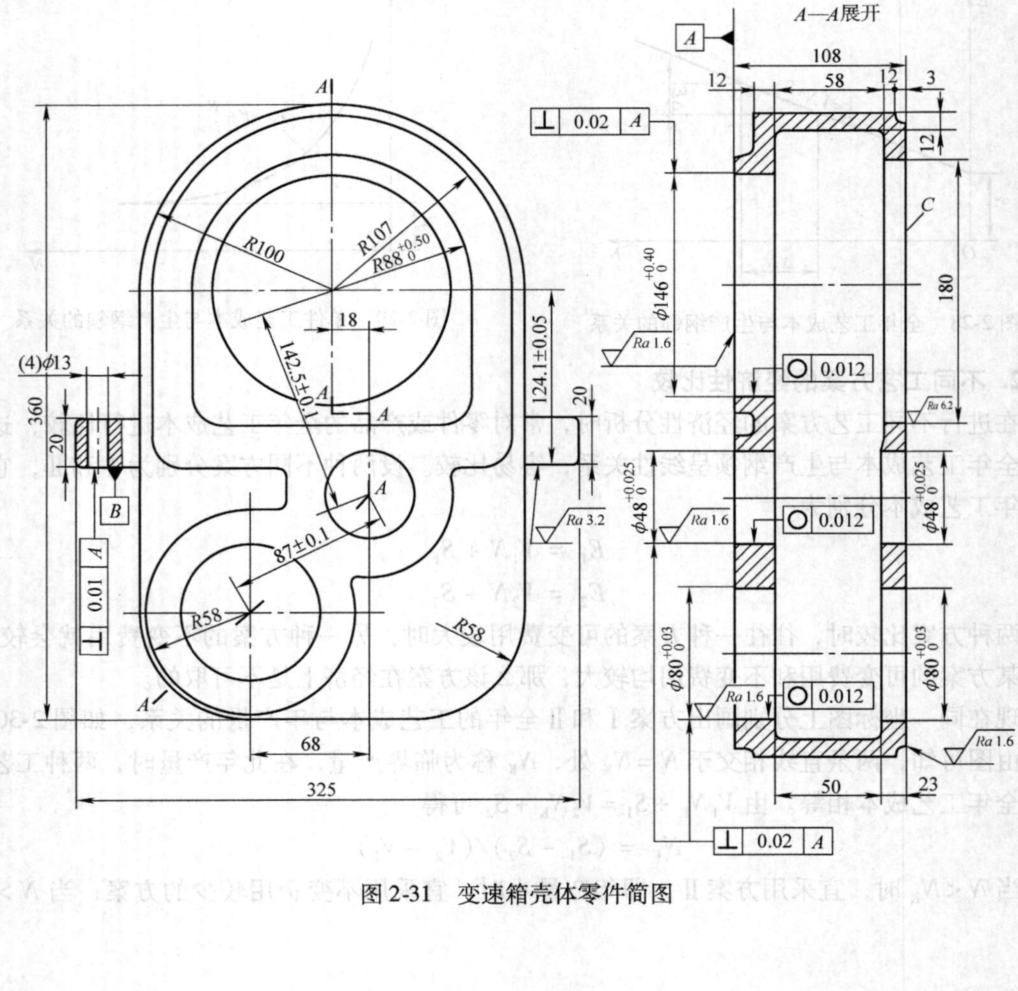

图 2-31　变速箱壳体零件简图

1. 分析零件的结构特点和技术要求，审查结构工艺性

该零件为某坐标镗床的变速箱壳体，其外形尺寸为360mm×325mm×108mm，属小型箱体零件，内腔无加强肋。结构简单，孔多壁薄，刚性较差。其主要加工面和加工要求如下：

（1）三组平行孔系　三组平行孔用来安装轴承，因此都有较高的尺寸精度（IT7）和形状精度（圆度0.012mm）要求，表面粗糙度 *Ra* 值为0.6μm，彼此之间的孔距公差为±0.1mm。

（2）端面 *A*　端面 *A* 是与其他相关部件连接的接合面，表面粗糙度 *Ra* 值为1.6μm，三孔均要求与 *A* 面垂直，公差0.02mm。

（3）装配基准面 *B*　在变速箱壳体两侧中段分别有两块外伸面积不大的安装面 *B*，它是该零件的装配基准。为了保证齿轮传动位置和传动精度的准确性，*B* 面要求与 *A* 面垂直，其垂直度公差为0.01mm，与 ϕ146mm 大孔中心距离为（124.1±0.05）mm，表面粗糙度 *Ra* 值为3.2μm。

（4）其他表面　除上述主要表面外，还有与 *A* 面相对的另一端面，*R*88mm 扇形缺圆孔及 *A*、*C* 面上的安装小孔（图中尺寸未注出）等。

2. 选择毛坯

该零件材料为ZL106铝硅铜合金，毛坯为铸件。在小批量生产类型下，考虑到零件结构比较简单，所以采用木模手工造型的方法生产毛坯。

3. 选择定位基准和确定工件装夹方式

为了保证加工面与不加工面有一正确的位置以及孔加工时余量均匀，根据粗基准选择原则，选不加工的 *C* 面和两个相距较远的毛坯孔为粗基准，并通过划线找正的方法来兼顾到其他各加工面的余量分布。

该零件为一小型箱体，加工面较多且相互之间有较高的位置精度，故选择精基准时首先考虑采用基准统一的方案。*B* 面为该零件的装配基准，用它来定位可以使很多加工要求实现基准重合，但 *B* 面很小，用它作为主要定位基准装夹不稳定，故采用面积较大、要求也较高的端面 *A* 作为主要定位基准，限制三个自由度；用 *B* 面限制两个自由度；用加工过程中的 ϕ146mm 大孔限制一个自由度，以保证孔的加工余量均匀。

4. 拟定工艺路线

（1）选择表面加工方法　工件材料为有色金属，孔的直径较大，要求较高，孔加工采用粗镗—半精镗—精镗的加工方案；平面加工采用粗铣—精铣的加工方案。但 *B* 面与 *A* 面有较高的垂直度要求，铣削不易达到，故铣后还应增加一道精加工工序，考虑到该面面积较小，在小批量生产条件下，采用刮削的方法来保证其加工要求是可行的。

（2）划分加工阶段和确定工序集中的程度　该零件要求较高，刚性较差，加工应划分为粗加工、半精加工和精加工三个阶段。在粗加工和半精加工阶段，平面和孔交替反复加工，逐步提高精度。孔系位置精度要求高，三孔宜集中在一道工序一次装夹下加工出来，其他平面加工也应适当集中。

（3）工序顺序安排　根据“先基面，后其他”的原则，在工艺过程的开始先将上述定位基准加工出来。根据“先面后孔”的原则，在每个加工阶段均先加工平面，再加工孔。因为平面加工时系统刚性较好，精加工阶段可以不再加工平面。最后适当安排次要表面（如小孔、扇形窗口等）的加工和热处理、检验等工序。拟定的工艺路线如表2-11所示。

表 2-11 变速箱壳体工艺过程

工序号	工序名称	工序内容	设备	工艺装备
1	铸	铸造		
2	热处理	退火		
3	划线	以 ϕ146mm、ϕ80mm 两孔为基准，适当兼顾轮廓，画出各表面和孔的轮廓线	台虎钳	
4	粗铣	按线校正，粗铣 *A* 面及其对面	X52	面铣刀
5	粗铣	以 *A* 面定位，按线找正，粗铣安装面 *B*	X52	盘铣刀
6	划线	划三孔及 *R*88mm 扇形缺圆孔线		通用角铁
7	粗镗	上角铁夹具，以 *A* 面（3）、*B* 面（2）为定位基准，按线找正粗镗三孔及 *R*88mm 扇形缺圆孔	T619	镗刀
8	精铣	精铣 *A* 面及其对面	X52	面铣刀
9	精铣	精铣安装面 *B*，留刮研余量 0.2mm	X52	盘铣刀
10	钻	上钻模，钻壳体端盖螺钉孔及 *B* 面安装孔	Z525	钻模、钻头
11	刮	刮 *B* 面，达到 6～10 点/25mm×25mm，保证垂直度 0.01mm，四边修毛倒角		平板、刮刀、研模、检具
12	半精镗	上镗模，半精镗三孔及 *R*88mm 扇形缺圆孔	T619	镗模、镗刀
13	涂装	内腔涂黄色漆		
14	精镗	上镗模夹具，精镗三孔达到图样要求	T619	镗模、镗刀
15	检验	按图样要求检验入库	检验台	内径量表

5. 设计工序内容

（1）选择机床和工装　根据小批量生产类型的工艺特征，选择通用机床和部分专用夹具来加工，尽量采用标准的刀具和量具。机床型号名称和工艺装备的名称规格见表 2-11。

（2）加工余量和工序尺寸的确定　以端面加工为例，查表得：

$Z_{毛坯A}=4.5\text{mm}$（铸件顶面）

$Z_{毛坯C}=3.5\text{mm}$（铸件底面）

$Z_{粗铣}=2.5\text{mm}$

粗铣经济精度 IT12：$T_{粗铣}=0.35\text{mm}$

精铣经济精度 IT10：$T_{精铣}=0.14\text{mm}$

计算毛坯尺寸：$L_{毛}=(108+4.5+3.5)\text{mm}=116\text{mm}$

第一次粗铣尺寸：$L_{粗}=116-Z_{粗铣}=(116-2.5)\text{mm}=113.5\text{mm}$

第二次粗铣尺寸：$L'_{粗}=(113.5-2.5)\text{mm}=111\text{mm}$

A 面精铣余量 =（4.5－2.5）mm＝2mm

C 面精铣余量 =（3.5－2.5）mm＝1mm

第一次精铣尺寸：$L_{精}=(111-2)\text{mm}=109\text{mm}$

第二次精铣尺寸：$L'_{精}=108\text{mm}$。

按最小实体尺寸标注公差，结果如图 2-32

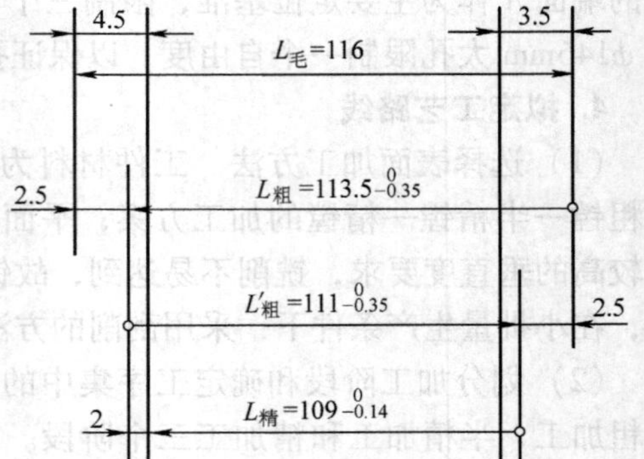

图 2-32　变速箱壳体铣削工序尺寸

所示。图中“o”表示定位基准，箭头指向加工面；“→o”表示工序尺寸。

（3）切削用量和工时定额的确定　可用查表法来确定各工序切削用量和工时定额。

6. 填写工艺文件。

实训 2　模座零件加工案例

根据图 2-1（见本项目［学习指南］）来分析冲压模上模座的加工工艺过程。

1. 加工表面分析

模座零件的主要加工面是上、下表面，模座的导柱、导套安装孔；次要加工表面是前部平面、螺纹孔和圆弧槽。

2. 技术要求分析

一般模板平面的加工质量要达到 IT7 ~ IT8，冲压模上模座上、下表面的平行度公差一般为 IT4，表面粗糙度 Ra 值一般为 1.6 ~ 0.8μm，在保证平行度的前提下，可允许 Ra 值增大为 3.2 ~ 1.6μm。该模座上、下表面平行度为 0.03mm，表面粗糙度 Ra 为 1.6μm。常用模板各孔径的配合精度一般为 IT6 ~ IT7，Ra = 0.4 ~ 1.6μm。对安装滑动导柱的模板，孔轴线与上、下模板平面的垂直度要求为 IT4。模板上各孔之间的孔间距应保持一致，一般误差要求在 ±0.02mm 以下。所以，上、下模板的导柱、导套安装孔的孔中心距必须一致，导柱、导套安装孔的轴线与模座的上、下平面要垂直。分析结果是该零件结构简单，工艺性较好，能完成模具零件的机械加工。

3. 选择毛坯

模座材料为 HT200，毛坯铸件，在小批量生产类型下，考虑到零件结构比较简单，所以采用木模手工造型的方法生产毛坯，铸件精度较低。

4. 选择定位基准，确定工件装夹方式

模座加工常用三个相互垂直的平面作定位基准，这样有利于保证孔系和各平面间的相互位置精度，定位准确可靠，夹具结构简单，工件装卸方便，在生产中应用较广。另外，因毛坯精度较低，粗加工时采用划线找正装夹。

5. 确定零件加工工艺路线

1）上、下平面的表面粗糙度为 1.6μm，平行度为 0.03mm。所以其加工方案为：粗刨/铣→半精刨/铣→粗磨。

模座的毛坯经过刨削或铣削加工后再对平面进行磨削，可以提高模座平面的平面度和上、下平面的平行度，同时容易保证孔的垂直度要求。

2）孔 $2\times\phi45H7$，表面粗糙度 Ra 为 1.6μm，孔的直径较大，要求较高。所以其加工方案选为：钻→粗镗→半精镗→精镗。

3）加工阶段划分和工序集中的程度。该零件加工要求较高，平面和孔的加工均划分为：粗加工、半精加工、精加工三个阶段。

4）加工顺序的安排。模座的加工主要是平面加工和孔系加工。在加工过程中为了保证技术要求和加工方便，一般遵循“先面后孔”，“先基面后其他”的原则，先加工上、下表面，然后加工孔，最后适当安排次要加工面（前部平面、螺纹孔、圆弧槽）的加工和其他辅助工序。

5）拟定加工工艺路线。根据上面的分析，拟定的加工上模座的工艺路线如表 2-12 所示。

6. 工序设计

1）选择机床和工艺装备。根据小批生产类型的工艺特征，选择通用机床和通用夹具来加工，尽量采用标准的刀具和量具。机床的型号名称和工装的名称规格如表 2-12 所示。

2）确定加工余量和工序尺寸。

3）确定切削用量和工时定额（用查表法确定，参考机械加工工艺手册）。

7. 填写工艺卡片

填写如表 2-12 所示的冲压模上模座零件工艺卡片。

表 2-12　冲压模上模座零件工艺卡

(单位)		工艺卡片				共　页	第　页
工装图号		图 2-1	件号	19			
零件名称		冲压模上模座	数量	20			
材料牌号		HT200					
单件毛坯尺寸		—					
单件总工时		—					
工序号	工序名称	工序主要内容	主要设备	工艺装备			时间定额
				夹具	刀具	量具	
1	备料	铸造毛坯	—	—	—	—	—
2	刨平面	刨上、下平面，保证尺寸 50.8mm	牛头刨床	通用夹具	刨刀	游标卡尺	—
3	磨平面	磨上、下平面，保证尺寸 50mm，保证平面度要求	平面磨床	通用夹具	砂轮	游标卡尺	—
4	钳工划线	划前部平面和导套孔线	台虎钳	—	—	—	—
5	铣床加工	按划线铣前部平面	立式铣床	通用夹具	立铣刀	游标卡尺	—
6	钻孔	按划线钻导套孔至 $\phi43$mm	立式钻床	通用夹具	钻头	游标卡尺	—
7		和下模座重叠，一起镗孔至 $\phi45H7$mm，保证垂直度	镗床或立式铣床	通用夹具	镗刀	千分尺	—
8	铣槽	按划线铣 $R2.5$mm 的圆弧槽	卧式铣床	通用夹具	铣刀	游标卡尺	—
9	检验	—	—	—	—	千分尺	—
更改记录		—					
超差处理		—					
编制		—	校对	—	定额员	时间	—

【思考题与习题】

2-1　什么是生产过程、工艺过程、工艺规程？工艺规程在生产中有何作用？

2-2　什么是工序、安装、工位、工步？

2-3　如何划分生产类型？各种生产类型的工艺特征是什么？

2-4　在加工中可通过哪些方法保证工件的尺寸精度、形状精度及位置精度？

2-5　什么是零件的结构工艺性？

2-6　何谓设计基准、定位基准、工序基准、测量基准及装配基准，并举例说明。

2-7　精基准、粗基准的选择原则有哪些？如何处理在选择时出现的矛盾？

2-8　如何选择下列加工过程中的定位基准？

1）浮动铰刀铰孔；2）拉齿坯内孔；3）无心磨削销轴外圆；4）磨削床身导轨面；5）箱体零件攻螺纹；6）珩磨连杆大头孔。

2-9　图 2-33 所示的零件为箱体零件图及工序图，试在图中指出：

1）加工平面 2 时的设计基准、定位基准、工序基准及测量基准。

2）镗孔 4 时的设计基准、定位基准、工序基准及测量基准。

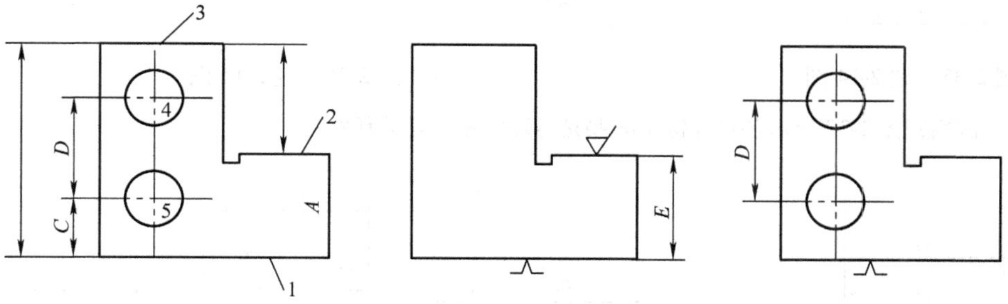

a) 零件图　　b) 镗削平面工序图　　c) 镗孔工序图

图 2-33　题 2-9 图

2-10　试述在零件加工过程中，划分加工阶段的目的和原则。

2-11　试叙述零件在机械加工工艺过程中，安排热处理工序的目的、常用的热处理方法及其在工艺过程中安排的位置。

2-12　试分析图 2-34 所示零件的工艺过程的组成（内容包括工序、安装、工步、工位等），生产类型为单件小批生产。

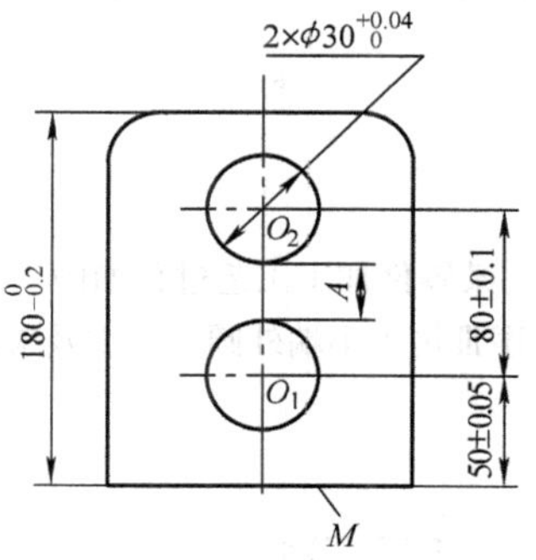

图 2-34　题 2-12 图

2-13　一小轴，毛坯为热轧棒料，大量生产的工艺路线为粗车—精车—淬火—粗磨—精磨，外圆设计尺寸为 $\phi30_{-0.013}^{0}$mm，已知各工序的加工余量和经济精度，试确定各工序尺寸及其极限偏差、毛坯尺寸及粗车余量，并填入下表。

工序名称	工序余量	经济精度	工序尺寸及极限偏差	工序名称	工序余量	经济精度	工序尺寸及极限偏差
精磨	0.1	0.013（IT6）		粗车	6	0.21（IT12）	
粗磨	0.4	0.033（IT8）		毛坯尺寸		±1.2	
精车	1.5	0.084（IT10）					

2-14　加工图 2-35 所示零件，要求保证尺寸（6±0.1）mm。但该尺寸不便测量，要通过测量尺寸 L 来间接保证。试求测量尺寸 L 及其上、下极限偏差，并分析有无假废品存在？若有，可采取什么办法来解决假废品的问题？

2-15　加工套筒零件，其轴向尺寸及有关工序简图如图 2-36 所示，试求工序尺寸 L_1 和 L_2 及其极限偏差。

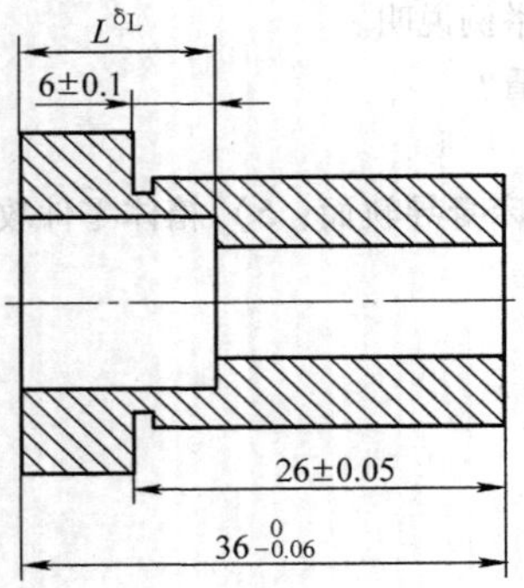

图 2-35 题 2-14 图

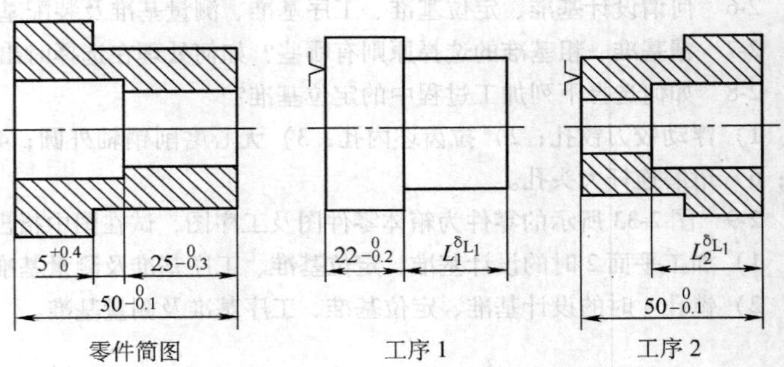

图 2-36 题 2-15 图

2-16 试判别图 2-37 所示各尺寸链中哪些是增环？哪些是减环？

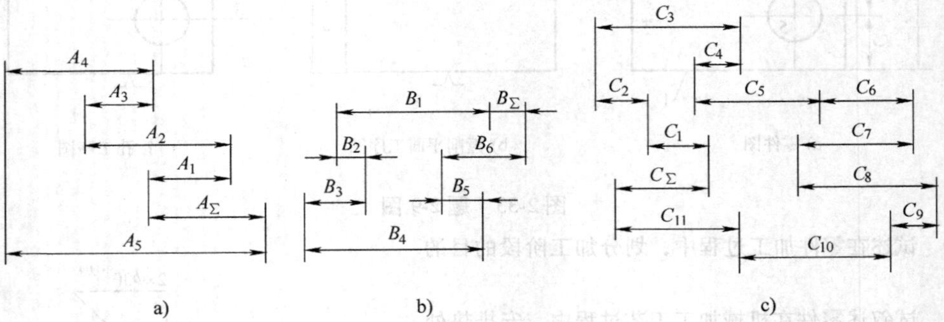

图 2-37 题 2-16 图

2-17 某零件加工工艺过程如图 2-38 所示。工序Ⅰ粗车小端外圆、肩面及端面；工序Ⅱ车大端外圆及端面；工序Ⅲ精车小端外圆、肩面及端面。试校核工序Ⅲ精车端面的余量是否合适？若余量不够应如何改进呢？

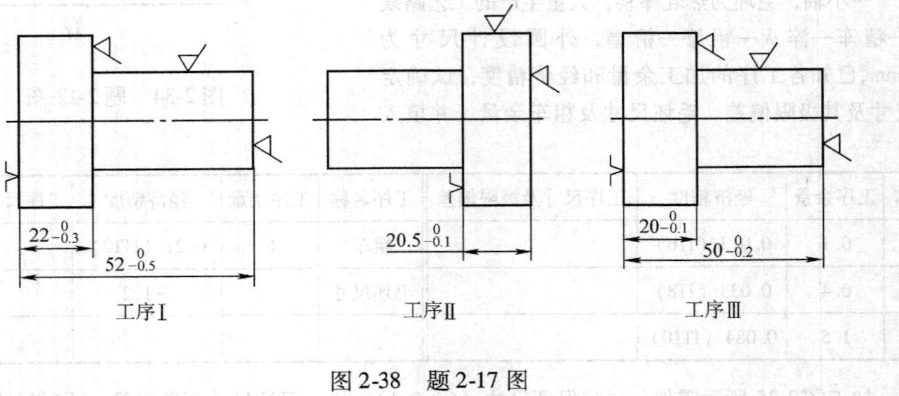

图 2-38 题 2-17 图

2-18 如图 2-39 所示，加工时尺寸 $10^{\ 0}_{-0.36}$ mm 不便测量，改用深度游标卡尺测孔深 A_2，通过孔深 A_2，总长 $50^{\ 0}_{-0.17}$ mm（A_1）来间接保证设计尺寸 $10^{\ 0}_{-0.36}$ mm（A_0），求深孔 A_2。

2-19 什么是时间定额？批量生产和大量生产时的时间定额分别怎样计算？

2-20 什么是工艺成本？它由哪两类费用组成？单件工艺成本与年产量的关系如何？

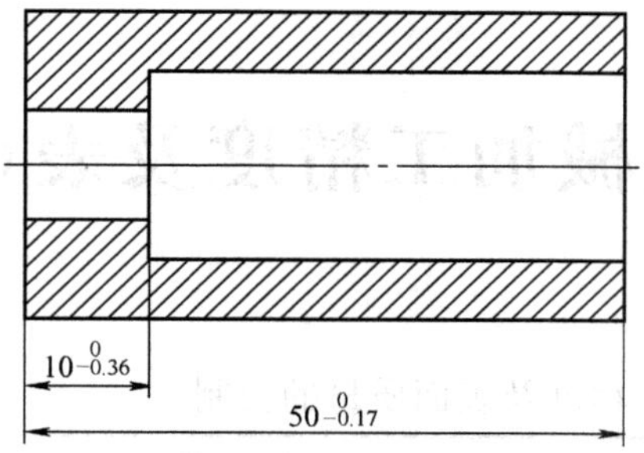

图 2-39　题 2-18 图

项目3　机械加工精度及表面质量控制

学习指南　学会机械加工精度及表面质量的控制

<table>
<tr><td rowspan="3">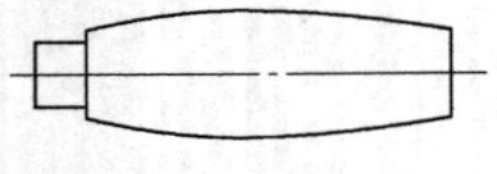</td><td colspan="4">项目3　机械加工精度及表面质量控制</td></tr>
<tr><td>起草人员</td><td></td><td>起草时间</td><td></td></tr>
<tr><td>教学学期</td><td></td><td>参考课时</td><td>18学时</td></tr>
<tr><td colspan="5">教学条件：教室、实训中心、视频光盘、计算机、网络、零件图样、机床设备、工艺装备、课件、黑板和多媒体等
机　　床：卧式车床、立式铣床、坐标磨床、万能外圆磨床
工艺装备：回转工作台、倾斜工作台、量块和百分表等</td></tr>
<tr><td colspan="5">学习过程计划</td></tr>
<tr><td>学习项目描述</td><td colspan="4">受某机械零部件制造有限公司委托，加工轴类零件。要求为相关零件（如图3-1所示）分析零件加工质量，并完成加工。</td></tr>
<tr><td>具体任务的设置</td><td colspan="4">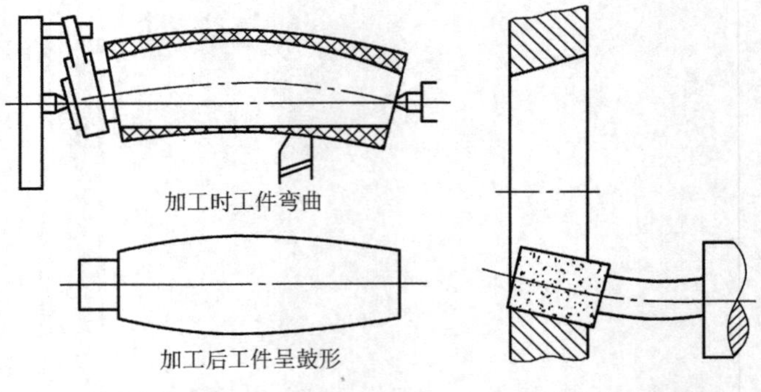

a) 细长轴加工时的受力变形　　b) 磨内孔时受力变形
图3-1　工艺系统受力变形对加工精度的影响</td></tr>
<tr><td>能力目标</td><td colspan="4">1. 能正确选择细长轴、细长孔的加工方法
2. 能理解保证加工精度的方法
3. 能正确分析获得表面加工质量的方法
4. 完成零件的加工</td></tr>
<tr><td>专业技术内容</td><td colspan="4">1. 分析加工精度和加工误差
2. 完成板类零件、冲模座的加工方法和加工工艺的确定，填写工艺卡
3. 理解加工表面质量含义、主要内容以及表面质量对零件使用性能的影响
4. 掌握形成表面粗糙度的原因、影响表面粗糙度的因素以及降低表面粗糙度的工艺措施</td></tr>
</table>

（续）

教学方法建议	任务驱动法、多媒体教学、现场实作、分组讨论	
学习小组行动阶段	1. 资讯	学生从工作任务中收集工作的必要信息，初步掌握轴类零件加工的专业知识和技能
	2. 计划	学生制订学习计划，建立工作小组
	3. 决策	确定工作方案，工作任务分配到个人，并记录到工作任务表中
	4. 实施	学生以小组的形式，在工作任务的引导下完成专业知识的学习和技能训练，完成实际细长轴类零件的加工操作及实操工件质量的检测
	5. 检查	（1）加工方法是否正确 （2）设计方案是否正确 （3）零件尺寸精度是否达到
	6. 评价	（1）能否加工出合格的产品 （2）所确定的是否为最合适的加工方案 （3）学习目的是否达到，按照成绩评定标准给予评价（成绩评定标准由教师事先制订），填写反馈表
方法媒介和环境	1. 分析	课堂对话、四步法：讲解、演示、模仿、练习 教师指导、讲解、示范、学生实操
	2. 计划	课堂对话、课堂分组、教师监督、小组长负责
	3. 决策	师生互动，教师只进行评估
	4. 实施	在教师指导下分组工作，在工业中心（实训基地）实操实做产品，小组完成零件加工。分组讨论，课堂对话，教师监督
	5. 总结	答疑，任务对话，学生评价，教师评价，企业评价，专家评价
	6. 成绩	工作文件占20%，操作过程占40%，工作结果占20%，回报效果占10%，团队占10%

知识目标

1）掌握加工精度、加工误差和经济加工精度的概念及获得规定的加工精度的方法，加工误差的来源及加工误差种类。

2）掌握加工误差对零件加工精度的影响。

3）理解加工表面质量含义、主要内容以及表面质量对零件使用性能的影响。

4）掌握形成表面粗糙度的原因、影响表面粗糙度的因素以及降低表面粗糙度的工艺措施。

技能目标

了解保证和提高加工精度的途径。

案例导入

如图3-1a所示，在车削细长轴时，工件在切削力的作用下会发生变形，使加工后的工件产生中间粗两端细的腰鼓形。在内圆磨床上以横向切入法磨孔时，由于系统受力变形，磨出的孔会出现圆柱度误差，如图3-1b所示。从上述例子来看，机械零件的加工质量不仅与机械产品的质量密切相关，而且与加工精度和表面质量有很大关系。

保证机械产品质量是机械制造人员的首要任务。产品的制造质量包括零件的制造质量和产品的装配质量两个方面。零件的制造质量将直接影响产品的性能、效率、寿命及可靠性等质量指标，它是保证产品制造质量的基础。零件的制造方法很多，本项目只讨论零件的机械加工质量，它包括加工精度和加工表面质量两个方面。

【知识模块】

3.1 机械加工精度

3.1.1 机械加工精度与加工误差

加工精度是指零件加工后的实际几何参数（尺寸、几何形状和相互位置）与理想几何参数的符合程度。而加工误差是指零件加工后的实际几何参数（尺寸、几何形状和相互位置）与理想几何参数之间的偏差（偏离程度）。其符合程度越高，加工精度就越高；偏离程度越大，加工误差就越大。

在评定零件几何参数准确程度这一问题上，加工精度和加工误差从两个不同的方面来说明同一问题。加工误差的大小由零件加工后实际测量的偏差值 Δ 来衡量，而加工精度的高低则以公差等级或公差值 T 来表示，并由加工误差的大小来控制。一般来说，只有当 $\Delta < T$ 时，才能保证零件的加工精度。

在生产过程中，任何一种加工方法不可能、也没必要把一批零件做得绝对准确和完全一致，它们与理想零件相比总有一定的差异，只要把这种差异控制在所规定的范围之内就可以了。

零件的加工精度包括尺寸精度、形状精度和位置精度三个方面的内容，分述如下。

1. 尺寸精度

尺寸精度是指机械加工后零件的直径、长度和表面间距离等尺寸与理想值的接近程度，在机械加工中，获得尺寸精度的方法有试切法、调整法、定尺寸刀具法和自动控制法等。

（1）试切法　通过对工件进行多次重复试切、测量及调整，使加工尺寸达到规定要求的方法称为试切法。试切法生产效率低，对操作者的技术水平要求高，主要适用于单件、小批量生产。

（2）调整法　利用对刀块或样件预先调整好刀具和工件在机床上的相对位置而使加工尺寸达到规定要求的方法称为调整法。调整法生产效率高，加工精度稳定可靠，适于在成批、大量生产中应用。

（3）定尺寸刀具法　利用刀具尺寸来保证工件被加工部位尺寸精度的方法称为定尺寸刀具法。定尺寸刀具法生产效率较高，但刀具结构较复杂，工件的加工尺寸主要取决于刀具的制造质量和刃具质量，常用于孔、螺纹和成形表面的加工。

（4）自动控制法　在自动机床、半自动机床和数控机床上，利用测量装置、进给机构和控制系统自动获得规定加工尺寸的方法称为自动控制法。自动控制法生产率高，但装配较复杂，适于在成批、大量生产中应用。

2. 形状精度

在机械加工中获得形状精度的方法有轨迹法、成形法、仿形法和展成法等四种。

（1）轨迹法　依靠刀尖运动轨迹来获得形状精度的方法。刀尖的运动轨迹取决于刀具和工件的相对成形运动，因而所获得的形状精度取决于成形运动的精度。普通车削、铣削、刨削和磨削等均为刀尖轨迹法。

（2）成形法　利用成形刀具对工件进行加工的方法。成形法所获得的形状精度取决于成形刀具的形状精度和其他成形运动精度。用成形刀具或砂轮进行车、铣、刨、磨、拉等加工的均为成形法。

（3）仿形法　刀具依照仿形装置进给获得工件形状精度的方法。如使用仿形装置车手柄、铣凸轮轴等。

（4）展成法　又称为范成法，它是依据零件曲面的形成原理、通过刀具和工件的展成切削运动进行加工的方法。用展成法所获得被加工表面是切削刃和工件在展成运动过程中所形成的包络面，切削刃必须是被加工面的共轭曲线。所获得的精度取决于切削刃的形状和展成运动的精度。滚齿、插齿等均为展成法。

3. 位置精度

位置精度是指机械加工后零件几何要素的实际位置与理想位置的接近程度。实际位置越接近理想位置，位置精度就越高。国家标准规定用平行度、垂直度、同轴度、对称度、位置度、圆跳动和全跳动等项目来评定位置精度。

工件的位置取决于工件的安装（定位和夹紧）方式及其精度。获得位置精度的方法有：

（1）找正安装法　找正是用工具和仪器根据工件上有关基准，找出有关几何要素相对于机床的正确位置的过程。用找正法安装工件称为找正安装。找正安装又可分为：

1）划线找正安装。即用划针根据毛坯或半成品上所划的线为基准找正它在机床上的正确位置的一种安装方法。

2）直接找正安装。即用划针和百分表或通过目测直接在机床上找正工件正确位置的安装方法。此法的生产效率较低，对工人的技术水平要求高，一般只用于单件小批量生产中。

（2）夹具安装法　夹具是用以安装工件和引导刀具的装置。在机床上安装好夹具，工件放在夹具中定位，能使工件迅速获得正确位置，并使其固定在夹具和机床上。因此，工件定位方便，定位精度高且稳定，装夹效率也高。

（3）机床控制法　利用机床本身所设置的保证相对位置精度的机构保证工件位置精度的安装方法。如坐标镗床、数控机床等。

3.1.2　影响机械加工精度的因素

零件的尺寸、几何形状和表面间位置关系的形成，主要取决于工件和切削工具在切削过程中的相互位置和一定的相对运动。在加工过程中，机床、夹具、工件和切削工具组成了一个完整的系统，称为工艺系统。由于工艺系统本身的结构和状态及加工过程中的物理现象产生的误差称为原始误差。由于工艺系统各种原始误差的存在，如机床、夹具、刀具的制造误差及磨损，工件的装夹误差、测量误差、调整误差以及加工过程中的各种力和热所引起的误差等使工艺系统间正确的几何关系遭到破坏而产生加工误差。这些误差主要包括加工原理误差、机床几何误差、刀具误差、调整误差、测量误差、工艺系统受力变形、工艺系统受热变形、工件残余应力引起的变形等。

在切削过程中，由于受到各种原始误差的影响，会使刀具和工件间的正确几何关系遭到破坏，引起加工误差。通常各种原始误差的大小和方向是各不相同的，而加工误差则必须在工序尺寸方向上测量。因此，不同的原始误差对加工精度有不同的影响。当原始误差的方向与工序尺寸的方向一致时，其对加工精度的影响最大。为便于分析，把原始误差对加工精度影响最大的方向（即通过切削刃加工表面的法向）称为误差敏感方向。

研究分析加工误差的产生，掌握其变化的基本规律，是保证和提高零件加工精度的主要任务。

1. 加工原理误差

加工原理误差又称加工方法误差，是指切削中采用了近似的加工方法或近似的刀具形状而产生的。

例如，在车床上车削蜗杆时，由于蜗杆的螺距等于蜗轮的齿距（即 πm），其中 m 是模数，而 π 是一个无理数（π = 3.14159），但是车床的配换齿轮的齿数是有限的，因此在选择配换齿轮时，只能将 π 化为近似的分数值计算，这样就会引起刀具相对工件的成形运动（螺旋运动）不准确，造成螺距误差。但是，这种螺距误差可通过配换齿轮的合理选配而减少。又如滚切加工渐开线的齿形时，为了便于工具制造，采用法向直廓基本蜗杆来代替渐开线基本蜗杆的滚刀，就产生了理论误差。另外，滚刀需要切削而开刃，因而加工后不是光滑的渐开线齿形曲线，而是为折线所代替。所以滚切齿轮是一种近似的加工方法。

采用近似的成形运动或近似的切削刃轮廓，虽然会带来加工原理误差，但往往可简化机床或刀具的结构，有时反而能得到高的加工精度。因此，只要其误差不超过规定的精度要求，在生产中仍能得到广泛应用。

2. 工艺系统几何误差

工艺系统几何误差主要指机床、夹具、刀具本身在制造时所产生的误差、使用时的调整误差、工作中的磨损误差以及工件的定位误差等。

（1）机床的几何误差　在机床上加工工件时，机床本身的精度是保证工件达到加工精度要求的重要因素。机床的制造误差、安装误差、使用中的磨损误差都直接影响工件的加工精度，其中主要是回转运动、直线运动和传动链方面的误差。

1）主轴回转误差。机床主轴用以安装工件或切削刀具，其回转精度要影响工件在加工时的表面形状、表面间的位置关系精度，及表面的粗糙度等，是机床精度的重要指标之一。主轴的回转误差，是指主轴实际的回转轴线相对其平均回转轴线（实际回转轴线的对称中心）在规定测量平面的最大变动量。变动量越小，主轴的回转精度越高，反之越低。

主轴的回转误差可分为三种基本形式：轴向窜动、径向圆跳动和角度摆动，如图 3-2 所示。

轴向窜动——主轴上任一瞬时回转轴线沿平均回转轴线方向的轴向运动，如图 3-2a 所示。当车床主轴在旋转中有轴向窜动时，被加工零件将产生端面振摆，车削螺纹时，就会产生螺距误差。

径向圆跳动——主轴上任一瞬时回转轴线平行于平均回转轴线方向的径向运动，如图 3-2b 所示。当车削柱形零件时，工件回转，其瞬时回转中心和刀尖之间的径向运动，使刀尖离开或靠近工件，引起背吃刀量变化，这一误差直接传递到工件上，就造成零件表面的圆度误差。

角度摆动——主轴上任一瞬时回转轴线与平均回转轴线成一倾斜角度，如图 3-2c 所示。它影响圆柱面和端面的加工精度。

在主轴回转运动过程中，上述三种基本形式往往同时存在，并以一种综合结果体现，即由几种运动形成的合成运动。

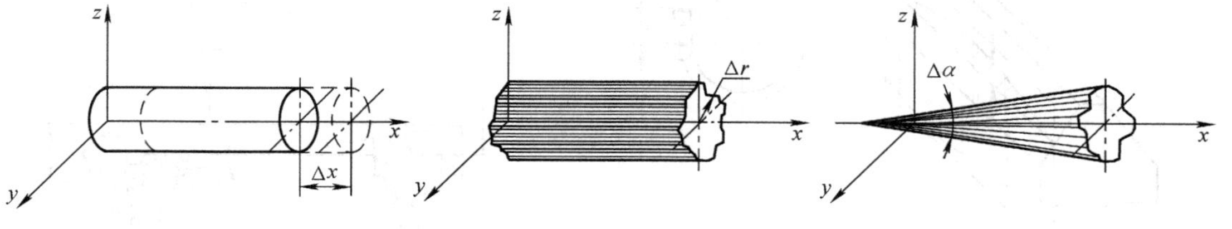

a) 轴向窜动　b) 径向圆跳动　c) 角度摆动

图 3-2　主轴回转误差的基本形式

影响主轴回转运动误差的主要因素是主轴的误差、轴承的误差、轴承的间隙、与轴承配合零件的误差及热变形等。随着精密加工技术的发展，对机床主轴旋转精度必须有更高的要求。因此，研究主轴旋转中心稳定性对加工精度的影响，对于改进机床主轴结构和改进工艺方法，提高加工精度是很重要的。

2）机床导轨误差。机床导轨副是实现直线运动的主要部件，其制造和装配精度是影响直线运动的主要因素，它直接影响工件的加工质量。

① 导轨在水平面内的直线度误差的影响。在卧式车床上，导轨水平面内的直线度误差影响刀尖运动轨迹，使工件产生圆柱度误差。

导轨面在水平面内的直线度误差，使刀尖产生水平位移，如图 3-3 所示。刀尖的水平位移会引起工件在半径方向的误差为 $\Delta y = y$，这一误差使被加工零件表面形成锥形、鼓形或鞍形。

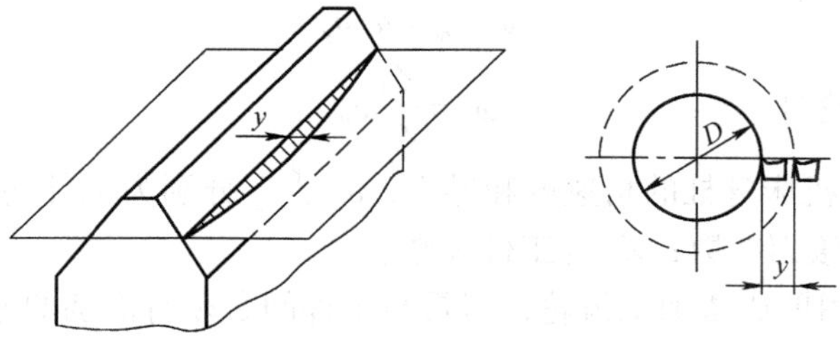

图 3-3　机床导轨在水平面内的直线度误差对加工精度的影响

② 导轨在垂直面内的直线度误差的影响。导轨面在垂直面内的直线度误差使刀尖产生垂直位移，如图 3-4 所示。刀尖在垂直面内的位移会引起工件在半径方向的误差为 $\Delta R \approx \frac{Z^2}{D}$，这一误差使被加工零件表面形成双曲面体或鼓形等。

③ 导轨面平行度误差的影响。机床两导轨的平行度误差（扭曲）使工作台移动时产生横向倾斜，刀具相对于工件的成形运动将变成一条空间曲线，因而引起工件的形状误差。如车床两导轨的平行度误差（扭曲）使大溜板产生横向倾斜，刀具产生位移，引起工件形状误差，如图 3-5 所示，由几何关系可知，$\Delta y \approx \frac{H\Delta}{B}$。

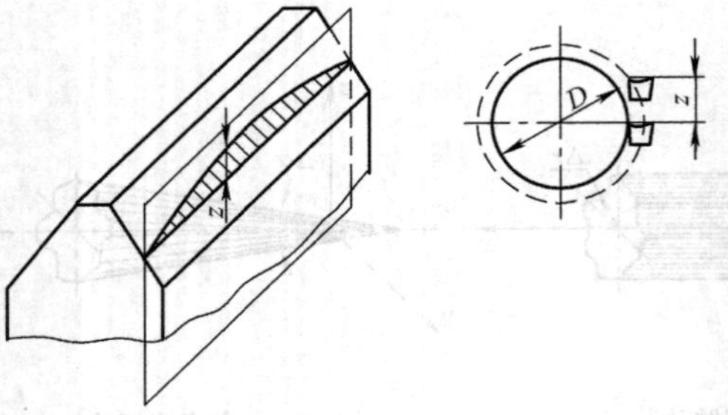

图 3-4　机床导轨在垂直面内的直线度误差对加工精度的影响

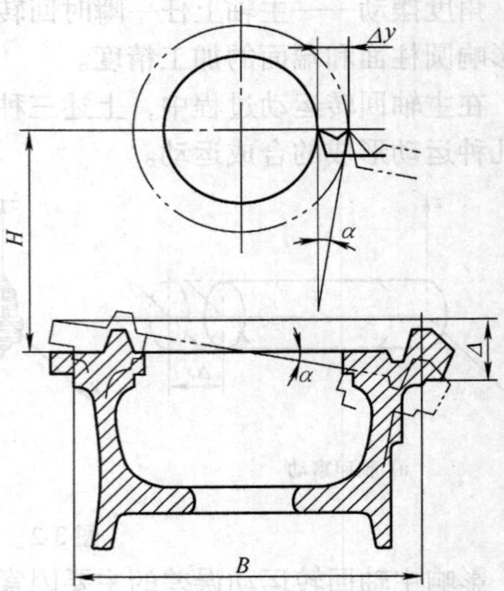

图 3-5　车床两导轨面间的平行度误差

以上分析说明了机床导轨的制造误差对工件加工精度的影响。如果机床在使用中，由于磨损或安装不正确，同样会产生上述误差。为减小机床导轨误差对工件加工精度的影响，采取必要措施保持机床原始精度是很必要的，例如，应合理选用导轨材料，提高导轨表面硬度，以提高导轨的耐磨性；改善摩擦条件，以延长导轨的使用寿命等。

3）传动链的传动误差。切削加工时，工件表面的成形运动是通过齿轮副、螺母丝杆副、齿轮齿条副、蜗轮蜗杆副等传动元件实现的。这些传动副在加工、装配和使用过程中产生的误差会影响加工工件，造成加工误差。

我们可以从以下关系式得知

加工螺纹时
$$\omega_m p_m = \omega_g p_g$$

滚切加工直齿齿轮时
$$\omega_g = \frac{Z_d}{Z_g}\omega_d$$

式中，ω_m、p_m 分别为机床丝杠的角速度和导程；ω_g、p_g 分别为工件的角速度和导程；ω_d 为滚刀的角速度；Z_d 为滚刀头数；Z_g 为工件齿数。

正如螺纹加工和用展成法加工齿轮，刀具与工件间必须有准确的速比关系。这种准确的速比关系取决于机床传动系统中刀具与工件之间的内联系传动链的传动精度。而该传动精度又取决于传动链中各传动零件的制造、装配精度和磨损程度。各传动零件在传动链中的位置不同，对传动链传动精度的影响程度也不同。传动链中末端传动元件的转角误差对传动链传动精度的影响最大，将直接反映到工件的加工精度上。

为了提高传动精度，一般在工艺上常采取下列措施：

① 缩短传动链，以减少传动元件个数，减少误差环节。

② 提高传动元件的制造精度，特别是末端传动元件的精度，对加工误差的影响较大。

③ 提高传动元件的装配精度，特别是末端传动元件的装配精度，以减少因几何偏心而引起的周期误差。

此外，在使用过程中进行良好的维护保养以及定期维修，也是保证传动链传动精度的必要措施。

（2）夹具误差 零件加工中，为了保证加工精度和提高劳动生产率，常常采用一些夹具，在大批量生产中，广泛采用专用夹具。

夹具上的定位元件、导向元件以及夹具体等零件的制造和装配误差，都会影响工件的加工精度。对于因夹具制造精度而引起的加工误差，在设计夹具时，应根据工件公差的要求，予以分析和计算。一般精加工用夹具取工件公差的1/2～1/3，粗加工夹具则一般取工件公差的1/3～1/5。

夹具在使用过程中的磨损对工件的加工精度也有影响，因此在设计夹具时，对于容易磨损的元件，如钻套、镗套、定位块等应做成可拆卸的，除选用较为耐磨的材料进行制造外，当磨到一定程度时，应及时进行更换。

（3）刀具误差 刀具的误差包括制造误差和加工过程中的磨损。刀具不同，它对工件加工精度的影响也不同。

1）定尺寸刀具。定尺寸刀具如钻头、铰刀、丝锥和键槽铣刀等，在加工时，刀具的尺寸直接决定了工件的尺寸，故加工表面的尺寸精度取决于刀具的制造误差。

2）定型刀具。定型刀具如成形车刀、成形铣刀、成形砂轮等，在加工时，刀具的形状直接决定了工件的被加工表面的形状，从而影响工件的形状精度。

对于一般刀具，如普通车刀、镗刀和铣刀等，其制造精度对加工误差无直接影响。但如果切削工具的几何参数或材料选择不当，将使切削工具急剧磨损，也间接影响加工精度。

在切削过程中，切削工具不可避免地要产生磨损，使原有的尺寸和形状发生变化，从而引起加工误差。刀具的磨损与工件材料、刀具材料、刀具几何形状、切削用量等因素有关。为了减少刀具制造误差、磨损对加工精度的影响，应根据工件材料及加工要求正确选择刀具材料、切削用量、冷却润滑液，并正确地对刀具进行刃磨，以减少刀具的磨损。

（4）调整误差 在机械加工的每一工序中，总是要对机床、夹具和刀具进行调整。调整的作用主要是使刀具与工件之间达到正确的相对位置，由于调整不可能绝对准确，因而产生调整误差。工艺系统的调整有两种基本方式，即试切法和调整法。

1）单件小批生产中普遍采用试切法加工。其方法是：对工件进行试切——测量——调整——再试切，直至达到所要求的精度为止。

引起试切法加工时调整误差的主要因素有：

① 测量误差。测量时的测量原理误差、测量工具的制造误差、读数误差以及测量环境和人员误差等都影响测量结果，从而影响加工误差。

② 机床进给机构的位移误差。在试切中，总是要微量调整刀具的进给量。在低速微量进给中，常常会出现进给机构的“爬行”现象，其结果使刀具的实际进给量比转动手轮或手柄刻度盘上的数值要偏大或偏小，造成加工误差。

③ 试切时与正式切削时切削层厚度不同的影响。精加工时，试切的最后一刀往往很薄，切削刃只起挤压作用。但正式切削时的深度较大，切削刃不打滑，会切下多一些。因此，工件尺寸就与试切时不同，产生了尺寸误差。

2）在大批大量生产中，广泛采用调整法加工。

调整法加工时的调整误差，除上述因素外，还与调整方法有关：当采用定程机构调整时，调整误差与定程机构（如行程挡块、靠模、凸轮等）的制造误差、安装误差、磨损以及与它们配合的电、液、气动控制元件的灵敏度有关；当采用样件、样板、对刀块、导套等调整时，则与这些元件的制造、安装误差，磨损以及调整时的测量误差有关。

3. 工艺系统的受力变形引起的误差

(1) 工艺系统的受力变形　切削加工时，由机床、夹具、刀具和工件组成的工艺系统，在切削力、夹紧力以及重力等的作用下，将产生相应的变形，使刀具和工件在静态下调整好的相对位置，以及切削成形运动所需要的正确几何关系发生变化，而造成加工误差。

例如，在车床上车削细长轴时，如不采用中心架或跟刀架，工件在切削力作用下弯曲变形，加工后会产生鼓形的圆柱度误差，如图 3-6 所示。又如，在内圆磨床上用横向切入磨孔时，由于内圆磨床主轴弯曲变形，磨出的孔会带有锥度的圆柱度误差，如图 3-7 所示。

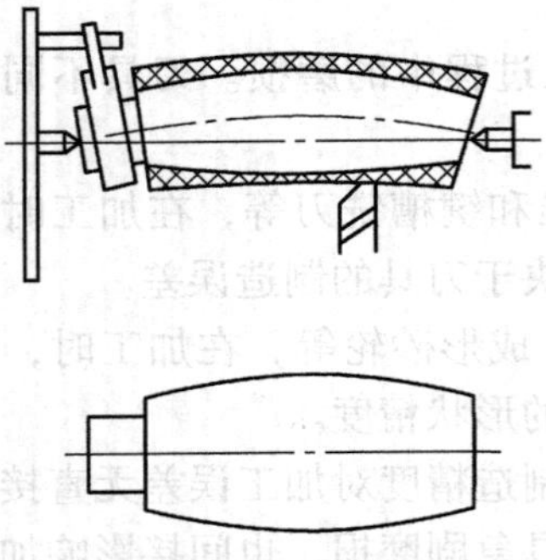

图 3-6　轴工件变形

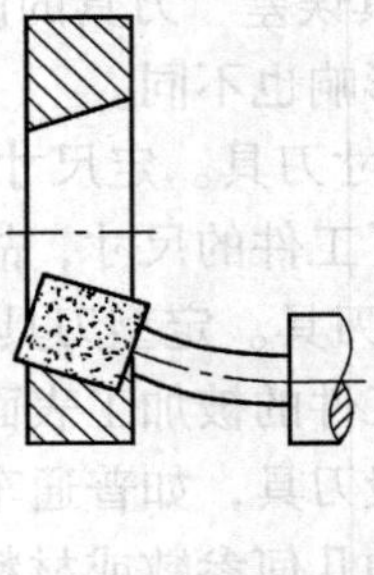

图 3-7　砂轮轴变形

由此可见，工艺系统的受力变形是加工中一项很重要的原始误差，它不仅严重影响加工精度，而且还影响表面质量，也限制了切削用量和生产率的提高。因此，需采取措施提高工艺系统的刚度，以减少工艺系统受力变形对加工质量的影响。

(2) 工艺系统的刚度

工艺系统是一个弹性系统。弹性系统在外力作用下所产生的变形的大小取决于外力的大小和系统抵抗外力的能力。工艺系统抵抗外力使其变形的能力，可用刚度 k 来描述。所谓工艺系统的刚度，是指切削加工时，作用在工件加工表面上的法向分力 F_y 与刀具相对工件在该方向上位移 y 的比值。即

$$k = \frac{F_y}{y}$$

工艺系统的总变形量应是

$$y_{xt} = y_{jc} + y_{dj} + y_{jj} + y_{gj}$$

而且有 $k_{xt} = F_y / y_{xt}$，$k_{jc} = F_y / y_{jc}$，$k_{dj} = F_y / y_{dj}$，$k_{jj} = F_y / y_{jj}$，$k_{gj} = F_y / y_{gj}$。

式中，y_{xt}为工艺系统总变形量，单位为 mm；k_{xt}为工艺系统的总刚度，单位为 N/mm；y_{jc}为机床变形量，单位为 mm；k_{jc}为机床刚度，单位为 N/mm；y_{dj}为刀具变形量，单位为 mm；k_{dj}为刀具刚度，单位为 N/mm；y_{jj}为夹具变形量，单位为 mm；k_{jj}为夹具刚度，单位为 N/mm；y_{gj}为工件变形量，单位为 mm；k_{gj}为工件刚度，单位为 N/mm。

工艺系统刚度的一般式为

$$k_{xt} = 1/\left(1/k_{jc} + 1/k_{dj} + 1/k_{jj} + 1/k_{gj}\right)$$

因此，当知道工艺系统各个组成部分的刚度后，即可求出系统刚度。

用刚度一般式求解某一系统刚度时，应根据具体情况进行分析。例如车削外圆时，车刀本身在切削力的作用下沿切向（不敏感方向）的变形对加工误差的影响很小，可以忽略不计，这时计算式中可以省去刀具刚度一项。又如镗孔时，镗杆的受力变形将严重影响加工精度，而工件（如箱体零件）的刚度一般较大，其受力变形很小，故可略去工件刚度一项。

（3）工艺系统受力变形对加工精度的影响　工艺系统受力变形对加工精度的影响可以归结为以下两个方面：

1）切削过程中，工艺系统的刚度会随切削力作用点位置的变化而变化，因此，工艺系统受力变形亦随之变化，引起工件形状误差。

在车床上以两顶尖为支承车光轴，当车刀作纵向进给时切削力作用点不断移动，机床、工件在这些点的刚度各不相同，因此车出的工件在纵向断面内各径向尺寸不同而形成几何形状误差。下面分两种情况分析。

①　在车床顶尖间车削粗而短的光轴。由于此时车刀和工件的刚度相对很大，故车刀和工件的变形可忽略不计。工艺系统的总变形完全取决于床头、尾座（包括顶尖）和刀架的变形。当切削力作用点的位置靠近工件的两端时，工艺系统刚度相对较小，变形较大，刀具相对工件产生的让刀量较大，切去的金属层厚度较小；当切削力作用点的位置处于工件的中间位置附近时，工艺系统刚度相对较大，变形较小，刀具相对工件产生的让刀量较小，切去的金属层厚度较大，因此，工件具有马鞍形圆柱度误差。

②　在车床顶尖间车削细长轴（如图3-8）。由于工件细长、刚度小，在切削力作用下，其变形大大超过机床、夹具和刀具所产生的变形。因此，机床、夹具和刀具的受力变形可略去不计，工艺系统的变形完全取决于工件的变形。如图3-8所示，加工中车刀处于图示位置时，工件的轴线产生弯曲变形。根据材料力学的计算公式，其切削点的变形量为 $y_\omega = \dfrac{F_y\ (L-x)^2x^2}{3EIL}$。工件的变形量 y_ω 的最大值与最小值之差，即为工件的圆柱度误差，该圆柱度误差表现为腰鼓形。

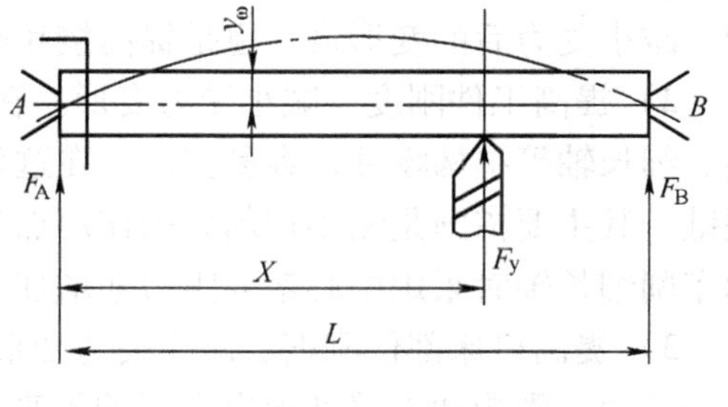

图3-8　车削细长轴

2）当毛坯形状误差较大或材料硬度很不均匀，工件加工时切削力的大小就会有较大变化，工艺系统的变形也就会随切削力大小的变化而变化，因而引起工件加工误差。

以车削为例，如图3-9所示。工件由于毛坯的圆度误差（例如椭圆），车削时使背吃刀量在 a_{p1} 与 a_{p2} 之间变化。因此，切削分力 F_y 也随背吃刀量 a_p 的变化由最大 F_{ymax} 变到最小 F_{ymin}，工艺系统将产生相应的变形，即由 y_1 变到 y_2，工件形成圆度误差。这种在工件上造成的加工误差的类型完全同于毛坯原有的形状位置误差类型的现象，称为误差复映。

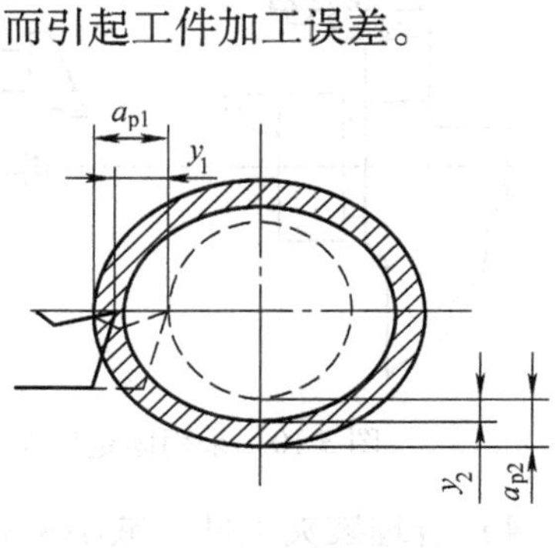

图3-9　零件形状误差的复映

设工艺系统的刚度为 k，则工件的圆度误差为

$$\Delta_{gj} = y_1 - y_2 = 1/k\ (F_{ymax} - F_{ymin})$$

把工件误差 Δ_{gj} 与毛坯误差 Δ_{mp} 的比值定义为误差复映系数 ε，由切削原理可知

$$\varepsilon = \Delta_{gj}/\Delta_{mp} = y_1 - y_2/\ (a_{p1} - a_{p2}) = C/k_{xt}$$

式中，C 为与刀具几何参数及切削条件有关的系数；k_{xt} 为工艺系统的刚度。

误差复映系数定量地反映了毛坯误差经过加工后减小的程度，且工艺系统的刚度越大，ε 越小，即复映到工件上的毛坯误差越小。

由于误差复映系数是远小于 1 的正数，所以，当一次进给不能满足精度要求时，可以用多次进给的办法来降低毛坯的误差复映，当 n 次进给的误差复映系数分别为 ε_1、ε_2、ε_3、…、ε_n 时，则总的误差复映系数为

$$\varepsilon_{总} = \varepsilon_1 \varepsilon_2 \varepsilon_3 \cdots \varepsilon_n$$

根据已知的毛坯误差 Δ_{mp} 可以估算工件加工后的误差；也可根据工件的公差值来确定进给次数。

（4）减小工艺系统受力变形的措施　减小工艺系统的受力变形是进行加工中保证产品质量和提高生产率的主要途径之一。根据生产实际情况，可采取以下几方面措施：

1）提高接触刚度。一般部件的刚度都是接触刚度低于实际零件的刚度，所以提高接触刚度是提高工艺系统刚度的关键。常用的方法是改善工艺系统主要零件接触面的配合质量，如机床导轨副、锥体与锥孔、顶尖与顶尖孔等配合面采用刮研与研磨，以提高配合表面的形状精度，减小表面粗糙度，使实际接触面增加，从而有效提高接触刚度。

各类轴承调整时的预紧，使接触面间预加载荷，可消除配合面间的间隙，增加接触面积，减小受力后的变形量，也是提高接触刚度的措施。

2）提高工件刚度，减小受力变形。在加工中，由于工件本身的刚度较低，特别是叉架类、细长轴等结构零件，容易变形。在这种情况下，如何提高工件的刚度是提高加工精度的关键。其主要措施是缩小切削力的作用点到支承之间的距离，以增大工件在切削时的刚度。如车削细长轴时采用中心架或跟刀架增加支承。

3）提高机床部件刚度，减小受力变形。在切削加工中，有时由于部件刚度低而产生变形和振动，影响加工精度和生产率的提高。图 3-10 所示是在转塔车床上采用固定导向支承套，图 3-11 所示是采用转动导向支承套，用加强杆和导向支承套提高部件的刚度。

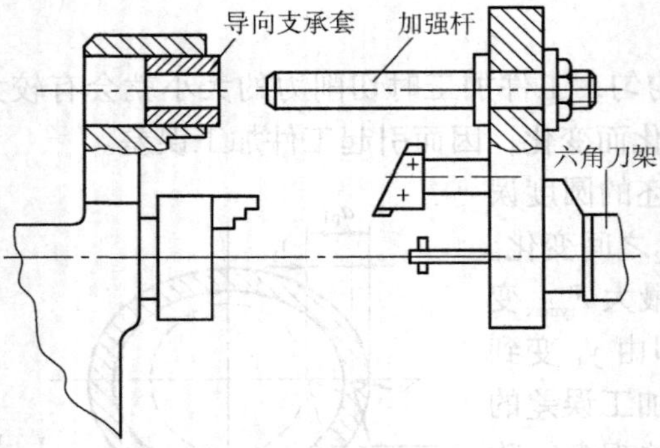

图 3-10　采用固定导向支承套

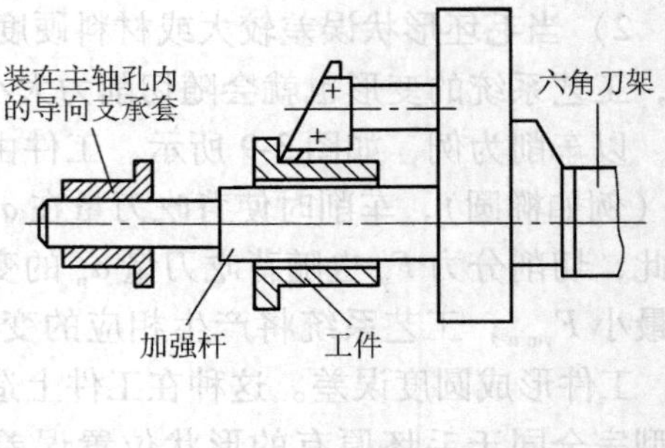

图 3-11　采用转动导向支承套

4）合理装夹工件、减小夹紧变形。加工薄壁件时，由于工件刚度低，因此解决夹紧变形的影响是关键问题之一。在夹紧前，薄壁套的内外圆是正圆形，当三爪自定心卡盘夹紧后

套筒成三棱形，如图3-12a所示。镗孔后，内孔呈正圆形，如图3-12b所示。当松开卡爪后，工件由于弹性恢复，使已镗圆的孔又变成三棱形，如图3-12c所示。为了减小加工误差，应使夹紧力均匀分布，可采用夹紧套（开缝过渡环）如图3-12d所示，或采用专用卡爪，如图3-12e所示。

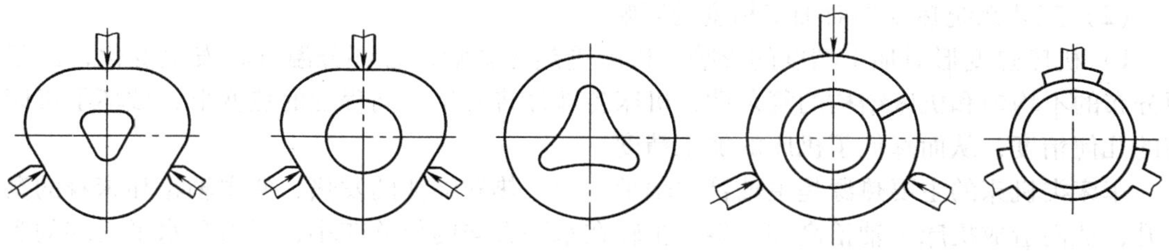

a) 第一次夹紧　b) 镗孔　c) 松开后工件变形　d) 采用夹紧套　e) 采用专用卡爪

图3-12　零件夹紧变形引起的误差

再如磨削薄板工件，如图3-13a所示。当磁力将工件吸向磁盘表面时，工件将产生弹性变形，如图3-13b所示。磨完后，由于弹性恢复，已磨完的表面又产生翘曲，如图3-13c所示。对其改进的办法是在工件和磁盘之间垫橡皮垫（厚0.5mm），如图3-13d、e所示。工件夹紧时，橡皮垫被压缩，减小工件的变形，再以磨好的表面为定位基准，磨另一面。这样，经过多次正反面交替磨削即可获得平面度较高的平面。

a) 毛坯翘曲　b) 吸盘吸紧　c) 磨后松开　d) 磨削凸面　e) 磨削凹面　f) 磨后松开

图3-13　薄板工件的磨削

4. 工艺系统的受热变形对加工精度的影响

在机械加工过程中，工艺系统在各种热源的影响下，常产生复杂的变形，使工件和刀具间的正确位置遭到破坏，造成加工误差。热变形对加工精度的影响很大，特别是在精密加工、大型零件加工和自动化加工中，热变形而引起的加工误差一般占工件加工总误差的40%～70%。

（1）引起工艺系统热变形的热源　引起热变形的根源是工艺系统在加工过程中出现的各种“热源”。这些热源大体上分为以下四类：

1）切削和磨削加工时产生的切削热。

2）动力源（如电动机）、液压系统、冷却系统工作时所发出的热和机床运动副（轴与轴承、齿轮副、摩擦式离合器、工作台与导轨、丝杠与螺母等）所产生的摩擦热。

3）来自周围环境通过空气对流而传来的热。

4）日光、灯光、加热设备等产生的辐射热。

上述所发生的热量将分配给工件、刀具、切屑和周围介质，其分配的百分比随切削速度和加工方法的变化而改变。

工艺系统受热源影响，温度逐渐升高，与此同时，其热量通过各种传导方式向周围散发。当单位时间内的热量传出与传入相等时，温度不再升高，即达到热平衡状态，温度场处于稳定状态，受热变形也相应地趋于稳定。一般情况下，机床温度变化缓慢，机床开动一段时间（约2～6h）后，温度才逐渐趋于稳定而达到平衡状态，其热变形相对趋于稳定，此时的加工误差是有规律的。在机床达到热平衡的预热期，温度随时间而升高，其热变形将随温度的升高而变化，故对加工精度的影响也比较大。因此，精密加工应在热平衡后进行。

（2）工艺系统热变形对加工精度的影响

1）机床热变形对加工精度的影响。机床受热源影响，各部分温升将发生变化，由于热源分布的不均匀和机床结构的复杂性，机床各部件将发生不同程度的热变形，破坏了机床原有的几何精度，从而降低了机床的加工精度。

车床类机床的主要热源是主轴箱中轴承的摩擦热和油池的发热，使主轴箱和床身的温度上升，从而造成机床主轴抬高和倾斜。主轴在水平方向的位移较小，对刀具水平安装的卧式车床影响较小；主轴在垂直方向的位移较大，对刀具垂直安装的自动车床和转塔车床，将对加工精度产生较大影响。

对大型机床如导轨磨床、外圆磨床、龙门铣床等的长床身部件，其温差的影响也是很显著的。一般由于床身上表面温度比床身底面温度高，形成温差，因此，床身将产生弯曲变形，表面呈中凸状，如图3-14所示。这样，导轨的直线性也会受到影响。另外，立柱和滑板也因床身热变形而产生相应的位置变化。

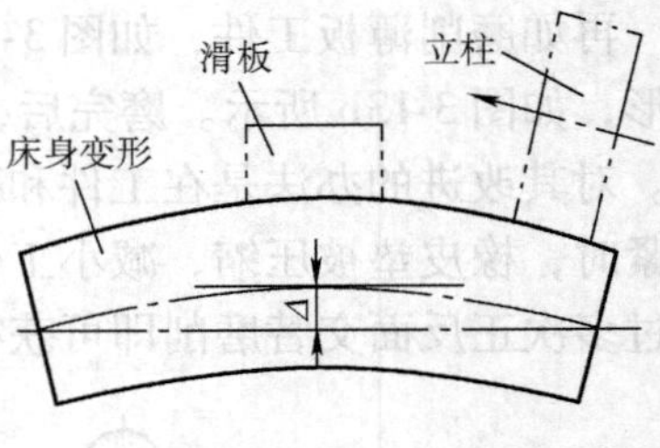

图3-14　床身纵向温差热效应的影响

2）工件热变形对加工精度的影响。在加工过程中，工件受切削热的影响而产生热变形，有些大型精密工件受环境温度的影响也产生相应热变形。工件在热膨胀下达到的加工尺寸，冷却收缩后会发生变化，甚至会超公差。工件受切削热影响，各部分温度不同，且随时间变化，切削区附近温度最高。开始切削时，工件温度低，变形小，随着切削加工的进行，工件的温度逐渐升高，变形也逐渐加大。

在轴类加工中，对直径尺寸有着较为严格的要求。在开始切削时，工件温升为零，随着切削的进行，工件温度逐渐提高，直径逐渐增大，加工终了时直径的增大量为最大。但此逐渐增加的增大量均被切削去除，因此工件冷却后将出现锥度（尾座处直径最大，头架处直径最小）。若要使工件外径达到较高的精度，粗加工后应再进行精加工。精加工（精车或磨）必须在工件冷却后进行，并需在加工时采用高速精车或用大量冷却液进行磨削等方法以减少工件的发热和变形。即使如此，工件仍会有少量的温升和变形。为此，应对工件进行热变形计算，以便判断其精度能否符合加工要求。

当轴类工件在顶尖间加工，工件的热伸长导致两顶尖间产生轴向力，致使工件内部产生压应力并使工件产生弯曲变形时，有经验的车工在切削期间总是根据实际情况，不时放松尾顶针螺旋副，以重新调整顶尖与工件间的压力。

在精密丝杠加工中，工件的伸长将会引起加工螺距的累积误差。

床身导轨面的磨削，由于是单面受热，与底面产生温差，引起热变形，影响导轨的直线度。

在加工铜、铝等线［膨］胀系数大的有色金属工件时，其热变形尤为显著，必须予以重视。

3）刀具热变形对加工精度的影响。刀具的热变形主要由传给刀具的切削热而引起的。普通车削时传到刀具上的热量约占全部切削热量的10%～20%；当高速切削时约占全部热量的1%～2%，受热后的刀具工作表面温度可达700～800℃。刀具受热伸长，将直接影响被加工零件的精度。

例如，在数控车床上车削一根ϕ90mm，长400mm的圆轴。切削速度$v=120$m/min，进给量$f=0.4$mm/r，背吃刀量$a_p=3$mm，当不用切削液时，刀具受热的伸长量为0.125mm，从而使工件直径减少了0.25mm。

车刀的热变形，一般会影响尺寸精度。但在加工大型零件时，例如加工长轴的外圆，还会影响零件的几何形状精度。在一般情况下，刀具的切削工作是间断的，即在装卸工件等非切削的时间内，刀具有一段冷却时间。在切削时，刀具一般能较快地达到热平衡，而且刀具受热伸长又能与刀具的磨损相互进行补偿，故对加工精度的影响，通常不显著。为了减小刀具的热变形，应合理选择切削用量和刀具切削的几何参数，而更重要的措施则是使用切削液。

（3）减小工艺系统热变形的工艺措施

1）在加工比较精密的工件时，为减小机床热变形的影响，常在加工前使机床空转一段时间，待基本达到热平衡后再进行加工。

2）当顺次加工一批零件时，间断时间内不要停车或尽量减少停车时间，以免破坏机床的热平衡，使调整好的位置尽量保持不变。

3）严格控制切削用量以减少工件的发热。

4）切削时提高切削速度，使传入工件的热量减少；及时刃磨刀具，以减少切削热；切削区进行充分的冷却。

5）当室温变化对加工精度有较大影响时，可采取恒温加工与测量，以减小温差与线［膨］胀系数不同而产生的误差，这对精密零件的加工是必要的。

5. 工件内应力对加工精度的影响

内应力是工件在去除载荷或外部因素的作用后，在零件内部留下的应力，也称残余应力。内应力对加工精度和表面质量都有很大的影响，当工件表面的内应力超过材料的强度极限时，就会产生裂纹。

工件经过冷热加工后，一般都要产生内应力。如毛坯的锻、铸、淬火热处理、冷校正和切削加工等，都会在不同程度上使工件产生内应力。在通常情况下，内应力处于平衡状态。对具有内应力的工件进行切削加工时，工件内应力原有的平衡状态遭到破坏，在重新平衡时，将使工件产生变形，以求达到再平衡。

铸件在昼夜或季节的温度变化的影响下，其内应力将重新分布，并引起毛坯的残留变形。开始时，铸件内应力的重新分布和变形较强烈，其后逐渐减慢。经验证明，零件在机器的工作过程中，由于内应力将继续重新分布，仍将继续变形。如某企业在调查机床床身几何精度稳定性时，发现大部分抽查产品在经过一个季度停放后，床身导轨几何偏差都超出了许可范围。因此，为了减小铸件的内应力，必须正确设计零件的结构形状，使其各部分冷却速度均匀，正确地安排铸造工艺过程，特别是铸件的冷却，并将铸件进行自然时效或人工时效。

实践证明，工件在切削加工过程中切去工件表面的一层金属材料后，所引起的内应力重新分布和变形非常严重。因此，当粗、精加工在一个工序完成时，在粗加工后（特别是对于薄壁的零件或大型零件）必须将夹紧装置松开，以便于内应力重新分布，让工件自由地变形，然后以较小的力夹紧工件，再进行精加工。

3.1.3 加工误差的综合分析

1. 加工误差的性质

引起加工误差的因素很多且很复杂。为分析一批工件的加工是否正常、稳定，不能以某一个工件的检验结果来判断，而需要对一批工件的误差进行统计分析，才能得出正确的结论。

根据连续加工一批工件的误差出现有无预见性，误差可分为系统误差和随机误差两类。

(1) 系统误差 顺次加工一批工件时，误差的大小和方向始终保持不变，或按照一定的规律逐渐变化，这种类型的误差称为系统误差。系统误差又分为常值系统误差和变值系统误差。

常值系统误差是误差的大小和方向始终保持不变的误差。例如，加工原理误差和机床、夹具、刀具的制造误差等，都是常值系统误差。此外，机床、夹具和量具的磨损速度很慢，在一定时间内也可看做是常值系统误差。

变值系统误差是误差的大小和方向按照一定的规律变化的误差。例如，机床、夹具和刀具等在热平衡前的热变形误差和刀具的磨损等，都是变值系统误差。

在大多数情况下，系统误差的影响是可以估计或计算出来的，从而可以设法加以消除或减小。例如，磨钝的刀具可以及时刃磨或换上新刀；磨损的定位元件或钻套可进行修复或更换；因床身导轨的磨损而引起的系统误差，可以及时地刮研其导向部分来消除等。

(2) 随机误差 顺次加工一批工件时，出现在各个零件上的误差各不相同，而且误差之间也没有明显的规律，这种类型的误差称为随机误差（或偶然性误差）。

定位误差（定位基准不统一、间隙影响等）、夹紧误差（夹紧力大小不一）、毛坯误差（毛坯余量大小不一、材料硬度不均匀等）的复映、多次调整的误差、内应力引起的变形误差等都是随机误差，这种类型的误差大小和方向的变化没有一定的规律可循。

如用同一把铰刀铰孔时，在相同的加工条件下，孔径的尺寸仍然不同。这可能是由加工余量有差异、材料的硬度不均匀等因素所引起的。这些因素是变化的，作用的情况又很复杂，所以一般常采用数理统计的方法来分析随机误差的影响，从而采取必要的工艺措施来加以控制。

在机械加工中，工件上某一尺寸的总误差，是由多项系统误差和多项随机误差共同作用的综合结果。由于在加工每一工件时，作用在其上的偶然因素的组合都会不一样，因此，即使是同一台设备、同一个操作工人加工出的同一批工件，其实际尺寸也是变动的，这就是尺寸分散现象。一批工件的尺寸分散范围若在公差范围之内，则合格；反之，若尺寸分散范围超出公差范围，则超出的部分工件为不合格品。

2. 加工误差的数理统计方法

数理统计方法是以现场大量的观察和实际测量所得的数据资料作为根据，应用概率理论和数理统计原理，以确定在一定的加工条件下，加工误差的大小（即一批零件的尺寸分布范围）和误差的分布情况。数理统计方法又分为分布曲线法和点图分析法。

(1) 分布曲线法 分布曲线法是以加工一批工件后测得的实际尺寸作出分布曲线，然后按此曲线来判断这种加工方法所产生的尺寸误差的大小和分布情况。

某一工序中加工出来的一批工件，由于存在各种误差，会引起加工尺寸的变化（称为尺寸分散），同一尺寸（实为很小一段尺寸间隔）的工件数目称为频数。频数与这批工件总数之比称为频率。如果以工件的尺寸（很小一段尺寸间隔）为横坐标，以频数或频率为纵坐标，就可以作出该工序工件加工尺寸的实际分布图——直方图。

大量的试验、统计和理论分析表明：当一批工件总数极多，加工中的误差是由许多相互独立的随机因素引起的，而且这些误差中又都没有任何优势的倾向，其分布是服从正态分布的。这时的曲线称为正态分布曲线。

例如，在机床一次调整后连续车削一批零件时所得到的实际尺寸如表3-1所示。根据表内的数据，以工件的尺寸为横坐标，相应的频率作为纵坐标，便可绘出如图3-15所示的频率直方图。连接每个小方格的上部中点得到一折线，称为实际分布曲线，如果测量实际尺寸的数据足够多且分组足够细，则会得到一光滑曲线，即正态分布曲线，如图3-16所示。

表3-1　所得到的实际尺寸

组别	组界/mm	组中值 x_i/mm	频数 n_i	频率 n_i/N（%）
1	9.131～9.132	9.1315	1	0.7
2	9.132～9.133	9.1325	3	2
3	9.133～9.134	9.1335	8	5.4
4	9.134～9.135	9.1345	18	12
5	9.135～9.136	9.1355	28	18.7
6	9.136～9.137	9.1365	34	22.7
7	9.137～9.138	9.1375	29	19.3
8	9.138～9.139	9.1385	17	11.3
9	9.139～9.140	9.1395	9	6
10	9.140～9.141	9.1405	2	1.3
11	9.141～9.142	9.1415	1	0.7
共计			150	1

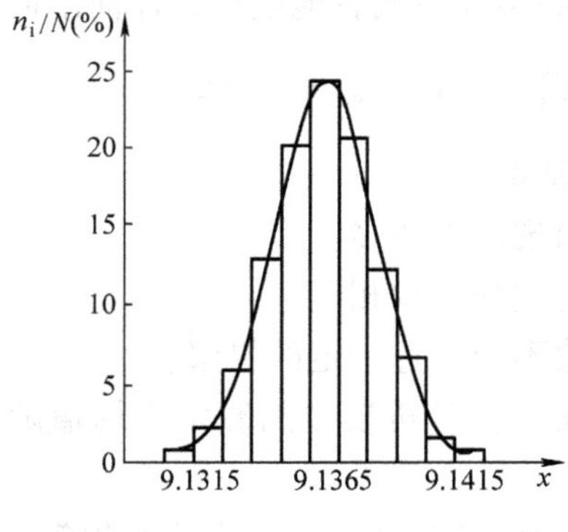

图3-15　频率直方图

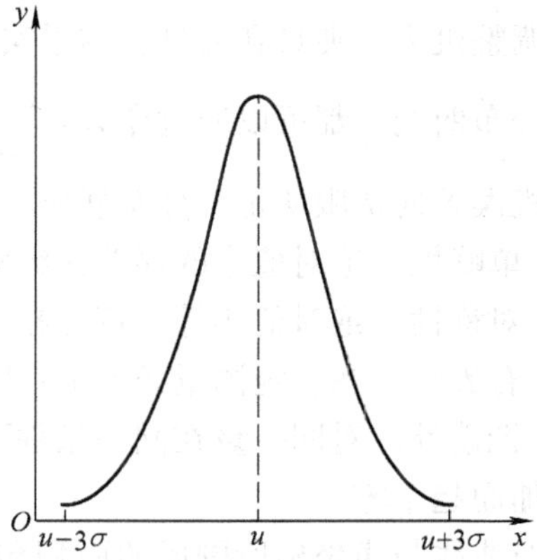

图3-16　正态分布曲线

由概率论可知，正态分布曲线可用其分布密度进行描述，即

$$y = \frac{1}{\sigma\sqrt{2\pi}} e^{-\frac{1}{2}\left(\frac{x-u}{\sigma}\right)^2} = \frac{1}{\sigma\sqrt{2\pi}} e^{-\frac{\delta^2}{2\sigma^2}}$$

式中，y 为分布的概率密度；x 为工件尺寸；u 为总体的平均值（分散中心）；δ 为随机误差；σ 为标准偏差；e 为自然对数的底数。

总体平均值 u 为

$$u = \frac{x_1 + x_2 + \cdots + x_n}{n} = \frac{\sum_{i=1}^{n} x_i}{n}$$

如果在消除了系统误差的前提下，对某一量进行无数次等精度测量，所测得值的算术平均值就等于真值。

标准偏差 σ 为

$$\sigma = \sqrt{\frac{\delta_1^2 + \delta_2^2 + \cdots + \delta_n^2}{n}} = \sqrt{\frac{\sum_{i=1}^{n} \delta_i^2}{n}}$$

u 是表征曲线位置的，如果改变 u 值，σ 为常数，则分布曲线将沿横坐标移动而不改变曲线形状，如图 3-17 所示。σ 是表征曲线形状的重要参数。如图 3-18 所示，σ 越小，则 y 值越大，曲线形状越陡；σ 越大，y 值越小，曲线形状越平坦。

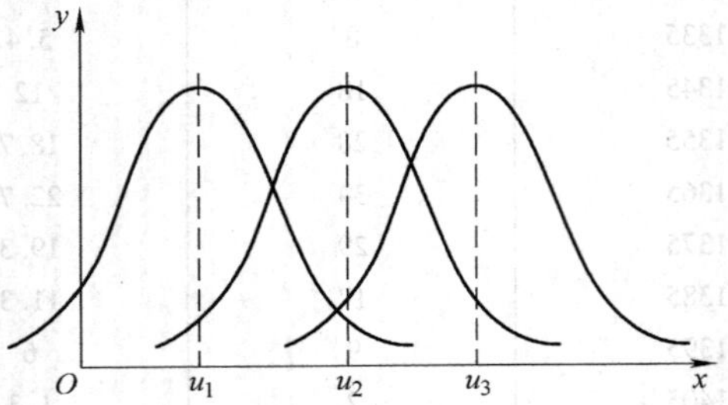

图 3-17　u 对分布曲线的影响（σ = 常数）

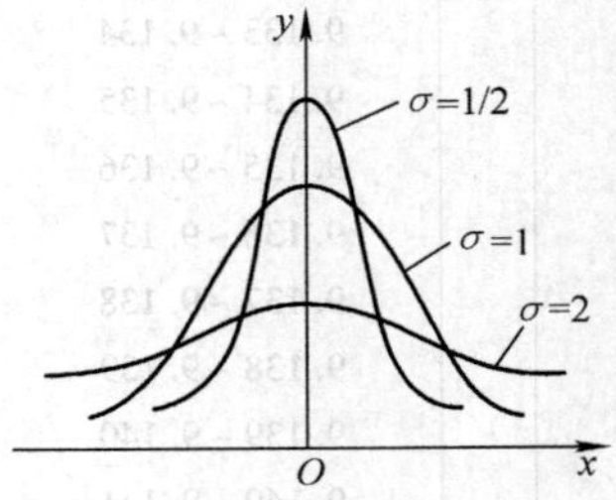

图 3-18　σ 对分布曲线的影响（$u=0$）

总体平均值 $u=0$，总体标准偏差 $\sigma=1$ 的正态分布称为标准正态分布。由于在制造过程中，要调整机床、夹具和刀具，结果实际分布曲线中心会或左或右地偏移，任何不同 u 和 σ 的正态分布曲线，都可以通过令 $Z=\frac{x-u}{\sigma}$ 进行变换而成为标准正态分布曲线。

随机误差通常服从正态分布规律，具有如下四个基本特性：

1）单峰性。绝对值小的误差比绝对值大的误差出现的次数多。

2）对称性。绝对值相等，符号相反的误差出现的次数大致相等。

3）有界性。在一定测量条件下，随机误差绝对值不会超过一定的界限。

4）抵偿性。对同一量在同一条件下进行重复测量，其随机误差的算术平均值随测量次数的增加而趋于零。

分布曲线与横坐标所围成的面积包括了全部零件数（即 100%），故其面积等于 1；其中 $x-u=\pm 3\sigma$（即在 $u\pm 3\sigma$）范围内的面积占了 99.73%，即 99.73% 的工件尺寸落在 $\pm 3\sigma$ 范围内，仅有 0.27% 的工件在范围之外（可忽略不计）。因此，取正态分布曲线的分布范围为 $\pm 3\sigma$。

$\pm 3\sigma$（或 6σ）的概念，在研究加工误差时应用广泛，是一个很重要的概念。6σ 的大小代表某加工方法在一定条件（如毛坯余量，切削用量，正常的机床、夹具、刀具等）下所能达到的加工精度，所以在一般情况下，应该使所选择的加工方法的标准偏差 σ 与公差带宽度 T 之间具有以下关系：$6\sigma \leqslant T$。但考虑到系统误差及其他因素的影响，应当使 6σ 小于公差带宽度 T，方可保证加工精度。

分布曲线法的应用如下：

1）判别加工误差的性质。假如加工过程中没有变值系统误差，那么其尺寸分布应服从正态分布，这是判别加工误差性质的基本方法。还可进一步根据样本算术平均值 u 是否与公差带中心重合来判断是否存在常值系统误差，如不重合则存在常值系统误差；如分布曲线形状与正态分布曲线有较大出入，则可根据分布图曲线形状判断变值系统误差的性质。

2）确定工序能力。工序能力即工序处于稳定状态时，加工误差正常波动的幅度，用工序能力系数 C_p 来分等级。

工序能力系数 C_p：

$$C_p = \frac{T}{6\sigma}$$

如 $C_p > 1$，说明该工序的工序能力足够，但加工中是否会出现废品，还要看工艺系统调整是否正确；如 $C_p < 1$，说明该工序的工序能力较低，不论怎么调整，不合格品总是不可避免，此时应采取精化机床、提高毛坯制造精度或改用更精密的加工方法等措施来减小随机误差。

采用分布曲线法分析加工误差存在下列缺点：

1）没有考虑工件加工先后顺序，因此不能把变值系统误差和随机误差区分开。

2）必须等一批工件加工完毕后方能绘制分布图，因此不能在加工过程中，提供控制精度的资料。

（2）点图分析法　点图分析法是运用数理统计原理，从大批零件中抽取数个零件进行检查（即所谓“抽样”检查），根据这少数零件（样件）的检查结果来推测整批零件质量的情况。

在一批工件的加工过程中，如果将工件依次按每 m 个为一样组进行分组，那么每一样组的平均值 $\overline{X}$ 和极差 R 分别是

$$\overline{X} = \frac{1}{m}\sum_{i=1}^{m} x_i$$

$$R = x_{max} - x_{min}$$

式中，x_{max}为同一样组的工件最大尺寸；x_{min}为同一样组的工件最小尺寸。

以样组序号为横坐标，分别以平均值 $\overline{X}$ 和极差 R 为纵坐标，可作出平均值 $\overline{X}$ 点图和极差 R 点图。

例如，轴环内孔的加工尺寸为 $\phi 28.5^{+0.070}_{0}$ mm。样本容量 $m=5$，共有 20 个随机样本（样组），平均值 $\overline{X}$ 和极差 R 的数据列于表 3-2 中。

表 3-2　轴环样本的平均值 $\overline{X}$ 和极差 R　（单位：mm）

样本号	平均值 $\overline{X}$	极差 R	样本号	平均值 $\overline{X}$	极差 R
1	28.030	0.020	5	28.035	0.015
2	28.035	0.025	6	28.040	0.025
3	28.025	0.030	7	28.040	0.035
4	28.020	0.020	8	28.035	0.020

（续）

样本号	平均值 $\overline{X}$	极差 R	样本号	平均值 $\overline{X}$	极差 R
9	28.045	0.015	15	28.040	0.030
10	28.035	0.025	16	28.030	0.040
11	28.040	0.030	17	28.030	0.035
12	28.035	0.025	18	28.025	0.030
13	28.035	0.030	19	28.030	0.020
14	28.030	0.020	20	28.035	0.025

为判断该工艺系统是否稳定，需在 $\overline{X}$—R 图上加上中心线和上、下控制线。控制线是用以判断该工序加工情况是否稳定的界限线。

根据概率论可得：

$\overline{X}$ 的中心线

$$\overline{\overline{X}} = \frac{1}{k}\sum_{i=1}^{k}\overline{X}_i$$

$\overline{X}$ 的上控制线

$$\overline{X}_s = \overline{\overline{X}} + A\,\overline{R}$$

$\overline{X}$ 的下控制线

$$\overline{X}_x = \overline{\overline{X}} - A\,\overline{R}$$

R 的中心线

$$\overline{R} = \frac{1}{k}\sum_{i=1}^{k}R_i$$

R 的上控制线

$$R_s = D_1\overline{R}$$

R 的下控制线

$$R_x = D_2\overline{R}$$

式中，A、D_1、D_2 值按表 3-3 选取。

表 3-3　A、D_1、D_2 值

m/件	A	D_1	D_2
4	0.73	2.28	0
5	0.58	2.11	0
6	0.48	2.00	0

根据公式，计算出该例中的中心线和上、下控制线数据为：

$\overline{\overline{X}} = 28.0335\text{mm}$

$\overline{X}_s = \overline{\overline{X}} + A\,\overline{R} = 28.0484\text{mm}$

$\overline{X}_x = \overline{\overline{X}} - A\,\overline{R} = 28.0186\text{mm}$

$\overline{R} = 0.02575\text{mm}$

$R_s = D_1\overline{R} = 0.0543\text{mm}$

$R_x = D_2\overline{R} = 0$

画出 $\overline{X}$—R 图，如图3-19所示。

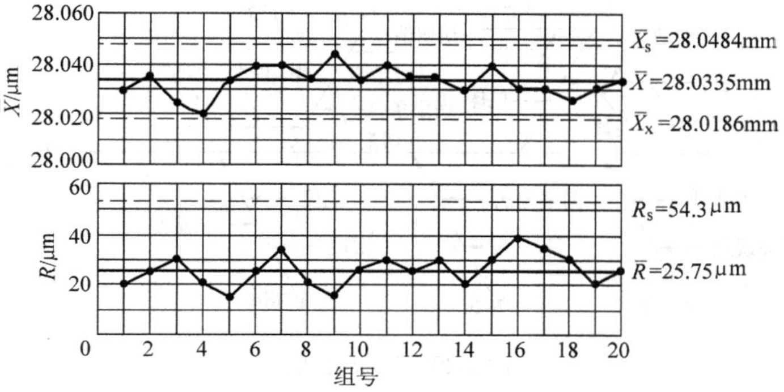

图3-19　$\overline{X}$—R 图

在 $\overline{X}$—R 图上，平均值 $\overline{X}$ 在一定程度上代表了瞬时的分散中心，所以 $\overline{X}$ 点图主要反映了系统误差及其变化趋势；极差 R 在一定程度上代表了瞬时的尺寸分散范围，所以极差 R 点图反映了随机误差及其变化趋势如下。

点图法的应用如下：

点图法主要用于判断工艺过程是否稳定。任何一批工件的加工尺寸都具有波动性，因此各样组的平均值 $\overline{X}$ 和极差 R 也具有波动性。如果加工误差主要是随机误差，且系统误差的影响小到可忽略时，那么这种波动属于正常波动，加工工艺过程是稳定的。从点图分析来看，正常波动的情况有：没有点超过控制线，大部分点在中线上下波动，点的分布没有明显的规律性。从图3-19的分析可知，该工序的工艺过程基本稳定。

3. 加工误差的综合分析和判断

机械加工中的精度问题，是一个综合性的问题。解决精度问题的关键，在于能否在具体条件下判断出影响加工精度的主要误差因素。因此在解决加工精度问题时，首先必须对具体情况进行深入的调查，然后运用所学知识进行理论分析，配合必要的现场测试，以便摸清误差产生的规律，找出误差产生的原因，并采取相应的解决措施。

分析解决加工误差问题，大体上可以分为下列四个阶段：调查、分析、测试和验证。

（1）调查　即调查误差产生的经过，摸清误差产生的规律。例如召开各种调查会，尽量让有关人员集中在一起自由讨论、畅所欲言。通过讨论，分析误差究竟是一贯存在的，还是新近出现的，工艺条件是否发生变化（例如机床是否重新调整，夹具工艺位置是否有所移动，刀具是否更换，工件材料、毛坯质量有无变化等），以便寻找线索。此外，还必须到现场仔细观察机床、工夹具及加工情况，尽可能多地测量一批工件，摸清工件的误差情况，包括其尺寸、形状或位置误差的性质、大小和特点，为分析研究提供原始素材。

（2）分析　即根据调查结果初步进行分析。首先将测量的数据进行整理，分析误差的性质，查找出在具体条件下可能产生这类误差的因素有哪些，每种因素所产生的误差有哪些特征，有多大，它们与调查情况是否相符等。还可根据调查和分析结果整理成因果分析图，如图3-20所示。然后，确定几个可能性较大的因素，拟定判断实际影响程度的测试方法和步骤。如果该工序有过去积累的统计资料，则通过对比可以更有利于发现问题。

（3）测试　各种现场测试方法是解决实际问题的基本方法。

1）静测定。一般先争取通过测定机床和工艺装备静止时的情况来判断误差产生的原

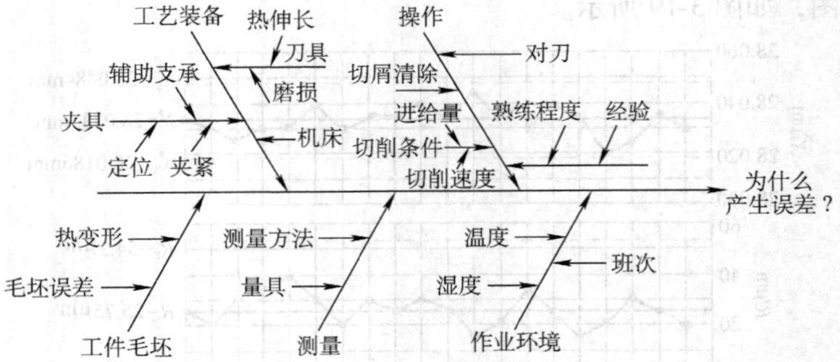

图 3-20　因果分析图

因。因为静测定不需要具备很多条件，比较容易做到。静测定的项目很多，例如检查机床或夹具的几何精度，是否会产生工件加工误差；检查工艺系统的静刚度，找出其薄弱环节，估计变形情况是否满足加工条件等。

2）在加工过程中测定。在加工过程中测定，通常可以提供很多静测定所不能提供的线索。例如，如果怀疑工件在加工过程中有夹紧变形，可在加工后在机床上对工件进行就地测量，然后将工件取下，再测量一次，观察是否有差别。在加工时测量工件温度，从而估计工件受热膨胀的影响，或在加工完毕后立即测量工件尺寸，等冷却后再测量一次，看看热膨胀的影响。如果想了解机床各部分的热变形情况，可在机床开动时，用传感器或千分尺测量机床各部分的位移。

3）加工试验。利用加工现场，进行有目的的加工试验，以判断各种因素对加工误差的影响程度。例如在磨削外圆时，如果不能判定圆度误差是由于中心孔不圆所造成的，还是由于其他工艺系统变形方面因素造成的，则可增加无进给磨削次数进行试验，如果属于工艺系统变形方面因素造成的，则在多次无进给磨削后，误差必然减少，直至消失。又如镗孔时不能判定圆度误差是否由于余量不均匀所产生的，可找几个余量分布情况不同的毛坯，观察加工后的工件是否复映了毛坯误差。再如磨削外圆时，不能断定其径向圆跳动是否由于单爪拨盘所引起的，可将拨爪和工件的相互位置改变一下，即转过一个角度，观察加工的工件，其最大跳动量的位置是否也随着改变。最后，还可以改变某些工艺参数后，再加工一批工件，观察系统误差和随机误差有什么变化。

（4）验证　在基本上确定了误差产生的原因后，还必须采取相应的措施。只有在采取措施后使误差减小或消除后，才能肯定判断是正确的。

以上所述是寻找误差产生的原因的大致步骤，实际应用时并非是一成不变的，需要根据实际情况灵活应用，而且往往可能还会有一定的反复。这就要求我们能深入生产，深入实际来解决实际加工中的加工精度问题。

3.1.4　保证和提高加工精度的途径

1. 减小和消除原始误差

减小和消除原始误差是提高加工精度的主要途径，在生产中有着广泛的应用。例如车床上加工细长轴时，因工件刚度极差，容易产生弯曲变形和振动，严重影响加工精度。人们在生产实际中总结出了一些行之有效的措施：

1）采用反向进给方式，如图3-21b所示，进给方向由卡盘一端指向尾座。此时尾部可用中心架，或者尾座应用弹性顶尖，使工件的热变形能得到自由伸长，故可减小或消除由于热伸长和轴向力使工件产生的弯曲变形。不同进给方向加工细长轴的比较如图3-21所示。

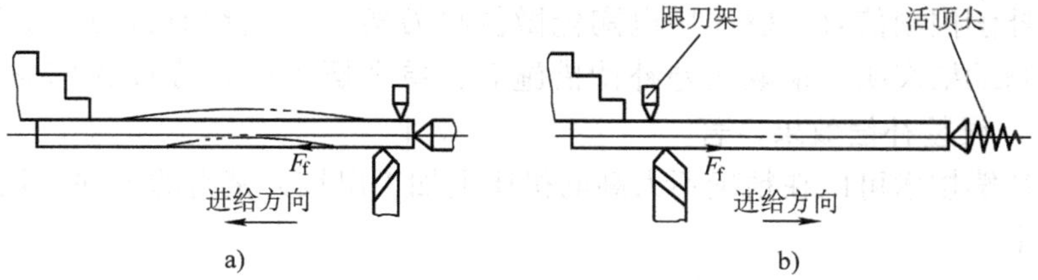

图3-21　不同进给方向加工细长轴的比较

2）采用大进给量和93°的大主偏角，增大轴向切削分力，使径向切削分力稍向外指，既使工件的弯曲相互抵消，又能抑制径向颤动，使切削过程平稳。

3）在工件卡盘夹持的一端车出一个缩颈部分，以增加工件的柔性，使切削变形尽量发生在缩颈处，减小切削变形对加工精度的直接影响。

2. 转移原始误差

采取措施将原始误差由误差敏感方向转移到非敏感方向。从而减小或消除其对加工精度的影响。例如，选用立轴转塔车床车削工件外圆时（图3-22a）所示，由转塔刀架转位误差引起的刀具在误差敏感方向上的位移$\Delta_{分度}$将使工件半径产生$\Delta R_a=\Delta_{分度}$的误差。如果将转塔刀架的水平安装形式（车刀平行于水平面）改为图3-22b所示垂直安装形式（车刀垂直于水平面），刀架转位误差引起的刀具位移$\Delta_{分度}$将使工件半径产生$\Delta R_b=(\Delta_{分度})^2/2R$的误差（式中$R$为工件半径），由于$\Delta R_b \leqslant \Delta R_a$，故采用图3-22b所示刀架安装形式转移误差，可以显著降低转塔刀架的转位误差对加工精度的影响。

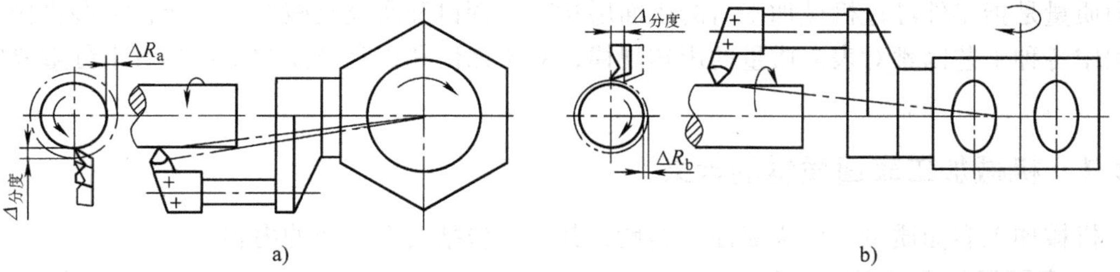

图3-22　立轴转塔刀架转位误差的转移

3. 均分原始误差

当待加工表面的加工误差过大时，可将上工序加工的工件按其尺寸误差大小均分成n组，使每个工件的尺寸误差缩小为原来的$1/n$，然后按组调整刀具与工件的相对位置，可以显著提高加工精度。例如，在精加工齿轮齿圈时，为保证加工后齿圈与内孔的同轴度要求，应尽量减小齿轮内孔与心轴的配合间隙。为此，可将齿轮内孔尺寸分为n组，然后配置相应的n根不同直径的心轴，一根心轴相应加工一组孔径的齿轮，这样做，可以显著提高齿圈与内孔的同轴度。

4. 采用误差补偿技术

误差补偿技术在机械制造中的应用十分广泛。图3-23是车精密丝杠时所用的一套螺距误差补偿装置。图中光电码盘用于测量主轴转速，车床主轴每转一转，光电码盘发出 1024 或 2048 个脉冲；光栅式位移传感器用于测量刀架纵向位移量。主轴回转信号与刀架纵向位移量信号经 A/D 转换同步输入计算机后，经数据处理实时求取螺距误差数据，再由计算机发出螺距误差补偿控制信号，驱动压电陶瓷微位移刀架（它装在溜板刀架上）作螺距误差补偿运动。实测结果表明，采取误差补偿措施后，单个螺距误差可减少 89%，螺距累计误差可减少 99%，误差补偿效果显著。

采取误差补偿技术可以在精确不太高的机床上加工出较为精密的工件，是值得推广的一项先进实用技术。

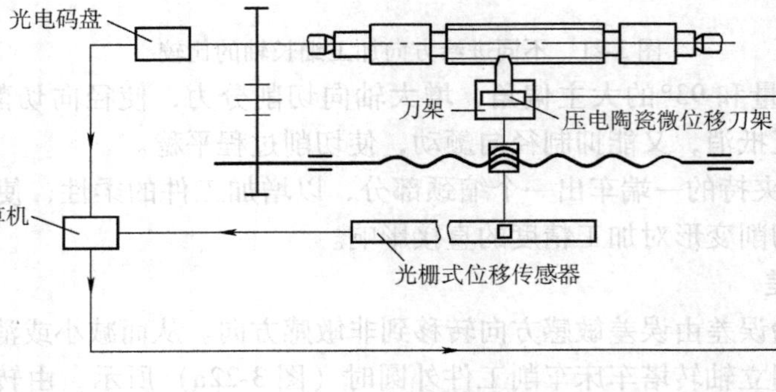

图 3-23　车精密丝杠用螺距误差补偿装置

3.2 机械加工表面质量

评价零件是否合格的质量指标除了机械加工精度外，还有机械加工表面质量。机械加工表面质量是指零件经过机械加工后的表面层状态。探讨和研究机械加工表面，掌握机械加工过程中各种工艺因素对表面质量的影响规律，对于保证和提高产品的质量具有十分重要的意义。

3.2.1 机械加工表面质量的含义

机械加工表面质量又称为表面完整性，其含义包括两个方面的内容。

1. 表面层的几何形状特征

表面层的几何形状特征如图 3-24 所示，主要由以下几部分组成：

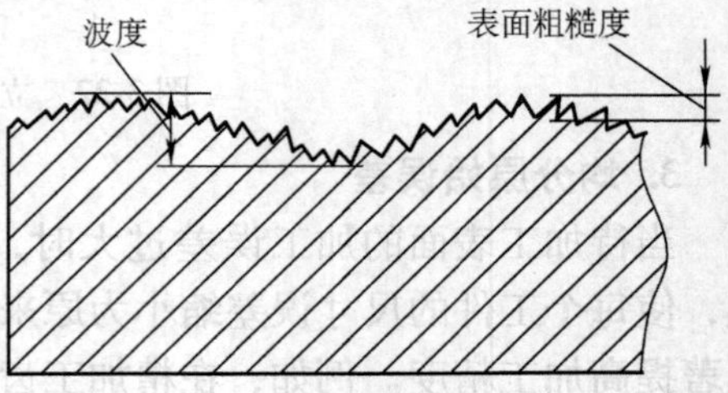

图 3-24　表面粗糙度和波度

（1）表面粗糙度　它是指加工表面上较小间距和峰谷所组成的微观几何形状特征，即加工表面的微观几何形状误差，其评定参数主要有轮廓算术平均偏差 Ra 或轮廓微观不平度十点平均高度 Rz。

（2）表面波度　它是介于宏观形状误差与微观表面粗糙度之间的周期性形状误差，如图 3-24 所示。它主要是由机械加工过程中低频振动引起的，应作为工艺缺陷设法消除。

（3）表面加工纹理　它是指表面切削加工刀纹的形状和方向，取决于表面形成过程中所采用的机加工方法及其切削运动的规律。

（4）伤痕　它是指在加工表面个别位置上出现的缺陷，如砂眼、气孔、裂痕、划痕等，它们大多随机分布。

2. 表面层的物理力学性能

表面层的物理力学性能主要指以下三个方面的内容：

1）表面层的加工冷作硬化。

2）表面层金相组织的变化。

3）表面层的残余应力。

3.2.2　表面质量对零件使用性能的影响

1. 表面质量对零件耐磨性的影响

零件的耐磨性是零件的一项重要性能指标，当摩擦副的材料、润滑条件和加工精度确定之后，零件的表面质量对耐磨性将起着关键性的作用。由于零件表面存在着表面粗糙度，当两个零件的表面开始接触时，接触部分集中在其波峰的顶部，因此实际接触面积远远小于名义接触面积，并且表面粗糙度越大，实际接触面积越小。在外力作用下，波峰接触部分将产生很大的压应力。当两个零件作相对运动时，开始阶段由于接触面积小、压应力大，在接触处的波峰会产生较大的弹性变形、塑性变形及剪切变形，波峰很快被磨平，即使有润滑油存在，也会因为接触点处压应力过大，油膜被破坏而形成干摩擦，导致零件接触表面的磨损加剧。当然，并非表面粗糙度越小越好，如果表面粗糙度过小，接触表面间储存润滑油的能力变差，接触表面容易发生分子胶合、咬焊，同样也会造成磨损加剧。

表面层的冷作硬化可使表面层的硬度提高，增强表面层的接触刚度，从而降低接触处的弹性变形、塑性变形，使耐磨性有所提高。但如果硬化程度过大，表面层金属组织会变脆，出现微观裂纹，甚至会使金属表面组织剥落而加剧零件的磨损。

2. 表面质量对零件疲劳强度的影响

表面粗糙度对承受交变载荷的零件的疲劳强度影响很大。在交变载荷作用下，表面粗糙度波谷处容易引起应力集中，产生疲劳裂纹。并且表面粗糙度越大，表面划痕越深，其抗疲劳破坏能力越差。

表面层残余压应力对零件的疲劳强度影响也很大。当表面层存在残余压应力时，能延缓疲劳裂纹的产生、扩展，提高零件的疲劳强度；当表面层存在残余拉应力时，零件则容易引起晶间破坏，产生表面裂纹而降低其疲劳强度。

表面层的加工硬化对零件的疲劳强度也有影响。适度的加工硬化能阻止已有裂纹的扩展和新裂纹的产生，提高零件的疲劳强度；但加工硬化过于严重会使零件表面组织变脆，容易出现裂纹，从而使疲劳强度降低。

3. 表面质量对零件耐腐蚀性能的影响

表面粗糙度对零件耐腐蚀性能的影响很大。零件表面粗糙度越大，在波谷处越容易积聚腐蚀性介质而使零件发生化学腐蚀和电化学腐蚀。

表面层残余压应力对零件的耐腐蚀性能也有影响。残余压应力使表面组织致密，腐蚀性介质不易侵入，有助于提高表面的耐腐蚀能力；残余拉应力对零件耐腐蚀性能的影响则相反。

4. 表面质量对零件间配合性质的影响

相配零件间的配合性质是由过盈量或间隙量来决定的。在间隙配合中，如果零件配合表面的粗糙度大，则由于磨损迅速使得配合间隙增大，从而降低了配合质量，影响了配合的稳定性；在过盈配合中，如果表面粗糙度大，则装配时表面波峰被挤平，使得实际有效过盈量减小，降低了配合件的联接强度，影响了配合的可靠性。因此，对有配合要求的表面应规定较小的表面粗糙度值。

在过盈配合中，如果表面硬化严重，将可能造成表面层金属与内部金属脱落的现象，从而破坏配合性质和配合精度。表面层残余应力会引起零件变形，使零件的形状、尺寸发生改变，因此它也将影响配合性质和配合精度。

5. 表面质量对零件其他性能的影响

表面质量对零件的使用性能还有一些其他影响。如对间隙密封的液压缸、滑阀来说，减小表面粗糙度 Ra 可以减少泄漏、提高密封性能；较小的表面粗糙度可使零件具有较高的接触刚度；对于滑动零件，减小表面粗糙度 Ra 能使摩擦系数降低、运动灵活性增高，减少发热和功率损失；表面层的残余应力会使零件在使用过程中继续变形，失去原有的精度，机器工作性能恶化等。

总之，提高加工表面质量，对于保证零件的性能、提高零件的使用寿命是十分重要的。

3.2.3 影响机械加工表面粗糙度的因素及降低表面粗糙度的工艺措施

1. 影响切削加工表面粗糙度的因素

在切削加工中，影响已加工表面粗糙度的因素主要包括几何因素、物理因素和加工中工艺系统的振动。下面以车削为例来说明。

(1) 几何因素 用单刃刀切削加工时，表面粗糙度的值主要取决于切削面积的残留高度，而残留面积只与进给量 f、刀尖圆角半径 r_0 及刀具的主偏角 k_r、副偏角 k_r' 有关，如图 3-25 所示。

当刀尖圆弧半径 $r_0=0$ 时，如图 3-25a 所示，残留面积高度 H 为

$$H=\frac{f}{\cot k_r+\cot k_r'} \tag{3-1}$$

当刀尖圆弧半径 $r_0>0$ 时，如图 3-25b 所示，残留面积高度 H 为

$$H=\frac{f^2}{8r_0} \tag{3-2}$$

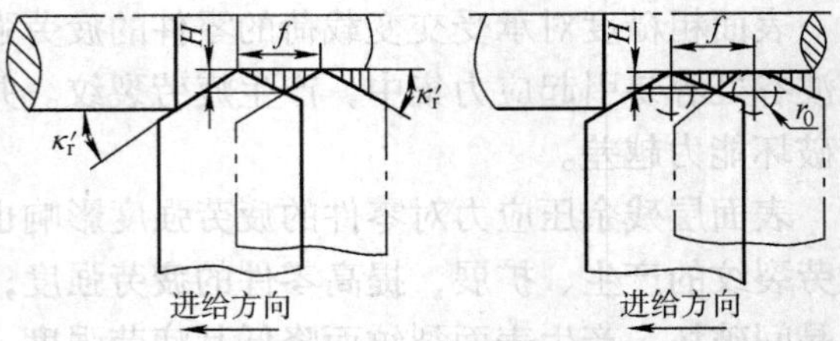

a) 尖刀切削　b) 带圆角半径 r_0 的切削

图 3-25 切削层残留面积

从上面两式可知，进给量 f、主偏角 k_r、副偏角 k_r' 和刀尖圆弧半径 r_0 对切削加工表面粗糙度的影响较大。减小进给量 f、减小主偏角 k_r 和副偏角 k_r'、增大刀尖圆弧半径 r_0，都能减小残留面积的高度 H，也就减小了零件的表面粗糙度。

(2) 物理因素 在切削加工过程中，刀具对工件的挤压和摩擦使金属材料发生塑性变形，引起原有的残留面积扭曲或沟纹加深，增大表面粗糙度。当采用中等或中等偏低的切削速度切削塑性材料时，在前刀面上容易形成硬度很高的积屑瘤，它可以代替刀具进行切削，

但状态极不稳定，积屑瘤生成、长大和脱落将严重影响加工表面的表面粗糙度值。另外，在切削过程中由于切屑和前刀面的强烈摩擦作用以及撕裂现象，还可能在加工表面上产生鳞刺，使加工表面的粗糙度增加。

（3）动态因素——振动的影响　在加工过程中，工艺系统有时会发生振动，即在刀具与工件间出现的除切削运动之外的另一种周期性的相对运动。振动的出现会使加工表面出现波纹，增大加工表面的粗糙度，强烈的振动还会使切削无法继续下去。

除上述因素外，造成已加工表面粗糙不平的原因还有被切屑拉毛和划伤等。

2. 减小表面粗糙度的工艺措施

1）在精加工时，应选择较小的进给量f、较小的主偏角k_r和副偏角k_r'、较大的刀尖圆弧半径r_0，以得到较小的表面粗糙度。

2）加工塑性材料时，采用较高的切削速度可防止积屑瘤的产生，减小表面粗糙度。

3）根据工件材料、加工要求，合理选择刀具材料，有利于减小表面粗糙度。

4）适当的增大刀具前角和刃倾角，提高刀具的刃磨质量，降低刀具前、后刀面的表面粗糙度均能降低工件加工表面的粗糙度。

5）对工件材料进行适当的热处理，以细化晶粒，均匀晶粒组织，可减小表面粗糙度。

6）选择合适的切削液，减小切削过程中的表面摩擦，降低切削区温度，减小切削变形，抑制鳞刺和积屑瘤的产生，可以大大减小表面粗糙度。

3.2.4　影响机械加工表面物理力学性能的因素

1. 表面层残余应力

外载荷去除后，仍残存在工件表层与基体材料交界处的相互平衡的应力称为残余应力。产生表面残余应力的原因主要有：

（1）冷态塑性变形引起的残余应力　切削加工时，加工表面在切削力的作用下产生强烈的塑性变形，表层金属的比体积增大，体积膨胀，但受到与它相连的里层金属的阻止，从而在表层产生了残余压应力，在里层产生了残余拉应力。当刀具在被加工表面上切除金属时，由于受后刀面的挤压和摩擦作用，表层金属纤维被严重拉长，仍会受到里层金属的阻止，而在表层产生残余压应力，在里层产生残余拉应力。

（2）热态塑性变形引起的残余应力　切削加工时，大量的切削热会使加工表面产生热膨胀，由于基体金属的温度较低，会对表层金属的膨胀产生阻碍作用，因此表层产生热态压应力。当加工结束后，表层温度下降要进行冷却收缩，但受到基体金属阻止，从而在表层产生残余拉应力，里层产生残余压应力。

（3）金相组织变化引起的残余应力　如果在加工中工件表层温度超过金相组织的转变温度，则工件表层将产生组织转变，表层金属的比体积将随之发生变化，而表层金属的这种比体积变化必然会受到与之相连的基体金属的阻碍，从而在表层、里层产生互相平衡的残余应力。例如在磨削淬火钢时，由于磨削热导致表层可能产生回火，表层金属组织将由马氏体转变成接近珠光体的屈氏体或索氏体，密度增大，比体积减小，表层金属要产生相变收缩但会受到基体金属的阻止，而在表层金属产生残余拉应力，里层金属产生残余压应力。如果磨削时表层金属的温度超过相变温度，且冷却以充分，表层金属将成为淬火马氏体，密度减小，比体积增大，则表层将产生残余压应力，里层则产生残余拉应力。

2. 表面层加工硬化

(1) 加工硬化的产生及衡量指标　机械加工过程中，工件表层金属在切削力的作用下产生强烈的塑性变形，金属的晶格扭曲，晶粒被拉长、纤维化甚至破碎而引起表层金属的强度和硬度增加，塑性降低，这种现象称为加工硬化（或冷作硬化）。另外，加工过程中产生的切削热会使工件表层金属温度升高，当升高到一定程度时，会使已强化的金属回复到正常状态，失去其在加工硬化中得到的物理力学性能，这种现象称为软化。因此，金属的加工硬化实际取决于硬化速度和软化速度的比率。

评定加工硬化的指标有下列三项：

1）表面层的显微硬度 HV。

2）硬化层深度 h（μm）。

3）硬化程度 N。

$$N = \frac{HV - HV_0}{HV_0} \tag{3-3}$$

式中，HV_0 为工件内部金属的显微硬度。

(2) 影响加工硬化的因素

1）切削用量的影响力。切削用量中进给量和切削速度对加工硬化的影响较大。增大进给量，切削力随之增大，表层金属的塑性变形程度增大，加工硬化程度增大；增大切削速度，刀具对工件的作用时间减少，塑性变形的扩展深度减小，故而硬化层深度减小。另外，增大切削速度会使切削区温度升高，有利于减少加工硬化。

2）刀具几何形状的影响。切削刃钝圆半径对加工硬化影响最大。实验证明，已加工表面的显微硬度随着切削刃钝圆半径的加大而增大，这是因为径向切削分力会随着切削刃钝圆半径的增大而增大，使表层金属的塑性变形程度加剧，导致加工硬化增大。此外，刀具磨损会使后刀面与工件间的摩擦加剧，表层的塑性变形增加，导致表面冷作硬化加大。

3）加工材料性能的影响。工件的硬度越低、塑性越好，加工时塑性变形越大，冷作硬化越严重。

3. 表面层的金相组织变化

机械加工过程中，在加工区由于加工时所消耗的能量绝大部分转化为热能而使加工表面出现温度升高。当温度升高到超过金相组织变化的临界点时，就会产生金相组织变化。磨削加工切削速度高，切削时产生大量的切削热。这些热量部分由切屑带走，很小一部分传入砂轮，若冷却效果不好，则很大一部分将传入工件表面，易使工件表面层的金相组织发生变化，引起表面层的硬度和强度下降，产生残余应力甚至引起微观裂纹，这种现象称为磨削烧伤。

影响磨削烧伤的主要因素有：

1）磨削用量。当背吃刀量增大时，工件表面及表面下不同深度的温度都将提高，容易造成烧伤；增大砂轮速度，会加重磨削烧伤的程度。当工件纵向进给量增大时，磨削区温度升高，但热源作用时间减少，因而可减轻烧伤。但提高工件速度会导致其表面粗糙度值变大，为弥补此不足，可提高砂轮速度。实践证明，同时提高工件速度和砂轮速度可减轻工件表面烧伤。

2）砂轮材料。对于硬度太高的砂轮，钝化砂粒不易脱落，砂轮容易被切屑堵塞。因此，一般用软砂轮较好。砂轮结合剂最好采用具有一定弹性的材料，保证磨粒受到过大切削力时会自动退让，如树脂、橡胶等。一般来讲，粗粒度不容易引起磨削烧伤。

3）冷却方式。采用切削液带走磨削区热量，可避免烧伤。然而，现有的冷却方式效果不理想。这是由于旋转的砂轮表面上产生强大的气流，以致没有多少切削液能进入磨削区，因此必须改进冷却方式以提高冷却效果。

3.2.5 磨削加工的特点及影响磨削加工表面粗糙度的因素

1. 磨削加工的特点

1）磨削过程比金属切削刀具的切削过程复杂得多。砂轮在磨削工件时，磨粒在砂轮表面上所分布的高度是不一致的。磨粒的磨削过程常分为：滑擦阶段、刻划阶段和切削阶段。但对整个砂轮来讲，滑擦作用、刻划作用和切削作用是同时产生的。

2）砂轮的磨削速度高，磨削温度高。磨削时，砂轮线速度为 $v_{砂}=30\sim50\text{m/s}$，目前高速磨削发展很快，$v_{砂}=80\sim125\text{m/s}$。磨粒大多为负前角，单位切削力比较大，故切削温度很高，磨削点附近的瞬时温度可达 800～1000℃。这样的高温常引起被磨表面烧伤、工件变形和产生裂纹。

3）磨削时砂轮的线速度高，参与切削的磨粒多，所以，单位时间内切除金属的量大。径向切削力较大，会引起机床工作系统发生弹性变形和振动。

2. 影响磨削加工表面粗糙度的因素

影响磨削加工表面粗糙度的因素很多，主要有：

（1）砂轮用量的影响

1）砂轮速度。随着砂轮线速度的增加，在同一时间内参与切削的磨粒数也增加，每颗磨粒切去的金属厚度减小，残留面积也减小，而且高速磨削可减小材料的塑性变形，减小表面粗糙度。

2）工件速度。在其他磨削条件不变的情况下，随工件线速度的降低，每颗磨粒接触工件时切去的切削厚度减小，残留面积也小，因而粗糙度低。但必须指出，工件线速度过低时，工件与砂轮接触的时间长，传到工件上的热量增多，甚至会造成工件表面金属微熔，反而增大表面粗糙度，而且还增加表面烧伤的可能性。因此，通常取工件线速度等于砂轮线速度的 1/60 左右。

3）磨削深度和光磨次数。磨削深度增加，则磨削力和磨削温度都增加，磨削表面塑性变形程度大，从而增加表面粗糙度值。为提高磨削效率又能获得较小的表面粗糙度，一般开始采用较大的磨削深度，然后采用较小的磨削深度，最后进行无进给磨削，即光磨。光磨次数增加，可减小表面粗糙度。

（2）砂轮的影响

1）砂轮的粒度。粒度越细，则砂轮单位面积上的磨粒越多，每颗磨粒去处的金属厚度越少，刻痕也细，粗糙度就细。但粒度过细切屑容易堵塞砂轮，使工件表面温度增高，塑性变形加大，粗糙度值反而增大，同时还容易引起烧伤，所以常用的砂轮粒度在 80# 以内。

2）砂轮的硬度。砂轮太软，则磨粒易脱落，有利于保持砂轮的锋利，但很难保证砂轮的等高性。砂轮如果太硬，磨损了的磨粒也不易脱落，这些磨损了的磨粒会加剧与工件表面的挤压和摩擦作用，造成工件表面温度升高，塑性变形加大，并且还容易使工件产生表面烧伤。所以砂轮的硬度以适中为好，主要根据工件的材料和硬度进行选择。

3）砂轮的修整。砂轮使用一段时间后就必须进行修整，及时修整砂轮有利于获得锋利和等高的微刃。慢的修整进给量和小的修整深度，还能大大增加切刃数，这些均有利于降低被磨工件的表面粗糙度。

4）砂轮材料。砂轮材料即指磨料，它可分为氧化物类（刚玉）、碳化物类（碳化硅、碳化硼）和高硬磨料类（人造金刚石、立方碳化硼）。钢类零件用刚玉砂轮磨削可得到满意的表面粗糙度；铸铁、硬质合金等工件材料用碳化物砂轮磨削时表面粗糙度较小；用金刚石砂轮磨削时可得到较小的表面粗糙度值，但加工成本也比较高。

（3）工件材料的影响　工件材料的性质对磨削粗糙度影响也很大，太硬、太软、太韧的材料都不容易磨光，这是因为材料太硬时，磨粒很快钝化，从而失去切削能力；材料太软时，砂轮又容易被堵塞；而韧性太大且导热性差的材料又容易使磨粒早期崩落，这些都不利于获得低的表面粗糙度。表 3-4 是一般磨削时表面粗糙度 Ra 为 0.8～0.2μm 的工艺参数，供参考。

表 3-4　磨削工艺参数

工艺参数		外圆磨削	内圆磨削	平面磨削
砂轮粒度		46#～60#	46#～80#	36#～60#
修整工具		单颗金刚石，金刚石片状修整器		
砂轮圆周速度/（m/s）		≈35	20～30	20～35
修整时工作台速度/（mm/min）		400～600	100～200	300～500
修整时背吃刀量/mm		0.01～0.02	0.005～0.01	0.01～0.02
修整光磨次数（单行程）		—	2	—
工件线速度/（m/min）		20～30	20～50	—
磨削时纵向进给速度/（m/min）		1.2～3.0	2～3	17～30
磨削深度/mm	纵向	0.02～0.05	0.005～0.01	2～5（双行程）
	横向	—	—	0.005～0.020（单行程）
光磨次数（单行程）		1～2	2～4	1～2

3.2.6　控制表面质量的工艺途径

随着科学技术的发展，对零件的表面质量的要求已越来越高。为了获得合格零件，保证机器的使用性能，人们一直在研究控制和提高零件表面质量的途径。提高表面质量的工艺途径大致可以分为两类：一类是用低效率、高成本的加工方法，寻求各工艺参数的优化组合，以减小表面粗糙度；另一类是着重改善工件表面的物理力学性能，以提高其表面质量。

1. 降低表面粗糙度的加工方法

（1）超精密切削和小粗糙度磨削加工

1）超精密切削加工。超精密切削是指表面粗糙度为 Ra0.04μm 以下的切削加工方法。超精密切削加工最关键的问题在于要在最后一道工序切削 0.1μm 的微薄表面层，这就既要求刀具极其锋利，刀具钝圆半径为纳米级尺寸，又要求这样的刀具有足够的耐用度，以维持其锋利。目前只有金刚石刀具才能达到要求。超精密切削时，进给量要小，切削速度要非常高，才能保证工件表面上的残留面积小，从而获得极小的表面粗糙度。

2）小粗糙度磨削加工。为了简化工艺过程，缩短工序周期，有时用小粗糙度磨削替代光整加工。小粗糙度磨削除要求设备精度高外，磨削用量的选择最为重要。在选择磨削用量时，参数之间往往会相互矛盾和排斥。例如，为了减小表面粗糙度，砂轮应修整得细一些，但如此却可能引起磨削烧伤；为了避免烧伤，应将工件转速加快，但这样又会增大表面粗糙度，而且容易引起振动；采用小磨削用量有利于提高工件表面质量，但会降低生产效率而增加生产成本；而且工件材料不同其磨削性能也不一样，一般很难凭手册确定磨削用量，要通过试验不断调整参数，因而表面质量较难准确控制。近年来，国内外对磨削用量最优化作了不少研究，分析了磨削用量与磨削力、磨削热之间的关系，并用图表表示各参数的最佳组合，加上计算机的运用，通过指令进行过程控制，使得小粗糙度磨削逐步达到了应有的效果。

（2）采用超精密加工、珩磨、研磨等方法作为最终工序加工　超精密加工、珩磨等都是利用磨条以一定压力压在加工表面上，并作相对运动以降低表面粗糙度和提高精度的方法，一般用于表面粗糙度为 $Ra0.4\mu m$ 以下的表面加工。该加工工艺由于切削速度低、压强小，所以发热少，不易引起热损伤，并能产生残余压应力，有利于提高零件的使用性能；而且加工工艺依靠自身定位，设备简单，精度要求不高，成本较低，容易实行多工位、多机床操作，生产效率高，因而在大批量生产中应用广泛。

1）珩磨。珩磨是利用珩磨工具对工件表面施加一定的压力，同时珩磨工具还要相对工件完成旋转和直线往复运动，以去除工件表面的凸峰的一种加工方法。珩磨后工件圆度和圆柱度一般可控制在 0.003 ~ 0.005mm，尺寸精度可达 IT6 ~ IT5，表面粗糙度在 $Ra0.2$ ~ $0.025\mu m$ 之间。

珩磨工作原理如图3-26所示，它是利用安装在珩磨头圆周上的若干条细粒度油石，由涨开机构将油石沿径向涨开，使其压向工件孔壁形成一定的接触面，同时珩磨头作回转和轴向往复运动以实现对孔的低速磨削。油石上的磨粒在工件表面上留下的切削痕迹为交叉的且不重复的网纹，有利于润滑油的储存和油膜的保持。

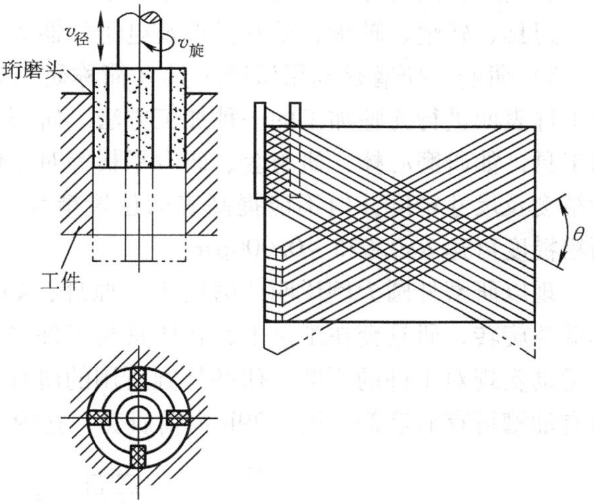

图3-26　珩磨工作原理及磨粒运动轨迹

由于珩磨头和机床主轴是浮动联接，因此机床主轴回转运动误差对工件的加工精度没有影响。因为珩磨头的轴线往复运动是以孔壁作导向的，即是按孔的轴线进行运动的，故在珩磨时不能修正孔的位置偏差，工件孔轴线的位置精度必须由前一道工序来保证。

珩磨时，虽然珩磨头的转速较低，但其往复速度较高，参于磨削的磨粒数量大，因此能很快地去除金属，为了及时排出切屑和冷却工件，必须进行充分冷却润滑。珩磨生产效率高，可用于加工铸铁、淬硬或不淬硬钢，但不宜加工易堵塞油石的韧性金属。

2）超精密加工。超精密加工是用细粒度油石，在较低的压力和良好的冷却润滑条件下，以快而短促的往复运动，对低速旋转的工件进行振动研磨的一种微量磨削加工方法。

超精密加工工作原理如图 3-27 所示，加工时有三种运动，即工件的低速回转运动、磨头的轴向进给运动和油石的往复振动。三种运动的合成使磨粒在工件表面上形成不重复的轨迹。超精密加工的切削过程与磨削、研磨不同，当工件粗糙表面被磨去之后，接触面积大大增加，压强极小，工件与油石之间形成油膜，二者不再直接接触，油石能自动停止切削。

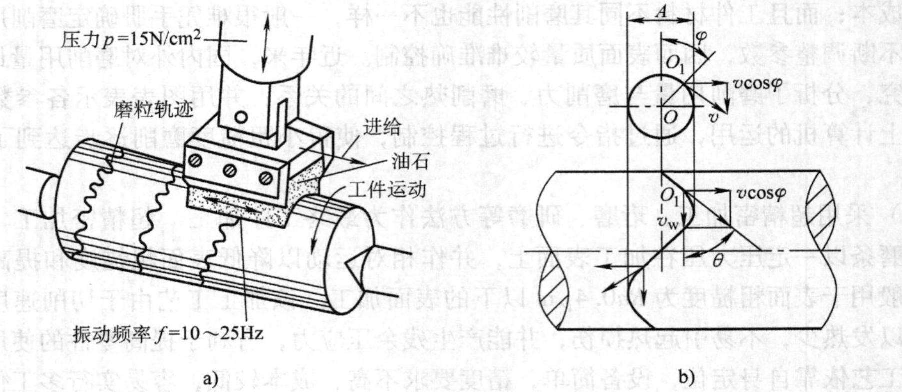

图 3-27　超精密加工工作原理

超精密加工的加工余量一般为 3～10μm，所以它难以修正工件的尺寸误差及形状误差，也不能提高表面间的相互位置精度，但可以降低表面粗糙度值，能得到表面粗糙度为 *Ra*0.1～0.01μm 的表面。目前，超精密加工能加工各种不同材料，如钢、铸铁、黄铜、铝、陶瓷、玻璃、花岗岩等，能加工外圆、内孔、平面及特殊轮廓表面，广泛用于对曲轴、凸轮轴、刀具、轧辊、轴承、精密量仪及电子仪器等精密零件的加工。

3）研磨。研磨是利用研磨工具（简称研具）和工件的相对运动，在研磨剂的作用下，对工件表面进行光整加工的一种加工方法。研磨可采用专用的设备进行加工，也可采用简单的工具，如研磨心棒、研磨套、研磨平板等对工件表面进行手工研磨。研磨可提高工件的形状精度及尺寸精度，但不能提高表面位置精度，研磨后工件的尺寸精度可达 0.001mm，表面粗糙度可达 *Ra*0.025～0.006μm。

现以研磨外圆为例说明研磨的工作原理，如图 3-28 所示，工件支承在机床两顶尖之间作低速旋转，研具套在工件上，在研具与工件之间加入研磨剂，然后用手推动研具作轴向往复运动实现对工件的研磨。研磨外圆所用的研具如图 3-29 所示，其中图 3-29a 为粗研套，孔内有油槽可存研磨剂；图 3-29b 为精研套，孔内无油槽。

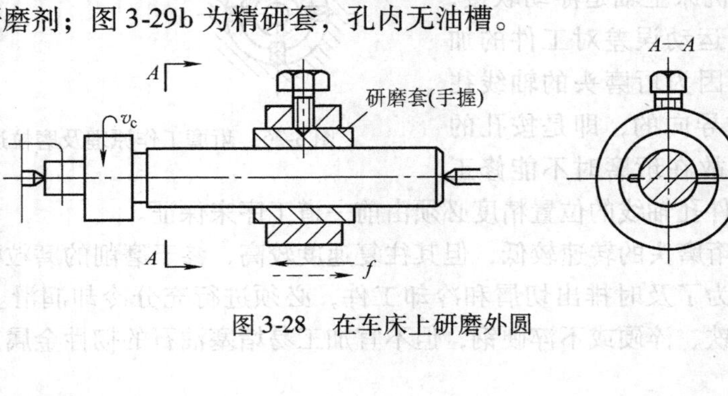

图 3-28　在车床上研磨外圆

研磨的适用范围广，既可加工金属，又可加工非金属，如光学玻璃、陶瓷、半导体、塑料等。一般说来，刚玉磨料适用于对碳素工具钢、合金工具钢、高速钢及铸铁的研磨，碳化硅磨料和金刚石磨料适用于对硬质合金、硬铬等高硬度材料的研磨。

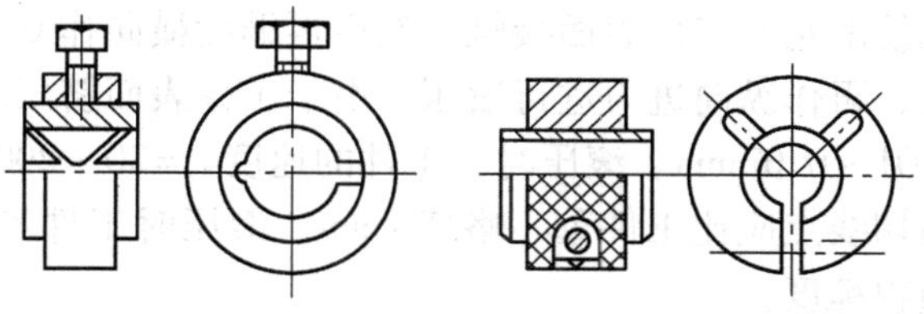

图3-29　研磨外圆的研具

4）抛光。抛光是在布轮、布盘等软性器具上涂上抛光膏，利用抛光器具的高速旋转，依靠抛光膏的机械刮擦和化学作用去除工件表面粗糙度的凸峰，使表面光泽的一种加工方法。抛光一般不去除加工余量，因而不能提高工件的精度，有时可能还会损坏已获得的精度；抛光也不可能减小零件的形状和位置误差。工件表面经抛光后，表面层的残余拉应力会有所减小。

2. 改善表面物理力学性能的加工方法

如前所述，表面层的物理力学性能对零件的使用性能及寿命影响很大，如果在最终工序中不能保证零件表面获得预期的表面质量要求，则应在工艺过程中增设表面强化工序来保证零件的表面质量。表面强化工艺包括化学处理、电镀和表面机械强化等几种。这里仅讨论机械强化工艺问题。机械强化是指通过对工件表面进行冷挤压加工，使零件表面层金属发生冷态塑性变形，从而提高其表面硬度并在表面层产生残余压应力的无屑光整加工方法。采用表面强化工艺还可以降低零件的表面粗糙度值。这种方法工艺简单、成本低，在生产中应用十分广泛，用得最多的是喷丸强化和滚压加工。

（1）喷丸强化　喷丸强化是利用压缩空气或离心力将大量直径为0.4～4mm的珠丸高速打击零件表面，使其产生冷硬层和残余压应力，可显著提高零件的疲劳强度。珠丸可以采用铸铁、砂石以及钢铁制造。所用设备是压缩空气喷丸装置或机械离心式喷丸装置，这些装置使珠丸能以35～50mm/s的速度喷出。喷丸强化工艺可用来加工各种形状的零件，加工后零件表面的硬化层深度可达0.7mm，表面粗糙度值 Ra 可由3.2μm减小到0.4μm，使用寿命可提高几倍甚至几十倍。

（2）滚压加工　滚压加工是在常温下通过淬硬的滚压工具（滚轮或滚珠）对工件表面施加压力，使其产生塑性变形，将工件表面上原有的波峰填充到相邻的波谷中，从而减小表面粗糙度值，并在其表面产生冷硬层和残余压应力，使零件的承载能力和疲劳强度得以提高。滚压加工可使表面粗糙度 Ra 值从1.25～5μm减小到0.8～0.63μm，表面层硬度一般可提高20%～40%，表面层金属的耐疲劳强度可提高30%～50%。滚压用的滚轮常用碳素工具钢T12A或者合金工具钢CrWMn、Cr12、CrNiMn等材料制造，淬火硬度在62～64HRC；或用硬质合金YG6、YT15等制成；其型面在装配前需经过粗磨，装上滚压工具后再进行精磨。图3-30为两种外圆滚压工具，图3-30a为弹性的，图3-30b为刚性的。滚压时，

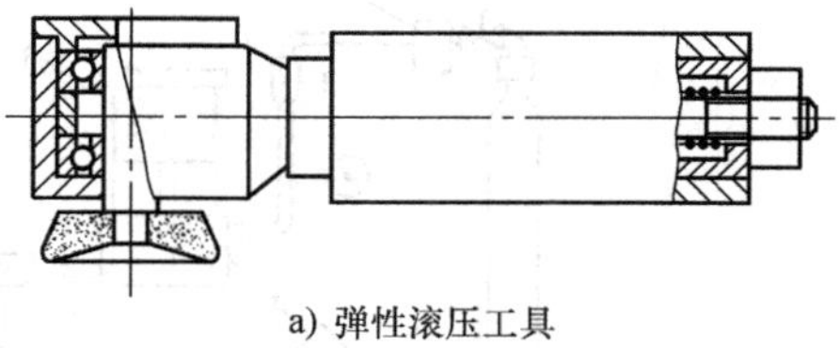
a) 弹性滚压工具

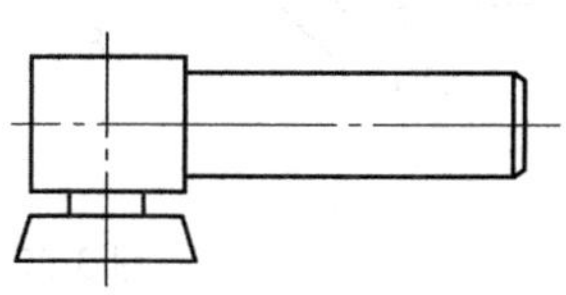
b) 刚性滚压工具

图3-30　两种外圆滚压工具

先使滚轮与工件表面接触，然后再继续横向作 0.3mm 的进刀，使滚子对被加工表面施加压力，再作纵向进刀进行滚压。由于工件表面挤压后还会产生弹性恢复，故实际滚压深度仅为 0.01 ~0.02mm。滚压时，工件的速度 $v=30\sim200\text{m/min}$，进给量 $f=0.01\sim0.15\text{mm/r}$，滚轮的切线点应比工件重心略高 1mm。滚压时工件和滚轮表面不得有油污，否则将影响工件表面粗糙度。

（3）金刚石压光　金刚石压光是一种用金刚石挤压加工表面的新工艺，国外已在精密仪器制造业中得到较广泛的应用。压光后的零件表面粗糙度可达 $Ra0.4\sim0.02\mu\text{m}$，耐磨性比磨削后的提高 1.5 ~3 倍，但比研磨后的要低 20% ~40%，而生产率却比研磨高得多。金刚石压光用的机床必须是高精度机床，它要求机床刚性好、抗振性好，以免损坏金刚石。此外，它还要求机床主轴精度高，径向圆跳动和轴向窜动在 0.01mm 以内，主轴转速能在 2500 ~6000 r/min 的范围内无级调速。机床主轴运动与进给运动应分离，以保证压光的表面质量。

图 3-31 是金刚石压光外圆和内孔的示意图。压光器装在车床的刀架上，金刚石压头靠压光器内的弹簧压力压在工件表面上，调整弹簧的压缩长度，可得到不同的压力。百分表可用以检查压光时的压力大小，还能观察压光过程中压力的变化情况，以免损坏金刚石。

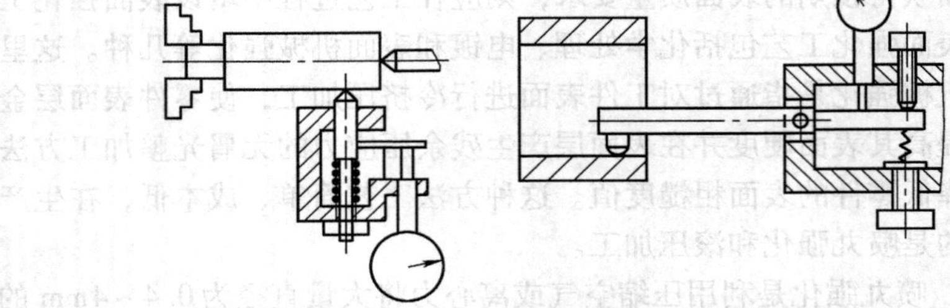

图 3-31　金刚石压光外圆和内孔

（4）液体磨料强化　液体磨料强化是利用液体和磨料的混合物高速喷射到已加工表面，以强化工件表面，提高工件的耐磨性、抗蚀性和疲劳强度的一种工艺方法。图 3-32 为液体磨料喷射加工原理图，液体和磨料在 400 ~800Pa 压力下，经过喷嘴高速喷出，射向工件表面，借磨料的冲击作用，碾压加工表面，工件表面产生塑性变形，变形层仅为几十微米。加工后的工件表面具有残余压应力，提高了工件的耐磨性、抗蚀性和疲劳强度。

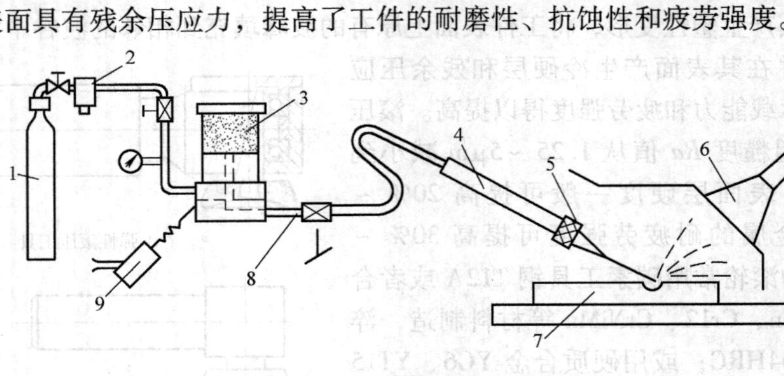

图 3-32　液体磨料喷射加工原理图

1—压气瓶　2—过滤器　3—磨料室　4—导管　5—喷嘴　6—集收器
7—工件　8—控制阀　9—振动器

3.2.7　机械加工振动对表面质量的影响及其控制

1. 机械振动现象及分类

（1）机械振动现象及其对表面质量的影响　在机械加工过程中，工艺系统有时会发生振动（人为地利用振动来进行加工服务的振动车削、振动磨削、振动时效、超声波加工等除外），即在刀具的切削刃与工件上正在切削的表面之间，除了名义上的切削运动之外，还会出现一种周期性的相对运动。这是一种破坏正常切削运动的极其有害的现象，主要表现在：

1）振动使工艺系统的各种成形运动受到干扰和破坏，使加工表面出现振纹，增大表面粗糙度值，恶化加工表面质量。

2）振动还可能引起切削刃崩裂，引起机床、夹具联接部分松动，缩短刀具及机床、夹具的使用寿命。

3）振动限制了切削用量的进一步提高，降低切削加工的生产效率，严重时甚至还会使切削加工无法继续进行。

4）振动所发出的噪声会污染环境，有害工人的身心健康。

研究机械加工过程中振动产生的机理，探讨如何提高工艺系统的抗振性和消除振动的措施，一直是机械加工工艺学的重要课题之一。

（2）机械振动的基本类型　机械加工过程的振动有三种基本类型：

1）强迫振动。强迫振动是指在外界周期性变化的干扰力作用下产生的振动。磨削加工中主要会产生强迫振动。

2）自激振动。自激振动是指切削过程本身引起切削力周期性变化而产生的振动。切削加工中主要会产生自激振动。

3）自由振动。自由振动是指由于切削力突然变化或其他外界偶然原因引起的振动。自由振动的频率就是系统的固有频率，由于工艺系统的阻尼作用，这类振动会在外界干扰力去除后迅速自行衰减，对加工过程影响较小。

机械加工过程中振动主要是强迫振动和自激振动。据统计，强迫振动约占30%，自激振动约占65%，自由振动所占比重则很小。

2. 机械加工中的强迫振动及其控制

（1）机械加工过程中产生强迫振动的原因　机械加工过程中产生的强迫振动，其原因可从机床、刀具和工件三方面去分析。

1）机床方面。机床中某些传动零件的制造精度不高，会使机床产生不均匀运动而引起振动。例如齿轮的齿距误差和齿距累积误差，会使齿轮传动的运动不均匀，从而使整个部件产生振动。主轴与轴承之间的间隙过大、主轴轴颈的椭圆度、轴承制造精度不够，都会引起主轴箱以及整个机床的振动。另外，传动带接头太粗而使带传动的转速不均匀，也会产生振动。机床往复机构中的转向和冲击也会引起振动。至于某些零件的缺陷，使机床产生振动则更是明显。

2）刀具方面。多刃、多齿刀具如铣刀、拉刀和滚刀等，切削时由于刃口高度的误差或因断续切削引起的冲击，容易产生振动。

3）工件方面。被切削的工件表面上有断续表面或表面余量不均、硬度不一致，都会在加工中产生振动。如车削或磨削有键槽的外圆表面就会产生强迫振动。

工艺系统外部也有许多原因造成切削加工中的振动，例如一台精密磨床和一台重型机床相邻，这台磨床就有可能受重型机床工作的影响而产生振动，影响其加工表面的粗糙度。

(2) 强迫振动的特点

1) 强迫振动的稳态过程是谐振，只要干扰力存在，振动就不会被阻尼衰减掉，去除干扰力，振动就停止。

2) 强迫振动的频率等于干扰力的频率。

3) 阻尼越小，振幅越大，谐波响应轨迹的范围越大；增加阻尼，能有效地减小振幅。

4) 在共振区，较小的频率变化会引起较大的振幅和相位角的变化。

(3) 消除强迫振动的途径　强迫振动是由外界干扰力引起的，因此必须对振动系统进行测振试验，找出振源，然后采取适当措施加以控制。消除和抑制强迫振动的措施主要有：

1) 改进机床传动结构，进行消振与隔振。消除强迫振动最有效的办法是找出外界的干扰力（振源）并去除之。如果不能去除，则可以采用隔绝的方法，如机床采用厚橡胶板或木材等将机床与地基隔离，就可以隔绝相邻机床的振动影响。对于精密机械、仪器，采用空气垫等也是很有效的隔振措施。

2) 消除回转零件的不平衡。机床和其他机械的振动，大多数是由于回转零件的不平衡所引起的，因此对于高速回转的零件要注意其平衡问题，在可能条件下，最好能做动平衡。

3) 提高传动件的制造精度。传动件的制造精度会影响传动的平衡性，引起振动。在齿轮啮合、滚动轴承以及带传动等传动中，减小振动的途径主要是提高制造精度和装配质量。

4) 提高系统刚度，增加阻尼。提高机床、工件、刀具和夹具的刚度都会增加系统的抗振性。增加阻尼是一种减小振动的有效办法，在结构设计上应该考虑到，但也可以采用附加高阻尼板材的方法以达到减小振动的效果。

5) 合理安排固有频率，避开共振区。根据强迫振动的特性，一方面是改变干扰力的频率，使它避开系统的固有频率；另一方面是在结构设计时，使工艺系统各部件的固有频率远离共振区。

3. 机械加工中的自激振动及其控制

(1) 自激振动产生的机理　机械加工过程中，还常常出现一种与强迫振动完全不同形式的强烈振动，这种振动是当系统受到外界或本身某些偶然的瞬时干扰力作用而触发自由振动后，由振动过程本身的某种原因使得切削力产生周期性变化，又由这个周期性变化的动态力反过来加强和维持振动，使振动系统补充了由阻尼作用消耗的能量，这种类型的振动被称为自激振动。切削过程中产生的自激振动是频率较高的强烈振动，通常又称为颤振。自激振动常常是影响加工表面质量和限制机床生产率提高的主要障碍。磨削过程中，砂轮磨钝以后产生的振动也往往是自激振动。

(2) 自激振动的特点　自激振动的特点可简要地归纳如下：

1) 自激振动是一种不衰减的振动。振动过程本身能引起某种力周期地变化，振动系统能通过这种力的变化，从不具备交变特性的能源中周期性地获得能量补充，从而维持这个振动。外部的干扰有可能在最初触发振动时起作用，但是它不是产生这种振动的直接原因。

2）自激振动的频率等于或接近于系统的固有频率，也就是说，由振动系统本身的参数所决定，这是与强迫振动的显著差别。

3）自激振动能否产生以及振幅的大小，取决于每一振动周期内系统所获得的能量与所消耗的能量的对比情况。当振幅为某一数值时，如果所获得的能量大于所消耗的能量，则振幅将不断增大；相反，如果所获得的能量小于所消耗的能量，则振幅将不断减小，振幅一直增加或减小到所获得的能量等于所消耗的能量时为止。当振幅在任何数值时获得的能量都小于消耗的能量，则自激振动根本就不可能产生。

4）自激振动的形成和持续，是由于过程本身产生的激振和反馈作用，所以若停止切削或磨削过程，即使机床仍继续空运转，自激振动也就停止了，这也是与强迫振动的区别之处，所以可以通过切削或磨削试验来研究工艺系统或机床的自激振动，同时也可以通过改变对切削或磨削过程有影响的工艺参数，如切削或磨削用量，来控制切削或磨削过程，从而限制自激振动的产生。

（3）消除自激振动的途径

由通过试验研究和生产实践产生的关于自激振动的几种学说可知，自激振动与切削过程本身有关，与工艺系统的结构性能也有关，因此控制自激振动的基本途径是减小和抵抗激振力的问题，具体说来可以采取以下一些有效的措施：

1）合理选择与切削过程有关的参数。自激振动的形成是与切削过程本身密切相关的，所以可以通过合理地选择切削用量、刀具几何角度和工件材料的可切削性等途径来抑制自激振动。

①　合理选择切削用量。如车削中，切削速度 v 在20～60m/min范围内，自激振动振幅增加很快，而当 v 超过此范围以后，则振动又逐渐减弱了，通常切削速度 v 在50～60m/min左右时切削稳定性最低，最容易产生自激振动，所以可以选择高速或低速切削以避免自激振动。关于进给量 f，通常当 f 较小时振幅较大，随着 f 的增大振幅反而会减小，所以可以在表面粗糙度要求许可的前提下选取较大的进给量以避免自激振动。背吃刀量 a_p 越大，切削力越大，越易产生振动。

②　合理选择刀具的几何参数。适当地增大前角 γ_o、主偏角 k_r，能减小切削力而减小振动。后角 α_o 可尽量取小，但精加工中由于背吃刀量 a_p 较小，切削刃不容易切入工件，而且 α_o 过小时，刀具后刀面与加工表面间的摩擦可能过大，这样反而容易引起自激振动。通常在刀具的主后刀面下磨出一段 α_o 角为负值的窄棱面，如图3-33就是一种很好的防振车刀。另外，实际生产中还往往用油石使新刃磨的刃口稍稍钝化，也很有效。关于刀尖圆弧半径，它本来就和加工表面粗糙度有关，对加工中的振动而言，一般不要取得太大，如车削中当刀尖圆弧半径与背吃刀量近似相等，则切削力就很大，容易振动。车削时装刀位置过低或镗孔时装刀位置过高，都易于产生自激振动。

使用“油”性非常高的润滑剂也是加工中经常使用的一种防振办法。

2）提高工艺系统本身的抗振性。

①　提高机床的抗振性。机床的抗振性能往往占主导地位，可以从改善机床的刚性、合理安排各部件的固有频率、增大阻尼以及提高加工和装配的质量等来提高其抗振性。图3-34所示就是具有显著阻尼特性的薄壁封砂结构床身。

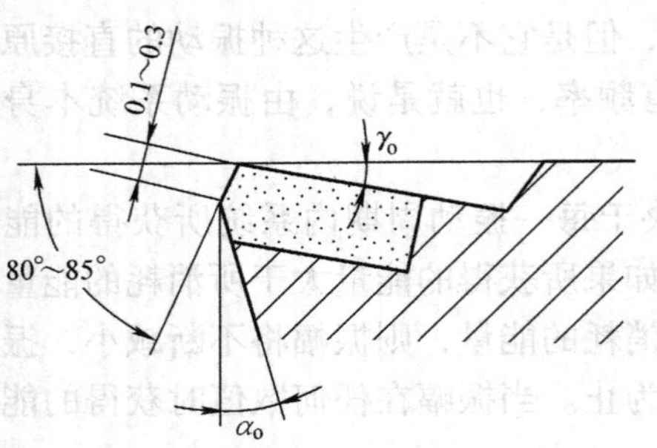

图 3-33　防振车刀

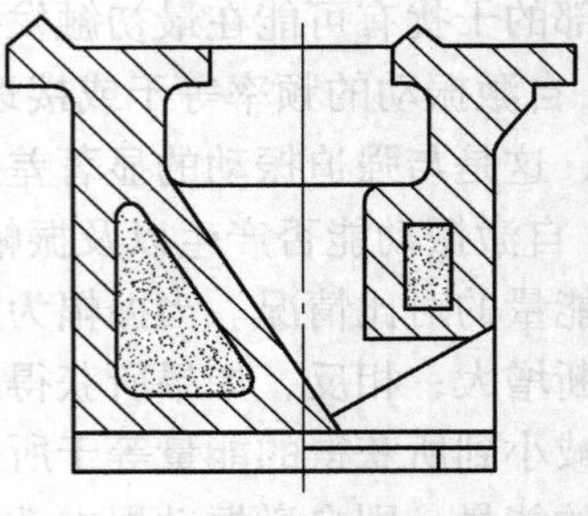

图 3-34　薄壁封砂结构床身

② 提高刀具的抗振性。通过刀杆等的惯性矩、弹性模量和阻尼系数。使刀具具有高的弯曲与扭转刚度、高的阻尼系数。例如硬质合金虽有高弹性模量，但阻尼性能较差，因此可以和钢组合使用，以发挥钢和硬质合金两者之优点。

③ 提高工件安装时的刚性。主要是提高工件的弯曲刚度，如细长轴的车削中，可以使用中心架、跟刀架，当用拨盘传动销拨动夹头传动时要保持切削中传动销和夹头不发生脱离等。

3）使用减振器装置。常用的减振器装置有动力式减振器、摩擦式减振器和冲击式减振器等三种类型。

① 动力减振器。动力式减振器是用弹性元件把附加质量块连接到振动系统中，利用附加质量 m_2 的动力作用，使附加质量 m_2 作用在系统上的力与系统的激振力 F_e 大小相等、方向相反，从而起到消振、减振的作用。图 3-35 所示为用于消除镗刀杆振动的动力减振器及其力学模型。

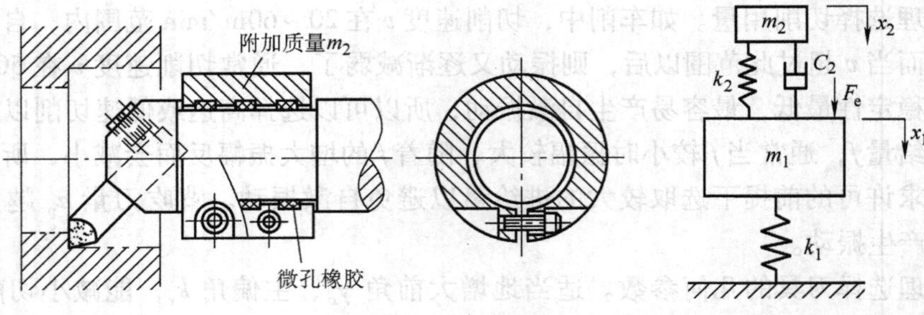

图 3-35　用于消除镗刀杆振动的动力减振器及其力学模型

② 摩擦式减振器。摩擦式减振器是利用摩擦阻尼消耗振动能量，从而起到消振、减振的作用。图 3-36 所示为固体摩擦式减振器的结构简图。轴 3 与毂盘 2 相联；拧螺母 4，通过蝶形弹簧 5 使毂盘 2、摩擦盘 6 和飞轮 1 间保持有一定的压紧力。当毂盘 2 随轴 3 一起作扭振运动时，由于飞轮 1 的转动惯量大，它不能随轴 3 同步运动，与飞轮 1 相联的摩擦盘 6 同毂盘 2 之间就有相对转动，摩擦盘 6 起消耗轴 3 扭振运动的作用，达到消减轴 3 扭振的目的。

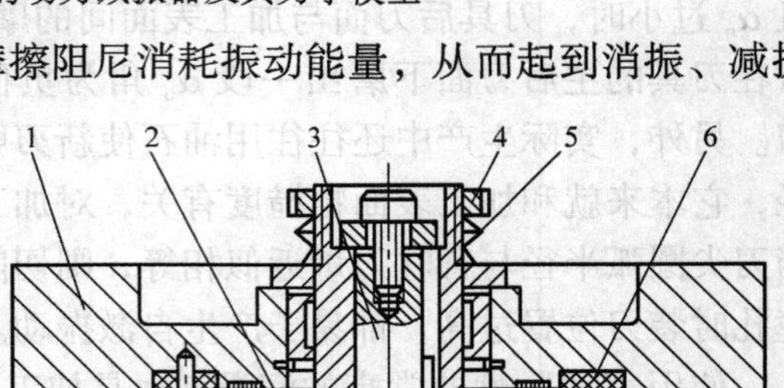

图 3-36　固体摩擦式减振器结构简图

1—飞轮　2—毂盘　3—扭转轴

4—螺母　5—弹簧　6—摩擦盘

③　冲击式减振器。图3-37a、b分别是冲击式减振镗杆和冲击式减振镗刀的结构示意图，它们都是利用两物体相互碰撞要损失动能的原理，在振动体M上装上一个起冲击作用的自由质量m。系统振动时，自由质量m反复冲击振动体M，消耗振动体的能量，达到减振的目的。

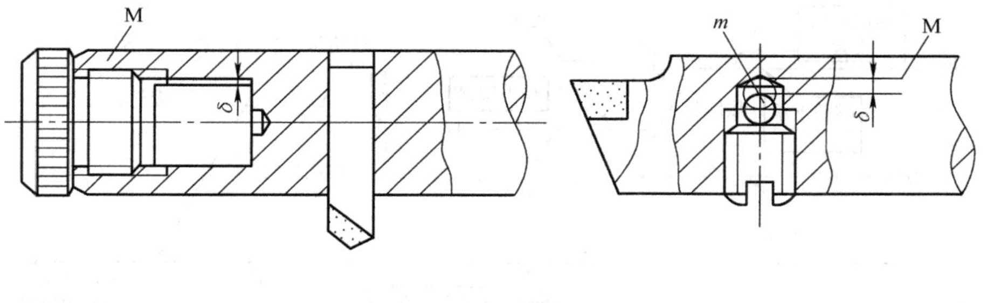

a)　b)

图3-37　冲击式减振镗杆和镗刀

【实训模块】

实训1　汽车连杆加工误差分析实例

某厂生产汽车连杆，小头孔轴线对大头孔轴线在垂直两孔轴线所在平面方向的平行度要求，100mm长度内为0.03mm；在两孔轴线所在平面方向的平行度，100mm长度内为0.06mm。这两项精度要求历来不能稳定地达到，因此，在工艺上放宽到垂直两孔轴线所在平面方向的平行度，100mm长度内为0.08mm；两孔轴线所在平面方向的平行度，100mm长度内为0.2mm。同时还允许人工校直。公差带放宽后，生产基本上能正常进行。但生产一段时间后，加工情况逐渐恶化，校直率猛增，甚至出现垂直两孔轴线所在平面方向平行度超差。为此，有时将铜套压出重新另压铜套进行加工，造成当时生产中急待解决的质量问题。

1. 调查

工件是以大头孔和端面为精基准，用液压塑料心轴定位，如图3-38a、b所示，限制工件五个自由度，用可移式菱形销插入小头孔内限制工件的转动，以保证孔的位置精度。连杆小头孔是用双轴金刚镗进行精镗，如图3-38c所示。为了提高工件刚度，在接近小头孔的杆身处加上两个辅助支承，如图3-38a所示。

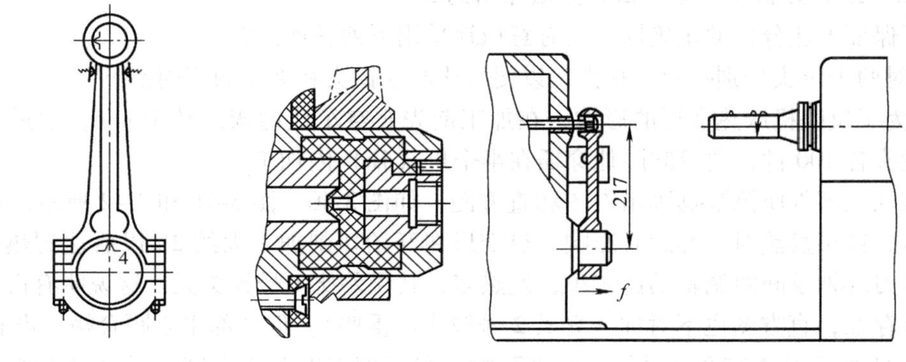

a) 大头孔定位与杆身支承　b) 液塑定位与紧固　c) 小头孔加工

图3-38　连杆加工图

经调查广泛了解情况之后，可将各方面的意见反映在一张因果图上，如图 3-39 所示，此图又称树枝图或鱼刺图。在分析探讨一个质量问题的产生原因时，离不开工艺系统和加工有关的几个主要方面，如机床、夹具、工件（或毛坯）、操作、测量、作业环境等。

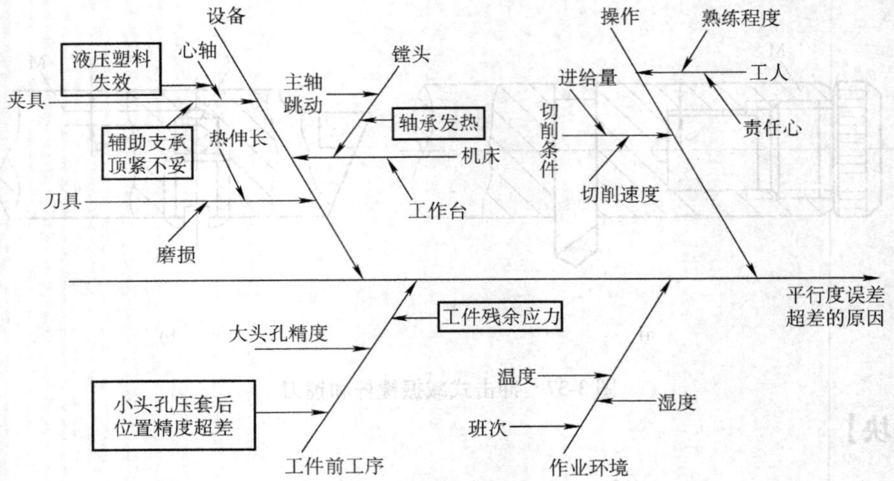

图 3-39　因果分析图

2. 初步分析

从图中可看出，所有可能的影响因素都提到了。图中画框的可能是主要的影响因素。经过深入细致的分析，认为其中几项可能影响不大。如镗头的热变形，一般是使镗头轴线向上平移或倾斜，加工时工件是由工作台送进，这样只会引起大孔和小孔的中心距误差、小孔的圆柱度误差，不会影响其平行度。另外，小头孔压套后位置精度超差所产生的误差影响程度估计不大。因为本工序是精镗孔，加工余量很小，其次精镗杆上装有两个刀头，其间距大于工件的厚度，因此当第二个刀头切削时，其背吃刀量基本没有什么变化；加上切削速度高，背吃刀量和进给量小，切削力很小，因此误差复映的程度很小。

关于辅助支承顶紧不妥，这个问题以前一直是这样使用，估计不会出现问题。

前面预测的五项主要因素中，只剩下两项：液压塑料因老化而失效，影响定位精度；工件的残余应力引起的变形。为了分析上述的可靠性，对本工序进行深入分析。

3. 采用统计分析和现场测试的方法作出判断

为了保证上述分析的正确性，故有意识地采用下列各项措施：

1）对两个镗头分别投料 100 件，以便对比两个镗头和夹具的不同情况。

2）为了反映机床热变形的影响，在加工前先开空车让镗床运转 15min，然后再正式加工。两镗头各 100 件，要等间隔地穿插在半个班（4h）内加工。

按试加工零件所测数据画出点图和直方图，如图 3-40、图 3-41 和 3-42 所示。由图 3-40 可以看出，镗头发热对中心距有影响，热变形在开始切削加工大约 2h 以后达到热平衡。由于 2 号镗刀的轴承间隙调整的比较小，发热多，其误差比 1 号镗头大。这说明有占优势的热变形误差存在，直方图也不对称（尤其 2 号镗头严重些），但全部中心距合格，没有废品。

图 3-41 所示是垂直两孔轴线所在平面方向平行度点图和直方图。看来 $\overline{X}$ 是稳定的，说明热变形对它没有影响（两孔轴线所在平面方向的与此相似，从略）。这与前面的分析是一

致的。至于1号镗头的R图中有一个点超出R_s线，只能说明其极差突然扩大（有随机性因素影响），不能说明是热变形的影响（2号镗头R图从略）。

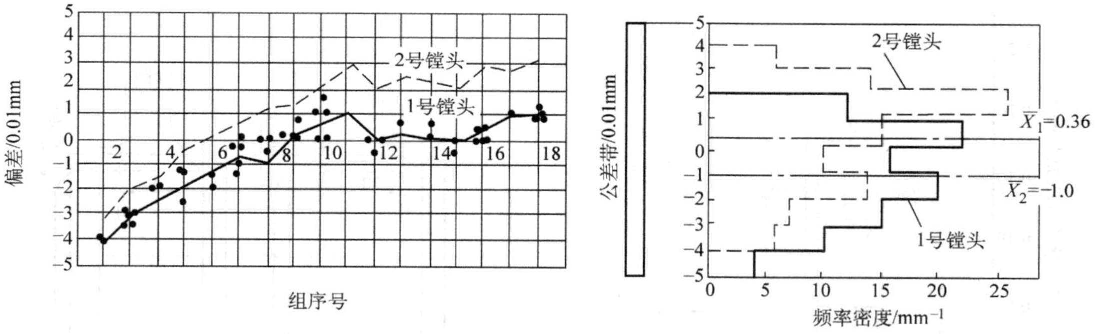

a）点图　　b）直方图

图3-40　中心距误差点图与直方图

注：检验心棒长85mm，图中数据按85mm进行了换算。

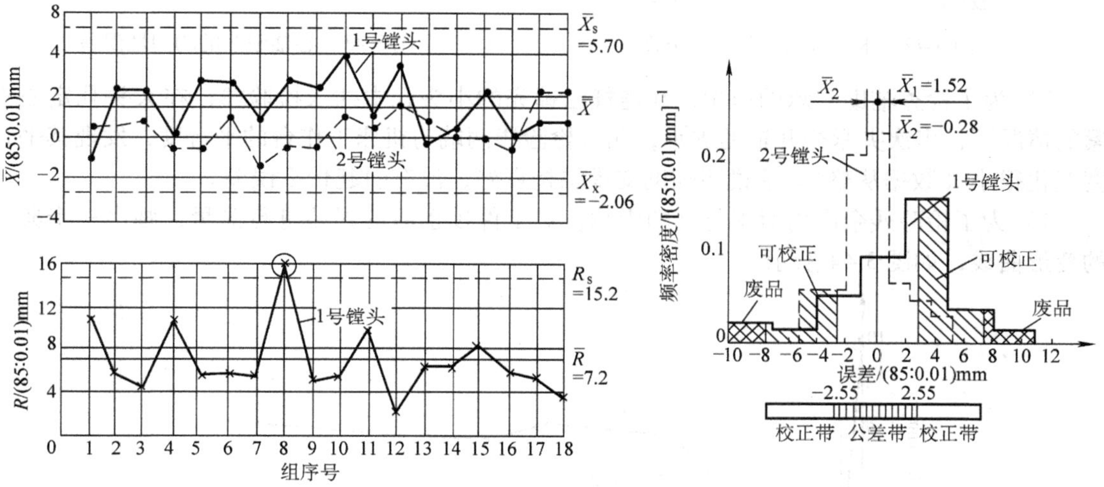

a）点图　　b）直方图

图3-41　垂直方向平行度点图与直方图

图3-42所示为水平方向平行度直方图（点图与3-41相似，从略）。从图3-41与图3-42的直方图看出，1号镗头与2号镗头的分布情况及其废品率是不同的。图中斜线表示可校正的不合格品，交叉线表示不可校正的废品。1号镗头无论是系统性误差或随机性误差都比2号镗头大。2号镗头没有废品，校正品率也低得多。这些现象都说明问题出在1号镗头上，而且是出在1号镗头的夹具上。

测试时应注意以下几个方面的问题：

1）检查液压塑料心轴母线对镗床工作台的平行度误差。所测误差很小（数据从略），说明因心轴装配误差所引起的系统性常值误差很小，可以忽略。

2）检查心轴夹紧工件时，心轴胀开的均匀性误差（图3-43）。测量心轴上相距30mm的Ⅰ、Ⅱ两点，发现1号镗头心轴胀紧后Ⅰ点比Ⅱ点低0.04mm，如图3-43a所示。由于Ⅰ点不能充分定心夹紧，工件大头孔的轴线就不能保证与心轴的轴线一致（定位不稳）。2号镗头的心轴胀紧后，均匀性误差小（图 3-43b），对加工后两孔的平行度影响不大。测试结果与图 3-41 及图 3-42 所反映的情况相符。

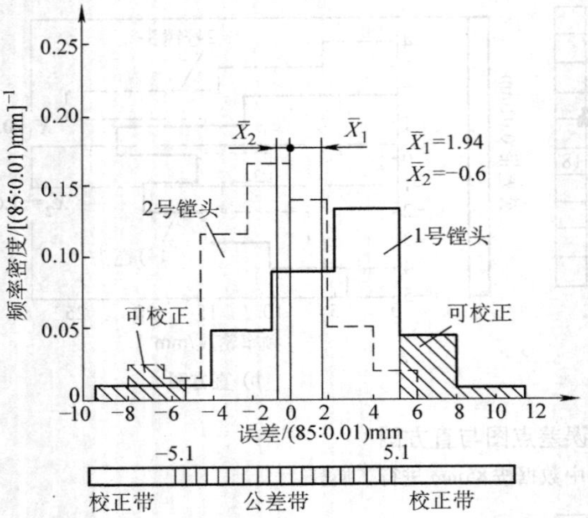

图 3-42　水平方向平行度直方图

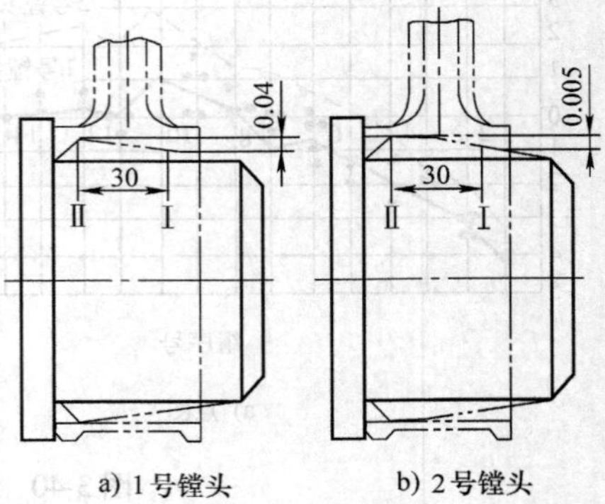

图 3-43　心轴胀开的均匀性误差

3）为了检查辅助支承的影响，在连杆已镗完的小头孔中插入检验棒，在大头孔定心夹紧的情况下，多次夹紧松开辅助支承，测量检验棒两端与机床工作台的平行度，发现其平行度变化很小（数据从略）。这说明辅助支承结构良好，没有引起什么误差。

4）为了检验残余应力对平行度的影响，对工件校正后的误差进行测量，画出三个典型的变形曲线，如图 3-44 所示。

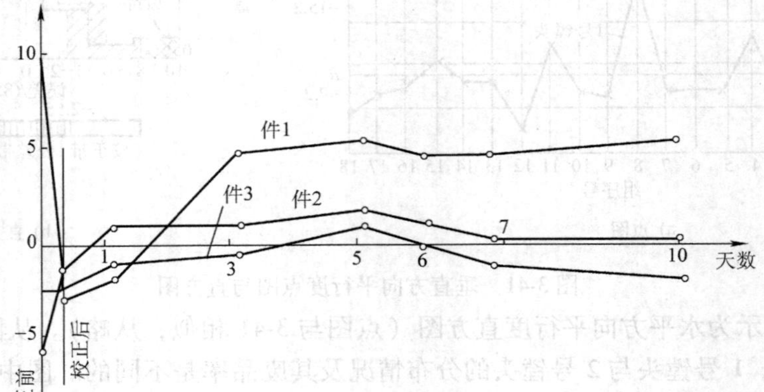

图 3-44　残余应力引起的变形曲线

件 1 精镗后平行度为 10μm（在 85mm 长度上为 0.01mm），校正后为 −3μm（单位同前），存放后相反方向变形。件 2 精镗后平行度为 −6μm，校正后为 −1.2μm，存放后仍按校正变形方向变形，但数值不大。件 3 未经校正，但与件 2 有相似的变形过程。

由此可见，残余应力对平行度的影响不大。因此进一步肯定，主要影响因素是 1 号镗头液压塑料心轴因老化失效引起的。

4. 验证

将 1 号镗头心轴更换后加工一批工件，其平行度误差的直方图如图 3-45 中实线所示。

从图中看出加工精度显著提高，可校正件也大为减少。为了便于比较，仍将心轴更换前的直方图用虚线画在同一图上。

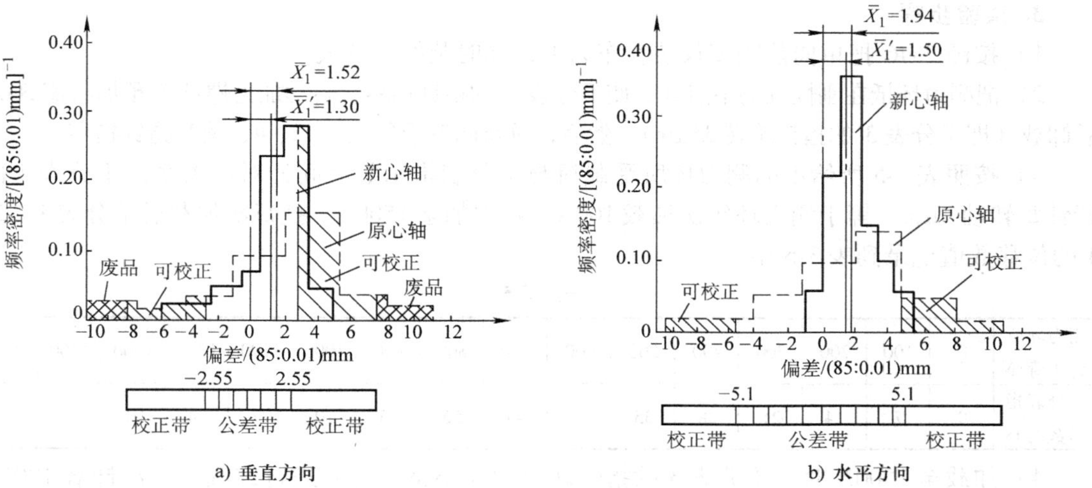

图 3-45　平行度误差直方图

实训 2　机床静刚度的测定

1. 实验目的

通过实训理解和掌握：

1）机床（包括夹具）——工件——刀具所组成的工艺系统是一弹性系统。

2）力和变形的关系不是直线关系，不符合胡克定律。

3）当载荷去除后，变形恢复不到起点，加载曲线与卸载曲线不重合。

4）部件的实际刚度远比我们想象要小。

5）通过测量计算机床的静刚度。

2. 实验原理

如图 3-46 所示，在 CA6140 车床的顶尖间装上一根刚度很大的光轴 I，其受力后变形可忽略不计，螺旋加力器固定在刀架上，在加力器 6 与光轴间装一测力环 7，在该环之内孔中固定安装一千分表 3，当对如图所安装的测力环加力时，千分表 3 的指针就会转动，其转动量与外载荷的对应关系可在材料实验机上预先测出。本实验中测力环的变形与外载荷（0～1500N 时）的对应关系见表 3-5。

实验时，将测力环抵在刚性轴的中点处，在刚性轴靠近主轴端装有千分表 1，在刚性轴靠近尾座端装有千分表 2，在刀架处装有千分表 4，用扳手转动带有方头的加力螺杆 5 施一外载荷（F_y），加载大小由千分表 3 的指针转动量所指示，千分表 3 的指针转动量与加载关系如表 3-5 所示，每次加载和卸载时，分别记录下千分表 1、2、4 的读数。

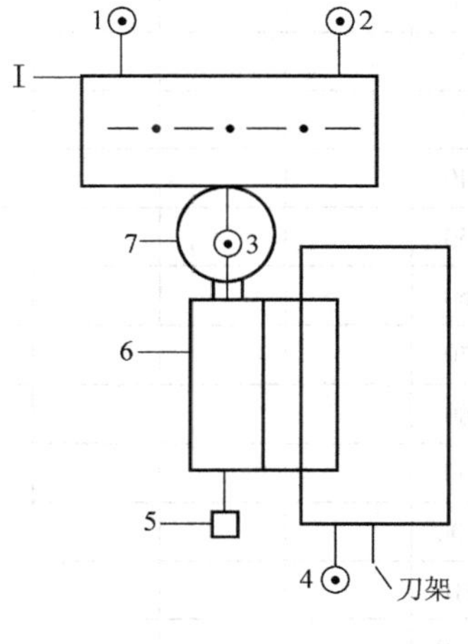

图 3-46　CA6140 车床测量机床的静刚度原理图

1、2、3、4—千分表　5—加力螺杆　6—加力器　7—测力环

为了说明机床的静刚度与尾座套筒的伸出长度有关，实验时，可将套筒分别伸出 5mm 和 10mm 后各进行一次实验，可对实验结果进行比较。

3. 实验步骤

1）按图 3-46 把单向静刚度仪装在车床上，同时装好千分表。

2）把测力环抵在刚性轴的中点处，使千分表 3 的指针指零，转动加力螺杆 5 预加载荷 500N 后卸载（即千分表 3 的指针旋转 35μm），然后，重新调整千分表 1、2、4，使其指针指零。

3）按照表 3-5 所给出的测力环所受载荷与千分表指示数之间的对应关系，千分表 3 的指针每转动 7μm，等于测力环每次加载 100N，顺次加至 1500N，把每次加载后千分表 1、2、4 的位移数值记录到表 3-6 中。

表　3-5

测力环所受载荷/N	0	100	200	300	400	500	600	700	800	900	1000	1100	1200	1300	1400	1500
千分表指示数/μm	0	7	14	21	28	35	42	49	56	63	70	77	84	91	98	105

4）加载至 1500N 时，千分表 3 的指针转过 105 小格，这时进行卸载，每次卸载 100N，直至载荷为零，（千分表的指针每次逆转 7 小格，直至载荷为零），且把每次卸载后千分表 1、2、4 的位移数值记录到表 3-6 中。

5）加载、卸载、记录要有专人负责，要严肃、认真。

表 3-6　外载荷与千分表读数记录

测力环受载荷/kg	尾座套筒伸出（5mm）						尾座套筒伸出（5mm）					
	千分表读数/μm						千分表读数/μm					
	车头		刀架		尾座		车头		刀架		尾座	
	加载	卸载	加载	卸载	加载	卸载	加载	卸载	加载	卸载	加载	卸载
0												
10												
20												
30												
40												
50												
60												
70												
80												
90												
100												
110												
120												
130												
140												
150												

4. 单向静刚度的计算

机床的静刚度是由机床各个部件的刚度决定的。实验时把测力环抵在刚性轴的中点处，则机床的静刚度与床头、尾座、刀架它们之间的刚度关系可以用下式表示：

$$\frac{1}{k_{机}}=\frac{1}{k_{刀}}+\frac{1}{4}\left(\frac{1}{k_{头}}+\frac{1}{k_{尾}}\right)$$

$$k_{头}=\frac{F_{头}}{y_{头}}\quad k_{刀}=\frac{F_{刀}}{y_{刀}}\quad k_{尾}=\frac{F_{尾}}{y_{尾}}$$

式中，$y_{头}$、$y_{刀}$、$y_{尾}$为在其所受不同载荷的情况下，床头、刀架、尾座的对应位移值，该值可由千分表 1、2、4 中读出；$F_{头}=F_{尾}=\frac{1}{2}F_{刀}$，$F_{刀}$等于加载数值，即千分表 3 对应数值。

5. 要求

1）当测力环承受载荷 1500N 时，分别计算尾座套筒伸出长度 5mm 和 10mm 机床静刚度的具体数值。

2）画出尾座套筒伸出长度为 5mm 时刀架的静刚度曲线图，其中横坐标为刀架水平位移量（单位为 μm），纵坐标为 F_y 值。

6. 实训小结

通过“机床静刚度的测定”实训，进一步加深理解：机床、夹具、刀具及工件组成的工艺系统乃是弹性系统，该系统在切削力、夹紧力、重力及惯性力的作用下产生弹性变形；同时各元件接触面之间产生接触变形；薄弱零件本身产生较大的弹性变形及各元件之间间隙消除；使刀具和工件之间产生相对位移，从而产生了工件的形状和尺寸误差，影响了加工精度和生产率。对工艺系统静刚度测定分析，寻求工艺系统的薄弱环节，采取工艺措施，从而保证和提高工件的加工精度和生产率。达到理论密切联系实际，掌握实训方法，为今后解决工程问题打下良好基础。

【思考题与习题】

3-1　产品质量取决于什么？零件的质量与哪些因素有关？

3-2　说明加工误差、加工精度的概念以及它们之间的区别？

3-3　主轴回转运动误差取决于什么？它可分为哪三种基本形式？产生原因是什么？对加工精度的影响又如何？

3-4　何谓传动链误差？在什么加工场合才要考虑机床的传动链误差对加工精度的影响？

3-5　提高加工精度的主要措施有哪些？

3-6　举例说明在工艺系统误差中，受力变形对加工精度产生怎样的影响？

3-7　试分析在车床上车锥孔或车外锥体时，由于刀尖安装高于或低于工件轴线时将会引起什么样的误差？

3-8　某一轴类零件在车床上的装夹如图 3-47a 所示。图中：前顶尖为固定顶尖，后顶尖为活动顶尖。车削工件外圆后出现了如图 3-47b、c、d 的形状误差，试分别分析出现图 3-47b、c、d 形状误差的可能原因。

3-9　图 3-48a 为在车床上车削光轴的示意图。工件用三爪自定心卡盘装夹一端。加工后，发现工件有如图 3-48b 所示的形状误差，试分析产生该误差的可能原因。

3-10　在卧式铣床上铣削键槽，如图 3-49 所示，经测量发现，靠工件两端深度大于中间，且中间的深度比调整的深度尺寸小，试分析产生这一误差的原因，并设法克服或减小这种误差。

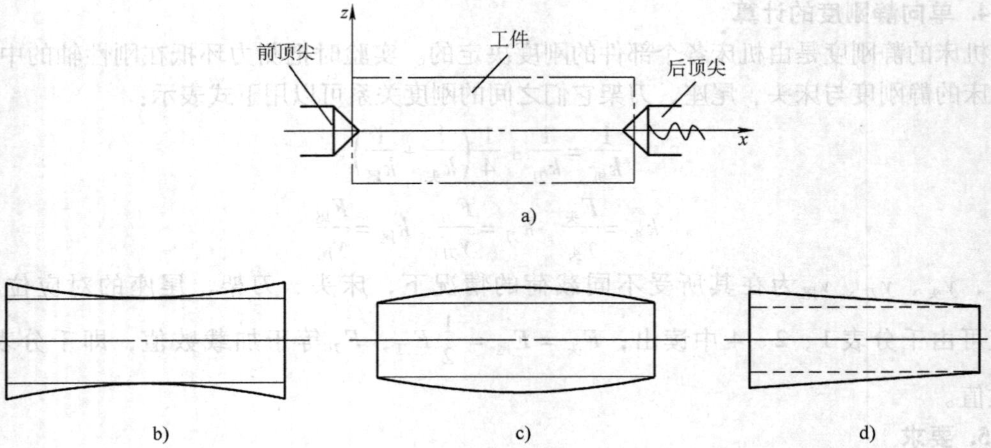

图 3-47　题 3-8 图

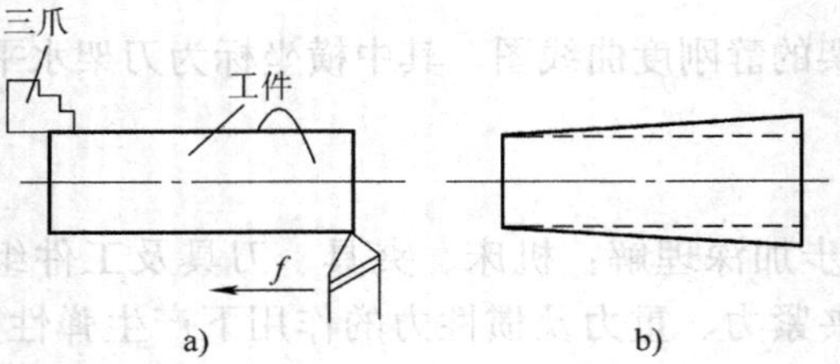

图 3-48　题 3-9 图

图 3-49　题 3-10 图

3-11　机械加工表面质量包括哪些内容？它们对产品的使用性能有何影响？

3-12　为何机器上许多静止连接的接触表面往往要求较小的表面粗糙度值，而相对运动的表面却不能对表面粗糙度值要求过小？

3-13　表面粗糙度与加工公差等级有什么关系？试举例说明机器零件的表面粗糙度对其使用寿命及工作精度的影响。

3-14　采用粒度号为 30 号的砂轮磨削钢件和采用粒度号为 60 号的砂轮磨削钢件，哪一种情况表面粗糙度值更小？

3-15　机械加工对零件表面物理机械性能有什么影响？对产品质量有何影响？

3-16　车削一铸铁零件的外圆表面，若进给量 $f=0.5\text{mm/r}$，车刀刀尖圆弧半径 $r=4\text{mm}$，试计算能达到的表面粗糙度为多少？

3-17　高速精镗内孔时，采用锋利的尖刀，刀具的主偏角 $k_r=45°$，副偏角 $k'_r=20°$，要求加工表面的 $Ra=0.8\mu\text{m}$。试求：

1）当不考虑工件材料塑性变形对粗糙度的影响时，计算应采用的进给量为多少？

2）分析实际加工表面的粗糙度与计算所得的结果是否会相同？为什么？

3-18　工件材料为 15 钢，经磨削加工后要求表面粗糙度达 $Ra0.04\mu\text{m}$，是否合理？若要满足加工要求，应采取什么措施？

3-19　为什么有色金属用磨削加工得不到低表面粗糙度？为获得低表面粗糙度的加工表面通常应采用哪些加工方法？若需要磨削有色金属，为提高表面质量应采取什么措施？

3-20　机械加工过程中为什么会造成被加工零件表面层物理力学性能的改变？这些变化对产品质量有何影响？

3-21　什么是加工硬化？影响加工硬化的因素有哪些？

3-22　磨削淬火钢时，加工表面层的硬度可能升高或降低，试分析其原因。

3-23　为何会产生磨削烧伤？减少磨削烧伤的方法有哪些？

3-24　机械加工过程中经常出现的机械振动有哪些？各有何特性？其相互间的区别何在？

3-25　试讨论：在车床上采用弹簧车刀还是采用刚性车刀切削抗振性好？在刨床上采用弯头刨刀还是采用直头刨刀切削抗振性好？为什么？

项目4　典型零件的加工工艺

学习指南　学会编制典型零件的加工工艺

<table>
<tr><td rowspan="3">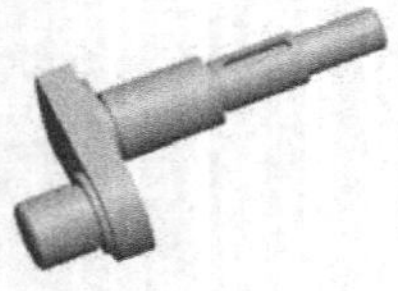</td><td colspan="4">项目4　典型零件的加工工艺</td></tr>
<tr><td>起草人员</td><td></td><td>起草时间</td><td></td></tr>
<tr><td>教学学期</td><td></td><td>参考课时</td><td>18 学时</td></tr>
<tr><td colspan="5">教学条件：教室、实训中心、机械制造工艺手册、视频光盘、计算机、网络、零件图样、机床设备、工艺装备、课件、黑板和多媒体等
机　　床：卧式车床、立式铣床、坐标磨床、万能外圆磨床
工艺装备：回转工作台、倾斜工作台、量规和百分表等</td></tr>
<tr><td colspan="5">学习过程计划</td></tr>
<tr><td>学习项目描述</td><td colspan="4">受××××汽车零部件制造有限公司委托，加工图4-1所示的端盖零件1500件，其材料为ZL102。要求确定零件表面的加工方法，编制加工工艺规程，并完成加工。</td></tr>
<tr><td>具体任务的设置</td><td colspan="4">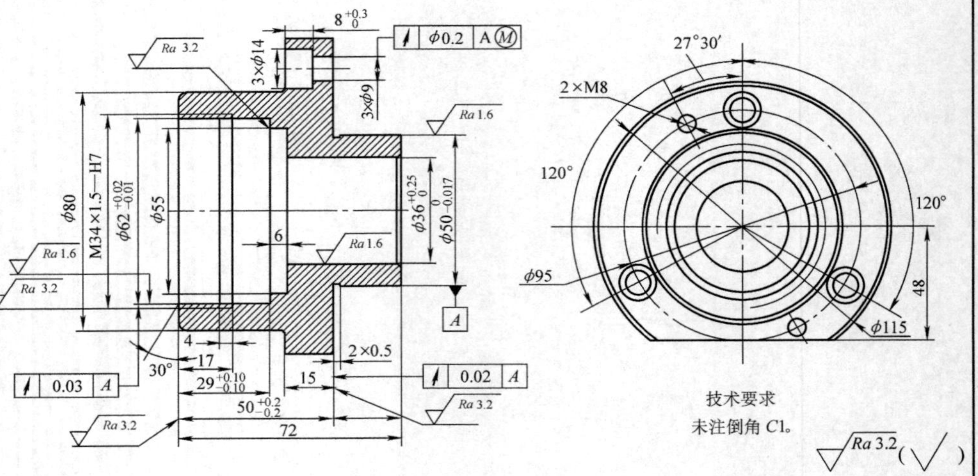

图4-1　端盖零件</td></tr>
<tr><td>能力目标</td><td colspan="4">1. 能正确选择平面、孔的加工方法，会选择机床
2. 能合理选择零件表面常用切削加工方法
3. 能制订典型零件加工工艺路线
4. 能编制典型零件的加工工艺规程，填写加工工艺过程卡
5. 完成典型零件的加工</td></tr>
</table>

（续）

专业技术内容	1. 分析平面和孔的技术要求，明确其加工方法 2. 完成外圆表面、平面、圆柱齿轮等的加工方法和加工工艺的确定，填写工艺卡 3. 能正确安装工件，了解机床构造，并能正确使用 4. 初步掌握典型零件加工的实操方法	
教学方法建议	任务驱动法、多媒体教学、现场实作、分组讨论	
学习小组行动阶段	1. 资讯	学生从工作任务中收集工作的必要信息，初步掌握典型零件加工的专业知识和技能
	2. 计划	学生制订学习计划，建立工作小组
	3. 决策	确定工作方案，工作任务分配到个人，并记录到工作任务表中
	4. 实施	学生以小组的形式，在工作任务的引导下完成专业知识的学习和技能训练，完成实际中典型零件的加工操作及实操工件质量的检测
	5. 检查	（1）机床和夹具选择是否正确 （2）工艺路线方案是否正确 （3）基准、量具、切削用量是否正确 （4）尺寸是否达到图样要求
	6. 评价	（1）能否加工出合格的产品 （2）是否为最合适的工艺方案 （3）学习目的是否达到，按照成绩评定标准给予评价（成绩评定标准由教师事先制订），填写反馈表
方法媒介和环境	1. 分析	课堂对话、四步法：讲解、演示、模仿、练习 教师指导、讲解、示范、学生实操
	2. 计划	课堂对话、课堂分组、教师监督、小组长负责
	3. 决策	师生互动，教师只进行评估
	4. 实施	在教师指导下分组工作，在工业中心（实训基地）实操实作产品，合理编制加工工艺过程卡，小组完成零件加工。分组讨论，课堂对话，教师监督
	5. 总结	答疑，任务对话，学生评价，教师评价，企业评价，专家评价
	6. 成绩	工作文件占20%，操作过程占40%，工作结果占20%，回报效果占10%，团队占10%

知识目标

1）理解典型轴类零件功用和主要技术要求、选用的材料、毛坯及其热处理等。

2）理解典型套类零件功用；掌握典型表面加工工艺过程。

3）理解典型箱体类零件功用、主要技术要求和材料；掌握箱体类零件加工顺序的一般原则。

技能目标

1）掌握轴类零件的工艺过程和检验方法等。

2）掌握套类零件的工艺过程和检验方法等。

3）掌握箱体类零件上孔系的加工、孔的精度及检验方法等。

案例导入

机器零件的结构形状虽然多种多样，但都是由外圆、孔、平面等这些最基本的几何表面组成的，零件的加工过程就是获得这些零件上基本几何表面的过程。同一种表面，可选用加工精度、生产效率和加工成本各不相同的加工方法进行加工，工程技术人员的任务就是要根据具体的生产条件选用最适当的加工方法，制定出最佳的加工路线，加工出符合图样技术要求的零件，并获得最好的经济效益。如图4-1所示为中批生产的端盖，通过对此零件的工艺过程分析，为学习工艺规程的拟定做一些示范，同时，也将本书前述各项目的知识做一综合应用。熟悉和掌握机器零件的加工工艺且最终能对中等复杂程度的零件编制出合理的机械加工工艺规程。下面介绍轴类零件、套类、箱体类和齿轮零件的典型加工工艺。

【知识模块】

4.1 轴类零件的加工

4.1.1 轴类零件的分类、技术要求

轴是机械加工中常见的典型零件之一，它在机械中主要用于支承齿轮、带轮、凸轮以及连杆等传动件，以传递扭矩。按结构形式不同，轴可以分为阶梯轴、锥度心轴、光轴、空心轴、曲轴、凸轮轴、偏心轴、各种丝杠等，如图4-2所示，其中阶梯传动轴应用较广，其加工工艺能较全面地反映轴类零件的加工规律和共性。

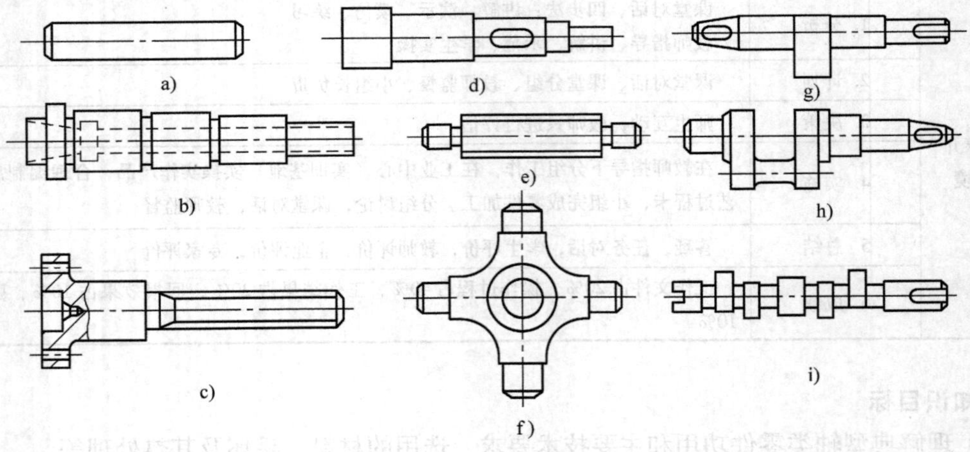

图4-2 常见轴的类型

根据轴类零件的功用和工作条件，其技术要求主要在以下方面：

（1）尺寸精度 轴类零件的主要表面常为两类：一类是与轴承的内圈配合的外圆轴颈，即支承轴颈，用于确定轴的位置并支承轴，尺寸精度要求较高，通常为IT5～IT7；另一类为与各类传动件配合的轴颈，即配合轴颈，其精度稍低，常为IT6～IT9。

（2）几何形状精度 主要指轴颈表面、外圆锥面、锥孔等重要表面的圆度、圆柱度。其误差一般应限制在尺寸公差范围内，对于精密轴，需在零件图上另行规定其几何形状精度。

（3）相互位置精度 包括内、外表面、重要轴面的同轴度、径向圆跳动、重要端面对轴

心线的垂直度、端面间的平行度等。

（4）表面粗糙度　轴的加工表面都有粗糙度的要求，一般根据加工的可能性和经济性来确定。支承轴颈常为 $Ra0.2 \sim 1.6\mu m$，传动件配合轴颈为 $Ra0.4 \sim 3.2\mu m$。

（5）其他　热处理、倒角、倒棱及外观修饰等要求。

4.1.2　轴类零件的材料、毛坯及热处理

1. 轴类零件的材料

（1）轴类零件材料　常用45钢，精度较高的轴可选用40Cr、轴承钢GCr15、弹簧钢65Mn，也可选用球墨铸铁；对高速、重载的轴，选用20CrMnTi、20Cr等低碳合金钢或38CrMoAl氮化钢。

（2）轴类零件的毛坯　常用圆棒料和锻件；大型轴或结构复杂的轴采用铸件。毛坯经过加热锻造后，可使金属内部纤维组织沿表面均匀分布，获得较高的抗拉、抗弯及抗扭强度。

2. 轴类零件的热处理

锻造毛坯在加工前，均需安排正火或退火处理，使钢材内部晶粒细化，消除锻造应力，降低材料硬度，改善切削加工性能。

调质一般安排在粗车之后、半精车之前，以获得良好的物理力学性能。表面淬火一般安排在精加工之前，这样可以纠正因淬火引起的局部变形。精度要求高的轴，在局部淬火或粗磨之后，还需进行低温时效处理。

4.1.3　轴类零件的装夹方式

加工轴类零件的装夹方式主要有以下三种。

1. 采用两中心孔定位

一般以重要的外圆面作为粗基准定位，加工出中心孔，再以轴两端的中心孔为定位精基准；尽可能做到基准统一、基准重合、互为基准，并实现一次安装加工多个表面。中心孔是工件加工统一的定位基准和检验基准，它自身质量非常重要，其准备工作也相对复杂，常常以支承轴颈定位，车（钻）中心锥孔；再以中心孔定位，精车外圆；以外圆定位，粗磨锥孔；以中心孔定位，精磨外圆；最后以支承轴颈外圆定位，精磨（刮研或研磨）锥孔，使锥孔的各项精度达到要求。

2. 用外圆表面定位

对于空心轴或短小轴等不可能用中心孔定位的情况，可用轴的外圆面定位、夹紧并传递扭矩。一般采用三爪自定心卡盘、四爪单动卡盘等通用夹具，或各种高精度的自动定心专用夹具，如液压塑料薄壁定心夹具、膜片卡盘等。

3. 用各种堵头或拉杆心轴定位装夹

加工空心轴的外圆表面时，常用带中心孔的各种堵头或拉杆心轴来安装工件。小锥孔时常用堵头；大锥孔时常用带堵头的拉杆

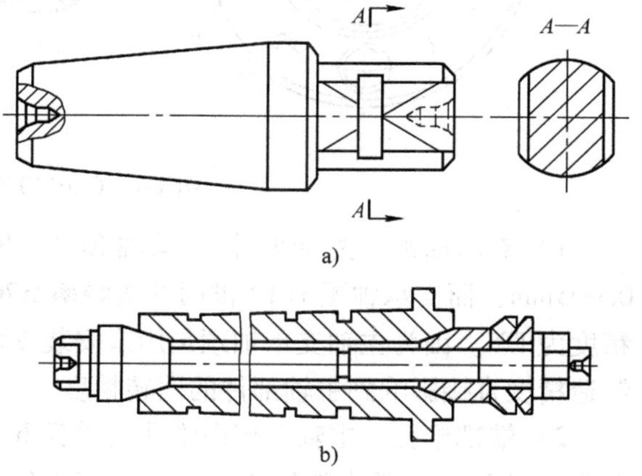

图4-3　堵头与拉杆心轴

心轴，如图 4-3 所示。

4.1.4　轴类零件工艺过程示例

1. CA6140 车床主轴

（1）CA6140 车床主轴技术要求及功用

图 4-4 所示为 CA6140 车床主轴零件简图。由零件简图可知，该主轴呈阶梯状，其上有安装支承轴承、传动件的圆柱、圆锥面，安装滑动齿轮的花键，安装卡盘及顶尖的内外圆锥面，联接紧固螺母的螺旋面，通过棒料的深孔等。下面分别介绍主轴各主要部分的作用及技术要求。

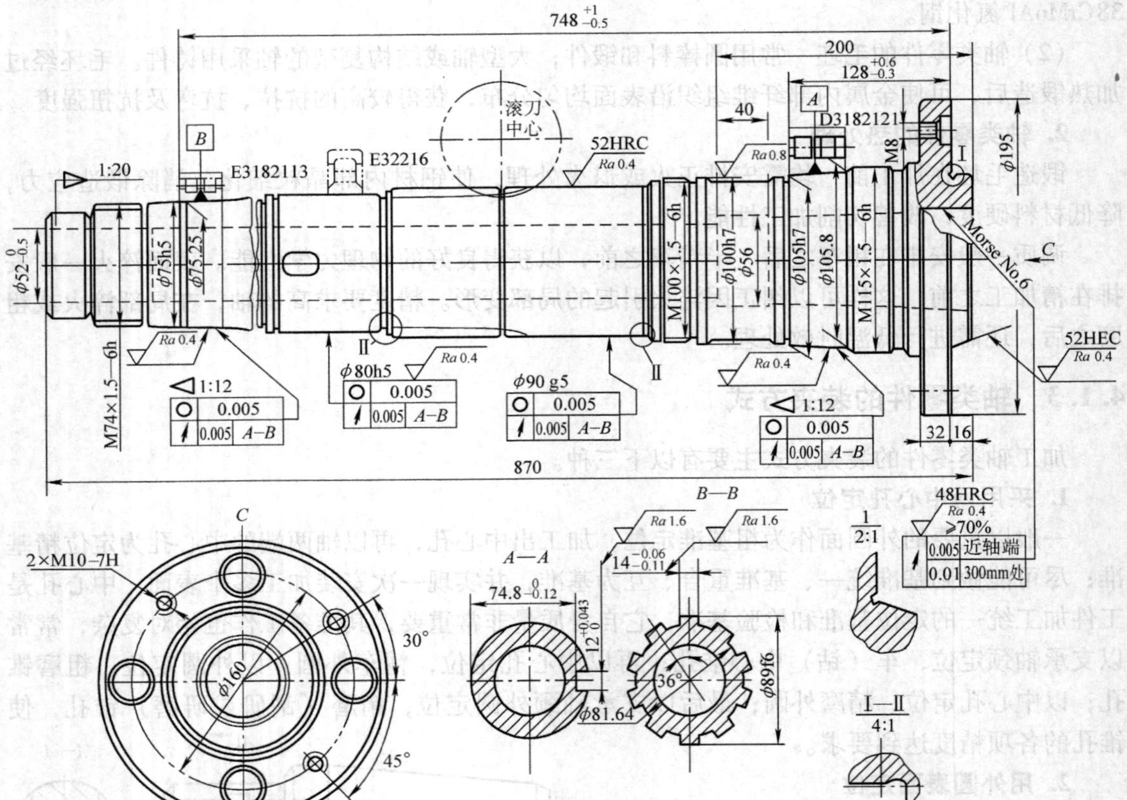

图 4-4　CA6140 车床主轴零件简图

1）支承轴颈。主轴两个支承轴颈 *A*、*B* 圆度公差为 0.005mm，径向圆跳动公差为 0.005mm；而支承轴颈 1∶12 锥面的接触率≥70%；表面粗糙度 *Ra* 为 0.4μm；支承轴颈尺寸精度为 IT5。因为主轴支承轴颈是用来安装支承轴承，是主轴部件的装配基准面，所以它的制造精度直接影响到主轴部件的回转精度。

2）端部锥孔。主轴端部内锥孔（莫氏 6 号）对支承轴颈 *A*、*B* 的圆跳动在轴端面处公差为 0.005mm，离轴端面 300mm 处公差为 0.01mm；锥面接触率≥70%；表面粗糙度 *Ra* 为 0.4μm；硬度要求 48HRC。该锥孔是用来安装顶尖或工具锥柄的，其轴心线必须与两个支承轴颈的轴心线严格同轴，否则会使工件（或工具）产生同轴度误差。

3）端部短锥和端面。头部短锥 C 和端面 D 对主轴两个支承轴颈 A、B 的径向圆跳动公差为0.005mm；表面粗糙度 Ra 为0.4μm。它是安装卡盘的定位面。为保证卡盘的定心精度，该圆锥面必须与支承轴颈同轴，而端面必须与主轴的回转中心垂直。

4）空套齿轮轴颈。空套齿轮轴颈对支承轴颈 A、B 的径向圆跳动公差为0.005mm。由于该轴颈是与齿轮孔相配合的表面，对支承轴颈应有一定的同轴度要求，否则引起主轴传动啮合不良，当主轴转速很高时，还会影响齿轮传动平稳性并产生噪声。

5）螺纹。主轴上螺旋面的误差是造成压紧螺母端面圆跳动的原因之一，所以应控制螺纹的加工精度。当主轴上压紧螺母的端面圆跳动过大时，会使被压紧的滚动轴承内环的轴心线产生倾斜，从而引起主轴的径向圆跳动。

（2）主轴加工的要点与措施　主轴加工的主要问题是如何保证主轴支承轴颈的尺寸、形状、位置精度和表面粗糙度，主轴前端内、外锥面的形状精度、表面粗糙度以及它们对支承轴颈的位置精度。

主轴支承轴颈的尺寸精度、形状精度以及表面粗糙度要求，可以采用精密磨削方法保证。磨削前应提高精基准的精度。

保证主轴前端内、外锥面的形状精度、表面粗糙度同样应采用精密磨削的方法。为了保证外锥面相对支承轴颈的位置精度，以及支承轴颈之间的位置精度，通常采用组合磨削法，在一次装夹中加工这些表面，如图4-5所示。机床上有两个独立的砂轮架，精磨在两个工位上进行，工位Ⅰ精磨前、后轴颈锥面，工位Ⅱ用角度成形砂轮，磨削主轴前端支承面和短锥面。

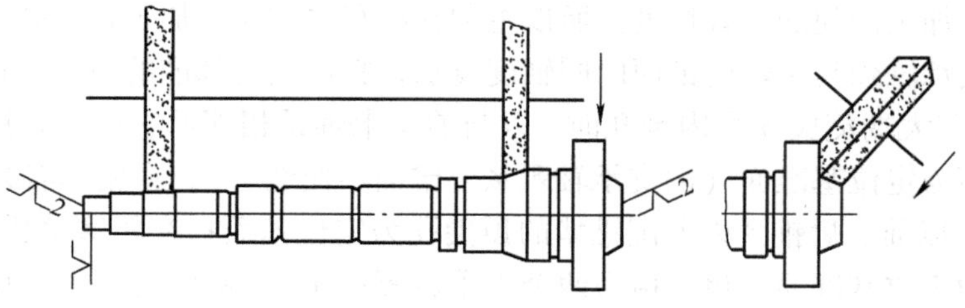

a) 工位Ⅰ　　b) 工位Ⅱ

图4-5　组合磨主轴加工示意图

主轴锥孔相对于支承轴颈的位置精度是靠采用支承轴颈 A、B 作为定位基准，而让被加工主轴装夹在磨床工作台上加工来保证。以支承轴颈作为定位基准加工内锥面，符合基准重合原则。在精磨前端锥孔之前，应使作为定位基准的支承轴颈 A、B 达到一定的精度。主轴锥孔的磨削一般采用专用夹具，如图4-6所示。该夹具由底座1、支架2及浮动夹头3三部分组成，两个支架固定在底座上，作为工件定位基准面的两段轴颈放在支架的两个V形块上，V形块镶有硬质合金，以提高耐磨性，并减少对工件轴颈的划痕，工件的中心高应正好等于磨头砂轮轴的中心高，否则将会使锥孔母线呈双曲线，影响内锥孔的接触精度。后端的浮动卡头用锥柄装在磨床主轴的锥孔内，工件尾端插于弹性套内，用弹簧将浮动卡头外壳连同工件向左拉，通过钢球压向镶有硬质合金的锥柄端面，限制工件的轴向窜动。采用这种联接方式，可以保证工件支承轴颈的定位精度不受内圆磨床主轴回转误差的影响，也可减小机床本身振动对加工质量的影响。

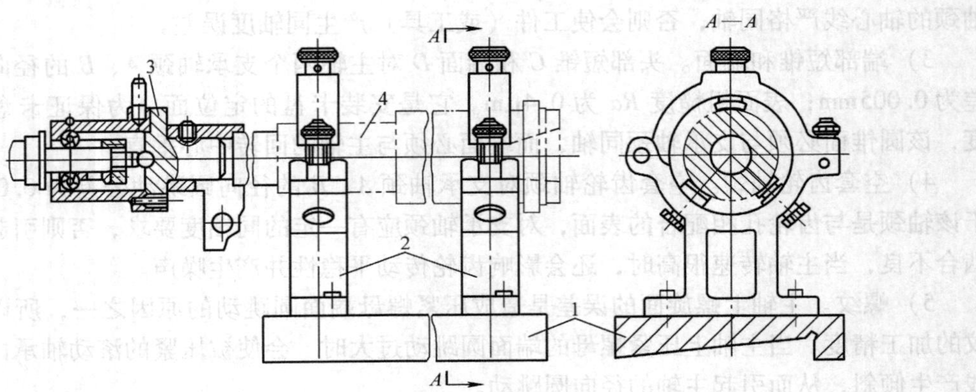

图 4-6 磨主轴锥孔夹具

1—底座 2—支架 3—浮动夹头 4—工件

主轴外圆表面的加工，应该以顶尖孔作为统一的定位基准。但在主轴的加工过程中，随着通孔的加工，作为定位基准面的中心孔消失，工艺上常采用带有中心孔的锥堵塞到主轴两端孔中，如图 4-3 所示，让锥堵的顶尖孔起附加定位基准的作用。

（3）CA6140 车床主轴加工定位基准的选择 主轴加工中，为了保证各主要表面的相互位置精度，选择定位基准时，应遵循基准重合、基准统一和互为基准等重要原则，并能在一次装夹中尽可能加工出较多的表面。

由于主轴外圆表面的设计基准是主轴轴心线，根据基准重合的原则考虑应选择主轴两端的顶尖孔作为精基准面。用顶尖孔定位，还能在一次装夹中将许多外圆表面及其端面加工出来，有利于保证加工面间的位置精度。所以主轴在粗车之前应先加工顶尖孔。

为了保证支承轴颈与主轴内锥面的同轴度要求，宜按互为基准的原则选择基准面。如车小端 1∶20 锥孔和大端莫氏 6 号内锥孔时，以与前支承轴颈相邻而它们又是用同一基准加工出来的外圆柱面为定位基准面（因支承轴颈系外锥面不便装夹）；在精车各外圆（包括两个支承轴颈）时，以前、后锥孔内所配锥堵的顶尖孔为定位基面；在粗磨莫氏 6 号内锥孔时，又以两圆柱面为定位基准面；粗、精磨两个支承轴颈的 1∶12 锥面时，再次用锥堵顶尖孔定位；最后精磨莫氏 6 号锥孔时，直接以精磨后的前支承轴颈和另一圆柱面定位。定位基准每转换一次，都使主轴的加工精度提高一步。

（4）CA6140 车床主轴主要加工表面加工工序安排 CA6140 车床主轴主要加工表面是 ϕ75h5、ϕ80h5、ϕ90g5、ϕ105h5 轴颈，两支承轴颈及大头锥孔。它们加工的尺寸精度在 IT5 ~IT6 之间，表面粗糙度 Ra 为 0.4 ~ 0.8μm。

主轴加工工艺过程可划分为三个加工阶段，即粗加工阶段（包括铣端面、加工顶尖孔、粗车外圆等）；半精加工阶段（半精车外圆，钻通孔，车锥面、锥孔，钻大头端面各孔，精车外圆等）；精加工阶段（包括精铣键槽，粗、精磨外圆、锥面、锥孔等）。

在机械加工工序中间尚需插入必要的热处理工序，这就决定了主轴加工各主要表面总是循着以下顺序进行，即粗车→调质（预备热处理）→半精车→精车→淬火 - 回火（最终热处理）→粗磨→精磨。

综上所述，主轴主要表面的加工顺序安排如下：

外圆表面粗加工（以顶尖孔定位）→外圆表面半精加工（以顶尖孔定位）→钻通孔

（以半精加工过的外圆表面定位）→锥孔粗加工（以半精加工过的外圆表面定位，加工后配锥堵）→外圆表面精加工（以锥堵顶尖孔定位）→锥孔精加工（以精加工外圆表面定位）。

当主要表面加工顺序确定后，就要合理地插入非主要表面加工工序。对主轴来说，非主要表面指的是螺孔、键槽、螺纹等。这些表面加工一般不易出现废品，所以尽量安排在后面工序进行，主要表面加工一旦出了废品，非主要表面就不需加工了，这样可以避免浪费工时。但这些表面也不能放在主要表面精加工后，以防在加工非主要表面过程中损伤已精加工过的主要表面。

对凡是需要在淬硬表面上加工的螺孔、键槽等，都应安排在淬火前加工。非淬硬表面上螺孔、键槽等一般在外圆精车之后，精磨之前进行加工。主轴螺纹，因它与主轴支承轴颈之间有一定的同轴度要求，所以螺纹安排在以非淬火-回火为最终热处理工序之后的精加工阶段进行，这样半精加工后残余应力所引起的变形和热处理后的变形，就不会影响螺纹的加工精度。

（5）CA6140 车床主轴加工工艺过程　表 4-1 列出了大批生产 CA6140 车床主轴的加工工艺过程。

生产类型：大批生产；材料牌号：45 钢；毛坯种类：模锻件。

表 4-1　大批生产 CA6140 车床主轴工艺过程

序号	工序名称	工序内容	定位基准	设　备
1	备料			
2	锻造	模锻		立式精锻机
3	热处理	正火		
4	锯头			
5	铣端面钻中心孔	保持尺寸 870mm	毛坯外圆	中心孔专用机床
6	粗车外圆	车各外圆面，留余量 4～5mm	顶尖孔	卧式车床
7	热处理	调质		
8	车大端各部	车大端外圆、短锥、端面及台阶	顶尖孔	卧式车床
9	车小端各部	仿形车小端各部外圆	顶尖孔	仿形车床
10	钻深孔	钻 ϕ48mm 深孔	两端支承轴颈	深孔钻床
11	车小端锥孔	车小端锥孔（配 1∶20 锥堵，涂色法检查接触率≥50%）	两端支承轴颈	卧式车床
12	车大端锥孔	车大端锥孔（配莫氏 6 号锥堵，涂色法检查接触率≥30%）、外短锥及端面	两端支承轴颈	卧式车床
13	钻孔	钻大头端面各孔	大端内锥孔	摇臂钻床
14	精车外圆	精车各外圆并切槽、倒角	锥堵顶尖孔	数控车床
15	热处理	局部高频淬火（ϕ90g5、短锥及莫氏 6 号锥孔）		高频淬火设备
16	粗磨外圆	粗磨 ϕ75h5、ϕ90g5、ϕ105h5 外圆	锥堵顶尖孔	组合外圆磨床

（续）

序号	工序名称	工序内容	定位基准	设　备
17	粗磨大端锥孔	粗磨大端内锥孔（重配莫氏 6 号锥堵，涂色法检查接触率≥40%）	前支承轴颈及 ϕ75h5 外圆	内圆磨床
18	铣花键	铣 ϕ89f6 花键	锥堵顶尖孔	花键铣床
19	铣键槽	铣 12f9 键槽	ϕ80h5 及 M115mm 外圆	立式铣床
20	车螺纹	车三处螺纹（与螺母配车）	锥堵顶尖孔	卧式车床
21	精磨外圆	精磨各外圆及 *E*、*F* 两端面	锥堵顶尖孔	外圆磨床
22	粗磨外锥面	粗磨两处 1∶12 外锥面	锥堵顶尖孔	专用组合磨床
23	精磨外锥面	精磨两处 1∶12 外锥面、*D* 端面及短锥面	锥堵顶尖孔	专用组合磨床
24	精磨大端锥孔	精磨大端莫氏 6 号内锥孔（卸堵，涂色法检查接触率≥70%）	前支承轴颈及 ϕ75h5 外圆	专用主轴锥孔磨床
25	钳工	端面孔去锐边倒角，去毛刺		
26	检验	按图样要求全部检验	前支承轴颈及 ϕ75h5 外圆	专用检具

2. 磨床主轴

如图 4-7 为磨床主轴零件图，分析其工艺过程。

（1）技术要求

1）支承轴颈 ϕ55mm 表面的圆柱度为 0.001mm。

2）两处 1∶5 锥面相对支承轴颈的径向圆跳动为 0.002mm；锥面涂色检验时，应均匀着色，接触面积不得小于 80%，只允许按符合的小端方向逐渐减小。

3）前轴肩的端面圆跳动为 0.002mm。

4）材料：38CrMoAl。

5）热处理：除 M20mm 左、ϕ54mm 外，其余渗氮，渗氮层深度为 0.5mm，表面维氏硬度为 900HV。

（2）磨床主轴零件特点　该零件为磨床砂轮主轴，是一根高精度主轴，它在高速回转下工作，它的回转精度高低，对工件的加工精度十分关键。该主轴选用优质氮化钢 38CrMoAl，经退火、调质和氮化后，心部硬度小于等于 260HBS，表层维氏硬度为 900HV。主轴氮化表层获得极高的硬度及耐磨性，并提高了耐疲劳、耐腐蚀能力，使主轴的尺寸精度和形状位置精度得到长时期的稳定。

由于主轴的精度要求很高，根据这一特点，它的机械加工工艺过程必须精细地分工序进行。

（3）磨床主轴机械加工工艺过程　根据磨床主轴零件的特点、技术要求，确定磨床主轴机械加工工艺过程如表 4-2 所示。

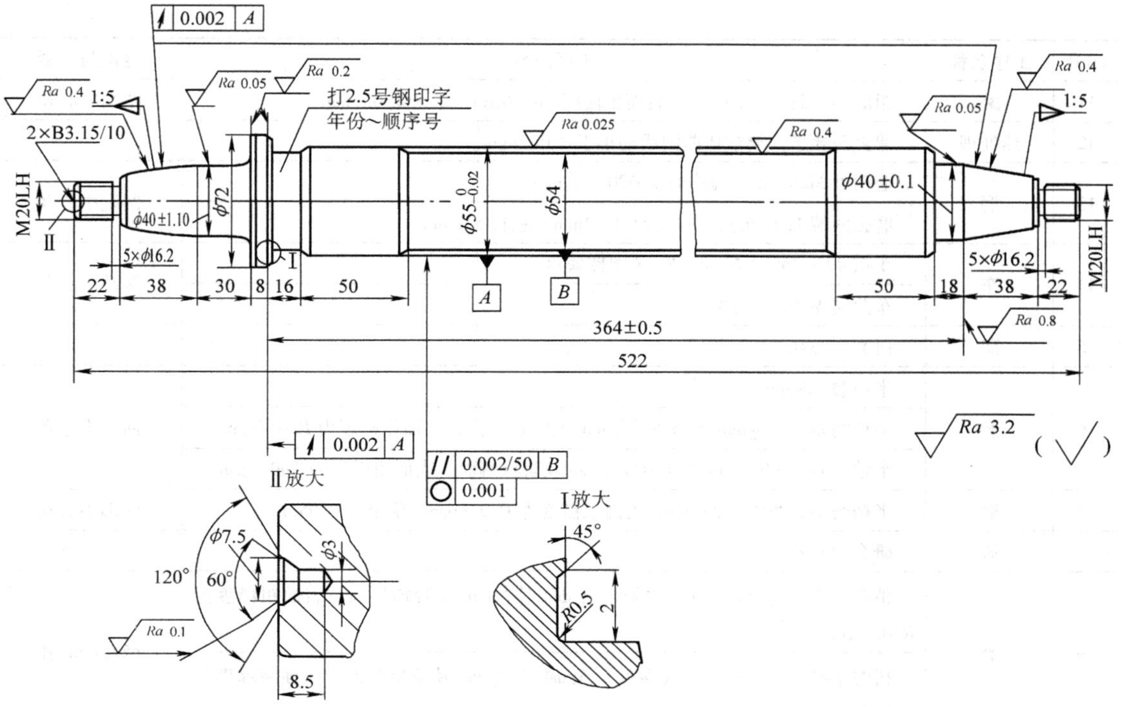

图 4-7　磨床主轴零件图

表 4-2　磨床主轴机械加工工艺过程

序号	工序名称	工序内容	定位与夹紧
1	锻	锻造毛坯	
2	热处理	毛坯退火处理	
3	车	车两端面总长为 550mm，打中心孔，粗车各外圆	一顶一夹
4	钳	在 550mm 长工件两端面上用 2.5 号钢印打上年份及顺序号	
5	热处理	调质 26～32HRC，要求全长弯曲不大于 1mm	
6	金相检查	（1）割下右端 6mm 试片，并在零件端面和试片外圆作相同编号	
		（2）平磨试片两面，送进理化室作金相检查，如果金相组织合格，允许下道工序继续加工，如果金相组织不合格则退回到热处理。工件重新调质	
		（3）左端试片，是备用调质使用	
7	车	车两端面总长为 524mm，打中心孔，在端面上写原编号	两端中心孔
		半精车各外圆，表面粗糙度 $Ra6.3\mu m$，其余 $\phi16.2mm \times 5mm$ 不加工	
8	钳	在轴端上编号，按图 4-7 所示位置，打钢印年号及顺序号	
9	研	研磨中心孔	
10	磨	粗磨 $\phi54mm$ 外圆（严格控制锥度误差）	两端中心孔
		粗磨 $\phi55_{-0.02}^{0}mm$（两处）$\phi40\pm0.1mm$（两处）外圆及阶梯端面，表面粗糙度 $Ra0.8\mu m$，留余量 0.04～0.06mm	
		粗磨 $\phi72mm$ 至图样要求	

（续）

序号	工序名称	工序内容	定位与夹紧
11	磨	粗磨 1∶5 圆锥（两处），表面粗糙度 $Ra1.6\mu m$，留余量 0.1mm	两端中心孔
12	热处理	渗氮至要求，要求弯曲圆跳动小于 0.002mm	
13	磨	磨两处 M20mm 左端外圆至 $\phi20_{-0.20}^{-0.05}$mm 磨去两端 1mm 余量，保持尺寸 22mm，总长 522mm	两端中心孔
14	车	车槽 $\phi16.2mm\times5mm\times R_1$ 至图样要求 车两端 M20mm 左螺纹	两端中心孔
15	研	研磨中心孔	
16	磨	半精磨 $\phi54$mm 半精磨 $\phi55_{-0.02}^{0}$mm 至 $\phi55_{+0.02}^{+0.03}$mm 及阶梯端面，表面粗糙度为 $Ra0.4\mu m$ 半精磨 $\phi40\pm0.1$mm 至 $\phi40_{+0.10}^{+0.15}$mm 及阶梯端面，表面粗糙度为 $Ra0.4\mu m$	两端中心孔
17	磨	半精磨 1∶5 圆锥（两处），表面粗糙度为 $Ra0.8\mu m$，留余量 0.05mm	两端中心孔
18	研	研磨中心孔	
19	磨	精磨 $\phi55_{-0.02}^{0}$mm 外圆（两处）至 $\phi55_{+0.03}^{+0.10}$mm 及阶梯端面，表面粗糙度为 $Ra0.2\mu m$ 精磨 $\phi40\pm0.1$mm 外圆（两处）至 $\phi40_{+0.03}^{+0.10}$mm 及阶梯端面，表面粗糙度为 $Ra0.2\mu m$	两端中心孔
20	磨	精磨 1∶5 圆锥（两处），表面粗糙度为 $Ra0.4\mu m$，注意保证 364mm ± 0.5mm 尺寸要求	两端中心孔
21	高精磨	超精磨削 $\phi55_{-0.02}^{0}$mm（两处）、$\phi40\pm0.1$mm 至图样要求	两端中心孔

（4）磨床主轴加工工艺分析

1）选择定位时，为了保证支承轴颈 $55_{-0.02}^{0}$mm 与其他外圆的位置精度，采用了基准统一原则，即全部以工件的两个中心孔定位。为了保证支承轴颈 $55_{-0.02}^{0}$mm（二处）和其他外圆的形状与位置精度，在主轴的精加工过程中，用油石顶尖三次研磨中心孔。逐步降低中心孔的表面粗糙度以及提高接触精度。精磨前可用千分表检验工件的形位公差，如超差，则应检验中心孔，并再进行研磨。

2）主要表面的加工工序划分的很细，如支承轴颈 $55_{-0.02}^{0}$mm 表面经过粗车、精车、粗磨、半精磨、精磨、高精磨六道工序，逐步消除工件毛坯的复映误差，确保主轴轴颈的精度，其中还穿插一些热处理工序，以减小由于内应力所引起的变形。

3）$\phi72$mm 外圆右端面的磨削，均放在 $55_{-0.02}^{0}$mm（二处）外圆磨削后进行，有利于提高端面相对外圆轴线的垂直度。

4）两端 M20mm 螺纹加工安排在精加工阶段进行，一方面可避免过早地使主轴两端轴颈尺寸变小，降低工件刚度；另一方面两端 M20mm 左不要求氮化，故氮化后安排一道工序磨螺纹外圆至尺寸，使外圆及端面的氮化层全部切除。

5）为了保证氮化处理的质量和主轴精度的稳定，要合理地安排热处理工序。从工艺角度考虑，氮化处理前需安排调质和消除应力两道热处理工序。调质处理对氮化主轴非常重要。

因为对氮化主轴来说，不仅要求调质后获得均匀细致的索氏体组织，而且要求离表面 8 ~10mm 的表面层内的铁素体含量不得超过 5%。表层铁素体的存在，会造成氮化脆性，引起氮化质量低劣。因此，氮化主轴在调质后，必须每件割试样进行金相组织的检查，不合格者不得转入下道工序加工。需对工件进行重新调质，直到符合要求为止。

6）要严格控制渗氮表面渗氮前的加工余量，一般情况下，渗氮前留加工余量为 0. 04 ~ 0. 6mm，这是因为渗氮层表面硬度变化梯度很大，渗氮后最外层表面硬度可达 72HRC，而距表面层 0. 1mm 以下，硬度急剧下降至 60HRC 以下，为此，为了确保渗氮质量，严格控制渗氮表面渗氮前的加工余量小于 0. 1mm 是十分必要的。

3. 传动轴

如图 4-8 所示为传动轴零件图，分析其工艺过程。

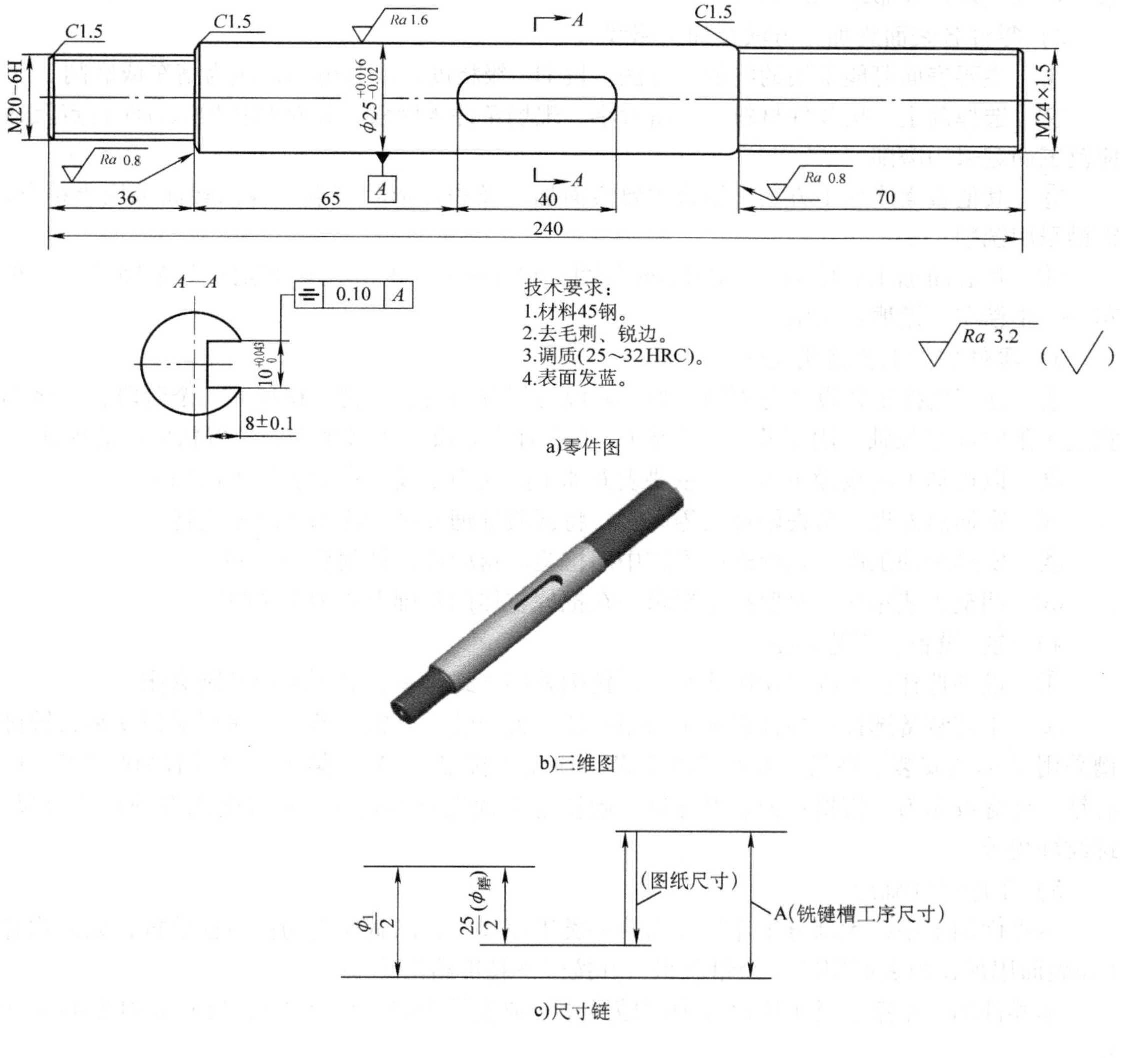

图 4-8　传动轴零件简图

（1）零件的工艺分析

1）零件材料。45 钢。切削加工性良好，无特殊加工问题，故加工不需采取特殊工艺措施。刀具材料选择范围较大，高速钢或 YT 类硬质合金钢均能胜任。刀具几何参数可根据不同刀具类型通过相关表格查取。

2）零件组成表面。两端面、外圆及其台阶面，两端三角螺纹，键槽，倒角。

3）主要表面分析。$\phi25$mm 外圆表面用于支承传动件，为零件的配合面及工作面。

4）主要技术条件。$\phi25$mm 外圆精度要求：IT7，表面粗糙度要求 $Ra1.6\mu m$。它是零件上主要的基准，两端螺纹应与之保持基本的同轴关系，键槽亦与之对称。

5）零件总体特点。长径比达 12，为较典型的细长轴。

（2）零件制造工艺设计

1）毛坯选择。按零件特点，可选择棒料。根据标准，比较接近并能满足加工余量要求，可选毛坯尺寸 $\phi28mm \times 245mm$。

2）零件各表面终加工方法及加工路线。

① 主要表面可能采用的终加工方法。按 IT7 级精度，$Ra1.6\mu m$，应为精车或磨削。

② 选择确定。按零件材料、批量大小、现场条件等因素，并对照各加工方法特点及适应范围确定采用磨削。

③ 其他表面终加工方法。结合主要表面加工及表面形状特点，各回转面采用半精车，键槽采用铣削。

④ 各表面加工路线确定。$\phi25$mm 外圆：粗车——半精车——磨削；其余回转面：粗车——半精车；键槽：铣削。

3）零件加工工艺路线设计。

① 注意把握工艺设计总原则。加工阶段可划分为粗、半精、精加工三个阶段；工序不宜过于集中（细长轴，刚度差，易变形），亦不宜太分散（中批生产，位置精度亦应保证）。

② 以机加工路线做主体。以主要表面加工路线为主线，穿插次要表面加工。

③ 穿插热处理。考虑轴细长等因素，将调质处理安排于粗加工之后进行。

④ 安排辅助工序。热处理前安排中间检验。检验前，铣削后去毛刺。

⑤ 调整工艺路线。对照技术要求，在把握整体的基础上作相应调整。

4）选择设备、工艺装备。

① 设备选择：车削采用卧式车床；铣削采用立式铣床；磨削采用外圆磨床。

② 工艺装备选择：零件粗加工采用一顶一夹安装，半精、精加工采用对顶安装，铣键槽采用 V 形架安装。夹具主要有三爪卡盘、顶尖（拨盘）、V 形架等。刀具有 90°偏刀、中心钻、外螺纹车刀、键槽铣刀、麻花钻、硬质合金顶尖及砂轮等。量具选用有外径千分尺、螺纹环规等。

5）工序尺寸确定。

本零件加工中，大部分工序尺寸为第一类工序尺寸，求解原则为由后往前推，以此弥补（外表面用加，内表面用减）余量获得，并按经济精度给出公差。

本零件加工中第二类工序尺寸为键槽尺寸（典型的中间工序尺寸），尺寸链如图 4-8c 所示。

解该尺寸链可得铣槽时应保证的工序尺寸 A。

6）填写工艺文件（工艺过程卡片见表 4-3。）

表 4-3 工艺过程卡片

工艺过程卡片	产品名称	零件名称	零件号	第1页
		传动轴		共1页

材料	硬度	毛坯类型	每件毛坯零件数	序号	工序名称及工序内容	设备	工装
45	28～32HRC	棒料		0	下料：切 ϕ28mm 棒料，长 245mm	锯床	
				5	车：粗车端面见光，打 B 型中心孔	车床	中心钻
					粗车 ϕ25mm 外圆，留余量 1.0mm		
					粗车 M24mm 外径及其台阶面，留余量 1.0mm		90°偏刀
				10	车：粗车端面，长度达到图样要求，打 B 型中心孔	车床	中心钻
				15	钳工：去毛刺		
				20	检验：中间检验		
				25	热处理：调质 28～32HRC		
				30	半精车：半精车 ϕ25mm 外圆留磨余量	车床	顶尖
					半精车 M24mm 外径及台阶，车 M24mm 螺纹，使其达到图样要求		螺纹车刀
					半精车 M20mm 外径及台阶，车 M20mm 螺纹，使其达到图样要求		螺纹车刀
				35	钳工：划线：键槽位置		
				40	铣：铣键槽	铣床	键槽铣刀
				45	钳工：去毛刺，锐边		
				50	磨：研磨中心孔，磨 ϕ25mm 外圆达到图样要求	磨床	
				55	检验：成品检验		
				60	热处理：发蓝		

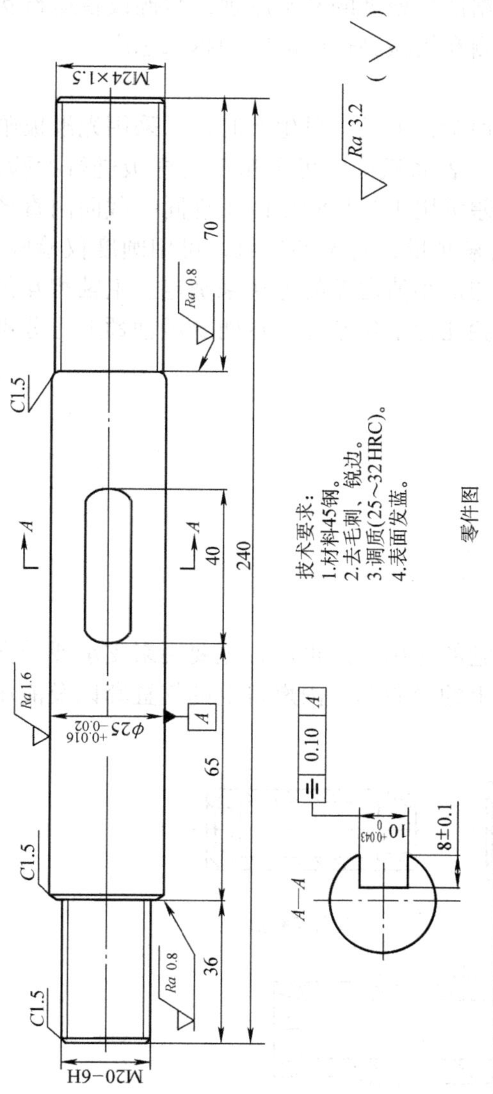

编制	审核	会签	批准	标记	处记	更改文件号	签字	日期

4.1.5　轴类零件的检验

1. 加工中的检验

自动测量装置，作为辅助装置安装在机床上。这种检验方式能在不影响加工的情况下，根据测量结果，主动地控制机床的工作过程，如改变进给量、自动补偿刀具磨损、自动退刀、停车等，使之适应加工条件的变化，防止产生废品，故又称为主动检验。主动检验属在线检测，即在设备运行，生产不停顿的情况下，根据信号处理的基本原理，掌握设备运行状况，对生产过程进行预测预报及必要调整。在线检测在机械制造中的应用越来越广。

2. 加工后的检验

单件小批生产中，尺寸精度一般用外径千分尺检验；大批大量生产时，常采用光滑极限量规检验，长度大而精度高的工件可用比较仪检验。表面粗糙度可用粗糙度样板进行检验，要求较高时则用光学显微镜或轮廓仪检验。圆度误差可用千分尺测出的工件同一截面内直径的最大差值之半来确定，也可用千分表借助 V 形铁来测量，若条件许可，可用圆度仪检验。圆柱度误差通常用千分尺测出同一轴向剖面内最大与最小值之差的方法来确定。主轴相互位置精度检验一般以轴两端顶尖孔或工艺锥堵上的顶尖孔为定位基准，在两支承轴颈上方分别用千分表测量。

4.2　套类零件的加工

4.2.1　概述

1. 套筒的功用及结构特点

套筒零件是机械加工中经常碰到的一类零件，它的应用范围很广，主要用来支承或导向作用。例如：支承旋转轴的各种形式的轴承、夹具上的导向套、内燃机上的气缸套以及液压系统中的油缸等，如图 4-9 所示。

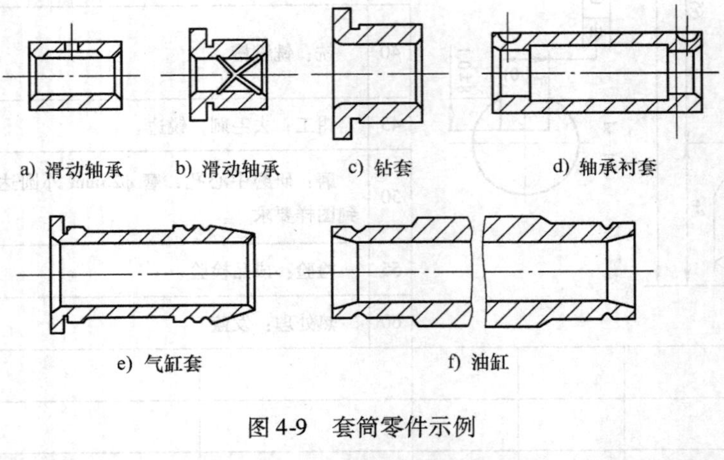

图 4-9　套筒零件示例

就结构的形式来分，大体上可分为短套筒与长套筒两大类。由于功用不同，套筒零件的结构和尺寸有着很大的差别，但结构上仍有共同的特点：零件的主要表面为同轴度要求较高的内、外旋转表面；零件壁的厚度较薄易变形；零件的长度一般大于直径等。

2. 套筒零件的技术要求

（1）内孔　内孔是套筒零件起支承或导向作用的最主要表面，它通常与运动着的轴、刀具或活塞相配合。内孔直径的尺寸精度一般为 IT7，精密套筒有时取 IT6。对于油缸，由于与其相配的活塞上有密封圈，要求较低，一般取 IT9。

内孔的形状精度，应控制在孔径公差以内，有些精密轴套控制在孔径公差的 1/2 ~ 1/3，甚至更严。对于长套筒，除了圆度要求外，还应注意孔的圆柱度。

为保证零件的功用和提高其耐磨性，内孔表面粗糙度 Ra 值为 2.5 ~ 0.16μm，有的要求更高，表面粗糙度 Ra 值为 0.04μm。

（2）外圆表面　外圆表面是套筒零件的支承表面，常以过盈配合或过渡配合同箱体或机架上的孔相连接。外径的尺寸精度通常为 IT6 ~ IT7，形状精度控制在外径公差以内。表面粗糙度 Ra 值为 5 ~ 0.63μm。

（3）内外圆之间的同轴度　当内孔的最终加工是将套筒装入机座后进行时（如连杆小端衬套），套筒内外圆之间的同轴度要求较低；如最终加工是在装配之前完成时则要求较高，一般为 0.01 ~ 0.05mm。

（4）孔轴线与端面的垂直度　套筒的端面（包括凸缘端面）如在工作中承受轴向载荷，或虽不承受载荷但加工中是作为定位面时，端面与孔轴线的垂直度要求较高，一般为 0.02 ~ 0.05mm。

3. 套筒零件的材料与毛坯

套筒零件一般是用钢、铸铁、青铜或黄铜等材料制成。有些滑动轴承采用双金属结构，即用离心铸造法在钢或铸铁套的内壁上浇注巴士合金等轴承合金材料，这样既可节省贵重的有色金属，又能提高轴承的寿命。

套筒零件的毛坯选择与其材料、结构和尺寸等因素有关。孔径较小（如 $D<20$mm）的套筒一般选择热轧或冷拉棒料，也可采用实心铸件；孔径较大时，常采用无缝钢管或带孔的铸件和锻件；大量生产时可采用冷挤压和粉末冶金等先进的毛坯制造工艺，既提高生产率又节约金属材料。

4.2.2　套类零件的加工工艺

短套筒是机器中常见的零件之一，如图 4-10 所示为一支架套零件，是短套类零件中的一种。

1. 支架套零件的结构及技术要求

主孔 $\phi34^{+0.027}_{0}$mm 内安放滚针轴承的滚针及仪器主轴颈；端面 B 是止推面，要求有较低的表面粗糙度，外圆及孔均有阶梯，并有横向需要加工的孔。外圆台阶面螺孔，用来固定转动摇臂。因转动要求精度高，所以对孔的圆度及同轴度均有较高的要求。材料为轴承钢 GCr15，淬火硬度 60HRC。零件非工作表面防锈，采用烘漆。

2. 支架套零件加工工艺过程

支架套零件加工工艺过程见表 4-4。

3. 加工工艺的分析

（1）加工方法的选择　套筒零件的主要加工表面为孔和外圆。外圆表面加工根据精度要求可选择车削和磨削。孔加工方法的选择比较复杂，需要考虑零件结构特点、孔径大小、

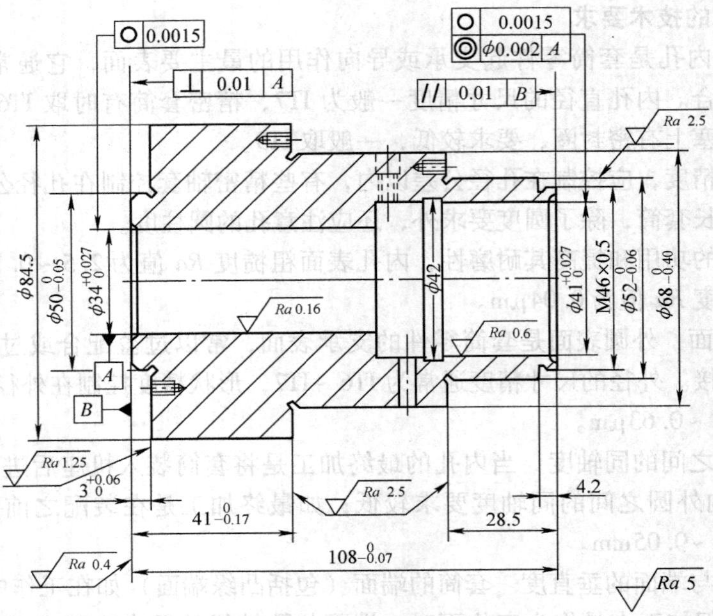

图 4-10 支架套零件简图

长径比、精度和表面粗糙度要求以及生产规模等各种因素。对于精度要求较高的孔往往需要采用几种方法顺次加工。

表 4-4 支架套零件加工工艺过程

工序号	工序名称	工序内容	定位及夹紧
1	下料	棒料	
2	粗车	车端面；外圆 $\phi84.5$mm 为 $\phi87$mm × 45mm；钻孔 $\phi30$mm × 60mm	三爪夹一端
		掉头车外圆 $\phi68$mm 为 $\phi70$mm × 67mm，车 $\phi52$mm 为 $\phi54$mm × 28mm，钻孔 $\phi38$mm × 44.5mm	三爪夹大端
3	半精车	半精车左端面及 $\phi84.5$mm；$\phi34^{+0.027}_{0}$ mm 及 $\phi50$mm，留磨削余量 0.5mm，倒角及切槽	夹小端
		调头车右端面；车 $\phi68$mm 至尺寸；$\phi52$mm 留磨量，车 M46mm × 0.5mm 螺纹长 4.2mm 为 4.4mm，车孔 $\phi41^{+0.027}_{0}$ mm 留磨量。切 $\phi42$mm 槽，切外圆斜槽两处，并倒角	夹大端
4	钻	钻各端面轴向孔	夹外圆
		钻径向孔	
		攻螺纹	
5	热处理	淬火 60 ~ 62HRC	
6	磨外圆	磨外圆 $\phi84.5$mm 至尺寸；磨外圆 $\phi50$mm 及 $3^{+0.06}_{0}$ mm 端面	$\phi34$mm 外圆可胀心轴
		调头磨外圆 $\phi52$mm 及 28.5mm 端面并保证该三段外圆同轴度 $\phi0.002$mm	
7	粗磨孔	校正 $\phi52$mm 外圆，粗磨孔 $\phi34^{+0.027}_{0}$ mm 及 $\phi41^{+0.027}_{0}$ mm 留磨量 0.2mm	外圆及端面
8	检查		
9	热处理	发蓝	

（续）

工序号	工序名称	工序内容	定位及夹紧
10	喷漆	烘漆	
11	磨平面	磨右端面，留磨量，平行度0.01mm	左端面
12	粗研	粗研左端，表面粗糙度 Ra 值为0.16μm，平行度0.005mm	左端面
13	磨孔	精磨孔 $\phi41^{+0.027}_{0}$mm 及 $\phi34^{+0.027}_{0}$mm 一次安装下磨削	端面定位、找正外圆，轴向压紧
		精细磨孔 $\phi41^{+0.027}_{0}$mm 及 $\phi34^{+0.027}_{0}$mm 至尺寸	
14	精研	精研左端达到表面粗糙度度 Ra 值为0.04μm	左端面
15	检验	圆度仪测圆柱度及 $\phi34$mm、$\phi41$mm 尺寸	

支架套筒零件，因孔精度要求高，表面粗糙度又较细（Ra 值为0.16μm），因此最终工序采用精细磨（工序13）。该孔的加工顺序为钻孔—半精车孔—粗磨孔—精磨孔—精细磨孔方法。

（2）加工阶段划分　支架套加工工艺划分较细。淬火前为粗加工阶段。在粗加工阶段中又可分为粗车与半精车阶段，淬火后为精加工阶段。在精加工阶段中，也可分为两个阶段，烘漆前为精加工阶段，烘漆之后为精密加工阶段。

（3）保证套筒表面位置精度的方法　从套筒零件的技术要求知，套筒零件内外表面间的同轴度以及端面与孔轴线的垂直度，一般均有较高的要求。为保证这些要求通常采用下列方法：

1）在一次安装中完成内外表面及端面的全部加工。这种方法消除了工件的安装误差，所以可获得很高的相对位置精度。但是这种方法的工序比较集中，对于尺寸较大的（尤其是长径比比较大）套筒也不便安装，故多用于尺寸较小套筒的车削加工。例如，工序13，要保证阶梯孔的高同轴度要求，采用一次安装条件下将两段阶梯孔磨出。

2）套筒主要表面加工分在几次安装中进行。先终加工孔，然后以孔为精基准最终加工外圆。这种方法由于所用夹具（心轴）结构简单，且制造和安装误差较小，因此可保证较高的位置精度，在套筒加工中一般多采用这种方法。

例如工序6，为了获得外圆与孔的同轴度，采用了可胀心轴以孔定位。磨出各段外圆，既保证了各段外圆同轴度，又保证了外圆与孔的同轴度。

3）套筒主要表面加工在几次安装中进行。先加工外圆，然后以外圆为精基准最终加工内孔。采用这种方法时工件装夹迅速可靠，但因一般卡盘安装误差较大，加工后工件的位置精度较低。若要获得较高的同轴度，则必须采用定心精度高的夹具，如弹性膜片卡盘、液压塑料夹头，经过修磨的三爪自定心卡盘和“软爪”等。

（4）减小和防止套筒变形的工艺措施　套筒零件的结构特点是孔壁一般较薄，加工中常因夹紧力、切削力、内应力和切削热等因素的影响而产生变形。为减小和防止变形，工艺上常采用以下措施：

1）粗、精加工分开。为减小切削力和切削热对加工精度的影响，应将粗、精加工分开进行，使粗加工产生的变形在精加工中得以纠正。

2）采用可行的工艺措施。为减小夹紧力产生的套筒变形，工艺上可采取以下措施：

①　改变夹紧力的方向，即将径向夹紧改为轴向夹紧。变径向夹紧为轴向夹紧需要按外

径或内孔沿圆找正后，在端面或外圆台阶上施加轴向夹紧力。例如支架套精度要求较高，内孔圆度要求为0.0015mm，任何微小的径向变形都有可能导致超差，在工序13中以左端面定位，找正外圆，轴向压紧在外圆台阶上。

② 使用过渡套或弹簧套夹紧工件。当需要径向夹紧时，为减小加紧变形和使变形均匀，尽可能使径向夹紧力沿圆周分布均匀，加工中采用过渡套筒或弹簧套来满足要求。

③ 制造工艺凸边或工艺螺纹。工艺凸边也可能提高工件被夹紧部位的刚度，工艺螺纹可使夹紧力均匀，它们都可以减小加紧变形。

3）合理安排热处理。为减小热处理的影响，热处理工序应置于粗、精加工之间进行，以便使热处理引起的变形在精加工中予以纠正。套筒零件热处理一般产生较大的变形，所以精加工的工序加工余量应适当放大。例如工序10烘漆，不能放在最终工序。

4.2.3 液压缸加工

图4-11所示为一液压缸简图。该液压缸是典型的长套筒零件。为保证活塞在液压缸移动顺利且不漏油，除提出图中各项技术要求外，还特别要求：内孔必须光洁无纵向划痕；若为铸铁材料时，要求组织紧密，不得有砂眼、针孔及疏松，必要时用泵检漏。

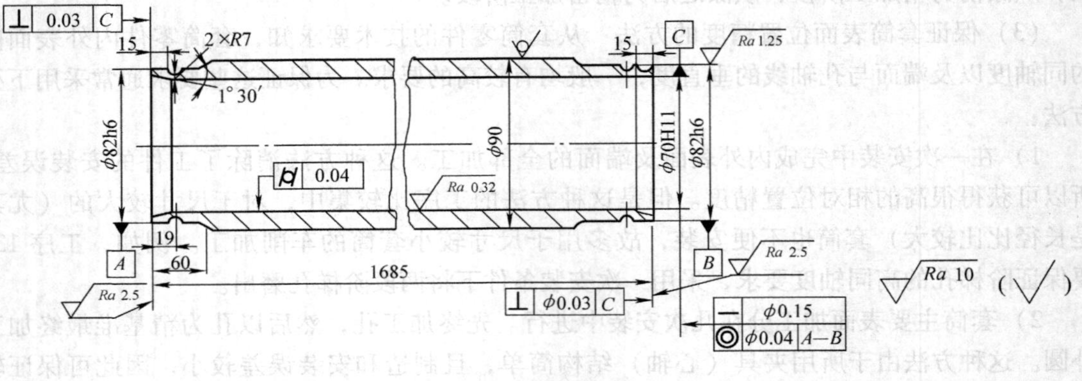

图4-11 液压缸简图

1. 液压缸加工工艺过程

液压缸加工工艺过程如表4-5所示。

表4-5 液压缸工艺过程

工序号	工序名称	工序内容	定位及夹紧
1	备料	无缝钢管切断	
2	车	（1）车 ϕ82mm 外圆到 ϕ88mm 及 M88mm×1.5mm 螺纹（工艺用）	三爪自定心卡盘夹一端，大头顶尖顶另一端
		（2）车端面及倒角	三爪自定心卡盘夹一端，中心架托 ϕ88mm 处
		（3）调头车 ϕ82mm 外圆到 ϕ84mm	三爪自定心卡盘夹一端，大头顶尖顶另一端
		（4）车端面及倒角，取总长1686mm（留余量1mm）	三爪自定心卡盘夹一端，中心架托 ϕ88mm 处

（续）

工序号	工序名称	工序内容	定位及夹紧
3	深孔推镗	（1）半精推镗孔到 ϕ68mm （2）精推镗孔到 ϕ69.85mm （3）浮动镗刀镗孔到 ϕ70mm ±0.02mm，表面粗糙度 Ra 值为2.5μm	一端用 M88mm × 1.5mm 螺纹固定在夹具中，另一端搭中心架
4	滚压机	用滚压头滚压孔至 $\phi70^{+0.2}_{0}$ mm，表面粗糙度 Ra 值为 0.32μm	一端螺纹固定在夹具中，另一端搭中心架
5	车	（1）车去工艺螺纹，车 ϕ82h6 到尺寸，车 $R7$ 槽	软爪夹一端，以孔定位另一端
		（2）镗内锥孔 1°30′及车端面	软爪夹一端，中心架托另一端（百分表找正）
		（3）调头车 ϕ82h6 到尺寸	软爪夹一端，顶另一端
		（4）镗内锥孔 1°30′及车端面，取总长 1685mm	软爪夹一端，中心架托另一端（百分表找正）
6	检验		
7	入库	上油包装	

2. 零件加工工艺分析

（1）定位基准的选择　长筒零件的加工中，为保证内外圆的同轴度，在加工外圆时，一般与空心主轴的安装相似，即以内孔的轴线为定位基准，用双顶尖顶孔口棱边或一头夹紧一头用顶针顶孔口；加工孔时，与深孔加工相同，一般采用夹一头，另一头用中心架托住外圆。

（2）加工方法的选择　液压缸零件，因孔的尺寸精度要求不高，但为保证活塞与内孔的相对运动顺利，对孔的形状精度要求较高，表面质量要求也较高。因而终加工采用滚压以提高表面质量，精加工采用镗孔和浮动铰孔以保证较高的圆柱度和孔的直线度要求。由于毛坯采用无缝钢管，毛坯精度高，加工余量小，内孔加工时，可直接进行半精镗。该孔的加工方案为：半精镗—精镗—精铰—滚压。

（3）夹紧方式选择　该液压缸壁薄，采用径向夹紧易变形。但由于轴向长度大，加工时需要两端支承，因此经常要装夹外圆表面。为使外圆受力均匀，先在一端外圆表面上加工出工艺螺纹，使下面的工序都能由工艺螺纹夹紧外圆，当终加工完孔后，再车去工艺螺纹孔达到外圆要求的尺寸。

4.2.4 典型套类零件加工工艺设计实例

如图 4-12 所示为轴套零件简图，试分析其制造工艺。

1. 零件的工艺分析

1）零件材料：45 钢。切削加工性良好，刀具材料及几何参数取值原则同传动轴案例。

2）零件组成表面：外表面（ϕ100mm、ϕ60mm）、内表面（ϕ44mm），两端面，内外台阶面，内、外退刀槽，内、外倒角。

3）主要表面分析：ϕ44mm 内孔即是支承其他零件的支承面，亦是本零件的主要基准面；ϕ60mm 外圆及其台阶面亦用于支承其他零件。

4）主要技术条件：ϕ60mm 外圆与 ϕ44mm 内孔的同轴度控制在 0.03mm 范围内；台阶面与 ϕ44mm 内孔的垂直度控制在 0.02mm 范围内；ϕ44mm 内孔本身的尺寸公差为 0.027mm；粗糙度 Ra0.8μm；零件热处理硬度 50～55HRC。

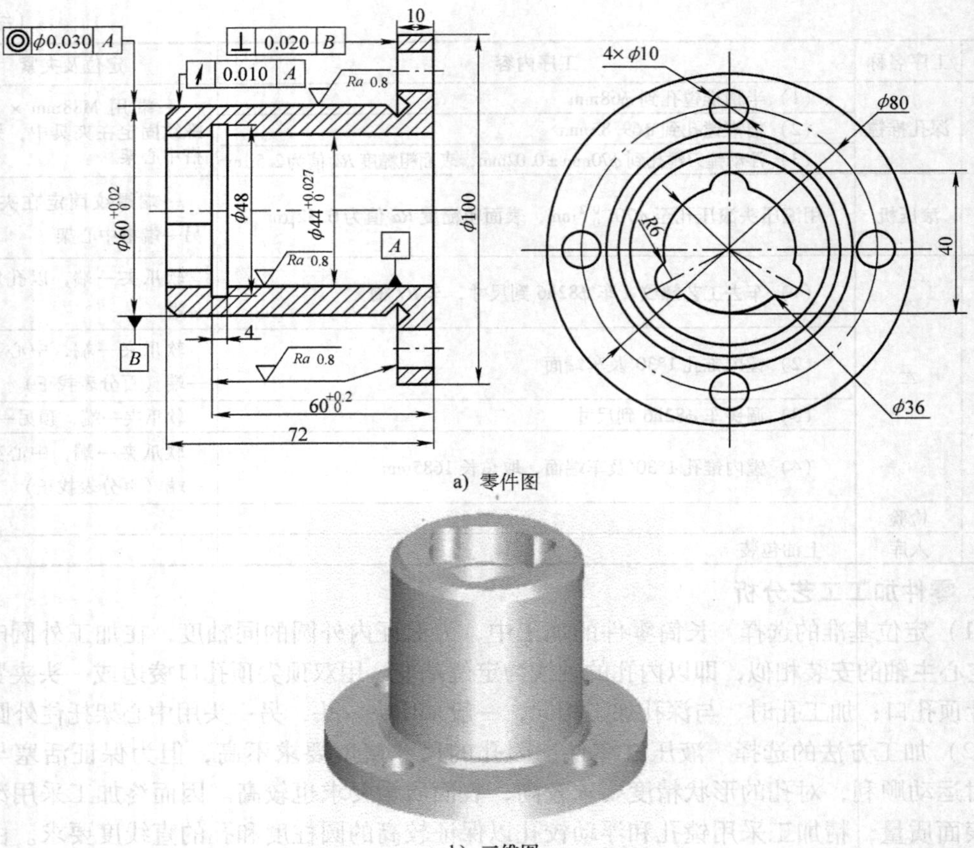

a) 零件图

b) 三维图

图 4-12　轴套零件简图

2. 零件制造工艺设计

1）毛坯选择：根据零件材料为 45 钢，生产类型为中批生产，零件直径尺寸差异较大，零件壁薄、刚度低、易变形，加工精度要求较高，零件需经淬火处理等多方面因素，在棒料与模锻间作出选择：模锻件。

2）基准分析：主要定位基准应为 ϕ44mm 内孔中心；加工内孔时的定位基准则为 ϕ60mm 外圆中心。

3）安装方案：加工大端及内孔时，可直接采用三爪自定心卡盘装夹；粗加工小端可采用反爪夹大端，半精、精加工小端时，则应配心轴，以 ϕ44mm 内孔定位轴向夹紧工件。型孔加工时可采用分度头安装，将主轴上抬 90°，采用直接分度法，保证 3 ×126mm 在零件圆周上均分位置。对大端的四个螺钉过孔则采用专用夹具安装：以大端面及 ϕ44mm 孔作主定位基准，型孔防转，工件轴向夹紧。

4）零件表面加工方法：ϕ44mm 内孔，采用精磨达到精度及粗糙度要求；外圆及其台阶采用磨削加工；其余回转面以半精车加工满足要求；型孔在铣床上完成；四个安装孔采用钻削。

5）热处理安排：因模锻的表层有硬皮，会加速刀具磨损和钝化，为改善切削加工性，模锻后对毛坯进行退火处理，软化硬皮；零件的终处理为淬火，由于零件壁厚小，易变形，加之零件加工精度要求高，为尽量控制淬火变形，在零件粗加工后安排调质处理作预处理。

6）其他工序安排：转换车间前应安排中间检验，易出现毛刺工序后安排去毛刺。

7）设备、工艺装备选择：设备选择卧式车床、立式铣床、钻床、内圆磨床及外圆磨床。专用夹具有心轴式车床夹具及磨床夹具；钻孔夹具。定尺寸刀具有 126mm 立铣刀，ϕ10mm 麻花钻，内外切槽刀。所用量具选有卡尺、内外径千分尺等。

8）填写工艺文件，工艺过程卡片如表 4-6 所示。

表 4-6　工艺过程卡片

工 艺 过 程 卡 片				产品名称		零件名称	零件号	第一页
						轴套		共　页
材料	硬度	毛坯类型	每件毛坯零件数	序号	工序名称及工序内容		设备	工艺装备
45	55 ~ 60HRC	锻件		1	备料：模锻件			
				2	热处理：退火 220 ~ 240HBW			
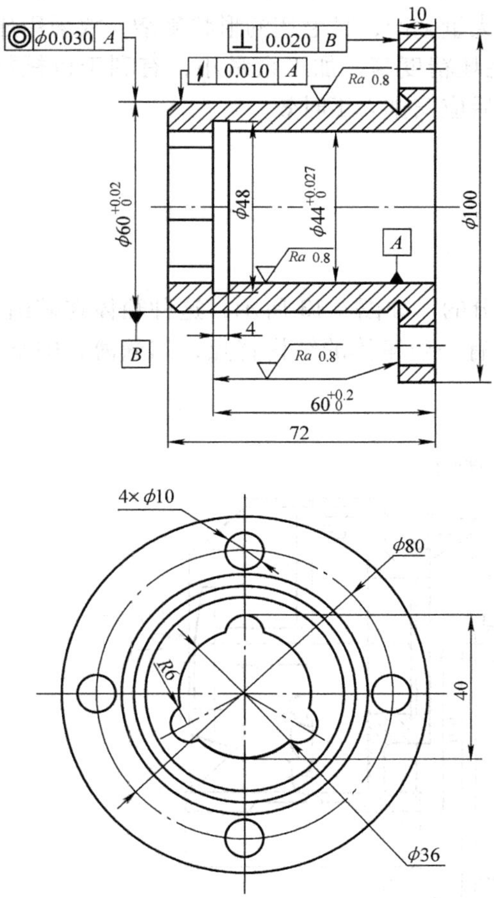				3	粗车：大端外圆至 ϕ101mm、端面、内孔，台阶面		车床	外圆内孔车刀
				4	粗车：小端内孔、外圆至 ϕ61mm、小端端面，保证长度 74mm		车床	外圆内孔车刀
				5	辅助工序：中间检验			
				6	热处理：调质 28 ~ 32HRC			
				7	半精车：大端外圆、端面、内孔、台阶面至要求		车床	车刀
				8	半精车：小端端面保证长度 72mm，小端外圆、内孔，车内沟槽至要求		车床	切槽刀
				9	铣：铣 3 个 R6mm 型孔		铣床	立铣刀
				10	钻：钻大端 4 × ϕ10mm 孔		钻床	麻花钻
				11	钳工：检验，去毛刺			
				12	热处理：淬火 55 ~ 60HRC			
				13	磨：磨内孔至要求		内圆磨床	
				14	磨：磨小端外圆至要求，磨端面		外圆磨床	
				15	检验：产品总检			

编制	审核	会签	批准	标记	处记	更改文件号	签字	日期

4.3 箱体类零件的加工

4.3.1 箱体类零件概述

箱体类零件通常作为箱体部件装配时的基准零件。它将一些轴、套、轴承和齿轮等零件装配起来，使其保持正确的相互位置关系，以传递转矩或改变转速来完成规定的运动。因此，箱体类零件的加工质量对机器的工作精度、使用性能和寿命都有直接影响。

箱体零件结构特点：多为铸造件，结构复杂，壁薄且不均匀，加工部位多，加工难度大。

箱体零件的主要技术要求：轴颈支承孔孔径精度及相互之间的位置精度，定位销孔的精度与孔距精度；主要平面的精度；表面粗糙度等。

箱体零件材料及毛坯：箱体零件常选用灰铸铁，汽车、摩托车的曲轴箱选用铝合金作为主体材料，其毛坯一般采用铸件，因曲轴箱是大批大量生产，且毛坯的形状复杂，故采用压铸毛坯，镶套与箱体在压铸时铸成一体。压铸的毛坯精度高，加工余量小，有利于机械加工。为减小毛坯铸造时产生的残余应力，箱体铸造后应安排人工时效。

4.3.2 箱体类零件工艺过程特点分析

下面以某减速箱为例说明箱体类零件的加工。

1. 箱体类零件的特点

一般减速箱为了制造与装配方便，常做成可剖分的，如图 4-13 所示，这种箱体在矿山、冶金和起重运输机械中应用较多。剖分式箱体也具有一般箱体的结构特点，如壁薄、中空、形状复杂，加工表面多为平面和孔。

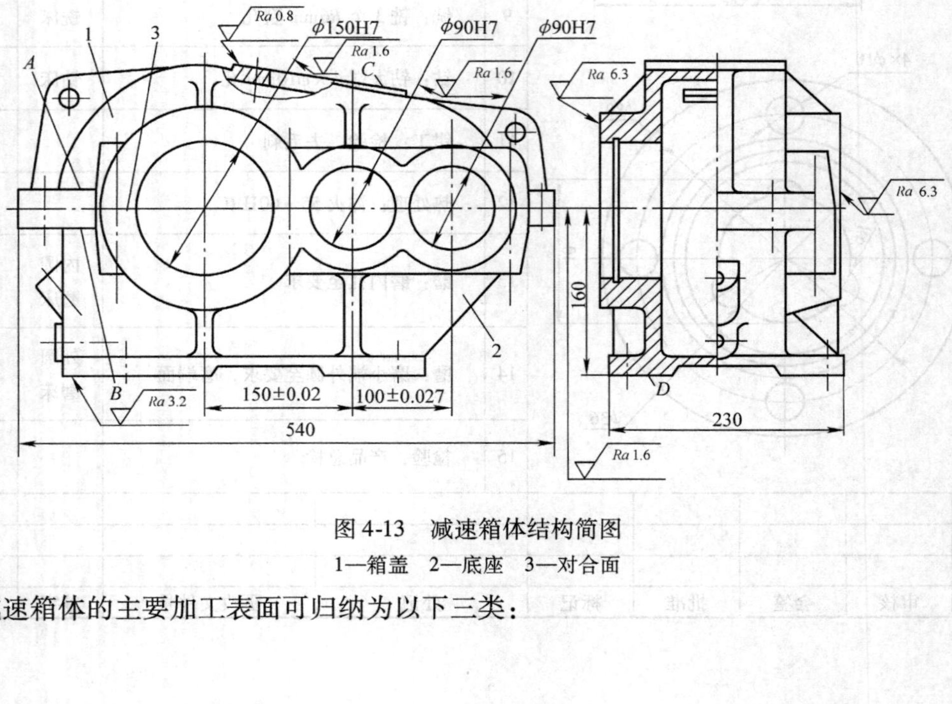

图 4-13　减速箱体结构简图

1—箱盖　2—底座　3—对合面

减速箱体的主要加工表面可归纳为以下三类：

（1）主要平面　箱盖的对合面和顶部方孔端面、底座的底面和对合面、轴承孔的端面等。

（2）主要孔　轴承孔（ϕ150H7、ϕ90H7）及孔内环槽等。

（3）其他加工部分　联接孔、螺孔、销孔、斜油标孔以及孔的凸台面等。

2. 工艺过程设计应考虑的问题

根据减速箱体可剖分的结构特点和各加工表面的要求，在编制工艺过程时应注意以下问题：

（1）加工过程的划分　整个加工过程可分为两大阶段，即先对箱盖和底座分别进行加工，然后再对装合好的整个箱体进行加工——合件加工。为保证效率和精度的兼顾，孔和面的加工还需粗精分开。

（2）箱体加工工艺的安排　安排箱体的加工工艺，应遵循先面后孔的工艺原则，对剖分式减速箱体还应遵循组装后镗孔的原则。因为如果不先将箱体的对合面加工好，轴承孔就不能进行加工。另外，镗轴承孔时，必须以底座的底面为定位基准，所以底座的底面也必须先加工好。

由于轴承孔及各主要平面，都要求与对合面保持较高的位置精度，所以在平面加工方面，应先加工对合面，然后再加工其他平面，还体现先主后次原则。

（3）箱体加工中的运输和装夹　箱体的体积、重量较大，故应尽量减少工件的运输和装夹次数。为了便于保证各加工表面的位置精度，应在一次装夹中尽量多加工一些表面。工序安排相对集中。箱体零件上相互位置要求较高的孔系和平面，一般尽量集中在同一工序中加工，以减少装夹次数，从而减小安装误差的影响，有利于保证其相互位置精度要求。

（4）合理安排时效工序　一般在毛坯铸造之后安排一次人工时效即可；对一些高精度或形状特别复杂的箱体，应在粗加工之后再安排一次人工时效，以消除粗加工产生的内应力，保证箱体加工精度的稳定性。

3. 剖分式减速箱体加工定位基准的选择

（1）粗基准的选择　一般箱体零件的粗基准都用它上面的重要孔和另一个相距较远的孔作为粗基准，以保证孔加工时余量均匀。剖分式箱体最先加工的是箱盖或底座的对合面。由于分离式箱体轴承孔的毛坯孔分布在箱盖和底座两个不同部分上，因而在加工箱盖或底座的对合面时，无法以轴承孔的毛坯面作粗基准，而是以凸缘的不加工面为粗基准，即箱盖以凸缘面 *A*、底座以凸缘面 *B* 为粗基准。这样可保证对合面加工凸缘的厚薄较为均匀，减小箱体装合时对合面的变形。

（2）精基准的选择　常以箱体零件的装配基准或专门加工的一面两孔定位，使得基准统一。剖分式箱体的对合面与底面（装配基面）有一定的尺寸精度和相互位置精度要求；轴承孔轴线应在对合面上，与底面也有一定的尺寸精度和相互位置精度要求。为了保证以上几项要求，加工底座的对合面时，应以底面为精基准，使对合面加工时的定位基准与设计基准重合；箱体装合后加工轴承孔时，仍以底面为主要定位基准，并与底面上的两定位孔组成典型的一面两孔定位方式。这样，轴承孔的加工，其定位基准既符合基准统一的原则，也符合基准重合的原则，有利于保证轴承孔轴线与对合面的重合度及与装配基准面的尺寸精度和平行度。

4. 分离式减速箱体加工的工艺过程

表 4-7 所列为某厂在小批生产条件下加工图 4-13 所示减速箱体的机械加工工艺过程。

生产类型：小批；毛坯种类：铸件；材料牌号：HT200。

表 4-7　减速箱体机械加工工艺过程

序号	工序名称	工序内容	加工设备
1	铸造	铸造毛坯	
2	热处理	人工时效	
3	油漆	喷涂底漆	
4	划线	箱盖：根据凸缘面 *A* 划对合面加工线；划顶部 *C* 面加工线；划轴承孔两端面加工线 底座：根据凸缘面 *B* 划对合面加工线；划底面 *D* 加工线；划轴承孔两端面加工线	划线平台
5	刨削	箱盖：粗、精刨对合面；粗、精刨顶部 *C* 面 底座：粗、精刨对合面；粗精刨底面 *D*	牛头刨床或龙门刨床
6	划线	箱盖：划中心十字线，各联接孔、销钉孔、螺孔、吊装孔加工线 底座：划中心十字线；底面各联接孔、油塞孔、油标孔加工线	划线平台
7	钻削	箱盖：按划线钻各联接孔，并锪平；钻各螺孔的底孔、吊装孔 底座：按划线钻底面上各联接孔、油塞底孔、油标孔，各孔端锪平；将箱盖与底座合在一起，按箱盖对合面上已钻的孔，钻底座对合面上的联接孔，并锪平	摇臂钻床
8	钳工	对箱盖、底座各螺孔攻螺纹；铲刮箱盖及底座对合面；箱盖与底座合箱；按箱盖上划线配钻、铰二销孔，打入定位销	
9	铣削	粗、精铣轴承孔端面	端面铣床
10	镗削	粗、精镗轴承孔；切轴承孔内环槽	卧式镗床
11	钳工	去毛刺、清洗、打标记	
12	油漆	各不加工外表面	
13	检验	按图样要求检验	

4.3.3　典型箱体加工工艺

图 4-14 所示为某一汽车变速器壳体零件图，大批量生产，试拟定此零件的制造工艺过程。

1. 零件的工艺分析

（1）技术精度要求

1）变速器壳体在结构上壁薄而多孔，整个容腔为三组平行孔系所占据。

2）为提高传动精度，应保证装在三组孔系中的轴承获得良好的配合精度，故 $\phi 48^{+0.025}_{0}$ mm、$\phi 80^{+0.030}_{0}$ mm 及 $\phi 146^{+0.040}_{0}$ mm 三孔均有较高的尺寸精度要求；除此而已，为保证传动平稳和减少噪声，三组平行孔之间还有较高的孔距公差。

3）因总体结构和部件位置的限制，在变速器壳体的中间部位，有两块面积不大的外伸安装面，为整个变速器的安装基面，且与 ϕ146mm 孔中心有较高的尺寸与要求，其数值为

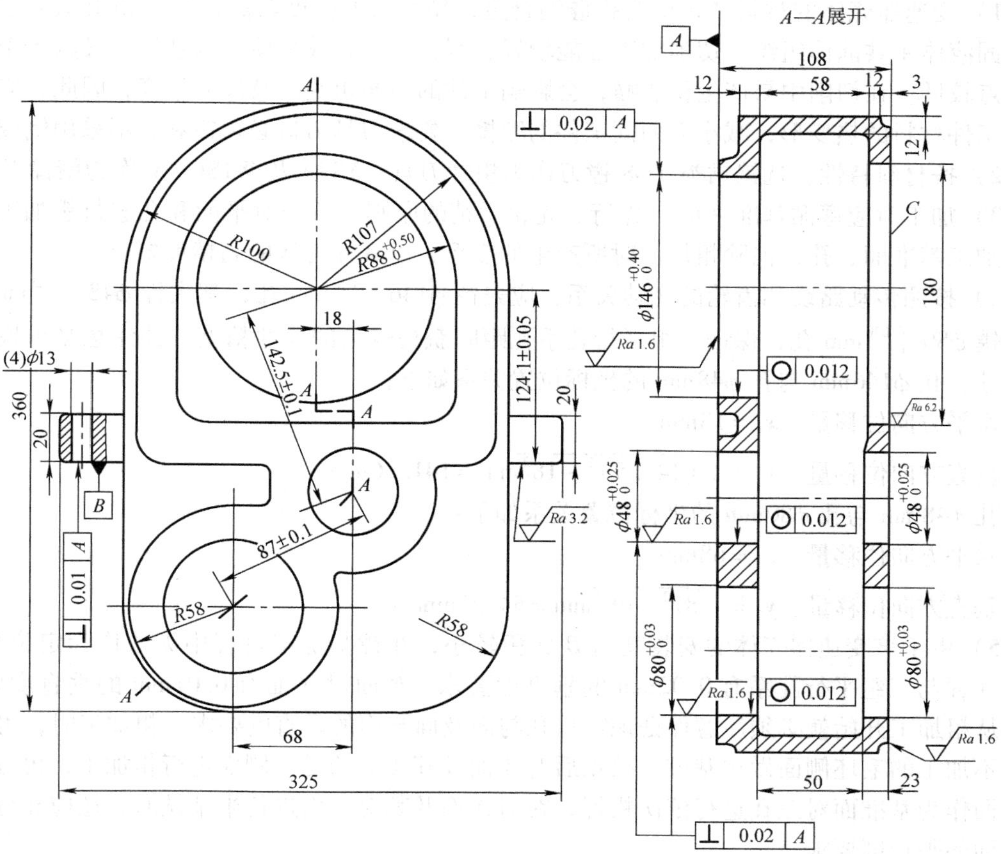

a) 零件图

b) 三维图

图 4-14　汽车变速器壳体零件图

124. 1mm ± 0. 05mm。保证了传动位置和传动精度的准确性。

（2）材料特性、加工方案及工艺措施

1）变速器壳体的材料 ZL107 为铝硅铜合金，硬度低但强度较高，其金相组织为硅在铝内的固溶体＋共晶体组织。切削加工性能较好，因含有硅，故易使刀具磨损。又因 ZL107 材料熔点较低，在切削中易产生积屑瘤，会影响工件的表面粗糙度及尺寸精度，因此，应充分考虑工件材料的热变形，减小刀面同工件的摩擦，要求刀具刃口必须锋利，不采用倒棱。

2）按材料特性，选钨钴类 YG8 镗刀作为粗镗刀具；YT15 及 W18Cr4V 作为精镗刀具。

3）加工时应遵循基准（面）先行、先粗后精的原则。首先对平面和孔进行粗加工，再半精加工基准面、孔，消除粗加工时所产生的变形，以确保壳体的高精度要求。

4）按照传动路线和齿轮的转动关系，应先镗 $\phi146^{+0.040}_{0}$ mm 孔，其次镗 $\phi48^{+0.025}_{0}$ mm 孔，最后镗 $\phi80^{+0.030}_{0}$ mm 孔，保证三组平行孔系孔距间获得较高的尺寸精度，并注意必须换算坐标尺寸。孔 $\phi146$mm 与孔 $\phi48$mm 的坐标位置关系如下：

水平方向位移量　$x_1 = 18\text{mm}$

垂直方向位移量　$y_1 = \sqrt{(142.5)^2 - 18^2}\text{mm} = 141.36\text{mm}$

孔 $\phi48$mm 与孔 $\phi80$mm 的坐标位置关系如下：

水平方向位移量　$x_2 = 68\text{mm}$

垂直方向位移量　$y_2 = \sqrt{87^2 - 68^2}\text{mm} = 54.27\text{mm}$

5）由于该变速器壳体的安装基面 *B* 面积较小，在镗削加工过程中无法作为定位基准，由于 *A* 面与三组平行孔系有 0.02mm 的垂直度要求，*B* 面对 *A* 面有 0.01mm 的垂直度要求，所以从粗加工开始就必须注意保证该零件孔与面及面与面的垂直度要求。粗加工时，可选该壳体不加工的毛坯侧面做粗基准，校正后对 *A* 面及其相对的另一侧面进行粗加工，再分别以该两面作为基准面对三孔进行依次粗镗；在对 *A* 面及其对应面进行半精铣时，还应充分注意其两面的平行度要求。

6）在进入半精加工及精加工时，应充分考虑以 *A* 面作基准面来精铣相对应的另一侧面及镗削三组平行孔系。在镗削 $\phi146^{+0.040}_{0}$ mm 孔时，找正 *A* 面或采用心轴与端面垂直的检具进行找正，以保证三组平行孔系对 *A* 面的垂直要求。在最后精加工时，仍以 *A* 面作为定基准面，并以 *B* 安装面作为辅助基准，以减小最后刮削 *B* 安装面时的铲刮工作量。

2. 零件制造工艺设计

（1）毛坯选择　该零件材料为 ZL107，因此毛坯种类只能选择铸件。

（2）基准及安装方案分析　从零件图可知，*A* 面为该零件的安装基准，从基准重合及统一的原则出发，考虑到安装与加工的方便，该零件在加工中，仍选择 *A* 面为主要定位基准。铣削时，工件直接安装于工作台；镗削时，利用角铁、螺栓压板等直接安装。

（3）零件表面加工方法　基准面采用铣削，孔按照零件形状选择镗削；在零件的粗加工至精加工阶段，均采用基准先行原则，先对定位基准面进行铣削，再镗削工作孔。

（4）热处理安排　因零件为铸件，尺寸较大，壁较薄，精度要求较高，为确保零件加工精度，零件加工前应对毛坯进行时效处理。

（5）其他工序安排　零件加工过程中多次采用划线工序，以保证零件被加工表面的正确位置以及保证被加工表面的余量均匀。

（6）设备、工装选择　设备选择卧式铣床、卧式镗床。

（7）填写工艺文件　机械加工工艺过程卡片如表 4-8 所示。

表 4-8　机械加工工艺过程卡片

机械加工工艺过程卡片				产品名称	零件名称	零件号	第页
材料	硬度	毛坯类型	每毛坯件数	序号	工序或工步内容	设备	工装
ZL107	55～62HRC						

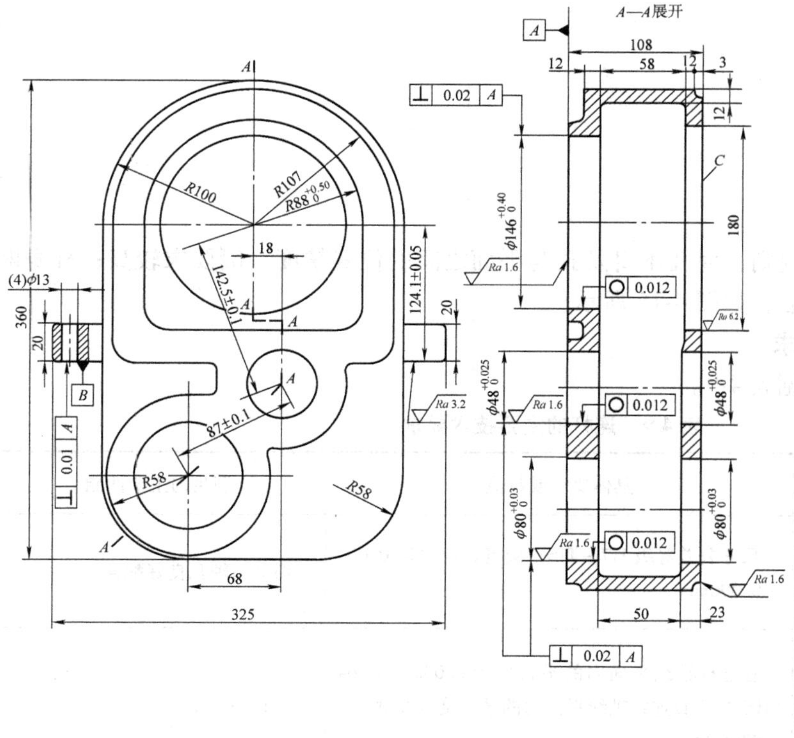

序号	工序或工步内容	设备	工装
1	铸	铸造	
2	退火		
3	以 ϕ46mm、ϕ80mm 两孔为基准，适当兼顾轮廓，画出各表面和孔的轮廓线	台虎钳	
4	按线校正，粗铣 *A* 面及其对面	X52	面铣刀
5	以 *A* 面定位，按线找正，粗铣安装面 *B*	X52	盘铣刀
6	划三孔及 *R*88mm 扇形缺圆孔线		通用角铁
7	上角铁夹具，以 *A* 面（3）、*B* 面（2）为定位基准，按线找正粗镗三孔及 *R*88mm 扇形缺圆孔	T619	镗刀
8	精铣 *A* 面及其对面	X52	面铣刀
9	精铣安装面 *B*，留刮研余量 0.2mm	X52	盘铣刀
10	上钻模，钻壳体端盖螺钉孔及 *B* 面安装孔	Z525	钻模、钻头
11	刮 *B* 面，达到 6～10 点/25mm×25mm，保证垂直度 0.01mm，四边修毛倒角		平板、刮刀、研模、检具
12	上镗模，半精镗三孔及 *R*88mm 扇形缺圆孔	T619	镗模，镗刀
13	内腔涂黄色漆		
14	上镗模夹具，精镗三孔达到图样要求	T619	镗模，镗刀
15	按图样要求检验入库	检验台	内径量表

					学生____　指导教师____
更改标记	签名	更改数据	签名	日期	

4.3.4 箱体零件的检验

表面粗糙度检验通常用目测或样板比较法，只有当 *Ra* 值很小时，才考虑使用光学量仪或用粗糙度仪。

孔的尺寸精度：一般用塞规检验；单件小批生产时可用内径千分尺或内径千分表检验；若精度要求很高可用气动量仪检验。

平面的直线度：可用平尺和塞尺或水平仪与桥板检验。

平面的平面度：可用自准直仪或水平仪与桥板检验，也可用涂色检验。

同轴度检验：一般工厂常用检验棒检验同轴度。

孔间距和孔轴线平行度检验：根据孔距精度的高低，可分别使用游标卡尺或千分尺，也可用量块测量。

三坐标测量机可同时对零件的尺寸、形状和位置等进行高精度的测量。

4.4 连杆加工

4.4.1 概述

1. 连杆的结构特点

连杆的形状复杂而不规则，而孔本身及孔与平面之间的位置精度一般要求较高；杆身断面不大，刚度较差，易变形，如图 4-15 所示。

2. 连杆的主要技术要求

连杆的主要技术要求见表 4-9。

表 4-9 连杆的主要技术要求

技术要求项目	具体要求或数值	满足的主要性能
大、小孔精度	尺寸公差等级 IT7 ~ IT6，圆度、圆柱度 0.004 ~ 0.006mm	保证与轴瓦良好配合
两孔轴线在两个互相垂直方向上的平行度	在连杆轴线平面内的平行度为 0.002 ~ 0.004 : 100 在垂直连杆轴线平面内的平行度为 0.004 ~ 0.006 : 100	气缸的压缩比
大头孔两端面对其轴线的垂直度	0.1 : 100	减小曲轴轴颈边缘的磨损
两螺孔（定位孔）的位置精度	在两个垂直方向上的平行度为 0.002 ~ 0.004 : 100 对结合面的垂直度为 0.1 ~ 0.2 : 100	保证正常承载能力和大头空轴瓦与曲轴轴颈的良好配合
连杆组内各连杆的质量差	±2%	保证运转平稳

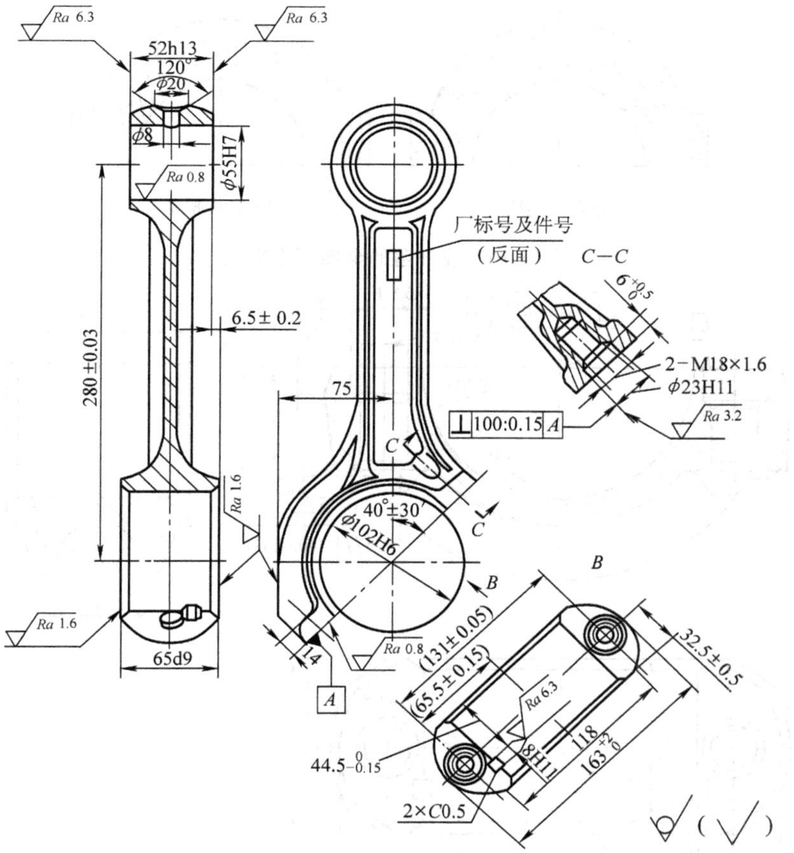

图 4-15　某柴油机连杆体零件图

4.4.2　连杆的加工工艺过程

1. 材料与毛坯

连杆材料一般采用 45 钢或 40Cr、45Mn2 等优质钢或合金钢，也可采用球墨铸铁。

钢制连杆都用模锻制造毛坯。连杆毛坯的锻造工艺有两种方案：连杆体和盖分开锻造、连杆体和盖整体锻造。从锻造后材料的组织来看，分开锻造的连杆盖金属纤维是连续的如图 4-16a 所示，因此具有较高的强度；而整体锻造的连杆，铣切后，连杆盖的金属纤维是断裂的如图 4-16b 所示，因而削弱了强度。但整体锻造可以提高材料利用率，减小结合面的加工余量，加工时装夹也较方便。整体锻造只需要一套锻模，一次便可锻成，有利于组织和管理生产。

2. 连杆的加工工艺过程

图 4-15 是某柴油机连杆体零件图，图 4-17 是它的连杆盖的零件图。这两个零件用螺钉或螺栓联接，用定位套定位。该柴油机连杆的生产属于大批量生产，采用流水线加工，机床按连杆的机械加工工艺过程连续排列，设备多为专用机床。

该连杆毛坯采用分开锻造工艺，先分别加工连杆体和连杆盖，然后合件加工。其机械加工工艺过程见表 4-10 和表 4-11。

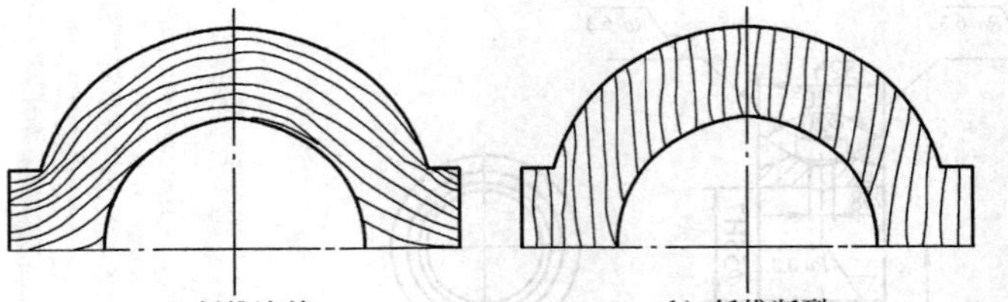

a) 纤维连续　　b) 纤维断裂

图 4-16　连杆盖的金属纤维组织

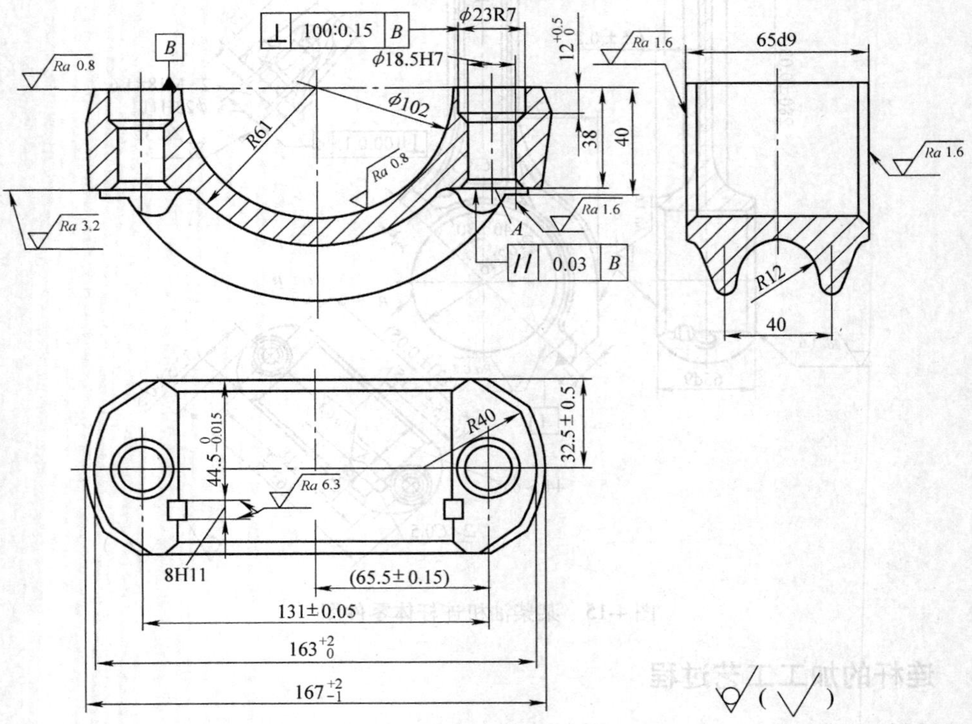

图 4-17　某柴油机连杆盖零件图

表 4-10　连杆体与连杆盖加工工艺过程

连杆体			连杆盖			加工设备
工序号	工序内容	定位基准	工序号	工序内容	定位基准	
1	模锻		1	模锻		
2	调质		2	调质		
3	磁性探伤		3	磁性探伤		
4	粗、精铣两平面	大头孔壁，小头外廓端面	4	粗、精铣两平面	端面结合面	立式双头回转铣床
5	磨两平面	端面	5	磨两平面	端面	立轴圆台平面磨床
6	钻、扩、铰小头孔、孔口倒角	大、小头端面，小头外廓工艺凸台				立式五工位机床

（续）

连杆体			连杆盖			加工设备
工序号	工序内容	定位基准	工序号	工序内容	定位基准	
7	粗、精铣工艺凸台及结合面	大、小头端面，小头孔，大头孔壁	6	粗、精铣结合面	端面肩胛面	立式双头回转铣床
8	两件连杆体粗镗大头孔，倒角	大、小头端面，小头孔，工艺凸台	7	两件连杆盖粗镗大头孔，倒角	肩胛面、螺钉孔外侧	卧式三工位机床
9	磨结合面	大、小头端面，小头孔，工艺凸台	9	磨结合面	肩胛面	立轴矩台平面磨床
10	钻、攻螺纹孔，钻、铰定位孔	小头孔及端面、工艺凸台	9	钻、扩沉头孔，钻、铰定位孔	端面，大头孔壁	卧式五工位机床
11	精镗定位孔	定位孔结合面	10	精镗定位孔	定位孔结合面	
12	清洗		11	清洗		
13	打印件号		13	打印件号		
14	检验		14	检验		

表 4-11 连杆合件加工工艺过程

工序号	工序内容	定位基准	机床设备
1	杆与盖对号，清洗，装配		
2	磨两平面	大、小头端面	立轴圆台平面磨床
3	半精镗大头孔及孔口倒角	大、小头端面，小头孔及工艺凸台	立轴镗铣床
4	精镗大、小头孔	大头端面，小头孔及工艺凸台	金刚镗床
5	钻小头油孔及孔口倒角		立轴镗铣床
6	珩磨大头孔		珩磨机
7	小头孔内压入活塞销轴承		专用夹具
8	铣小头两端面	大、小头端面	立式双头回转铣床
9	精镗小头轴承孔	大、小头孔	金刚镗床
10	拆开连杆盖		
11	铣体与盖大头轴瓦定位槽		
12	对号、装配		铣定位槽专用铣床
13	退磁		
14	检验		

4.4.3 连杆的加工工艺过程分析

（1）定位基准的选择 连杆的加工工艺过程的大部分工序都采用统一的定位基准：一个端面、小头孔及工艺凸台。这样有利于保证连杆的加工精度，而且端面的面积大，定位也比较稳定。其中，端面、小头孔作为定位基准，也符合基准重合原则。

由于连杆的外形不规则，为了定位需要，在连杆大头处作出工艺凸台，作为辅助基准面。

连杆大、小头端面对称分布在杆身的两侧，由于大、小头孔厚度不等，大头端面与同侧小头端面不在一个平面上，用这样的不等高面作定位基准，必然会产生定位误差。制订工艺时，可先把大、小头作为一样的厚度，这样就可以避免上述缺点，而且由于定位面积加大，使得定位更加可靠，直到加工的最后阶段才铣出这个阶梯面。

（2）加工阶段的划分　连杆本身的刚度比较低，在外力的作用下容易变形，因此，在安排工艺过程时，应把各主要表面的粗、精加工工序分开。如大头孔先进行粗镗（工序8），连杆合件加工后再半精镗大孔（工序3），精镗大头孔（工序4）。

连杆工艺过程可分为以下三个阶段：

1）粗加工阶段。粗加工阶段也是连杆体和盖合并前加工阶段，如基准面（包括辅助基准面）加工、为准备连杆体及盖合并所进行的加工（如结合面的铣、磨）等。

2）半精加工阶段。半精加工阶段是连杆体和盖合并后加工阶段，如精磨两平面、半精镗大头孔及孔口倒角等。总之，是为精加工大、小头孔作准备的阶段。

3）精加工阶段。精加工阶段是最终保证连杆主要表面——大、小头孔全部达到图样要求的阶段，如珩磨大头孔、精镗小头轴承孔等。

（3）确定合理的夹紧方法　连杆是一个刚性较差的工件，应十分注意夹紧的力的大小、作用力的方向及着力点的位置的选择，以免因受夹紧力的作用而产生变形，使得加工精度降低。

（4）主要表面的加工

1）两端面的加工。连杆的两端面是连杆加工过程中最主要的定位基准面，而且在许多工序中使用，所以应先加工它，而随着工艺过程的进行要逐渐精化，以提高其定位精度。大批大量生产多采用拉削和磨削加工；成批生产多采用铣削加工。

2）大、小头孔的加工。连杆大、小头孔的加工是连杆加工中的关键工序，尤其大头孔的加工，是连杆加工中要求最高的部位，直接影响到连杆成品的质量。一般先加工小头孔，后加工大头孔，合装后再同时精加工大、小头孔。小头孔直径小，锻坯上一般不锻出预孔，所以小头孔首道工序为钻削加工。加工方案多为：钻——扩（拉）——镗（铰）。

无论采用整体锻造还是分开锻造，大头孔都会锻出预孔，因此大头孔首道工序都是粗镗（或扩）。大头孔的加工方案多为：（扩）粗镗——半精镗——精镗。

在大、小头孔的加工中，镗孔是保证精度的主要方法。连杆的孔深与孔径比皆在1左右，这个范围镗孔工艺性最好，镗杆悬伸短，刚性好。大、小头孔的精镗一般都在专用的双轴镗床上同时进行，有条件的厂采用双面、双轴金刚镗床，对提高加工精度和生产效率效果更好。

大、小头孔的光整加工是保证孔的尺寸、形状精度和表面粗糙度不可缺少的加工工序。一般有以下三种方案：①珩磨；②金刚镗；③脉冲式滚压。

3）工艺路线多为工序分散。连杆加工多属大批量生产。其工艺路线多为工序分散。一部分工序用高生产率的组合机床和专用机床，并广泛地使用气动、液压夹具，以提高生产率，满足大批量生产的需要。

4.4.4　典型连杆的加工工艺过程

图4-18所示为某一汽车气门摇臂轴支座零件图，大批量生产，试拟定此零件的制造工艺过程。

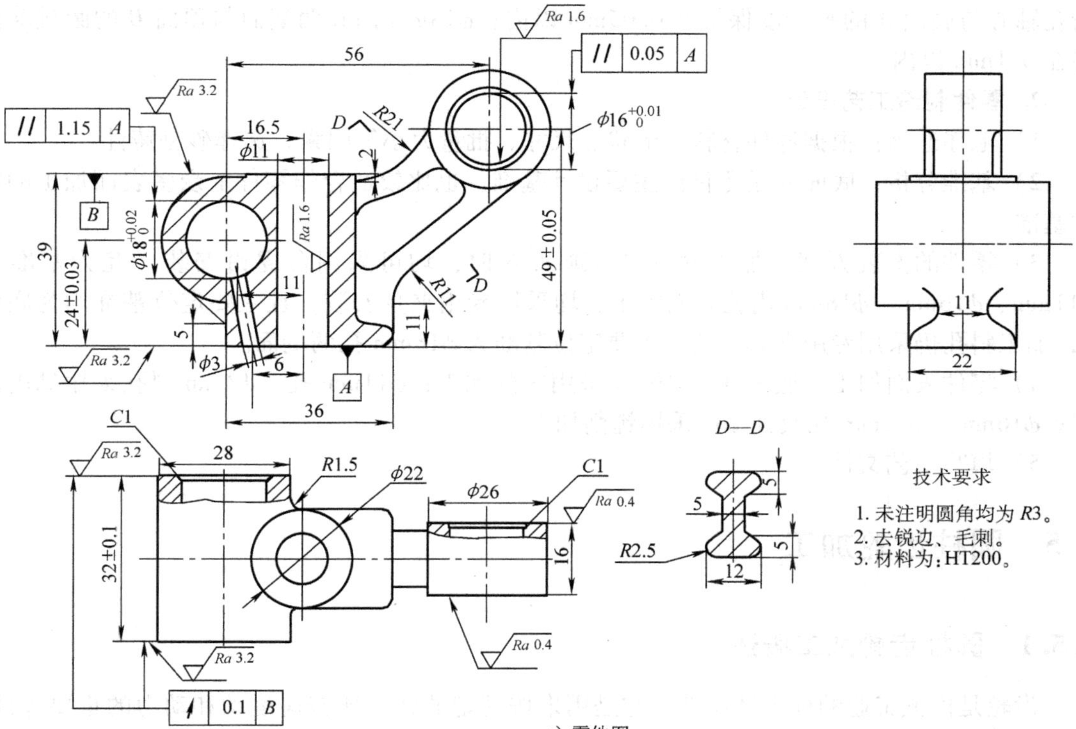

a) 零件图

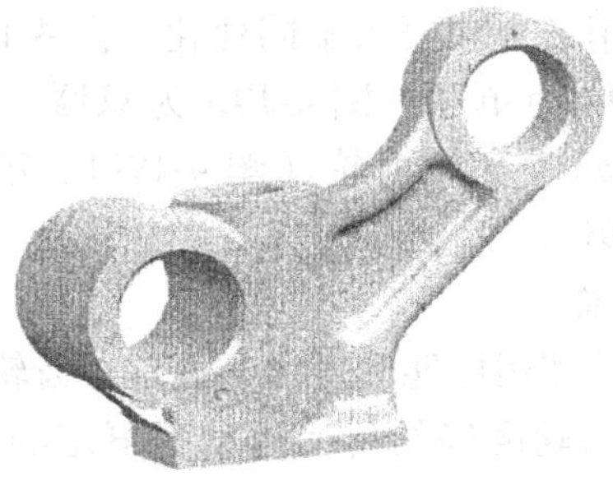

b) 三维图

图4-18　汽车气门摇臂轴支座零件图

1. 零件的工艺分析

1）零件材料：HT200。切削加工性良好，是脆性材料，易产生崩碎，切屑加工中有冲击。选择刀具参数时适当减小前角以强化切削刃即可；刀具材料选择范围较大，高速钢及YG硬质合金均可胜任。

2）组成表面分析：ϕ11mm圆孔及其上下端面，ϕ16mm内孔及其两端面，ϕ18mm内孔及其两端面，ϕ3mm 斜孔，倒角，各外圆表面，各外轮廓表面。

3）主要表面分析：ϕ16mm、ϕ18mm 孔用于支承零件，为工作面，孔表面粗糙度 *Ra*1.6μm，ϕ11mm 孔底面为安装（支承）面，亦是该零件的主要基准。

4）主要技术要求：ϕ16mm 内孔轴心与底面 *A* 的平行度保持在 0.05mm 以内；ϕ18mm 内孔轴心与底面 *A* 的平行度保持在 0.05mm 以内；ϕ18mm 内孔两端面与顶面 *B* 的圆跳动保持在 0.1mm 以内。

2. 零件制造工艺设计

1）毛坯选择：根据零件材料、形状、尺寸、批量大小等因素，选择砂型铸件。

2）基准分析：底面 *A* 是零件的主要设计基准，也比较适合作零件上众多表面加工的定位基准。

3）零件的安装方案：加工底面 *A*、顶面 *B* 时，均可采用台虎钳安装（互为基准）；ϕ11mm、ϕ16mm、ϕ18mm 内孔表面加工，均采用专用夹具安装，且主要定位基准均为底面 *A*；加工斜孔仍采用专用夹具安装，主要定位基准为 ϕ18mm 孔两端面。

4）零件表面加工：底面 *A*、顶面 *B* 采用铣削加工；ϕ11mm 孔、ϕ3mm 斜孔采用钻削加工；ϕ16mm、ϕ18mm 孔及其端面采用镗削加工。

5）填写工艺文件。

4.5 圆柱齿轮加工

4.5.1 圆柱齿轮加工概述

齿轮是机械工业的标志性零件，它是用来按规定的转速比传递运动和动力的重要零件，在各种机器和仪器中应用非常普遍。

1. 圆柱齿轮的结构特点和分类

齿轮的结构形状按使用场合和要求不同变化，图 4-19 是常用圆柱齿轮的结构形式，可分为：盘形齿轮（图 4-19a 为单联、图 4-19b 为双联、图 4-19c 为三联）、内齿轮（图 4-19d）、连轴齿轮（图 4-19e）、套筒齿轮（图 4-19f）、扇形齿轮（图 4-19g）、齿条（图 4-19h）和装配齿轮（图 4-19i）。

2. 圆柱齿轮的精度要求

齿轮自身的精度影响其使用性能和寿命，通常对齿轮的制造提出以下精度要求：

(1) 运动精度　确保齿轮准确的传递运动和恒定的传动比，要求最大转角误差不能超过相应的规定值。

(2) 工作平稳性　要求传动平稳，振动、冲击、噪声小。

(3) 齿面接触精度　为保证传动中载荷分布均匀，齿面接触要求均匀，避免局部载荷过大、应力集中等造成过早磨损或折断。

(4) 齿侧间隙　要求传动中的非工作面留有间隙以补偿温升、弹性形变和加工装配的误差，并利于液压油的储存和油膜的形成。

3. 齿轮材料、毛坯和热处理

(1) 材料选择　根据使用要求和工作条件选取合适的材料，普通齿轮选用中碳钢和中碳

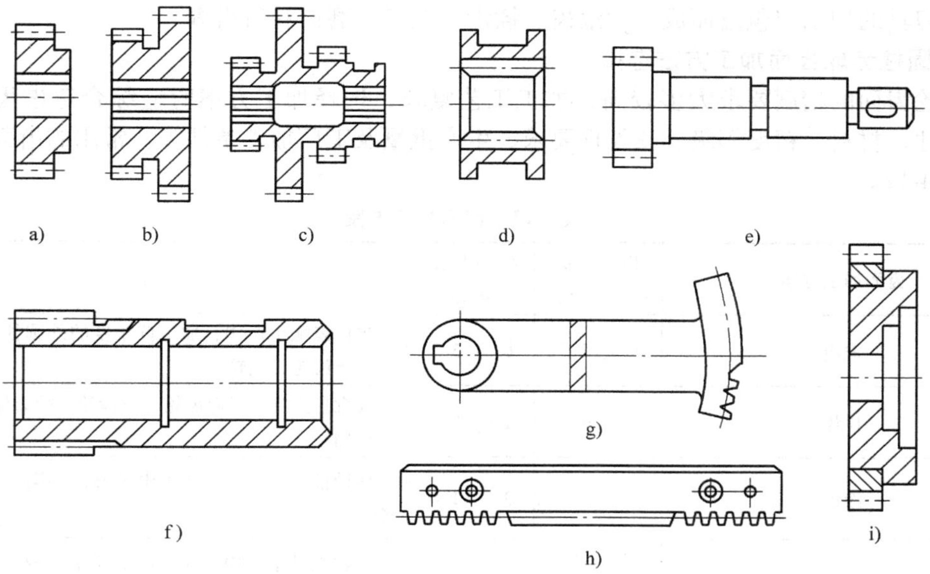

图4-19　常用圆柱齿轮的结构形式

合金钢，如40、45、50、40MnB、40Cr、45Cr、42SiMn、35SiMn2MoV等；要求高的齿轮可选取20Mn2B、18CrMnTi、30CrMnTi、20Cr等低碳合金钢；对于低速轻载的开式传动可选取ZG40、ZG45等铸钢材料或灰铸铁；非传力齿轮可选取尼龙、夹布胶木或塑料。

（2）齿轮毛坯　毛坯的选择取决于齿轮的材料、形状、尺寸、使用条件、生产批量等因素，常用的毛坯种类有：

1）铸铁件：用于受力小、无冲击、低速的齿轮。

2）棒料：用于尺寸小、结构简单、受力不大的齿轮。

3）锻坯：用于高速重载齿轮。

4）铸钢坯：用于结构复杂、尺寸较大不宜锻造的齿轮。

（3）齿轮热处理　在齿轮加工工艺过程中，热处理工序的位置安排十分重要，它直接影响齿轮的力学性能及切削加工的难易程度。一般在齿轮加工中有两种热处理工序：

1）毛坯的热处理。为了消除锻造和粗加工造成的残余应力、改善齿轮材料内部的金相组织和切削加工性能，在齿轮毛坯加工前后通常安排正火或调质等预热处理。

2）齿面的热处理。为了提高齿面硬度、增加齿轮的承载能力和耐磨性而进行的齿面高频淬火、渗碳淬火、氮碳共渗和渗氮等热处理工序，一般安排在滚齿、插齿、剃齿之后，珩齿、磨齿之前。

4.5.2　圆柱齿轮齿面加工方法

1. 齿轮齿面（形）加工方法的分类

按齿面形成的原理不同，齿面加工可以分为两类方法：

（1）成形法　用与被切齿轮齿槽形状相符的成形刀具切出齿面的方法，如铣齿、拉齿和成形磨齿等。

（2）展成法　齿轮刀具与工件按齿轮副的啮合关系作展成运动切出齿面的方法，工件的齿面由刀具的切削刃包络而成，如滚齿、插齿、剃齿、磨齿和珩齿等。

2. 圆柱齿轮齿面加工方法选择

齿轮齿面的精度要求大多较高，加工工艺复杂，选择加工方案时应综合考虑齿轮的结构、尺寸、材料、精度等级、热处理要求、生产批量及工厂加工条件等。常用的齿面加工方案见表4-12。

表 4-12 齿面加工方案

齿面加工方案	齿轮精度等级	齿面粗糙度 Ra/μm	适用范围
铣齿	9级以下	6.3~3.2	单件修配生产中，加工低精度的外圆柱齿轮、齿条、锥齿轮、蜗轮
拉齿	7级	1.6~0.4	大批量生产7级内齿轮、外齿轮，拉刀制造复杂，故少用
滚齿	8~7级	3.2~1.6	各种批量生产中，加工中等质量外圆柱齿轮及蜗轮
插齿		1.6	各种批量生产中，加工中等质量的内、外圆柱齿轮、多联齿轮及小型齿条
滚（或插）齿—淬火—珩齿		0.8~0.4	用于齿面淬火的齿轮
滚齿—剃齿	7~6级	0.8~0.4	主要用于大批量生产
滚齿—剃齿—淬火—珩齿		0.4~0.2	
滚（插）齿—淬火—磨齿	6~3级	0.4~0.2	用于高精度齿轮的齿面加工，生产率低，成本高
滚（插）齿—磨齿	6~3级		

4.5.3 圆柱齿轮零件加工工艺过程示例

1. 工艺过程示例

圆柱齿轮的加工工艺过程一般应包括以下内容：齿轮毛坯加工、齿面加工、热处理工艺及齿面的精加工。

在编制齿轮加工工艺过程中，常因齿轮结构、精度等级、生产批量以及生产环境的不同，而采用各种不同的方案。

图4-20为一直齿圆柱齿轮零件图，表4-13列出了该齿轮机械加工工艺过程。从中可以看出，编制齿轮加工工艺过程大致可划分如下几个阶段：

1）齿轮毛坯的形成：锻件、棒料或铸件。

2）粗加工：切除较多的余量。

3）半精加工：车、滚、插齿面。

4）热处理：调质、渗碳淬火、齿面高频淬火等。

5）精加工：精修基准、精加工齿面（磨、剃、珩、研齿和抛光等）。

表 4-13 直齿圆柱齿轮机械加工工艺过程

工序号	工序名称	工序内容	定位基准
1	锻造	毛坯锻造	
2	热处理	正火	

（续）

工序号	工序名称	工序内容	定位基准
3	粗车	粗车外形，各处留加工余量2mm	外圆和端面
4	精车	精车各处，内孔至ϕ84.8mm，留磨削余量0.2mm，其余至尺寸	外圆和端面
5	滚齿	滚切齿面，留磨齿余量0.25～0.3mm	内孔和端面*A*
6	倒角	倒角至尺寸（倒角机）	内孔和端面*A*
7	钳工	去毛刺	
8	热处理	齿面：52HRC	
9	插键槽	至尺寸	内孔和端面*A*
10	磨平面	靠磨大端面*A*	内孔
11	磨平面	平面磨削*B*面	端面*A*
12	磨内孔	磨内孔至ϕ85H5	内孔和端面*A*
13	磨齿	齿面磨削	内孔和端面*A*
14	检验	终结检验	

模数	m	3.5
齿数	z	63
压力角	α	20°
精度等级		655GH
基节极限偏差	F_r	±0.006
公法线长度变动公差	E_∞	0.016
跨齿数	k	8
公法线平均长度		$80.58^{-0.14}_{-0.22}$
齿向公差	F_β	0.007
齿形公差	F_f	0.007

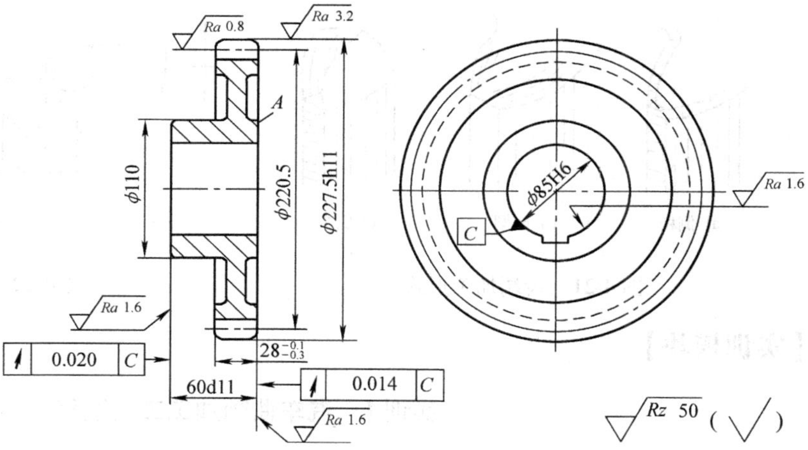

图4-20　直齿圆柱齿轮零件图

2. 齿轮加工工艺过程分析

（1）定位基准的选择　对于齿轮定位基准的选择，常因齿轮结构形状的不同而有所差异。带轴齿轮主要采用顶尖定位，孔径大时则采用锥堵。顶尖定位的精度高，且能做到基准统一。带孔齿轮在加工齿面时常采用以下两种定位、夹紧方式：

1）以内孔和端面定位。即以工件内孔和端面联合定位，确定齿轮中心和轴向位置，并采用面向定位端面的夹紧方式。这种方式可使定位基准、设计基准、装配基准和测量基准重合，定位精度高，适于批量生产。但对夹具的制造精度要求较高。

2）以外圆和端面定位。工件和夹具心轴的配合间隙较大，用千分表校正外圆以决定中心的位置，并以端面定位；从另一端面施以夹紧。这种方式因每个工件都要校正，故生产效率低；它对齿坯的内、外圆同轴度要求高，而对夹具精度要求不高，故适于单件、小批量生产。

（2）齿轮毛坯的加工　齿面加工前的齿轮毛坯加工，在整个齿轮加工工艺过程中占有很重要的地位，因为齿面加工和检测所用的基准必须在此阶段加工出来；无论是为了提高生产率，还是为了保证齿轮的加工质量，都必须重视齿轮毛坯的加工。

在齿轮的技术要求中，应注意齿顶圆的尺寸精度要求，因为齿厚的检测是以齿顶圆为测量基准的，齿顶圆精度太低，必然使所测量出的齿厚值无法正确反映齿侧间隙的大小。所以，在这一加工过程中应注意下列三个问题：

1）当以齿顶圆直径作为测量基准时，应严格控制齿顶圆的尺寸精度。

2）保证定位端面和定位孔或外圆相互的垂直度。

3）提高齿轮内孔的制造精度，减小与夹具心轴的配合间隙。

（3）齿端的加工　齿轮的齿端加工有倒圆、倒尖、倒棱和去毛刺等形式，如图 4-21 所示。倒圆、倒尖后的齿轮在换档时容易进入啮合状态，减少撞击现象。倒棱可除去齿端尖边和毛刺。图 4-22 所示是用指形铣刀对齿端进行倒圆的加工示意图。倒圆时，铣刀高速旋转，并沿圆弧作摆动，加工完一个齿后，工件退离铣刀，经分度再快速向铣刀靠近加工下一个齿的齿端。齿端加工必须在齿轮淬火之前进行，通常都在滚（插）齿之后，剃齿之前安排齿端加工。

图 4-21　齿端加工形式

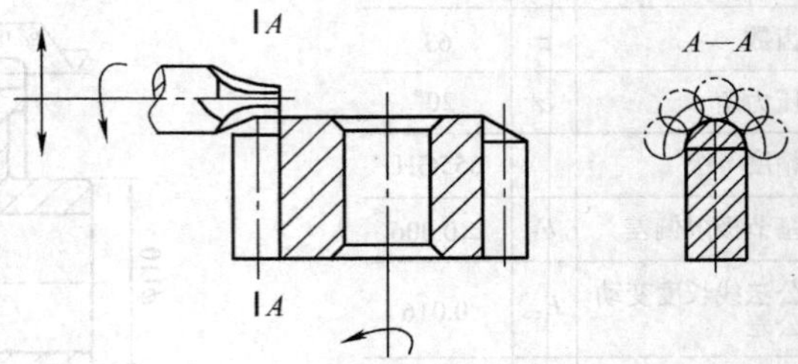

图 4-22　齿端倒圆工艺

【实训模块】

实训 1　汽车曲轴加工工艺过程

图 4-23 所示为某汽车厂曲轴零件图，以年产 3000 件为例说明此零件的加工工艺过程。

实训 2　端盖零件加工工艺过程

加工如图 4-1 所示端盖零件的设备和加工方法分析如下。

1. 端盖零件加工技术要求

（1）端盖零件的材料　由图 4-1 所示零件图可知，该零件的材料为 ZL102。ZL102 是 $w_{Si}=12\%$，余量为铝的铸造合金，俗称硅铝明。铸造铝合金和铜合金一样均属于非铁合金。

（2）端盖零件加工精度要求如下。

1）尺寸精度，内孔 $\phi36^{+0.025}_{0}$ mm 和孔 $\phi62^{+0.02}_{-0.01}$ mm，IT7；外圆柱面 $\phi50^{0}_{-0.017}$ mm，IT6 级。在配合中一般是轴的精度比孔的精度高 1 级，主要是因为孔为内表面加工，工艺性较差的缘故。

2）形状精度，主要是内孔和圆柱面的圆度及圆柱度，一般应限制在直径公差范围内。

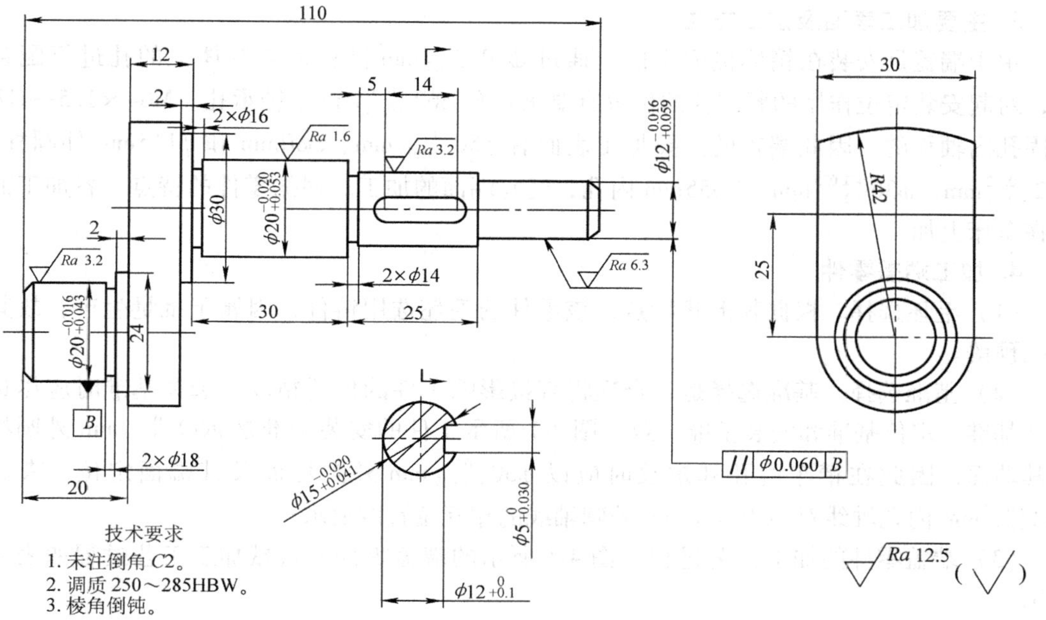

a) 零件图

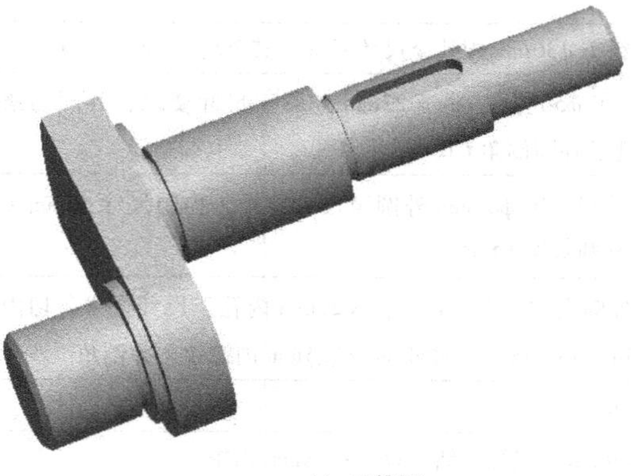

b) 三维图

图 4-23 曲轴零件简图

一般情况下轴的几何形状不超过直径公差的 1/2，对几何形状精度要求较高时，可在零件图上另行规定其允许的公差。

3）位置精度，$\phi62^{+0.02}_{-0.01}$mm 内孔轴线对 $\phi50^{\ 0}_{-0.017}$mm 外圆轴线的径向圆跳动公差为 0.03μm；3×ϕ9mm 圆柱孔轴线对 $\phi50^{\ 0}_{-0.017}$mm 外圆轴线的位置度公差为 ϕ0.2mm。

4）表面粗糙度，主要配合表面的 Ra 为 1.6μm，其余表面的 Ra 为 12.5μm。

5）倒角为 $C1$，未注圆角为 $R1.5$mm，未注公差尺寸形状精度为 IT9～IT10。

2. 零件的功能及作用

端盖零件是机械加工中经常加工的一类零件，安装在箱体上，对传动轴起着支撑和导向作用。

3. 主要加工表面及加工方法

由于端盖是安装在箱体侧面上的，通过 $\phi 50_{-0.017}^{0}$ mm 圆柱面与箱体上的孔进行配合安装，对起安装定位作用的紧固孔的位置有要求。孔 $\phi 62_{-0.01}^{+0.02}$ mm 是轴承孔。M64×1.5—H7 是紧固孔内轴承的，因此端盖的主要加工表面有 $\phi 50_{-0.017}^{0}$ mm、ϕ80mm 和 ϕ115mm 外圆柱面，$\phi 62_{-0.01}^{+0.02}$ mm、$\phi 36_{0}^{+0.025}$ mm 和 ϕ55mm 内孔，还有端面的加工。根据零件的特点，各加工面均为在车床上加工。

4. 加工端盖零件

（1）毛坯选择　根据其形状特点，该零件的毛坯选用铸件，因属于批量生产，故其中心孔预留。

（2）基准选择　基准选择是否合理将直接影响工件的位置精度，选择基准时应尽量使设计基准、定位基准和安装基准一致。图 4-1 所示工件的安装基准是 $\phi 50_{-0.017}^{0}$ mm 外圆柱面及其端面，因此在精车内孔和螺纹时应以 $\phi 50_{-0.017}^{0}$ mm 外圆柱面及其端面定位，来保证 $\phi 62_{-0.01}^{+0.02}$ mm 内孔轴线对 $\phi 50_{-0.017}^{0}$ mm 外圆轴线的相互位置度要求。

（3）端盖零件的加工工艺过程　图 4-1 所示的端盖零件的机械加工工艺过程如表 4-14 所示。

表 4-14　端盖零件机械加工工艺过程

序号	工序名称	工序内容	设　备
1	备料		
2	粗车	粗车毛坯全部，粗车 ϕ36mm 内孔至尺寸要求，其余均留 2mm 余量	CA6140
3	半精车	夹 ϕ80mm 外圆，车 $\phi 50_{-0.017}^{0}$ mm×22mm 外圆至尺寸要求，外圆切槽 2mm×0.5mm，内孔及外圆倒角 C1	CA6140
4	精车	软爪夹 ϕ115mm 外圆，车 ϕ80mm 外圆至尺寸要求，控制尺寸 50mm±0.2mm 及 ϕ115mm 外圆长度 15mm	CA6140
5	精车	以 $\phi 50_{-0.017}^{0}$ mm 外圆定位，车 $\phi 62_{-0.01}^{+0.02}$ ×29mm 内孔至尺寸要求，切内槽 4mm 及内孔 ϕ55mm×6mm，车 M64mm×1.5mm 内螺纹，并倒角	CA6140 及车床夹具
6	刨	刨削扁榫至尺寸 48mm	B6050
7	钳	钻 3×ϕ14mm（ϕ9mm）沉孔，钻、攻 2×M8mm 内螺纹	Z5025
8	检验	按图检验	

【思考题与习题】

4-1　主轴的结构特点和技术要求有哪些？为什么要对其进行分析？它对制定工艺规程起什么作用？

4-2　主轴毛坯常用的材料有哪几种？对于不同的毛坯材料在各个加工阶段中所安排的热处理工序有什么不同？它们在改善材料性能方面起什么作用？

4-3　轴类零件的安装方式和应用有哪些？顶尖孔起什么作用？试分析其特点。

4-4　试分析主轴加工工艺过程中，如何体现“基准统一”、“基准重合”、“互为基准”、“自为基准”的原则？

4-5　编写图 4-24 所示挺杆轴的机械加工工艺规程。生产类型属于小批量生产，材料为 40Cr，毛坯为 ϕ35mm×130mm 的棒料。

4-6　套类零件的装夹方法有哪些？各有什么特点？

4-7　保证套类零件位置精度的方法有哪些？如何防止套类零件变形？

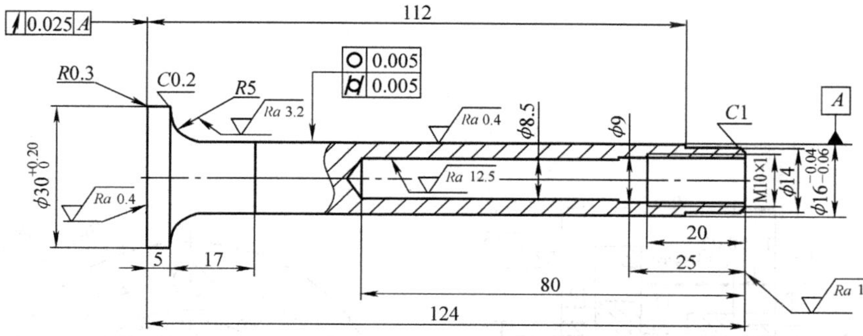

技术要求

1. 有头部为 ϕ30mm 的标准螺栓拧入 M10mm×1mm 螺孔，并用标准螺母拧紧，$\phi 30^{-0.04}_{-0.06}$mm 平面边缘对 ϕ16mm 轴线的端跳为 0.03mm。
2. 渗碳层深度为 0.7～0.8mm。
3. 20Cr 钢。

a) 零件图

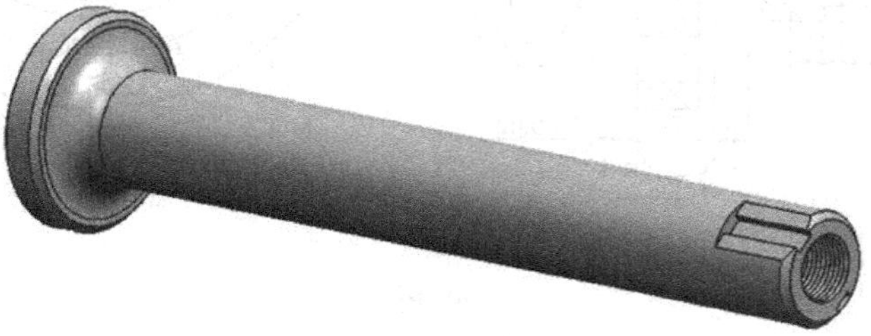

b) 三维图

图 4-24　挺杆轴

4-8　编写如图 4-25 所示轴阶套的机械加工工艺过程。生产类型为小批，毛坯材料为 45 钢。

4-9　箱体类零件常用什么材料？箱体类零件加工工艺要点如何？

4-10　箱体的结构特点和主要的技术要求有哪些？为什么要规定这些要求？

4-11　举例说明箱体零件选择粗、精基准时应考虑哪些问题？试举例比较采用“一面两销”或“几个面”组合两种定位方案的优缺点和适用的场合。

4-12　试编制如图 4-26 所示端盖机械加工工艺过程。生产类型为中批量生产，材料为 HT200。

4-13　圆柱齿轮规定了哪些技术要求和精度指标？它们对传动质量和加工工艺有什么影响？

4-14　试编制图 4-27 所示 CA6140 主轴箱中双联齿轮的机械加工工艺过程。材料为 40Cr，大批生产。齿轮技术参数见表 4-15。

表 4-15　齿轮的技术参数

齿数	60	80
模数	3	3
压力角	20°	20°
精度等级	7-FL	6-5-5-FL
公法线平均长度及极限偏差	$60.088^{-0.150}_{-0.205}$	$78.641^{-0.160}_{-0.210}$
跨测齿数	7	9

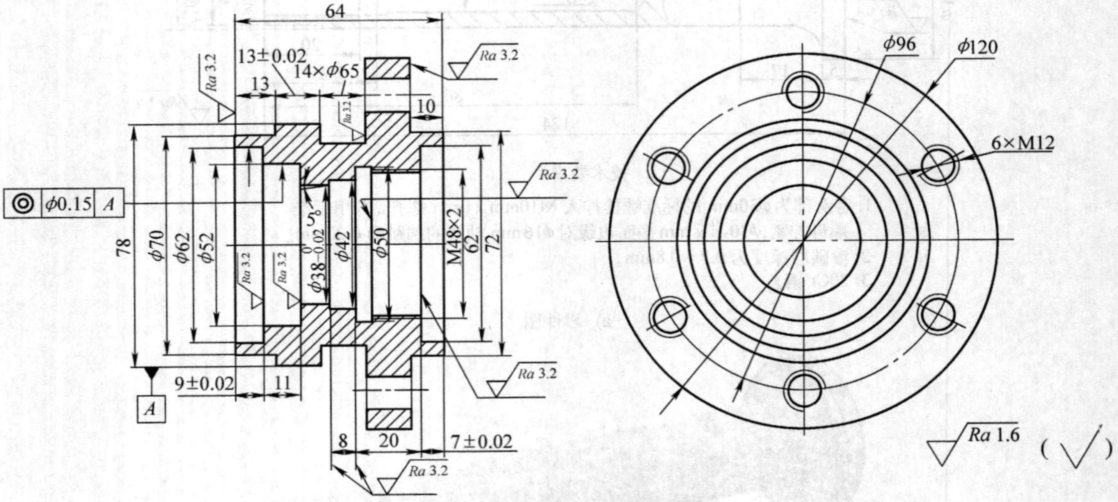

a) 零件图

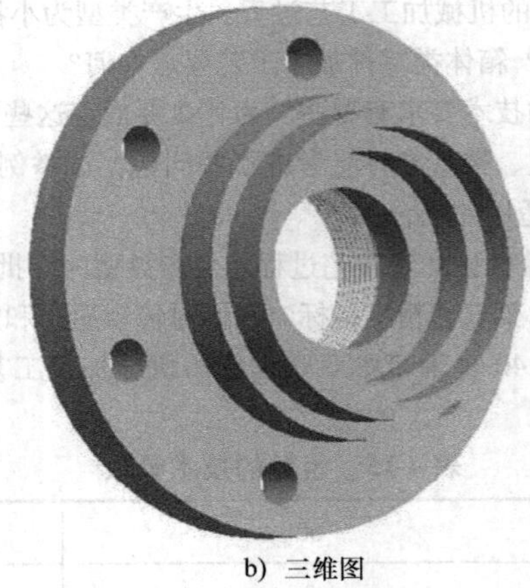

b) 三维图

图 4-25　轴阶套

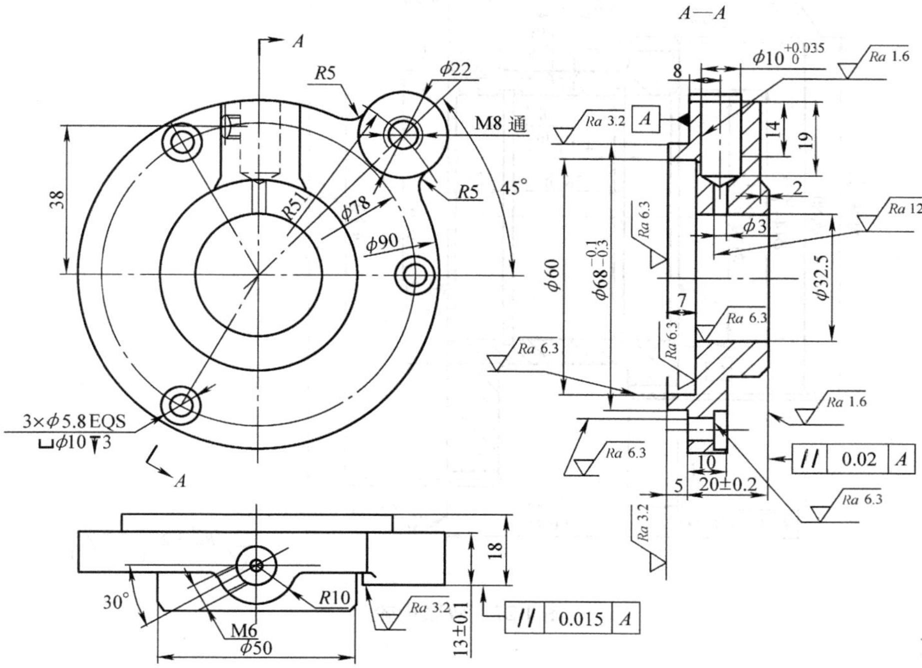

a) 零件图

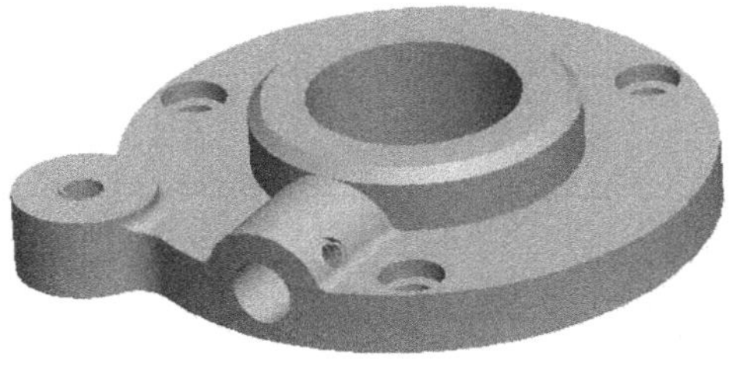

b) 三维图

图4-26　端盖

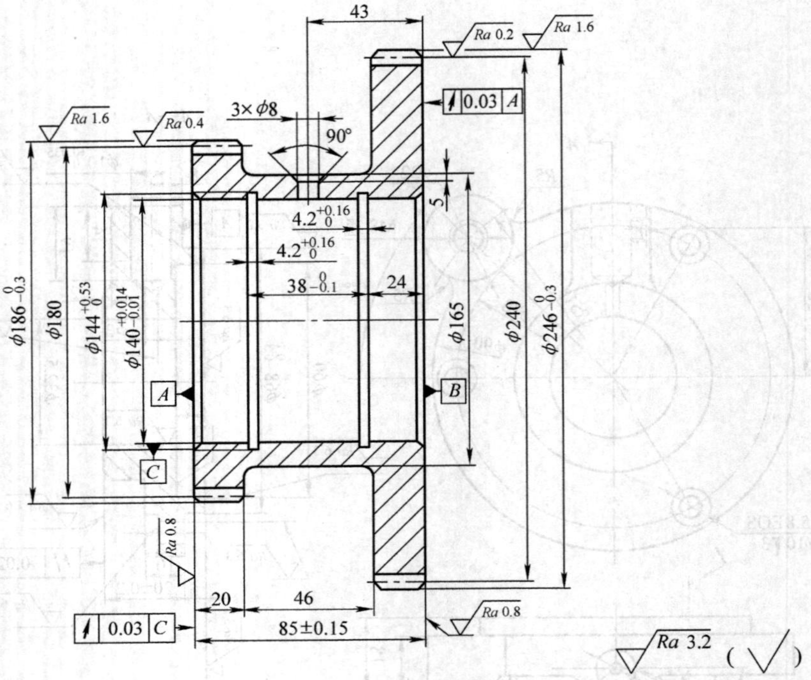
43
Ra 0.2
Ra 1.6
0.03 A
3×ϕ8
90°
Ra 1.6
Ra 0.4
5
4.2 +0.16 0
4.2 +0.16 0
38 0 -0.1
24
ϕ186 0 -0.3
ϕ180
ϕ144 +0.53 0
ϕ140 +0.014 -0.01
ϕ165
ϕ240
ϕ246 0 -0.3
A
B
C
Ra 0.8
20
46
0.03 C
85±0.15
Ra 0.8
Ra 3.2

图 4-27　双联齿轮

项目 5　装配工艺基础

学习指南　学会编制机械装配工艺规程

<table>
<tr><td rowspan="3" colspan="2">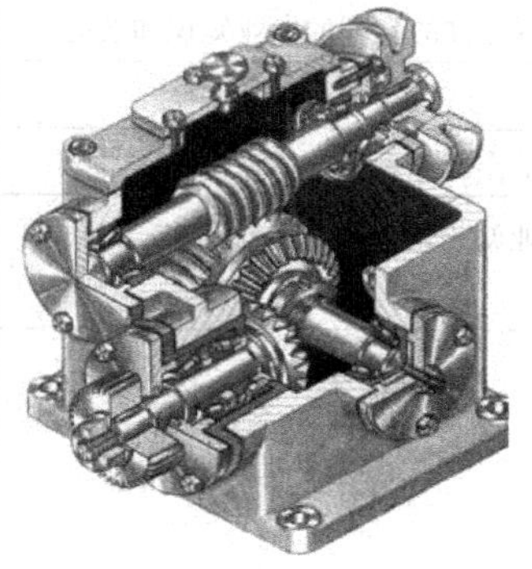</td><td colspan="4">项目 5　装配工艺基础</td></tr>
<tr><td>起草人员</td><td></td><td>起草时间</td><td></td></tr>
<tr><td>教学学期</td><td></td><td>参考课时</td><td>14 学时</td></tr>
<tr><td colspan="6">教学条件：教室、实训中心、机械制造工艺手册、视频光盘、计算机、网络、零件图样、机床设备、工艺装备、课件、黑板和多媒体等
机　　床：卧式车床、立式铣床、坐标磨床、万能外圆磨床
工艺装备：回转工作台、倾斜工作台、量块和百分表等</td></tr>
<tr><td colspan="6">学习过程计划</td></tr>
<tr><td>学习项目描述</td><td colspan="5">受某零部件制造有限公司委托，完成轴承组件装配。装配图如图 5-1 所示。</td></tr>
<tr><td>具体任务的设置</td><td colspan="5">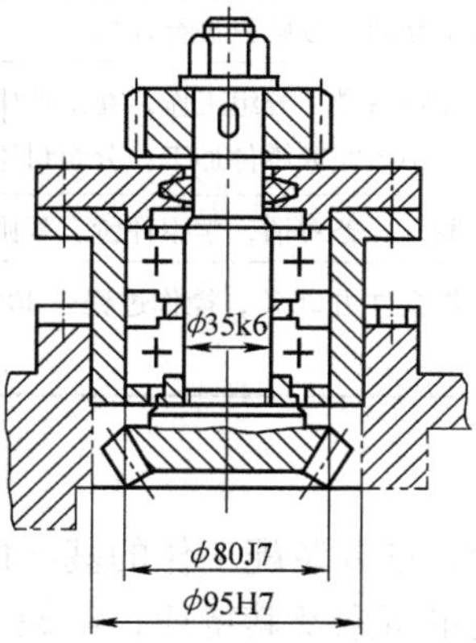
图 5-1　轴承组件装配图</td></tr>
<tr><td>能力目标</td><td colspan="5">1. 熟悉机器的装配过程
2. 能完成机器、部件的装配工艺规程设计
3. 熟悉机器装配精度的工艺方法
4. 能编制轴承组件装配工艺规程，填写装配加工工艺过程卡
5. 完成轴承组件的装配</td></tr>
</table>

（续）

专业技术内容	1. 分析机器的装配工艺过程 2. 熟悉装配工作的基本内容 3. 掌握装配精度的计算方法 4. 初步掌握轴承组件装配的实操方法	
教学方法建议	任务驱动法、多媒体教学、现场实作、分组讨论	
学习小组行动阶段	1. 资讯	学生从工作任务中收集工作的必要信息，初步掌握组件的装配的专业知识和技能
	2. 计划	学生制订学习计划，建立工作小组
	3. 决策	确定工作方案，工作任务分配到个人，并记录到工作任务表中
	4. 实施	学生以小组的形式，在工作任务的引导下完成专业知识的学习和技能训练，完成实际中板类零件的加工操作及实操工件质量的检测
	5. 检查	（1）装配工艺卡是否正确 （2）设计方案是否正确 （3）装配精度计算是否正确 （4）装配精度是否达到
	6. 评价	（1）能否装配出合格的产品 （2）所确定的是否为最合适的装配工艺方案 （3）学习目的是否达到，按照成绩评定标准给予评价（成绩评定标准由教师事先制订），填写反馈表
方法媒介和环境	1. 分析	课堂对话、四步法：讲解、演示、模仿、练习 教师指导、讲解、示范、学生实操
	2. 计划	课堂对话、课堂分组、教师监督、小组长负责
	3. 决策	师生互动，教师只进行评估
	4. 实施	在教师指导下分组工作，在工业中心（实训基地）实操实作产品，合理编制装配过程卡，小组完成零件加工。分组讨论，课堂对话，教师监督
	5. 总结	答疑，任务对话，学生评价，教师评价，企业评价，专家评价
	6. 成绩	工作文件占 20%，操作过程占 40%，工作结果占 20%，回报效果占 10%，团队占 10%

知识目标

1）了解机器的装配概念，掌握装配工作的基本内容、装配的组织形式。

2）理解装配尺寸链的基本概念及其特征，掌握用极值法和用概率法解装配尺寸链的计算公式。

3）掌握保证装配精度的工艺方法。

4）了解装配工艺规程的制订，掌握制订装配工艺规程的步骤。

技能目标

1）制订装配工艺规程的方法和步骤。

2）保证装配精度的工艺方法。

案例导入

任何机器都是由零件、组件和部件等装配而成。机器的体积大小不同，结构复杂各异，即使同一台机器，生产纲领、工作环境不同，也可能出现不同的装配方法。在机器的装配过程中，各有哪些装配方法？哪种装配方法又是合理的？装配精度和装配效率又如何？怎样求解装配工艺尺寸链？如实训模块中的车床丝杠的装配。这就需要学习机器（部件）的装配工艺基础。

【知识模块】

5.1　概述

5.1.1　装配的概念

机械产品一般是由许多零件和部件组成的，根据规定的技术要求，将若干个零件结合成部件或将若干个零件和部件结合成产品的过程，称为装配，前者称为部件装配，后者称为总装配。

为了制造合格的产品，必须抓住三个主要环节：第一，产品结构设计的正确性。它是保证产品质量的先决条件。第二，组成产品的各零件的加工质量。它是产品质量的基础。第三，装配质量和装配精度。它是产品质量的保证。

装配过程并不是将合格零件简单连接起来的过程，而是根据各级部件装配和总装配的技术要求，通过校正、调整、平衡、配件以及反复检验来保证产品质量的复杂过程。若装配不当，即使零件质量都合格，也不一定装配出合格的产品；反之，即使零件质量不太好，只要在装配中采取了合适的工艺措施，也能使产品达到或基本达到规定的质量要求。

5.1.2　装配工作的基本内容

1. 清洗

清洗的目的：去除制造、储藏、运输过程中所粘附的切屑、油脂和灰尘。

清洗的方法：擦洗、浸洗、喷洗和超声波清洗等。

清洗的工艺要点：清洗液（煤油、汽油、碱液及各种化学清洗液）及其工艺参数（温度、时间、压力等）。

2. 连接

连接就是将两个或两个以上的零件结合在一起。在装配过程中，有大量的连接工作。连接可分为可拆连接（相互连接的零件在拆卸时不损坏任何零件）和不可拆连接（相互连接的零件在使用过程中是不可拆卸的，如果要拆卸，必损坏某些零件）。

3. 校正、调整和配作

在产品的装配过程中，特别是在单件小批量生产的条件下，为了保证装配精度，往往需要进行一些校正、调整和配作工作，这是因为完全靠零件的互换装配法去保证装配精度往往是不经济的，有时甚至是不可能的。

校正是指各零件相互位置的找正、找平及相应的调整工作。常用的校正方法有：平尺校正、角尺校正、水平仪校正、拉钢丝校正、光学校正和激光校正等。

调整是相关零件相互位置的调节工作。它除了配合校正工作去调节零件的相互位置精度外，运动副的间隙调节是调整的主要内容。

配作是指在装配中，零件与零件之间或部件与零件之间的配钻、配铰、配刮和配磨等。它们是装配工作中附加的一些钳工和机械加工工作。

应当指出：配作是和校正、调整工作结合进行的，只有经过认真的校正、调整之后，才能进行配作。但在大批大量生产中，不宜过多利用配作，否则会影响生产效率的提高。

4. 平衡

对于转速较高、运动平稳性要求较高的机器，为了防止出现振动，对其有关旋转零部件（有时包括整机）需进行平衡试验，部件和整机的平衡要以旋转零件的平衡为基础。

旋转体的不平衡是由旋转体内部质量分布不均匀引起的。对旋转零部件消除不平衡的工作叫做平衡。平衡的方法有静平衡和动平衡两种，有关不平衡质量的大小和方位的计算和试验方法，可以参考机械设计课程。

对不平衡量的校正方法有：①用补焊、铆接、胶接或螺纹联接等方法加配质量；②用钻、铣等机械加工方法去除不平衡质量；③在预制的平衡槽内改变平衡块的位置和数量等。

5. 验收试验

机械产品完成装配后，应根据有关技术标准的规定，对产品进行较全面的验收和试验，合格后才能出厂。

此外，装配的基本工作还包括涂装、包装等。

5.1.3　机械装配精度

机械产品是由若干机械零件按确定的相互位置关系装配而成的。

机械产品的质量除了受结构设计的正确性、零件结构质量的影响外，主要是由设计时确定的产品零部件之间的位置精度和装配精度等来保证的。

装配精度，即装配后实际达到的精度，是装配工艺的质量指标。装配精度应根据产品的工作性能和要求来确定。正确规定产品的装配精度是产品设计的重要环节之一。它不仅关系到产品的质量，也影响到产品的经济性。同时，它是装配工艺过程设计的主要依据，也是合理确定零件的尺寸公差和技术条件的主要依据。

1. 装配精度的内容

（1）相对位置精度　包括机械产品中相关运动零部件之间的距离精度和位置精度。位置精度主要指相关零部件之间的平行度、垂直度、同轴度和各种跳动。

（2）相对运动精度　是指相对运动的零部件之间在运动方向、运动轨迹和运动速度上的精度。

运动方向精度表现为运动零部件之间相对运动的平行度和垂直度；运动轨迹精度表现为回转精度和移动精度等；运动速度精度即传动精度。

（3）配合精度　包括配合表面之间的配合质量和接触质量。配合质量是指零部件配合表面之间性质和精度与规定的配合性质和精度间的符合程度；接触质量是指两配合或连接表面之间达到规定的接触面积和接触点的分布情况。

2. 装配精度的确定原则

1）对于一些标准化、通用化和系列化的产品，如通用机床和减速器等，它们的装配精度可根据国家标准、部颁标准或行业标准来制订。

2）对于没有标准可循的产品，可根据用户的使用要求，参照经过试验的类似产品或部件的已有数据，采用类比法确定。

3）对于一些重要产品，要经过分析计算和试验研究后才能确定。

5.1.4　装配精度与零件精度的关系

机械产品是由许多零件组成的，零件的精度特别是关键零件的精度对整机的装配精度将有直接的影响。要保证整机的装配精度，就必须控制相关零件的加工精度。一般来说，装配精度要求越高，与此项装配精度有关的零件的加工精度要求也越高。

在有些情况下，产品的某一项装配精度只与一个零件的加工精度有关，如车床大托板的直线度只与导轨的精度有关。

在大多数情况下，装配精度与多个零件的相关精度有关，相关零件的加工误差的累积将影响装配精度。如图5-2a所示的卧式车床床头与尾座顶尖等高度要求示意图，等高度要求A_0与主轴箱A_1、尾部A_3、底板A_2的加工精度有关，并且是这些零件加工误差的累积。但等高度要求是很高的，一般小于0.03mm，为了保证装配精度的要求，必须合理地确定有关零件的加工精度，使它们的累积误差小于装配精度所规定的范围，从而简化装配程序。但是，在实际生产中，往往由于工艺技术水平和经济性的限制，按装配精度要求所确定的零件精度加工难以达到，这就需要先按经济加工精度来确定各零部件的加工精度，然后通过一定的工艺措施（选配法、修配法、调整法）来保证装配精度。

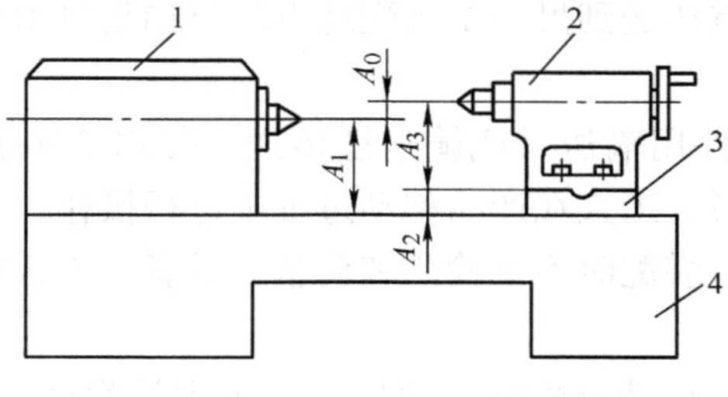

a) 结构示意图

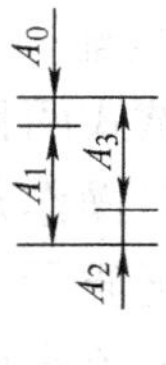

b) 装配尺寸链简图

图5-2　卧式车床床头与尾座顶尖等高度要求示意图

1—主轴箱　2—尾座　3—底板　4—床身

从以上的分析可知：产品的装配精度与零件的加工精度密切相关。零件的加工精度是保证装配精度的基础，但装配精度并不完全取决于零件的加工精度。装配精度的合理保证，应从产品结构、机械加工和装配工艺等方面综合考虑。装配尺寸链的分析是进行综合考虑的有效手段。

5.1.5　装配的组织形式

按照产品在装配过程中移动与否，装配组织形式可分为固定式和移动式两种，其主要根据产品特点（如重量、尺寸和结构复杂性等）、生产批量和现有生产条件（如工作场地、设备及工人技术条件）等进行选择。装配的组织形式影响装配效率和装配的工艺过程。

1. 固定式装配

固定式装配是将机器或部件安排在固定的工作地点进行装配，装配过程中产品位置不变，需要装配的零件集中在工作地点附近。根据装配地点的集中程度与装配工人流动与否，又可将固定式装配分为以下三种：

（1）集中固定式装配　全部装配工作由一组工人在一个工作地点集中完成。此时，要求工人技术水平高，装配时间长，多用于单件小批生产。

（2）分散固定式装配　把装配过程分为部装和总装，分别在不同的工作地点由不同组别的工人进行装配，故又称多组固定式装配。这种组织形式工人操作专业化，装配周期较短，可提高装配场地的利用率和装配效率。

（3）固定流水式装配　将产品分散在几个装配地点，并将其装配过程分成若干道独立的装配工序，由几组工人分别按工序的顺序，依次到各个装配地点完成本组所承担工序的装配工作。这种产品不动、工人流动的组织形式是固定式装配的高级形式，其工人操作专业化的程度更高，装配周期更短，装配质量也比较稳定。

固定式装配适用于单件、中小批生产，特别是质量重、尺寸大、不便移动的重型产品，或因刚性差、移动会影响装配精度的产品。

2. 移动式装配

将零、部件按装配顺序从一个装配地点移动到下一个装配地点，各装配地点的工人分别完成各自承担的装配工序，直至最后一个装配地点完成全部装配工作。移动式装配有自由移动式和强制移动式。

（1）自由移动式装配　零、部件由人工或机械运输装置传送，各装配点完成装配的时间无严格规定，产品从一个装配地点传送到另一个装配地点的节拍是自由的。此装配多用于多品种产品的装配。

（2）强制移动式装配　零、部件用输送带或输送链传送，传送节拍有严格要求。其移动方式有连续式和间歇式两种。前者，工人在产品移动过程中进行操作，装配时间与传送时间重合，生产率高，但操作条件差，装配时不便检验和调整；后者，工人在产品停留时间内操作，故易于保证装配质量。

移动式装配常组成流水作业线或自动装配线，适用于大批大量生产，如汽车、拖拉机、仪表、仪器和家用电器等产品的装配线。

5.2　装配尺寸链

5.2.1　装配尺寸链的基本概念

在机器的装配关系中，由相关零件的相关尺寸（表面或轴心线距离）或相互位置（平行度、垂直度、同轴度和各种跳动）关系所组成的尺寸链称为装配尺寸链。

在装配尺寸链中，对装配精度有直接影响的零部件的尺寸或位置关系都是装配尺寸链组成环，封闭环是装配所要保证的装配精度或装配技术要求，是零部件装配后才能形成的尺寸或位置关系。与加工工艺尺寸链一样，根据组成环对封闭环的影响不同，组成环也可分为增环和减环。

5.2.2 装配尺寸链的分类

按各环的几何特征和所处空间的位置，装配尺寸链可分为以下四种：

（1）直线尺寸链 由长度尺寸组成，各尺寸相互平行并且处于同一平面内的尺寸链。所涉及的一般为距离尺寸的精度问题，如图 5-2b 所示。

（2）角度尺寸链 由角度、平行度和垂直度等尺寸组成的尺寸链，所涉及的一般为相互位置的角度问题。

（3）平面尺寸链 由成角度关系布置的长度尺寸构成，且各环处于同一平面或彼此平行的平面内的尺寸链，一般在装配中可以见到。

（4）空间尺寸链 由位于三维空间的尺寸构成，一般在装配中较为少见。

本项目重点讨论直线尺寸链。

5.2.3 装配尺寸链的建立步骤

装配尺寸链是机械装配过程中影响装配精度因素的本质表述。正确地建立装配尺寸链是解决装配精度问题的基础。步骤如下：

（1）判别封闭环 封闭环一般是装配精度或装配技术要求。

（2）查找组成环 组成环是对装配精度有直接影响的有关零部件的有关尺寸。因此，在查找组成环时，一般从封闭环的两端开始沿装配精度要求的位置方向，以装配基准面为联系的线索，从相邻零件开始由近及远查找相关零件直到找到同一零件或同一装配基准面为止。注意整个尺寸链要正确封闭。

（3）画出装配尺寸链 画出尺寸链，判别增环、减环。

装配尺寸链建立以后，按照公式求解尺寸链。

5.2.4 装配尺寸链建立的基本原则

图 5-3 所示为车床主轴锥孔中心线和尾座顶尖锥孔中心线对床身导轨的等高度要求的尺寸链简图。在图示高度方向上的装配关系，主轴方面为：主轴以其轴颈装在滚动轴承内环的内表面上，轴承内环通过滚子装在轴承外环的内滚道上，轴承外环装在主轴箱的主轴孔内，

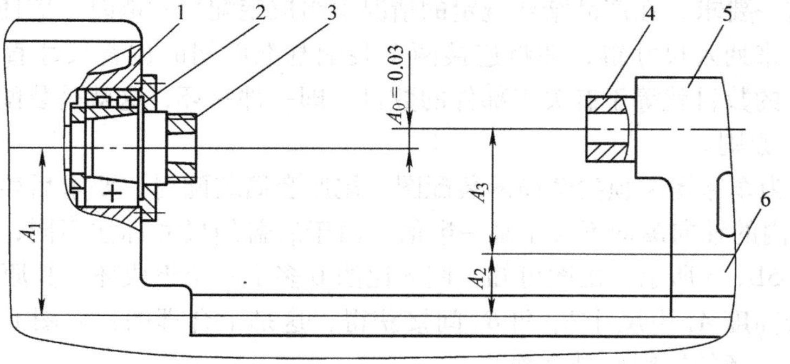

图 5-3 影响尺寸链等高度要求的尺寸链简图

1—主轴箱 2—滚动轴承 3—主轴 4—顶尖套 5—尾座体 6—尾座底板

主轴箱装在车床床身的平导轨面上；尾座方面：尾座顶尖套筒以其外圆柱面装在尾座的导向孔内，尾座以其底面装在尾座底板上，尾座底板装在车床的导轨面上。通过同一个装配基准件——床身将装配关系最后联系和确定下来。因此，影响该项装配精度的因素有：

A_1——主轴锥孔中心线至车床平导轨的距离；

A_2——尾座底板厚度；

A_3——尾座顶尖套锥孔中心线至尾座底板距离；

e_1——主轴箱体孔轴心线至主轴前锥孔轴心线的同轴度；

e_2——尾座顶尖套筒锥孔与外圆的同轴度；

e_3——尾座顶尖套筒外圆与尾座孔内圆的同轴度；

e——床身上安装主轴箱的平导轨面和安装尾座的导轨面之间的等高度偏差。

车床主轴锥孔中心线和尾座顶尖套筒锥孔中心线对床身导轨的等高度装配尺寸链组成如图 5-4 所示。

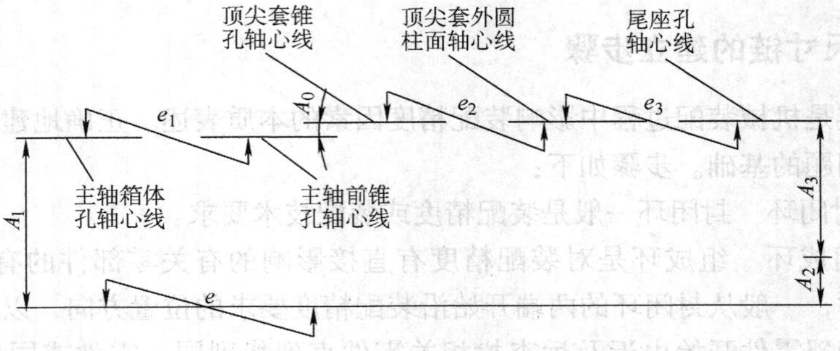

图 5-4　车床等高度装配尺寸链组成

在确定和查找装配尺寸链时应注意以下原则：

（1）简化原则　机械产品中，影响装配精度的因素很多，应通过对装配精度的分析，在保证装配精度的条件下，尽量简化组成环的构成，只保留对装配精度有直接影响、影响较大的组成环。故上例的装配尺寸链可简化为图 5-2b 所示。

（2）最短路线原则　为了便于零件的加工，在装配精度（封闭环公差）既定的条件下，应尽量简化结构，组成环的数目越少，则各组成环的公差值就越大，零件加工就越容易、越经济。

为了达到这一要求，在产品结构既定的情况下组成装配尺寸链时，应使每一个有关零件仅以一个组成环来列入尺寸链，即将连接两个装配基准面间的位置尺寸直接标注在零件图上。这样组成环的数目就等于有关零部件的数目，即一件一环，这就是装配尺寸链的最短路线（环数最少）原则。

图 5-5 所示为车床尾座顶尖套筒的装配图。尾座套筒装配时，要求后盖 3 装入后，螺母 2 在尾座套筒 1 内的轴向窜动不大于某一数值。由于后盖的尺寸标注不同，可建立两个装配尺寸链，如图 5-5b、c 所示。由图可知，图 c 比图 b 多了一个组成环。其原因是和封闭环 A_0 直接有关的凸台高度 A_3 由尺寸 B_1 和 B_2 间接获得，这是不合理的；而图 b 所示的装配尺寸链，体现了一件一环的原则，是合理的。

通过以上实例可以看出为使装配尺寸链的环数最少，应仔细分析各有关零件装配基准的连接情况，选取对装配精度有直接影响，且把前后相邻零件联系起来的尺寸或位置关系作组

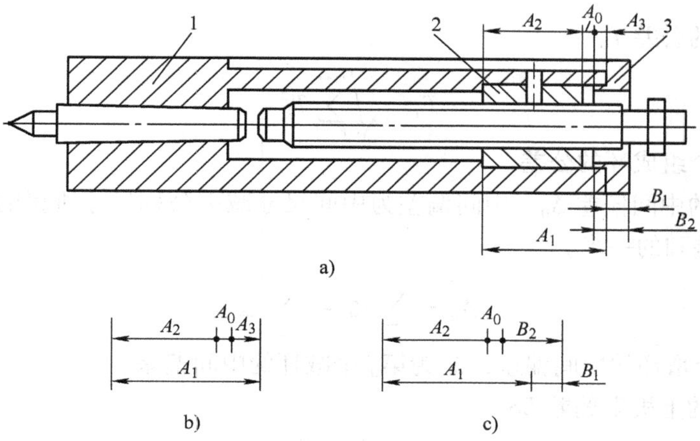

图5-5　车床尾座顶尖套筒的装配图

1—尾座套筒　2—螺母　3—后盖

成环，这样与装配精度有关的零件仅以一个组成环列入尺寸链，组成环的数目仅等于有关零件的数目，装配尺寸链组成环的数目也就最少。

（3）方向性原则　一个装配精度要求只在其所在的位置方向上形成尺寸链。同一装配结构在不同方向上有装配要求时，应在各自的方向上分别建立装配尺寸链。

5.2.5　装配尺寸链的计算公式

装配尺寸链的计算主要有三类问题：①解正面问题（正计算），即已知各组成环（公称尺寸及偏差），求解封闭环（公称尺寸及偏差）；②解反面问题（反计算），即已知封闭环，求解各组成环；③解中间问题（中间计算），即已知封闭环，已知组成环的部分参数，求解组成环的其余参数。

无论计算哪一类问题，其尺寸链的计算方法均有两种：极值法和概率法。极值法是在各环尺寸处于极端情况下来确定封闭环与组成环关系的一种方法。极值法简单、可靠，但反计算时求得的组成环公差较小，从而使零件加工困难和制造成本增加。事实上尺寸链中各组成环均处于极端情况（最大或最小）是极少出现的，故当反计算求得的公差过小时，常用概率法计算。概率法是应用概率论原理进行尺寸链计算的，并且假定各环为正态分布，利用概率理论推导出公式。

以下介绍直线装配尺寸链的计算公式。

1. 极值算法

用极值法解直线装配尺寸链的计算公式与项目2零件工艺尺寸链的计算公式相同，可参考项目2。

2. 概率算法

（1）封闭环的公称尺寸 A_0　该尺寸的计算公式与极值法计算公式相同。

$$A_0 = \sum_{i=1}^{m} \overrightarrow{A}_i - \sum_{j=1}^{n} \overleftarrow{A}_j$$

式中，A_i 为第 i 个增环的公称尺寸，m 为增环的总个数，A_j 为第 j 个减环的公称尺寸，n 为减环的总个数。

（2）封闭环的公差 T_0

$$T_0 = \sqrt{\sum_{K=1}^{m+n} T_k^2}$$

式中，T_k 为第 k 个组成环的公差。

（3）封闭环的中间偏差 Δ_0　中间偏差为中间尺寸减去公称尺寸所得的差，也为上极限偏差与下极限偏差和的一半。

$$\Delta_0 = \sum_{i=1}^{m} \Delta_i - \sum_{j=1}^{n} \Delta_j$$

式中，Δ_i 为第 i 个增环的中间偏差，Δ_j 为第 j 个减环的中间偏差。

（4）封闭环的上极限偏差 ES_0

$$ES_0 = \Delta_0 + T_0/2$$

（5）封闭环的下极限偏差 EI_0

$$EI_0 = \Delta_0 - T_0/2$$

5.2.6　解装配尺寸链时应注意的问题

在进行装配尺寸链计算时，若已知封闭环的公差（装配精度）T_0，求各有关零件（各组成环）的公差 T_k 时，应按下列原则和方法确定各有关零件的公差 T_k。

1）按“等公差”原则，确定各有关零件的平均公差 T_{av}，作为确定各组成环公差的基础：

极值法　$$T_{av} = \frac{T_0}{m+n} \tag{5-1}$$

概率法　$$T_{av} = \frac{T_0}{\sqrt{m+n}} \tag{5-2}$$

2）组成环是标准件尺寸（如轴承环、弹性挡圈等），其公差值及其分布在相应标准中已有规定，应视为已定值。

3）组成环是几个尺寸链的公共环时，其公差值及其分布由对其要求最严的尺寸链先行确定，对其余尺寸链则视为已定值。

4）尺寸相近、加工方法相同的组成环，其公差值相等。

5）难于加工或测量的组成环，其公差值可取大些；易加工、易测量的组成环，其公差值可取小些。

6）在确定各组成环极限偏差时，仍然按“最小实体原则”，即对相当于轴的被包容尺寸，可对公称尺寸注成单向负偏差；对相当于孔的包容尺寸，可对公称尺寸注成单项正偏差；而对于孔中心距的极限偏差仍按对称分布选取。

7）若各组成环都按上述原则确定其公差值，则按公式计算的公差累计值常不符合封闭环的要求，因而需要选择一个组成环，它的公差与分布要经过计算确定，以便与其他组成环协调，最后满足封闭环公差大小和位置的要求，这个组成环称为协调环。在选择协调环时，不能选择标准件或公共环为协调环，因为它们的公差和极限偏差是已定值。

5.3　保证装配精度的装配方法

保证产品装配精度要求的中心问题是：①选择合理的装配方法；②建立并解算装配尺寸链，以确定各组成环的尺寸、公差和极限偏差，或在各组成环尺寸和公差既定的情况下，验算装配精度是否合乎要求。尺寸链的建立与解算与所用的装配方法密切相关，装配方法不同，其尺寸链的建立与解算也不相同。生产中常用的方法有：互换装配法（完全互换法和不完全互换法）、分组装配法（选配法）、修配装配法和调整装配法等，现分析如下。

5.3.1　互换装配法

互换装配法是指在装配过程中，各零件不需挑选、修配和调整即可达到装配精度要求的一种方法。互换装配法的实质是用控制零件的加工误差来保证产品的装配精度。

根据互换程度的不同，互换装配法可分为完全互换法和不完全互换法两种。

（1）完全互换法　完全互换法是指零件按图样要求加工，装配时不需要进行任何挑选、修配和调整，就能完全达到装配精度要求的一种方法。为了保证装配精度要求，各组成环（零件）的制造公差之和应小于或等于封闭环的公差（装配精度），即满足

$$T_0 \geqslant \sum_{i=1}^{m} T_i + \sum_{j=1}^{n} T_j \tag{5-3}$$

因此，只要制造公差能满足机械加工的经济精度要求，无论何种生产类型，均应优先采用完全互换法。完全互换法的装配尺寸链用极值法进行计算。

若装配精度要求过高、零件加工困难或不经济，在大批量生产时，可考虑不完全互换法。

（2）不完全互换法　不完全互换法是指把零件的制造公差适当放大，使加工容易而且经济，装配时不需要进行挑选、修配和调整，就能使绝大多数产品达到装配精度要求的一种方法。各组成环（零件）的制造公差和封闭环的公差（装配精度）应满足

$$T_0 \geqslant \sqrt{\sum_{i=1}^{m} T_i^2 + \sum_{j=1}^{n} T_j^2} \tag{5-4}$$

采用不完全互换法装配时，装配尺寸链一般用概率法进行计算。

互换法装配尺寸链的计算示例见例5-1。

例5-1　图5-6所示为一主轴部件，为保证弹簧垫能顺利装入，要求轴向间隙为 $A_0 = 0^{+0.42}_{+0.05}$mm。已知 $A_1 = 32.5$ mm，$A_2 = 35$ mm，$A_3 = 2.5$mm（标准件 $2.5^{\ 0}_{-0.05}$mm）。各组成环均成正态分布，且分布中心与公差中心重合，试求各组成环的上极限偏差和下极限偏差。

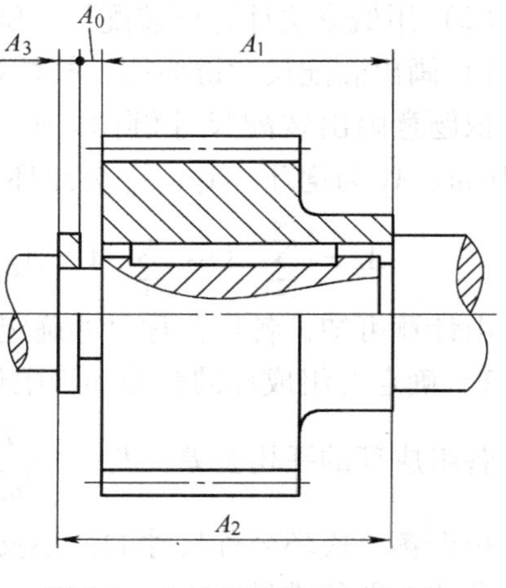

图5-6　主轴部件装配示意图

解　（1）用极值法计算该装配尺寸链

1）画出装配尺寸链图，校核各环公称尺寸。

依题意画出装配尺寸链图。A_0 为封闭环，A_0

$=0^{+0.42}_{+0.05}$mm，$T_0=(0.42-0.05)\text{ mm}=0.37\text{mm}$。$A_2$ 为增环，A_1、A_3 为减环。

$$A_0=\sum_{i=1}^{m}A_i-\sum_{j=1}^{n}A_j=A_2-(A_1+A_3)=[35-(32.5+2.5)]\text{mm}=0\text{mm}$$

由计算可知，各环的公称尺寸确定无误。

2）确定各组成环的公差和极限偏差

各组成环的平均公差 $T_{av}=\dfrac{T_0}{m+n}=\dfrac{0.37}{3}\text{mm}=0.123\text{mm}$

根据各组成环公称尺寸的大小及零件加工的难易程度，以平均公差值为基础确定各组成环的公差，但各组成环的公差的和不得超过 0.37mm，即须满足

$$T_0\geqslant\sum_{i=1}^{m}T_i+\sum_{j=1}^{n}T_j=T_1+T_2+T_3$$

考虑尺寸 A_3 是标准件，可查手册来确定；尺寸 A_1 可用平面磨削加工，公差可以规定较小，其公差还得符合国家标准公差；尺寸 A_2 由车削加工来保证，公差应给得大些；故选择 A_2 为协调环。由此可知

$T_1=0.1\text{mm}$，$T_3=0.05\text{mm}$（查手册确定）

$A_1=32.5^{\ 0}_{-0.10}\text{mm}$，$A_3=2.5^{\ 0}_{-0.05}\text{mm}$

3）确定协调环的公差。

显然，由式（5-3），协调环 A_2 的公差值 T_2 应为

$$T_2=T_0-(T_1+T_3)=[0.37-(0.10+0.05)]\text{mm}=0.22\text{mm}$$

而协调环的上极限偏差、下极限偏差可根据公式计算如下：

$$ES_0=\sum_{i=1}^{m}ES_i-\sum_{j=1}^{n}EI_j=ES_2-(EI_1+EI_3)$$

即　$0.42\text{mm}=ES_2-[-0.10+(-0.05)]\text{ mm}=ES_2+0.15\text{mm}$

则　$ES_2=(0.42-0.15)\text{ mm}=0.27\text{mm}$

又　$T_2=T_0-(T_1+T_3)=[0.37-(0.10+0.05)]\text{ mm}=0.22\text{mm}$

所以　$EI_1=ES_2-T_2=(0.27-0.22)\text{ mm}=0.05\text{mm}$

故　$A_2=35^{+0.27}_{+0.05}\text{mm}$

（2）用概率法计算该装配尺寸链

1）画出装配尺寸链简图，校核各环公称尺寸。

依题意画出装配尺寸链图。A_0 为封闭环，$A_0=0^{+0.42}_{+0.05}$mm，$T_0=(0.42-0.05)\text{ mm}=0.37\text{mm}$。$A_2$ 为增环，A_1、A_3 为减环。

$$A_0=\sum_{i=1}^{m}A_i-\sum_{j=1}^{n}A_j=A_2-(A_1+A_3)=[35-(32.5+2.5)]\text{mm}=0\text{mm}$$

由计算可知，各环公称尺寸确定无误。

2）确定各组成环的公差和极限偏差

各组成环的平均公差　$T_{av}=\dfrac{T_0}{\sqrt{m+n}}=\dfrac{0.37}{\sqrt{3}}\text{mm}=0.214\text{mm}$

根据各组成环公称尺寸的大小及零件加工的难易程度，以平均公差值为基础确定各组成环的公差，即须满足

$$T_0 \geqslant \sqrt{\sum_{i=1}^{m} T_i^2 + \sum_{j=1}^{n} T_j^2} = \sqrt{T_1^2 + T_2^2 + T_3^2}$$

考虑尺寸 A_3 是标准件，可查手册来确定；尺寸 A_1 可用平面磨削加工，公差可以规定较小，其公差还得符合国家标准公差；尺寸 A_2 由车削加工来保证，公差应给得大些；故选择为 A_2 协调环。由此可知

$$T_1 = 0.2\text{mm},\ T_3 = 0.05\text{mm} \qquad \text{（查手册确定）}$$

$A_1 = 32.5_{-0.20}^{\ 0}\text{mm}$，$A_3 = 2.5_{-0.05}^{\ 0}\text{mm}$（查手册确定）

3）确定协调环的公差和极限偏差。

显然，由式（5-4），协调环 A_2 的公差值 T_2 为

$$T_2 = \sqrt{T_0^2 - (T_1^2 + T_3^2)} = \sqrt{0.37^2 - (0.2^2 + 0.05^2)}\text{mm} = 0.30\text{mm}$$

而协调环的上极限偏差、下极限偏差可根据相应的公式来计算如下：

$$\Delta_0 = \sum_{i=1}^{m} \Delta_i - \sum_{j=1}^{n} \Delta_j = \Delta_2 - (\Delta_1 + \Delta_3)$$

即　$\Delta_2 = \Delta_0 + \Delta_1 + \Delta_3 = \left(\frac{0.42 + 0.05}{2} + \frac{0 - 0.2}{2} + \frac{0 - 0.05}{2}\right)\text{mm} =$

$[0.235 + (-0.1) + (-0.025)]\text{mm} = 0.21\text{mm}$

则
$$ES_2 = \Delta_2 + \frac{T_2}{2} = (0.21 + 0.30/2)\ \text{mm} = 0.36\text{mm}$$

$$EI_2 = \Delta_2 - \frac{T_2}{2} = (0.21 - 0.30/2)\ \text{mm} = 0.06\text{mm}$$

故
$$A_2 = 35_{+0.06}^{+0.36}\text{mm}$$

当生产条件比较稳定、组成环尺寸分布比较稳定时，也能达到完全互换的效果。否则，将有很少部分产品达不到装配精度要求，须采取必要的工艺措施。显然，概率法适用于大批量生产。

互换法装配的优点是装配工作简单，生产率高，维修方便，有利于流水线生产。因此，在条件可能时，应优先采用互换法。

5.3.2　分组装配法

分组装配法也称分组互换法、选配法。这种方法就是当装配精度要求极高、零件制造公差限制很严时，致使零件几乎无法加工，可将零件的公差放大到经济可行的程度，然后按实测尺寸将零件分组，按对应组分别进行装配，以达到装配精度要求的一种装配方法。

现以汽车发动机中活塞销与活塞销孔的装配关系为例（如图 5-7 所示），说明分组装配法的原理及装配过程。

按装配技术要求，活塞销直径 d 和销孔直径 D 在冷态装配时应有 0.0025～0.0075mm 的过盈量，即

$$Y_{min} = d_{min} - D_{max} = 0.0025\text{mm}$$

$$Y_{max} = d_{max} - D_{min} = 0.0075\text{mm}$$

因此，封闭环的公差为

$$T_0 = Y_{max} - Y_{min} = (0.0075 - 0.0025)\ \text{mm} = 0.0050\text{mm}$$

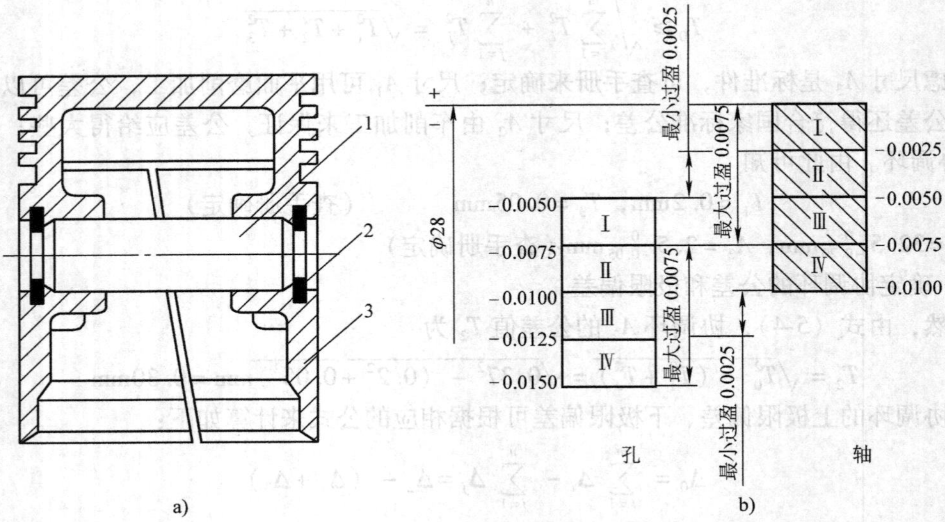

图 5-7　活塞与活塞销的装配

1—活塞销　2—挡圈　3—活塞

若采用完全互换法装配，则销和销孔的平均极值公差 T_{av} 仅为 0. 0025mm。如取活塞销公差带的分布位置为单向负偏差，则其尺寸为

$$D=\phi 28_{-0.0025}^{\ \ 0}\text{mm}$$

相应的，可求得销孔尺寸应为

$$D=\phi 28_{-0.0075}^{-0.0050}\text{mm}$$

显然，制造这样精确的销和销孔是很困难的，也是很不经济的。在实际生产中，采用的办法是将销和销孔的上述公差值按同方向放大四倍，即

$$d=\phi 28_{-0.0025}^{\ \ 0}\text{mm}\rightarrow d=\phi 28_{-0.01}^{\ \ 0}\text{mm}$$

$$D=\phi 28_{-0.0075}^{-0.0050}\text{mm}\rightarrow D=\phi 28_{-0.015}^{-0.005}\text{mm}$$

这样，活塞销可用无心磨、销孔可用金刚镗加工来分别达到精度要求。然后用精密量具测量，并按尺寸大小分成四组，涂上不同颜色加以区别，以便进行分组装配法装配。具体分组情况见表 5-1。

从表 5-1 可以看出，各组的公差和配合性质与原来的要求相同。

表 5-1　活塞销与活塞销孔的分组尺寸　　　　（单位：mm）

组　别	标志颜色	活塞销直径 $d=\phi 28_{-0.01}^{\ \ 0}$	活塞销孔直径 $D=\phi 28_{-0.015}^{-0.005}$	配合情况	
				最小过盈	最大过盈
Ⅰ	红	$\phi 28_{-0.0025}^{\ \ 0}$	$\phi 28_{-0.0075}^{-0.0050}$	−0. 0025	−0. 0075
Ⅱ	白	$\phi 28_{-0.0050}^{-0.0025}$	$\phi 28_{-0.0100}^{-0.0075}$		
Ⅲ	黄	$\phi 28_{-0.0075}^{-0.0050}$	$\phi 28_{-0.0125}^{-0.0100}$		
Ⅳ	绿	$\phi 28_{-0.0100}^{-0.0075}$	$\phi 28_{-0.0150}^{-0.0125}$		

采用分组装配法，关键是保证分组后各对应组的配合性质和配合精度满足装配精度的要求，同时，对应组内相配件的数量要配套。为此，应注意以下几点：

1）配合件的公差应相等，公差要向同方向增大，增大的倍数应等于分组数，见图5-7b。

2）配合件的表面粗糙度、形位公差必须保持原设计要求，不能随着公差的放大而降低粗糙度要求和放大形位公差。

3）为保证零件分组后在装配时各组数量相匹配，应使配合件的尺寸分布为相同的对称分布（如正态分布）。如果分布曲线不相同或为不对称分布曲线，将造成各组相配零件数量不等，使一些零件积压浪费，如图5-8所示。图中第1组和第4组中的轴与孔零件数量相差较大，将使零件过剩。在实际生产中，常常专门加工一批与剩余件相配的零件，以解决零件配套问题。

4）分组数不宜过多，零件尺寸公差只要放大到经济加工精度即可，否则会因零件的测量、分类、保管工作量的增加而使生产组织工作复杂，甚至造成生产过程的混乱。

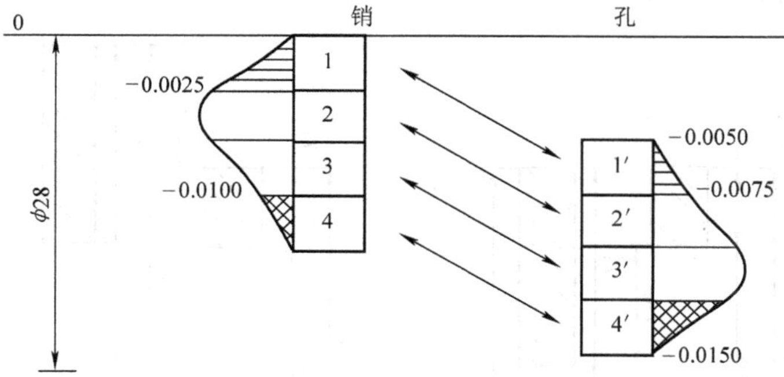

图5-8　销与销孔尺寸分布不同时，产生剩余情况

分组装配法适用于装配精度要求很高和相关零件较少的大批量生产中。

与分组装配法有着选配共性的装配方法还有直接选配法和复合选配法。直接选配法是由装配工人从许多待装配的零件中，凭经验挑选合格的零件通过试凑进行装配的方法。复合装配法是将零件预先测量分组，装配时再在各对应组内凭工人经验直接选配。这一方法的特点是配合件公差可以不等，装配质量高，且装配速度较快，能满足一定的节拍要求。发动机装配中，气缸与活塞的装配多采用这种方法。

5.3.3　修配装配法

是将各组成环按经济精度加工，装配时，通过改变尺寸链中某一预定的组成环（修配环）尺寸的方法来保证装配精度。由于对这一组成环的装配是为了补偿其他各组成环的累积误差，故又称为补偿环。这种方法的关键问题是确定修配环在加工中的实际尺寸，使修配环有足够的、而且是最小的修配量。

修配装配法适用于成批生产中封闭环公差要求较严、组成环多或单件小批生产中封闭环公差要求较严、组成环较少的场合。

采用修配装配法时，装配尺寸链一般用极值法计算。

(1) 选择补偿环和确定其尺寸及极限偏差

1）选择修配环。采用修配法装配时，应正确选择修配环。修配环一般应满足以下要求：

① 便于装拆，易于修配。一般应选形状比较简单、修配面积较小的零件。

② 尽量不选公共环。公共环是指那些同属于几个尺寸链的组成环，它的变化会引起几个尺寸链中封闭环的变化。若选公共环为补偿环，则可能会出现保证一个尺寸链的精度，而又破坏了另一个尺寸链精度的情况。

2）补偿环尺寸的确定。补偿环被修配后对封闭环尺寸的影响有两种情况：一是使封闭环尺寸变大；二是使封闭环尺寸变小。因此，用修配法解装配尺寸链时，应分别根据以上两种情况来进行计算。

图 5-9 所示为组成环公差按经济精度加工后，实际封闭环的公差带和设计要求封闭环的公差带之间的对应关系图。图中 T_0、$A_{0\max}$、$A_{0\min}$ 分别表示设计要求封闭环的公差、上极限尺寸和下极限尺寸；T'_0、$A'_{0\max}$、$A'_{0\min}$ 分别表示放大组成环公差后实际封闭环的公差、上极限尺寸和下极限尺寸；$F_{\max}$ 表示最大修配量。

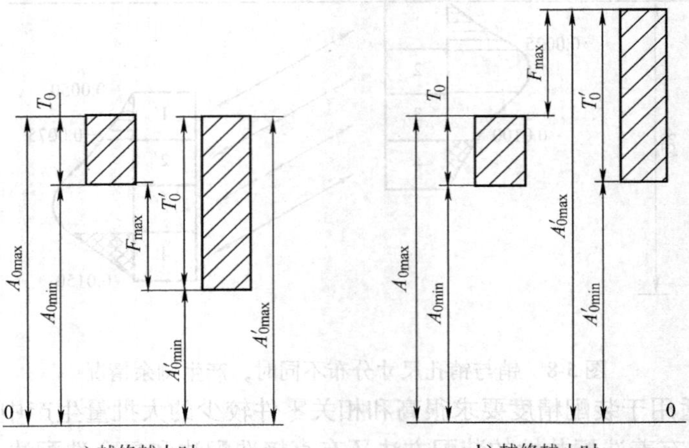

图 5-9　封闭环公差带要求值与实际值的相对关系

① 修配补偿环，封闭环尺寸变大（简称“越修越大”）。如图 5-9a 所示，此时为了有足够和最小的修配量，应使

$$A'_{0\max}=A_{0\max}$$

② 修配补偿环，封闭环尺寸变小（简称“越修越小”）。如图 5-9b 所示，此时为了有足够和最小的修配量，应使

$$A'_{0\min}=A_{0\min}$$

在上述两种情况下，可能出现最大修配量 $F_{\max}=T'_0-T_0$；也能出现最小修配量 $F_{\min}=0$，此时修配环不需要修配加工就能保证装配精度。但有时为了提高接触刚度，修配环还要进行必要的加工，即最小修配量为某一数值。这样，就要在修配环尺寸上加上（若修配环为被包容尺寸）或减去（若修配环为包容尺寸）最小修配量的值。

(2) 尺寸链的计算方法和步骤　尺寸链的计算方法和步骤参见例 5-2。

例 5-2　图 5-2a 所示为卧式车床床头和尾座两顶尖等高度要求为 0～0.06mm（只许尾座高）的结构示意图。已知 $A_1=202\text{mm}$，$A_2=46\text{mm}$，$A_3=156\text{mm}$，现采用修配装配法，试确定各组成环公差及其分布。

解　计算步骤如下：

1）建立装配尺寸链。如前所述，装配尺寸链如图 5-2b 所示。实际生产中通常尾座和尾座底板的接触面配刮好，而将两者作为一个整体，以尾座底板的底面作定位基准精镗尾座上的顶尖套孔，并控制尺寸精度为 0.1mm，这样尾座和尾座底板是成为配对件后进入总装的。因此，原组成环 A_2 和 A_3 合并而成为 $A_{2,3}$，原四环尺寸链变成三环尺寸链。

2）选择补偿环。按合并后的三环尺寸链，选择 $A_{2,3}$ 为补偿环。补偿环公称尺寸 $A_{2,3}=A_2+A_3=(46+156)\text{mm}=202\text{mm}$。

3）确定各组成环公差。根据各组成环的加工方法，按经济精度确定各组成环公差为

$$T_1=T_{2,3}=0.1\text{mm}$$

4）计算补偿环的最大补偿量

$$F_{\max}=T_0'-T_0=\sum T_i'-T_0=T_1+T_{2,3}-T_0=(0.1+0.1-0.06)\text{mm}=0.14\text{mm}$$

5）确定各组成环（除补偿环外）的极限偏差。A_1 表示孔位置的尺寸，公差常选为对称分布，即

$$A_1=(202\pm0.05)\text{mm}$$

6）计算补偿环 $A_{2,3}$ 的极限尺寸。由于修配补偿环 $A_{2,3}$ 会使封闭环尺寸变小，属于“越修越小”的情况，应满足

$$A_{0\min}'=A_{0\min}$$

即

$$A_{2,3\min}-A_{1\max}=0$$

$$A_{2,3\min}-202.05\text{mm}=0$$

所以

$$A_{2,3\min}=202.05\text{mm}$$

又

$$A_{2,3\max}=A_{2,3\min}+T_{2,3}=(202.05+0.1)\text{mm}=202.15\text{mm}$$

即

$$A_{2,3}=202^{+0.15}_{+0.05}\text{mm}$$

实际生产中，为提高接触精度，底板的底面与床身配合的导轨面还需配刮，而按式 $A_{0\min}'=A_{0\min}$ 计算的最小刮研量为零，无刮研量。故需将求得的 $A_{2,3}$ 尺寸放大一些，留以必要的修刮量。取最小刮研量为 0.15mm，则合并加工后的尺寸为

$$A_{2,3}=(202^{+0.15}_{+0.05}+0.15)\text{mm}=202^{+0.30}_{+0.20}\text{mm}$$

（3）修配的方法　修配的方法主要有以下三种：

1）单件修配法。就是在多环尺寸链中，选定某一固定的零件作为修配件，装配时用去除金属层的方法改变其尺寸，以达到装配精度要求。此方法生产中应用最广泛。

2）合并加工修配法。就是将两个或更多的零件合并在一起进行加工修配。合并后的零件作为一个组成环，从而减少组成环数，有利于减少修配量。

如上例中，若不将组成环 A_2 和 A_3 合并，而按四环尺寸链计算，则当最小刮研量取 0.15mm 时，底板最大修刮量可达 0.44mm（计算过程略）。而将组成环 A_2 和 A_3 合并成一个组成环 $A_{2,3}$ 后，仍取最小刮研量为 0.15mm，则底板最大修刮量只有 0.29mm，故减少了装配时的修刮劳动量。

合并加工法虽然有上述优点，但是由于要合并零件，对号入座，给加工、装配和生产组

织工作带来不便，因此，这种方法多用于单件小批量生产中。

3）自身加工修配法。在机床制造中，有一些装配精度要求，总装时用自己加工自己的方法来达到，这种方法称为自身加工修配法。如图 5-10 所示的转塔车床，在总装时，利用在车床主轴上安装的镗刀作切削运动，转塔作纵向进给运动自身镗削转塔上的六个孔，能方便地保证主轴轴心线与转塔各孔轴心线的等高度。

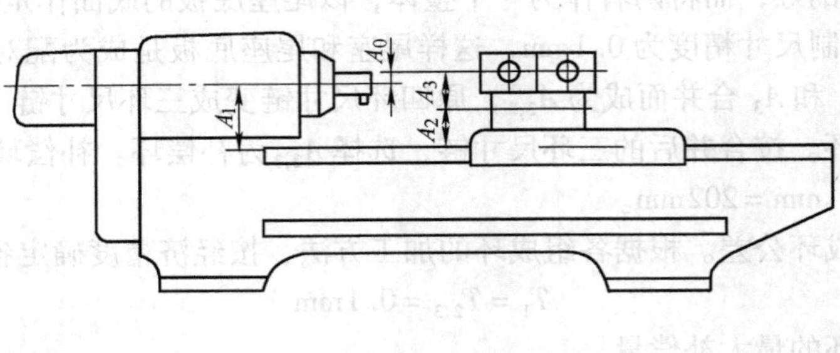

图 5-10　转塔车床的自身加工修配

5.3.4　调整装配法

调整装配法与修配装配法相似，即各零件公差仍可按经济精度的原则来确定，并且仍选择一个组成环为补偿环（又称调整环），但两者在改变补偿环尺寸的方法上有所不同。修配法采用机械加工的方法去除补偿环零件上的金属层，改变其尺寸，以补偿因各组成环公差扩大后产生的累积误差。调整法采用改变补偿环零件的位置或对补偿环的更换（改变调整环的尺寸）来补偿其累积误差，以保证装配精度。常见的调整方法有可动调整法、固定调整法和误差抵消调整法三种。

（1）可动调整法　采用改变调整零件的位置来保证装配精度的方法称为可动调整法。常用的调整件有螺栓、斜面件、挡环等。在调整过程中不需拆卸零件，应用方便，能获得比较高的精度。同时，在产品使用过程中，由于某些零件的磨损而使装配精度下降时，应用此法有时还能使产品恢复原来的精度。因此，可动调整法在实际生产中应用较广。下面仅举两例说明之。

图 5-11 所示卧式车床横刀架采用楔块 5 调整丝杠 3 和螺母 1、4 间隙的装置就是应用可动调整法。该装置中前螺母 1 的右端做成斜面，在前螺母 1 和后螺母 4 之间装入一个左端也做成斜面（与前螺母 1 右端的斜面配合）的楔块 5。调整间隙时，先将前螺母固定螺钉放松，然后拧紧楔块的调节螺钉 2，将楔块向上拉。由于斜面的作用，使前螺母向左移动，从而消除丝杠和螺母之间的间隙。调整完毕后，再拧紧前螺母的固定螺钉。

图 5-12 所示为车床主轴箱中调整轴承间隙的装置。调整时，先将螺母 2 放松，再转动调节螺钉 1 即可调节轴承内圈、滚动体、外圈之间的间隙，以保证轴承在转动时，既有足够的刚性又不至于过分发热。间隙调整好后，仍需将螺母 2 拧紧。可动调整法的缺点是会削弱机构的刚性，因而对刚性要求较高的机构，不宜用可动调整法。

（2）固定调整法　在装配尺寸链中，选择某一组成环为调节环，将作为调节环的零件按一定尺寸间隔级别而制成一组专门零件。产品装配时，根据各组成环所形成累积误差的大小，在调节环中选定一个尺寸等级合适的调节件进行装配，以保证装配精度。这种方法称为固定调整法。常用的调节件有轴套、垫片、垫圈等。

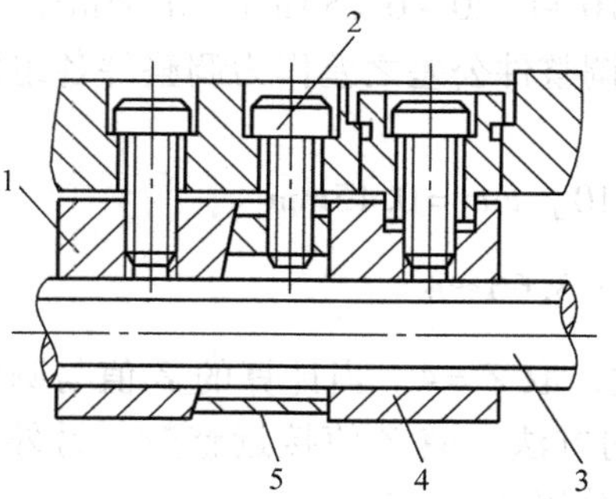

图 5-11　采用楔块调整丝杠和螺母间隙
1—前螺母　2—调节螺钉　3—丝杠
4—后螺母　5—楔块

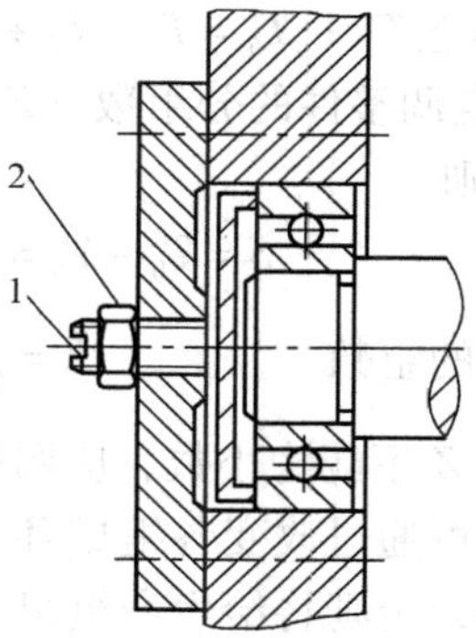

图 5-12　调整轴承间隙
1—调节螺钉　2—螺母

现以图 5-13 所示齿轮与轴的装配关系为例说明应用固定调整法的方法和步骤。

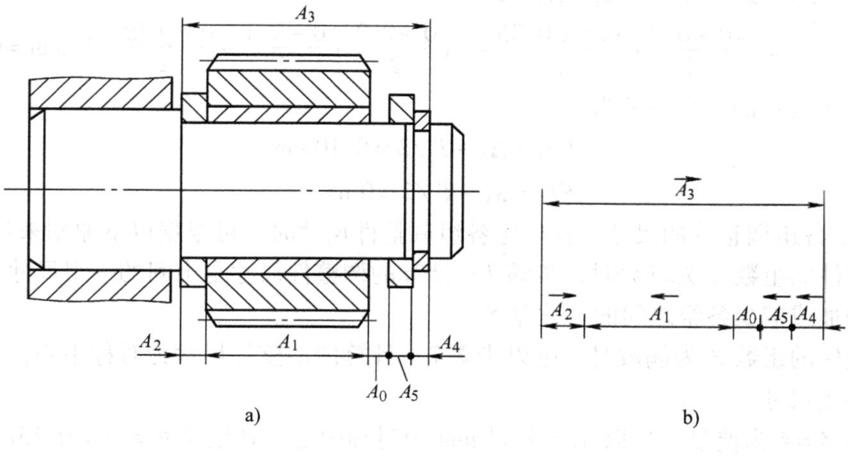

图 5-13　齿轮与轴的装配关系

例 5-3　已知 $A_1=30\text{mm}$、$A_2=5\text{mm}$、$A_3=43\text{mm}$、$A_4=3_{-0.05}^{\ 0}\text{mm}$、$A_5=5\text{mm}$。装配后齿轮轴向间隙为 0.1～0.35mm。现采用固定调整法装配，试确定各组成环的尺寸偏差，并求调整件的分组数及尺寸系列。

解　计算步骤如下：

1）画尺寸链图。如图 5-13b 所示。

2）选择调整件。从图 5-13a 可知，A_5 为一垫圈，其加工装卸比较方便，故选 A_5 为调整件。

3）确定各组成环公差。按经济精度加工分配各组成环公差为

$$T_1=T_3=0.2\text{mm},\ T_2=T_5=0.10\text{mm},\ A_4\text{ 为标准件},\ T_4=0.05\text{mm}$$

4）确定各组成环极限偏差。按“入体”原则确定各组成环的极限偏差为

$$A_1=30_{-0.20}^{\ 0}\text{mm},\ A_2=5_{-0.10}^{\ 0}\text{mm},\ A_3=43_{\ 0}^{+0.20}\text{mm},\ A_4=3_{-0.05}^{\ 0}\text{mm}$$

5）计算调整件（A_5）的调整量 F。

$$F=\sum T_i' - T_5 = T_1+T_2+T_3+T_4=(0.20+0.10+0.20+0.05)\text{mm}=0.55\text{mm}$$

6）确定调整件的分组数（Z）。取封闭环公差与调整件公差之差作为调整件各组之间的尺寸差 S，则

$$S=T_0-T_5=[(0.35-0.1)\ \ -0.10]\ \text{mm}=0.15\text{mm}$$

调整件的组数
$$Z=\frac{F}{T_0-T_5}=\frac{0.55}{0.25-0.10}=3.66\approx 4$$

分组数 Z 不能为小数，应圆整为邻近的较大整数，取 $Z=4$。当计算的 Z 值与圆整数相差较大时，可通过改变各组成环公差或调整件公差的方法，使 Z 值接近整数。另外，分组数不宜过多，否则将给生产组织工作带来困难，一般分组数 $Z=3\sim4$。

7）计算调整件（A_5）的极限偏差。先求出调整件的中间偏差，就可求出它的极限偏差。

因为
$$\Delta_0=\sum_{i=1}^{m}\Delta_i-\sum_{j=1}^{n}\Delta_j=\Delta_3-(\Delta_1+\Delta_2+\Delta_4+\Delta_5)$$

所以
$$\Delta_5=\Delta_3-\Delta_0-(\Delta_1+\Delta_2+\Delta_4)$$
$$=\left[\frac{0+0.2}{2}-\frac{0.1+0.35}{2}-\left(\frac{0-0.2}{2}+\frac{0-0.1}{2}+\frac{0-0.05}{2}\right)\right]\text{mm}=0.05\text{mm}$$

调整件（A_5）的极限偏差为

$$ES_5=\Delta_5+T_5/2=0.10\text{mm}$$
$$EI_5=\Delta_5-T_5/2=0\text{mm}$$

8）确定各组调整件的尺寸。在确定各组调整件尺寸时，可根据以下原则来计算：

当调整件的组数 Z 为奇数时，步骤 7）计算的调整件尺寸是中间的一组尺寸，其余各组尺寸相应增加或减少各组之间的尺寸差 S。

当调整件的组数 Z 为偶数时，则以步骤 7）计算的调整件尺寸为对称中心，再根据尺寸差 S 安排各组尺寸。

本例中 $Z=4$ 为偶数，故以 $A_5=5^{+0.10}_{\ \ 0}\text{mm}$ 为对称中心，各组尺寸差 $S=0.15\text{mm}$，其余各组尺寸为

$$A_{5-1}=(5-0.075-0.15)^{+0.10}_{\ \ 0}\text{mm},\ A_{5-2}=(5-0.075)^{+0.10}_{\ \ 0}\text{mm}$$
$$A_{5-3}=(5+0.075)^{+0.10}_{\ \ 0}\text{mm},\ A_{5-4}=(5+0.075+0.15)^{+0.10}_{\ \ 0}\text{mm}$$

即
$$A_5=5^{-0.125}_{-0.225}\text{mm},\ 5^{+0.025}_{-0.075}\text{mm},\ 5^{+0.175}_{+0.075}\text{mm},\ 5^{+0.325}_{+0.225}\text{mm}$$

固定调整法多用于大批大量生产中。当产量大、装配精度要求高时，固定调整件还可以采用多件组合的方式。如预先将调整垫做成不同的厚度（1mm、2mm、3mm、5mm、10mm 等），再制作一些薄金属片（0.01mm、0.02mm、0.05mm、0.10mm 等），装配时根据尺寸组合原理把不同厚度的垫片组成不同的尺寸，以满足装配精度的要求。这种调整方法更为简便，它在汽车、拖拉机生产中被广泛应用。

（3）误差抵消调整法　在产品或部件装配时，根据尺寸链中某些组成环误差的方向作定向装配，使其误差互相抵消一部分，以提高装配精度，这种方法叫做误差抵消调整法。其实质与可动调整法类似。这种方法在机床装配时应用较多。如车床主轴装配时，通过调整主轴前后轴承的径向圆跳动方向来控制主轴的径向圆跳动。在滚齿机工作台分度蜗轮装配中，

采用调整二者偏心方向来抵消误差以提高二者的同轴度。

5.3.5　装配方法的选择

上述各种装配方法各有其特点。在选择装配方法时，要认真研究产品的结构和精度要求，深入分析产品及其相关零件之间的尺寸联系，建立整个产品及各级部件的装配尺寸链。尺寸链建立后，即可根据各级装配尺寸链的特点，结合产品的生产纲领和生产条件来确定产品的装配方法。

选择装配方法的原则是：一般来说，当组成环的加工经济可行时，优先选用完全互换装配法；成批生产，组成环又较多时，可考虑不完全互换法；当封闭环精度较高，组成环较少时，可考虑采用分组装配法；组成环多的尺寸链采用调整装配法；单件小批生产时，则采用修配法。

值得注意的是：一种产品究竟采用何种装配方法来保证装配精度，通常在设计阶段确定。因为只有在装配方法确定之后，才能进行尺寸链的计算。同一产品的同一装配精度要求，在不同的生产类型和生产条件下，可能采用不同的装配方法。同时，同一产品的不同部件也可采用不同的装配方法。

5.4　装配工艺规程的制订

装配工艺规程是规定产品及其部、组件的装配顺序、装配方法、装配技术要求及其检验方法、装配所需的设备和工具以及装配时间定额的技术文件。它是指导现场装配操作和生产技术准备的重要依据。装配工艺规程的制订合理与否对装配质量、装配效率、生产成本及工人劳动强度等均有很大影响。

5.4.1　制订装配工艺规程的基本要求

1）在保证装配质量的前提下，尽量提高装配效率和降低装配成本。

①　选择合理的装配方法和合格的装配零件。

②　合理安排装配工序，尽量减少手工操作，提高装配机械化和自动化程度。

③　合理使用装配设备，尽量减少装配占地面积和装配工人的数量，降低对工人的技术要求。

2）在充分利用现有生产条件的基础上，尽量采用国内外先进工艺技术和经验。

3）对结构和装配工艺特征相近的产品和部件，应尽量采用或设计典型工艺规程。

4）工艺规程的内容和文件形式应正确、统一和清晰，其繁简程度应与生产类型相适应。

5）必须注重生产安全和工业卫生。

5.4.2　制订装配工艺规程的主要依据

1. 产品的装配图及验收技术条件

装配图包括总装配图和部件装配图。这些图样应能清楚表示出零部件间的连接情况，重要零部件间的联系尺寸，配合件间配合性质和配合尺寸，装配技术要求及零件明细表等。

验收技术条件主要规定对产品主要技术性能检验或试验的内容和方法，是产品装配后进行验收的重要技术文件，也是制订装配工艺规程的主要依据。

2. 产品的生产纲领

生产纲领决定生产类型。产品的生产类型不同，其装配工艺特征及相应工艺文件的内容和格式也不相同。生产类型分为单件小批生产、中批生产、大批大量生产。

3. 现有生产条件和工艺技术资料

主要包括现有装配设备和工艺装备、装配车间面积及工人技术水平等生产条件和时间定额，国内外同类产品的有关工艺资料等。

5.4.3 制订步骤、内容和方法

1. 分析产品装配图及验收技术条件

主要分析下列内容：①产品及其部件的具体结构和装配技术要求；②装配方法；③产品的验收和试验内容及方法等。

通过上述内容分析，进一步审查产品和部件的装配结构工艺性，并进行必要的装配尺寸链的分析与计算，以便审查装配方法的合理性。如果发现图样不完整、技术要求不当、结构工艺性不佳或装配方法不妥等问题，应及时提出改进意见，并会同设计人员加以研究和改进。

2. 确定装配的组织形式

装配的组织形式分为固定式装配和移动式装配。产品装配的组织形式直接影响装配工艺规程的制订，装配的组织形式不同，相应装配单元的划分、装配工序的集中和分散程度，装配时的运输方式以及工作场地的组织与管理等均有所不同。

3. 划分装配单元，确定装配顺序

划分装配单元就是将产品分解成零件（合件）、组件和部件等可独立装配的部分。只有正确划分装配单元，才能妥善安排装配顺序和正确划分装配工序。装配单元的划分是制订装配工艺规程的重要步骤。特别是大批大量生产及结构复杂的产品，正确划分装配单元就显得尤为重要。

确定装配顺序的要求是，在保证装配精度要求的前提下，尽量使装配工作方便进行，前面工序不妨碍后面工序操作，后面工序不损害前面工序的质量。

在确定装配顺序时，需预先选定一装配基准件。通常选择基体或主干零部件，其体积大、重量重、有足够大的支撑面，能满足稳定性要求及陆续装入零部件的作业需要。例如机床装配中，可选择床身零件、床身组件和床身部件分别作为床身组装、床身部装和机床总装的基准件。

装配顺序一般符合下列规律：

1）基准件先进入装配；

2）先下后上、先内后外、先重大后轻小、先难后易、先精密后一般；

3）易燃、易爆和易碎等需安全防护的装配尽可能放在最后进行；

4）需要相同设备和工艺装备的装配或需共同特殊装配环境的装配尽可能集中安排。

装配单元的划分及装配顺序的安排可通过装配单元系统图直观地表示。图 5-14 所示为一般形式的装配单元系统图。图 5-14a 为产品的装配单元系统图，该图只绘出直接进入产品

总装的装配单元；图 5-14b 为部件的装配单元系统图，同样，该图只绘出直接进入部件装配的装配单元。除此之外，还有组件和合件装配单元系统图。

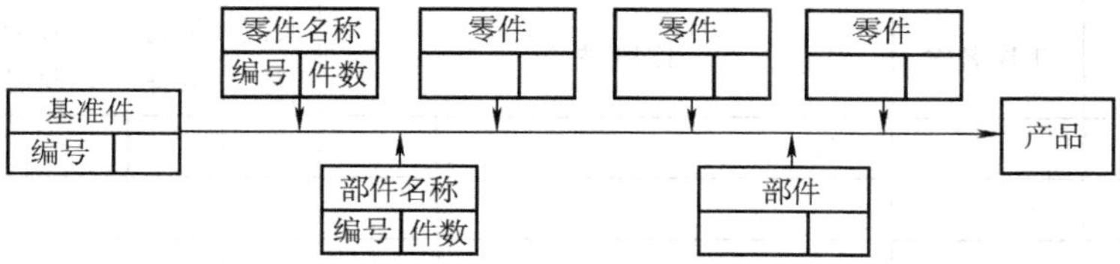

a) 产品的装配单元系统图

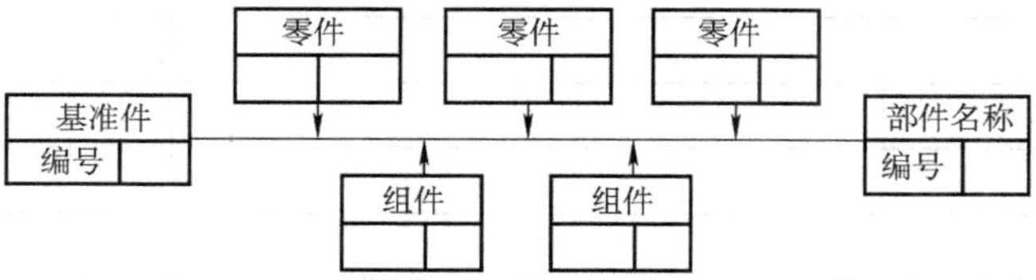

b) 部件的装配单元系统图

图 5-14　装配单元系统图

装配单元系统图中，各装配单元用长方格表示，在长方格中按规定位置注明装配单元的名称、编号及数量（见图 5-14），这些内容应与装配图及零件明细表一致。

装配单元系统图的画法是（见图 5-14）：先画一条横线，在横线的左端画一代表基准件的长方格，右端画出代表产品（或其他装配件）的长方格。按装配顺序，从左向右依次将进入装配的各装配单元一一引入横线。代表零件的长方格画在横线上方；代表合件、组件和部件的长方格画在横线下方。

为了更清楚地反映装配工艺过程及其装配方法，可以在装配单元系统图上加注必要的工艺说明，如焊接、攻螺纹、配钻、铰孔及检验等。

4. 划分装配工序

划分装配工序就是按照既定的装配顺序，将装配工艺过程划分为若干道工序，并具体设计各装配工序的内容。

工序设计的主要内容有：

1）确定装配中各工序的顺序、工作内容及装配方法。

2）确定各工序的操作规范，如螺栓联接的拧紧力矩；过盈配合的压力等。

3）拟定各工序的装配质量要求、检测项目、检测方法和工具等。

4）选择设备及工艺装备。

5）确定时间定额。若流水装配，则需平衡各工序的节拍。

6）确定装配中的运输方法和运输工具。

编制的装配工艺过程卡片格式参见表 5-2。

5. 编制工艺文件

装配工艺规程的常用文件形式有装配工艺过程卡和装配工序卡。前者以工序为单位简要说明产品或部、组件的装配工艺过程，其中包括每一工序的工作内容、装配部门、设备及工

表 5-2　装配工艺过程卡片格式

	装配工艺过程卡片			产品型号		零部件图号			共（　）页
				产品名称		零部件名称			第（　）页
	工序号	工序名称	工 序 内 容			装配部	工艺装备	辅助材料	时间定额/min
描图									
描校									
底图									
装订									
	标记	处数	文件号	签字	日期	设计（日期）	审核（日期）	会签（日期）	

艺装备、辅助材料及时间定额等；后者是在工艺过程卡的基础上，单独为某道工序编制的卡片，一道工序一张卡片，详细说明该工序中每一工步的装配内容、工艺装备、辅助材料及时间定额等。通常在工序卡片上画有工序简图。

以上两种卡片的标准格式见表 5-2 和表 5-3。

对结构简单的产品，可直接按装配图和装配单元系统图进行装配。对单件小批生产的产品，一般需编制装配工艺工程卡。中批生产时，通常也只需装配工艺过程卡，可对重点工序编制装配工序卡。对大批大量生产的产品，则不论简单产品还是复杂产品，均需编制工艺过程卡和工序卡，以便更具体指导工人进行装配。

表 5-3 装配工序卡片格式

	装配工序卡片			产品型号			零部件图号			共（ ）页	
				产品名称			零部件名称			第（ ）页	
	工序号	工序名称		车间		工段		设备		工序工时	
	工序简图										
	工步号	工步内容					工艺装备		辅助材料	时间定额/min	
描图											
描校											
底图号											
装订号											
	标记	处数	签字	日期	设计		日期		审核	日期	

6. 制订产品检测和试验规范

完成产品装配后，应按产品的技术性能要求及验收技术条件制订检测和试验规范。其主要内容有检测和试验项目及质量指标；检测和试验的条件、操作规范和环境要求；需用的工艺装备的选择；质量分析方法和处理措施等。

【实训模块】

车床丝杠的装配

图 5-15 所示为车床丝杠在垂直平面内的装配结构与尺寸链简图，丝杠 2 装在溜板箱 1 上的开合螺母内及进给箱 3 和后支架 6 的轴承内，要求三孔同轴，且其中心线在垂直面和水

平平面内均与床身导轨平行。

所在平面不同，其装配基准件的选择、装配过程和装配方法等均有所不同。以下分别介绍。

1. 丝杆在垂直平面内的装配

由图 5-15 所示结构可以看出，若装配时通过修刮溜板箱 1 与溜板 4 之间的结合面来调整溜板箱的上下位置，则相对比较困难，工作量也较大。为此，一般以溜板箱为装配基准件，即先装配好溜板箱，再依次调整进给箱 3 和后支架 6，使三孔中心线与床身导轨等距。

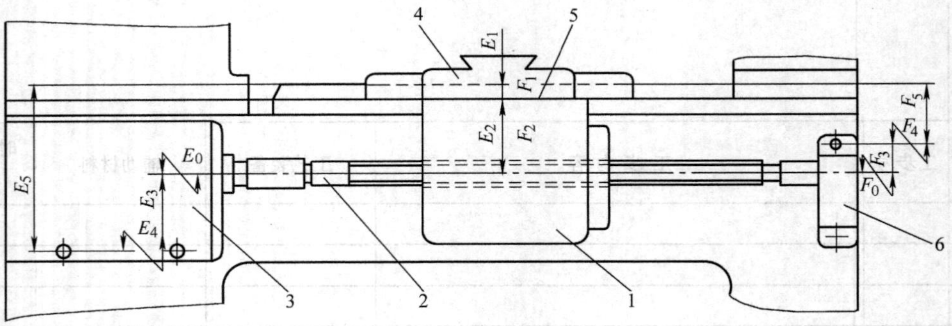

图 5-15　车床丝杠在垂直平面内的装配结构与尺寸链简图

1—溜板箱　2—丝杆　3—进给箱　4—溜板　5—导轨　6—后支架

针对图 5-15 所示结构及其装配顺序，可以分别建立两个装配链来分析装配精度和装配方法选择问题。图 5-15 中，字母 E 和 F 分别表示两尺寸链的环，具体意义如下：

$E_1 = F_1$——溜板棱形导轨槽顶线至溜板与溜板箱结合面之间的距离。

$E_2 = F_2$——溜板箱的上平面至开合螺母中心线之间的距离。

E_3——进给箱上装丝杠的轴承孔中心线至进给箱上螺钉过孔中心线之间的距离。

E_4——进给箱上螺钉过孔中心线与床身上相应螺钉孔中心线之间的偏移量。

E_5——床身上棱形导轨顶线至床身螺钉孔中心线之间的距离。

E_0——进给箱上装丝杠的轴承孔中心线与开合螺母中心线之间的偏距，也即两孔中心线相对床身棱形导轨顶线的等距度。

F_3——后支架上装丝杠的轴承孔中心线至后支架上螺钉过孔中心线之间的距离 。

F_4——后支架上螺钉过孔中心线与床身上相应螺钉孔中心线之间的偏移量。

F_5——床身上棱形导轨顶线至床身螺钉孔中心线之间的距离。

F_0——后支架上装丝杠的轴承孔中心线与开合螺母中心线之间的偏距，也即两孔中心线相对床身棱形导轨顶线的等距度。

上述并联尺寸链中，封闭环分别为 E_0 和 F_0，其公差与装丝杠的两端轴承孔中心线相对开合螺母中心线的偏移方向有关。当向同一方向（即同时向上或向下）偏移时，E_0 和 F_0 可分别取规定的允差（其值一般为 0. 15mm）；若偏移方向相反（即一端向上，另一端向下），则 $E_0 + F_0$ 不得超过标准规定的允差。因此，装配时应尽量使 E_0 和 F_0 的偏移方向相同。

由于上述两尺寸链的组成环较多，封闭环公差又比较小，故不宜采用完全互换法装配。

根据图示结构特点，可采用可动调整法或修配法装配，前者多用于生产批量较大时；后者多用于单件、小批生产。

当采用可动调整法装配时，各组成环按经济精度加工，通过调整进给箱的后支架的上下位置，使封闭环偏差达到规定要求。调整环是 E_4 和 F_4，调整所需的偏移量大小取决于各组成环的累积误差，实际可能调整的最大偏移量（即 E_4 和 F_4 的值）为螺钉过孔和螺钉之间的间隙。因此，为了保证调整时有足够的补充量，各组成环累积应小于此过孔与螺钉之间的间隙。加工时通过某些工艺装备（如钻模、镗模等）可以使各组成环的累积误差控制在较小的范围内。

采用修配法装配时，床身上的螺钉孔暂不加工，先调整好进给箱和后支架相对溜板箱的位置，使封闭环达到规定要求，再按螺钉过孔配钻床身上的螺钉孔，紧固螺栓后配钻定位销孔，装入定位销使进给箱和后支架定位。这种装配法的补偿环是 E_5 和 F_5，其装配工作较为复杂和费时。

当车床经长期使用而使棱形导轨面磨损时，溜板和溜板箱的垂直位置将下移，从而使开合螺母的中心线偏离丝杠中心线。为此，可在溜板和溜板箱之间增设垫片，以便通过调整垫片厚度来保持开合螺母中心线的位置。

2. 丝杠在水平面内的装配

图5-16a、b分别表示车床丝杠在水平面内进给箱与溜板箱和进给箱与后支架的装配结构，由图示结构可以看出，在此平面内进给箱的调整与修配比溜板箱和后支架都要困难及费时。因此，装配时应选进给箱为基准件，即先装好进给箱，再依次装溜板箱及后支架，使三孔中心线在水平面内与床身导轨等距。

同样，在该平面内也可建立 E' 和 F' 两个并联的装配尺寸链，如图5-16c所示。尺寸链中各代号的意义如下：

$E_1' = F_1'$——床身棱形导轨顶线至进给箱与床身结合面之间的距离。

$E_2' = F_2'$——进给箱上装丝杠的轴承孔中心线与床身结合面之间的距离。

E_3'——溜板箱上开合螺母孔中心线至溜板箱上螺钉孔中心线之间的距离。

E_4'——溜板棱形导轨槽顶线至溜板上螺钉过孔中心线的距离。

E_5'——溜板箱上螺钉孔中心线与溜板上相应螺钉过孔中心线之间的偏移量。

E_0'——溜板箱上开合螺母孔中心线与进给箱上装丝杠的轴承孔中心线之间的偏距，也即两孔中心线相对床身棱形导轨顶线的等距度。

F_3'——后支架上装丝杠的轴承孔中心线与后支架与床身结合面之间的距离。

F_4'——床身棱形导轨顶线至后支架与床身结合面之间的距离。

F_0'——后支架上装丝杠的轴承孔中心线与进给箱上装丝杠的轴承孔中心线之间的偏距，也即两孔中心线相对床身导轨顶线的等距度。

装配溜板箱时，采用可动调整法调整其位置，E_5' 为调整环，实际可能调整的最大偏移量为溜板上的螺钉过孔与螺钉之间的间隙。溜板箱的水平位置调整好后，在溜板与溜板箱之间配钻定位销孔，并装入定位销定位。

装配后支架时，宜采用修配法装配，修刮后支架底面，此时 F_3' 为修配环。

从上述分析可以看出，产品（或部件）的装配工艺具有很大的灵活性，它与产品结构、装配技术要求、生产类型及现有生产条件等多种因素有关，具体综合分析有关因素才能确定

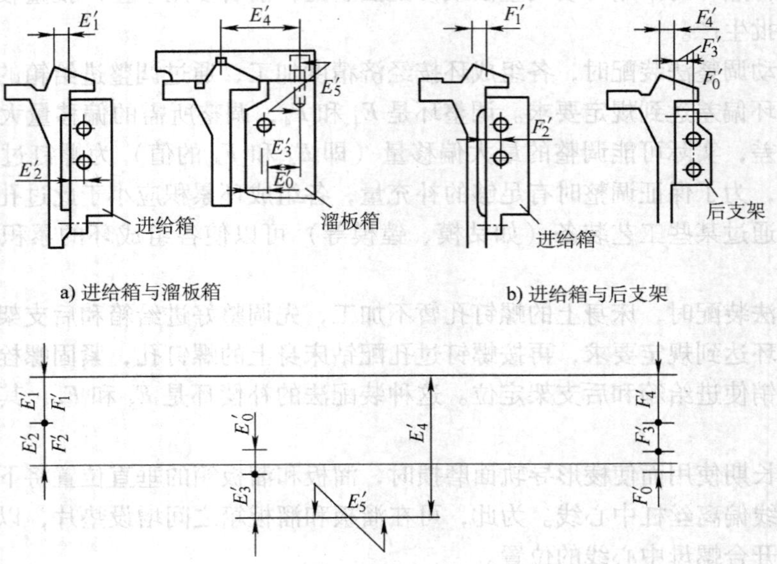

a) 进给箱与溜板箱　　b) 进给箱与后支架

c) 装配尺寸链

图 5-16　车床丝杠在水平面内的装配结构与尺寸链简图

经济、合理和可行的装配工艺。

【思考题与习题】

5-1　何谓装配？装配工作的基本内容有哪些？装配工作在机器生产过程中有何重要作用？

5-2　装配精度一般包含哪些内容？试举例说明。

5-3　装配的组织形式有哪些？分别用于何种场合？

5-4　何谓装配尺寸链？为什么要研究装配尺寸链？

5-5　装配尺寸链的建立方法和步骤如何？试举例说明。

5-6　尺寸链的极值解法与概率解法有何不同？分别用于何种场合？

5-7　保证产品精度的装配方法有哪些？分别用于何种场合？

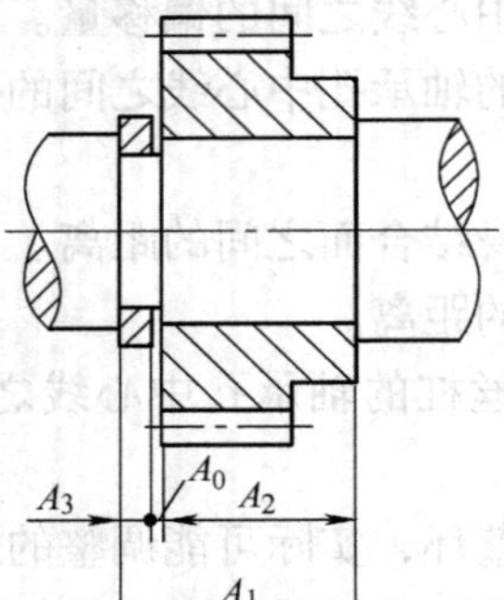

图 5-17　习题 5-8 图

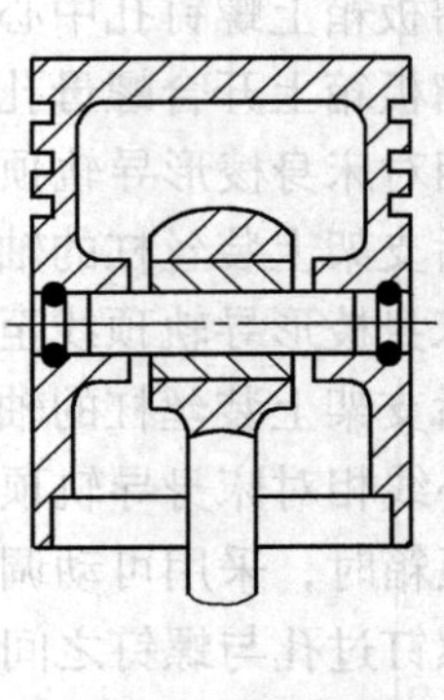

图 5-18　习题 5-9 图

5-8　图 5-17 所示为齿轮与轴的局部装配图，要求 A_0 为 0.05 ~ 0.20mm。已知 $A_1 = 42.5\text{mm}$，$A_2 = 40\text{mm}$，$A_3 = 2.5\text{mm}$。试分别确定按完全互换法和不完全互换法装配时各组成零件相关尺寸的公差和极限偏差。

5-9　图5-18所示为某发动机的活塞连杆组件的装配结构，已知活塞销与连杆小头孔的尺寸为ϕ22mm，按装配技术要求，规定其配合间隙为0.0045～0.0095mm。现按分组法装配，试确定分组数、活塞销和连杆小头孔直径的分组尺寸（极限偏差）及各组最大和最小配合间隙，并列表说明。

5-10　图5-19所示为某机床溜板与导轨的局部装配结构。为保证溜板在导轨上的顺利滑动，要求装配间隙A_0=0.01～0.04mm。已知尺寸A_1=30mm，A_1和A_2的经济加工公差均为0.10mm。现采用修配法装配，选A_2为修配环，其最小修配量为零。试分别确定以M面或N面作为修配面时的尺寸A_2及其极限偏差，并计算其最大修配量。

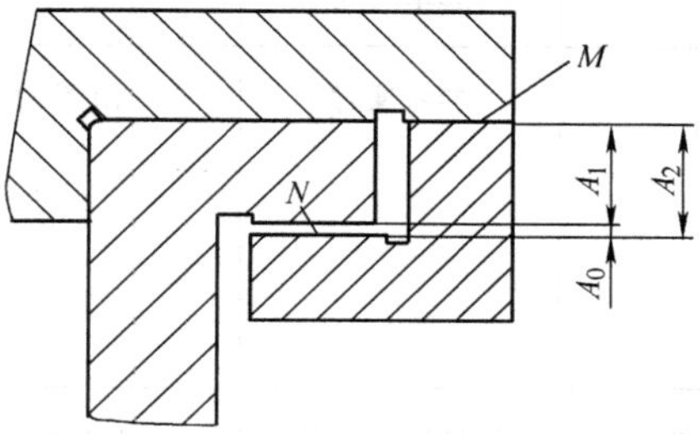

图5-19　习题5-10图

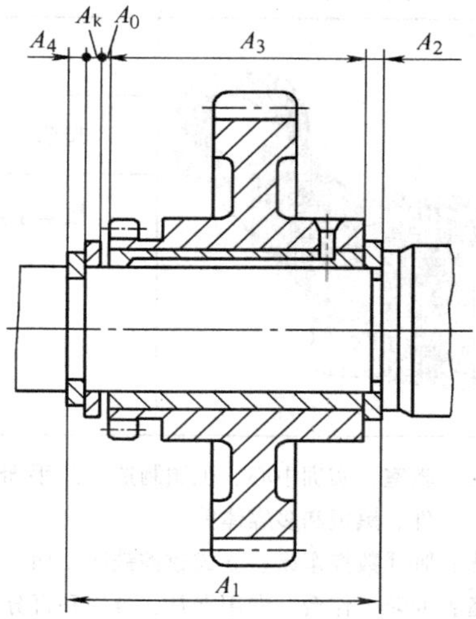

图5-20　习题5-11图

5-11　图5-20所示为车床主轴齿轮组件的装配结构。已知各零件的相关尺寸为A_1=115mm，A_2=8.5mm，A_3=95mm，A_4=2.5mm，A_k=9mm。按照装配技术的规定，齿轮的轴向间隙A_0应为0.05～0.20mm。现采用固定调整法装配，试确定各相关尺寸的公差及极限偏差，并计算调整垫片的分组数及各组调整垫片的尺寸、公差和极限偏差。

5-12　试举例说明装配工艺规程制订的主要步骤、内容及方法。

项目 6　数控加工工艺

学习指南　学会编制数控加工工艺规程

<table>
<tr><td rowspan="3"></td><td colspan="4">项目 6　数控加工工艺</td></tr>
<tr><td>起草人员</td><td></td><td>起草时间</td><td></td></tr>
<tr><td>教学学期</td><td></td><td>参考课时</td><td>10 学时</td></tr>
<tr><td colspan="5">教学条件：教室、实训中心、机械制造工艺手册、视频光盘、计算机、网络、零件图样、机床设备、工艺装备、课件、黑板和多媒体等
机　　床：卧式数控车床、立式数控铣床、加工中心
工艺装备：回转工作台、专用夹具、量块和百分表等</td></tr>
<tr><td colspan="5">学习过程计划</td></tr>
<tr><td>学习项目描述</td><td colspan="4">受某公司委托，加工图 6-1 所示的成形零件 20 套。要求为相关零件编制加工工艺规程，并完成加工</td></tr>
<tr><td>具体任务的设置</td><td colspan="4">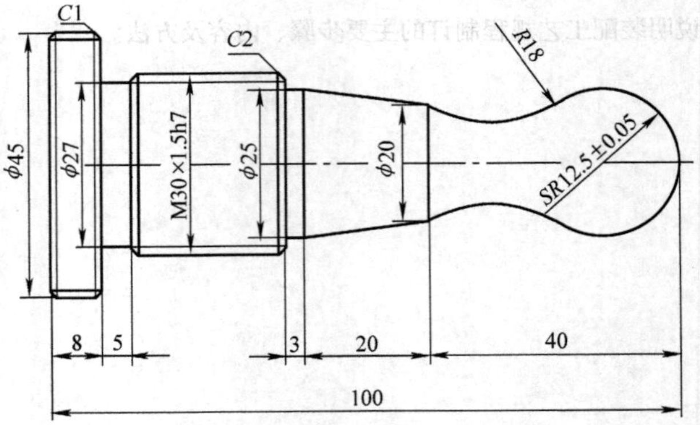

图 6-1　零件图</td></tr>
<tr><td>能力目标</td><td colspan="4">1. 能正确选择零件的加工方法
2. 能完成数控加工工序的工艺过程
3. 能正确选用加工刀具和切削用量
4. 能编制轴类、套类零件的数控加工工艺规程，填写加工工艺过程卡
5. 完成零件的加工</td></tr>
</table>

（续）

专业技术内容	1. 分析零件的技术要求，明确其加工方法 2. 完成轴类零件、套类零件的加工方法和加工工艺的确定，填写数控工艺卡 3. 分析切削用数控机床和加工中心的组成和操作 4. 初步掌握轴类、套类零件的数控实操方法	
教学方法建议	任务驱动法、多媒体教学、现场实作、分组讨论	
学习小组行动阶段	1. 资讯	学生从工作任务中收集工作的必要信息，初步掌握轴类、套类零件加工的专业知识和技能
	2. 计划	学生制订学习计划，建立工作小组
	3. 决策	确定工作方案，工作任务分配到个人，并记录到工作任务表中
	4. 实施	学生以小组的形式，在工作任务的引导下完成专业知识的学习和技能训练，完成实际中轴类、套类零件的加工操作及实操工件质量的检测
	5. 检查	（1）加工工艺卡是否正确 （2）设计方案是否正确 （3）切削用量是否正确 （4）零件尺寸精度是否达到要求
	6. 评价	（1）能否加工出合格的产品 （2）所确定的是否为最合适的工艺方案 （3）学习目的是否达到，按照成绩评定标准给予评价（成绩评定标准由教师事先制订），填写反馈表
方法媒介和环境	1. 分析	课堂对话、四步法：讲解、演示、模仿、练习 教师指导、讲解、示范、学生实操
	2. 计划	课堂对话、课堂分组、教师监督、小组长负责
	3. 决策	师生互动，教师只进行评估
	4. 实施	在教师指导下分组工作，在工业中心（实训基地）实操实作产品，合理编制数控加工过程卡，小组完成零件加工。分组讨论，课堂对话，教师监督
	5. 总结	答疑，任务对话，学生评价，教师评价，企业评价，专家评价
	6. 成绩	工作文件占 20%，操作过程占 40%，工作结果占 20%，回报效果占 10%，团队占 10%

知识目标

1）掌握数控切削加工工艺。

2）理解复杂形状零件的数控加工工艺规程的步骤。

技能目标

1）掌握数控车削加工工艺。

2）了解复杂零件加工工艺的编制。

案例导入

图 6-1 所示为某一零件的简图，毛坯为棒料。该零件需要加工的面较多，而且还有锥度、过渡圆弧、螺纹。为了确保各段的加工精度、提高生产效率，在大批量生产中，不用普通机床加工，而是采用数控车床加工，这就需要学习数控加工方面的有关问题来制订图示零件的数控车削工艺。

【知识模块】

6.1　概述

6.1.1　数控技术诞生与发展的背景

随着科学技术和社会生产的不断进步，机械产品日趋复杂，对机械产品的质量和生产率的要求也越来越高。在航空航天、微电子、信息技术、汽车、造船、建筑、军工和计算机技术等行业中，零件形状复杂、结构改型频繁、批量小、零件精度高、加工困难、生产效率低等，已成为日益突出的现实问题。机械加工工艺过程的自动化和智能化是适应上述发展特点的最重要手段。

为解决上述问题，一种灵活、通用、高精度、高效率的“柔性”自动化生产设备——数控机床应运而生了。目前，数控技术已逐步普及，数控机床在工业生产中得到了广泛应用，已成为机床自动化的一个重要发展方向。

数控加工技术的应用是机械制造业的一次技术革命，使机械制造业的发展进入了一个崭新的阶段。由于数控机床综合应用了电子计算机、自动控制、伺服驱动、精密检测与新型机械结构等方面的技术成果，具有高柔性、高精度与高度自动化的特点，因此它提高了机械制造业的制造水平，解决了机械制造中常规加工技术难以解决甚至无法解决的复杂型面零件的加工，为社会提供了高质量、多品种及高可靠性的机械产品，已取得了巨大的经济效益。

6.1.2　数控加工的特点

数控加工具有较强的适应性和通用性，能获得更高的加工精度和稳定的加工质量，具有较高的生产效率、能获得良好的经济效益，能实现复杂的运动，能改善劳动条件、提高劳动生产率，便于实现现代化的生产管理等特点。这些特点在《金属切削加工及装备》（吴拓主编．机械工业出版社，2006 年 1 月出版）第七章以及其他如《机床数控技术》等相关教材中均已详细论及，在此不再赘述。

虽然数控机床有上述优点，但初期投资大，维修费用高，要求管理及操作人员的素质也较高，因此应合理地选择及使用数控机床，提高企业经济效益和竞争力。

6.1.3　数控机床的应用范围

数控机床是一种高度自动化的机床，有一般机床所不具备的许多优点，所以数控机床的应用范围在不断扩大，但数控机床是一种高度机电一体化产品，技术含量高，成本高，使用维修都有一定难度，若从效益最优化的技术经济角度出发，数控机床一般适用于加工：

1）多品种、小批量零件。

2）结构较复杂、精度要求较高的零件。

3）需要频繁改型的零件。

4）价格昂贵，不允许报废的关键零件。

5）需要最小生产周期的急需零件。

6.2　数控加工工艺规程

6.2.1　数控加工的一般过程与要求

数控机床加工零件与普通机床加工零件的过程有相同之处，也有不同之处，因此数控加工的过程和要求有其自身的特点。

1. 根据被加工零件的图样要求，制订加工工艺

在数控机床上加工零件，工序可以比较集中，应尽可能在一次装夹中完成全部工序。

（1）确定加工路线　加工路线是指数控机床切削加工过程中，刀具的运动轨迹和运动方向。所选定的加工路线应能保证零件的加工精度与零件表面粗糙度要求；为提高生产率，应尽量缩短加工路线，减少刀具空行程移动时间；为减少编程工作量，还应使数值计算简单，程序段数量少。

（2）选择机床设备　在选择数控机床时，应根据加工零件的几何形状、加工精度和表面粗糙度，注意：

1）所选择的数控机床应能满足零件的加工精度要求；

2）在满足精度要求的前提下，应尽量选用一般的数控机床，以降低生产成本；

3）所选用数控机床的数控系统能满足加工的需要；

4）所选用数控机床的加工范围应能满足零件的需要，即数控机床的主参数及尺寸参数应满足加工要求；

5）所选数控机床的回转刀架或刀库的容量应足够大，刀具数量能满足加工的需要。

（3）选择装夹方法和对刀点　当确定了在某台数控机床上加工某个零件以后，就应根据零件图样确定零件在机床上装夹定位方法。

数控机床所用夹具，应尽量采用已有的通用夹具及组合夹具，必要时设计专用夹具。装夹零件要迅速方便，多采用气动、液压夹具以减少机床停机时间。

对刀点是指在数控机床上用刀具加工零件时，刀具相对工件运动的起始点，程序就是从这一点开始的，所以对刀点也叫做“程序原点”。

（4）选择刀具　数控机床所选择的刀具应满足装夹调整方便、刚度好、精度高、耐用度高的要求。

与普通机床相比，数控加工对刀具的选择要严格得多，它常常是专用的。编程时，需预先规定好刀具的结构尺寸和调整尺寸，尤其是自动换刀数控机床（例如加工中心），在刀具装夹到机床上之前，应根据编程时确定的参数，在机床外的预调整装置中调到所需尺寸。

（5）确定切削用量　数控加工中切削用量应根据加工技术要求、刀具耐用度、切削条件等加以确定。

在缺乏数控加工切削用量表格的情况下，亦可参照普通加工切削用量表格确定，所确定的切削用量应是本机床具有的数值。

2. 根据所确定的工艺编制加工程序

用数控机床加工零件，要有一个控制数控机床加工的程序。因而，必须根据零件图样与工艺方案，用数控机床规定的程序格式和指令代码编制零件加工程序单，给出刀具运动的方向和坐标值，以及机床进给速度、主轴启停与正反转、切削液开闭、换刀与夹紧等加工信息，记录在控制介质上。

数控加工程序编制的一般步骤：

（1）数学处理　根据零件图样的几何尺寸、进给路径以及设定的坐标系计算粗、精加工各运动轨迹的坐标值，如运动轨迹起点、终点、圆弧的圆心等。

（2）编写加工程序单　根据计算出的运动轨迹坐标值和已确定的运动顺序、切削参数以及辅助动作，按照数控机床规定使用的功能指令代码及程序段格式，逐段编写加工程序单，并附上必要的加工示意图、刀具布置图、机床调整卡、工序卡以及必要说明。

（3）制备控制介质　为了控制数控机床按预定程序加工零件，还必须将程序单的内容通过键盘直接键入数控装置的存储器内存储，或制成穿孔纸带、磁带、磁盘等控制介质。

（4）程序校验与试运行　程序单和所制备的控制介质必须经过校验和试运行，才能正式使用。

程序检验与试运行主要达到两个目的：

1）检查程序内容及控制介质的制备是否正确，以保证对零件轮廓轨迹的要求；

2）检查刀具调整及编程计算是否正确，以保证零件加工精度达到图样的要求。

当前可以使用各种加工模拟软件，在计算机上模拟加工，以发现问题，避免浪费，是一种好的方法。

3. 正式投产

经过试切削、程序的反复调整修改，加工出合格的样件后即可正式投入生产。

6.2.2　数控加工工艺规程设计

1. 数控加工工艺的概念

数控加工是使数控机床加工零件的一种工艺方法。数控技术的应用使机械加工工艺过程也产生了很大的变化，它不仅涉及数控加工设备，还包括工艺规程、工装和加工过程的控制等内容。其中数控加工工艺的制订是核心工作。由于数控机床的控制方式与普通机床存在本质的不同，数控加工工艺主要包括以下几个方面的内容：

1）通过数控加工的适应性分析，选择并确定零件进行数控加工的内容；

2）结合加工表面的特点和数控设备的功能对零件进行数控加工分析；

3）设计数控加工工艺；

4）根据编程的需要，对零件的图形进行数学处理和计算；

5）编制加工程序；

6）检验、修改加工程序；

7）编制数控加工工艺技术文件，如数控加工工序卡、程序说明卡、进给路线图等。

2. 数控加工工艺特点

（1）工艺内容十分具体　在数控加工工艺中必须对工步划分、进给路线、对刀点、换刀点、切削用量等具体工艺问题做出明确的规定。

（2）工艺设计非常严格　数控加工工艺设计必须注意到加工过程中的每一环节，如冷却状况、排屑情况等。在对零件的图形进行数学处理和计算时，要准确无误。

3. 注重加工的适应性

要根据数控加工机床的特点正确选择加工方法和加工对象。根据数控机床的特点，适合采用数控机床加工的零件主要是：形状复杂、加工精度高，用普通机床无法完成的或难以完成的零件；用数学模型描述的复杂曲线或曲面轮廓的零件；难以测量、控制尺寸的内腔零件；必须在一次装夹完成多工序加工内容的零件。

4. 数控加工工艺的主要内容

（1）分析零件情况

1）分析工件在本工序加工之前的情况，例如毛坯（半成品）的类型、材料、形状结构特点、尺寸、加工余量、基准面或孔等情况。

2）了解需要数控加工的部位和具体内容，包括待加工表面的类型、各项精度及技术要求、表面性质、各表面之间的关系等。

3）分析待加工零件的结构工艺性（可参考《机械制造工艺及机床夹具课程设计指导》一书的有关章节内容）。

（2）选择加工方法

1）数控车削加工的适用范围

①　精度要求高的回转体零件，特别是形状、位置精度和表面粗糙度要求高的回转体零件；

②　表面形状复杂的回转体零件（例如具有曲线轮廓和特殊螺纹）；

③　表面构成复杂的回转体零件（如具有内外多个表面加工）。

2）数控铣削加工的适用范围

①　多台阶平面和曲线轮廓平面（例如平面凸轮）；

②　曲线轮廓沟槽；

③　变斜角类零件；

④　曲面类零件（例如曲面型腔）。

3）加工中心的适用范围

①　总体来说加工中心适宜于加工形状复杂、加工内容多、要求较高、需要使用多种类型的普通机床和众多的工艺装备，而且需要多次装夹和调整才能完成加工的零件。

②　根据加工中心种类的不同，适宜的加工对象也不同；以镗铣加工中心为例，适宜加工既有平面又有孔系的箱体类、盘套类零件，结构形状复杂的凸轮类、整体叶轮类、模具类零件，形状不规则的支架、拨叉类零件等。

（3）确定加工顺序，选择机床

1）基本原则：先粗后精、先近后远。

①　先粗后精，逐步提高加工精度。粗加工将在较短的时间内将工件表面上的大部分加工余量切掉，一方面提高金属切除率，另一方面满足精加工的余量均匀性要求。若粗加工后所留余量的均匀性满足不了精加工的要求时，则要安排半精加工，以此为精加工做准备。精

加工要保证加工精度，按图样尺寸，一刀切出零件轮廓。

② 先近后远。这里所说的远与近，是按加工部位相对于对刀点的距离大小而言的。在一般情况下，离对刀点远的部位后加工，以便缩短刀具移动距离，减少空行程时间。对于车削而言，先近后远还有利于保持坯件或半成品的刚性，改善其切削条件。

2）选择合适的成形方式。各类数控加工都有多种成形方式，例如数控车削有阶梯车削和轮廓连续车削方式，数控铣削则有轮廓加工、面加工、参数加工等方式。各种加工方式各有其特点，应根据零件的结构特点和加工要求做合理的选择。

3）加工设备的选择。在选择设备时，应遵循既要满足使用要求，又要经济合理的原则。

① 设备的规格要与加工工件相适应，避免过大；

② 设备的生产率应与工件的生产类型相适应；

③ 设备的加工精度应与工件的质量要求相适应；

④ 设备的选择应适当考虑生产发展的需要；

⑤ 设备的选择尽量立足于国内市场解决，即要满足加工精度和生产率的要求，又要考虑经济性。

按性能与经济性，数控机床可分为：

1）低档数控机床，也称经济型数控机床。其特点是根据实际的使用要求，合理地简化系统，以降低产品价格。目前，我国经济型数控系统的技术指标通常为：脉冲当量0.01～0.005mm；快进速度4～10m/min，开环步进电动机驱动，用简单CRT显示，主CPU一般为8位或16位。

2）中档数控机床。中档数控机床的技术指标通常为：脉冲当量0.005～0.001mm，快进速度15～24m/min，伺服系统为半闭环直流或交流伺服系统，有较齐全的CRT显示，可以显示字符和图形，人机对话，自诊断等，主CPU一般为16位或32位。

3）高档数控机床，也称全机能型数控机床。高档数控机床技术指标为：脉冲当量0.001～0.0001mm，快进速度15～100m/min，伺服系统为闭环的直流或交流伺服系统，CRT显示除具备中档的功能外，还具有三维图形显示等功能，主CPU一般为32位或64位。

(4) 工序划分　在数控机床上加工零件，工序可以比较集中。在一次装夹中，应尽可能完成全部工序。与普通机床加工相比，加工工序划分有其自己的特点，常用的工序划分的方法有：

1）按粗精加工划分工序。考虑到零件形状、尺寸精度以及工件刚度和变形等因素，可按粗精加工分开的原则划分工序，先粗加工，后精加工。粗加工后工件的变形需要一段时间恢复，最好不要紧接着粗加工安排精加工。

2）按先面后孔的原则划分工序。在工件上既有面加工，又有孔加工时，可先加工面，后加工孔，这样可以提高孔的加工精度。

3）按所用刀具划分工序。为了减少换刀次数，缩短空程时间，减少不必要的定位误差，多采用按刀具划分工序的方法。即将工件上需要用同一把刀加工的部位全部加工完之后，再换另一把刀来加工。

(5) 工件装夹　数控机床上应尽量采用通用夹具与组合夹具，必要时可以设计专用数控夹具。无论是采用组合夹具还是设计专用夹具，一定要考虑数控机床的特点。在数控机床上加工工件，由于工序集中，往往是在一次装夹中就要完成全部工序，因此对夹紧工件时的变形要给予足够的重视。此外，还应注意协调工件和机床坐标系的关系。应注意以下几点：

1）选择合适的定位方式

① 夹具在机床上装夹位置的定位基准应与设计基准一致，即所谓基准重合原则。

② 所选择的定位方式应具有较高的定位精度，没有过定位干涉现象且便于工件的安装。

③ 为了便于夹具或工件的装夹找正，最好以工作台某两个面定位。对于箱体类工件，最好采用一面两销定位。

④ 若工件本身无合适的定位孔和定位面，可以设置工艺基准面和工艺用孔。

2）确定合适的夹紧方法。考虑夹紧方案时，要注意夹紧力的作用点和方向。夹紧力作用点应靠近主要支承点或在支承点所组成的三角形内，应力求靠近切削部位及刚性较好的地方。

3）夹具结构要有足够的刚度和强度。夹具的作用是保证工件的加工精度，因此要求夹具必须具备足够的刚度和强度，以减小其变形对加工精度的影响。特别对于切削用量较大的工序，夹具的刚度和强度更为重要。

（6）编制工艺 所谓编制工艺，就是确定每道工序的加工路线。由于同一工件的加工工艺可能会出现各种不同的方案，应根据实际情况和具体条件，采用最完善、最经济、最合理的工艺方案。

编制工艺要根据工件的毛坯形状和材料的性质等因素决定。这些因素和工件的尺寸精度是选择加工余量的决定因素，可以依据工件的精度、尺寸、形位公差和技术要求编制工艺规程。制订数控加工工艺除考虑上节所述的一般工艺原则外，还应考虑充分发挥所用数控机床的功能，要求进给路线要短、进给次数和换刀次数尽可能少、加工安全可靠等。

1）进给路线的确定。在数控机床加工过程中，进给路线的确定是非常重要的，它与工件的加工精度和粗糙度直接相关。所谓进给路线就是数控机床在加工过程中刀具中心的移动路线。确定进给路线，就是确定刀具的移动路线。

① 数控车削进给路线的确定。确定数控车削进给路线的工作重点，主要在于确定粗加工及空行程的进给路线，精加工切削过程的进给路线基本上都是沿其零件设计图确定的轮廓顺序进行的。

车削进给路线泛指刀具从对刀点（或机床固定原点）开始运动起，直至返回该点并结束加工程序所经过的路径，包括切削加工的路径及刀具切入、切出等非切削空行程。其基本原则是：

a）力求空行程路线最短。可通过巧用起刀点、将起刀点与其对刀点重合在一起；巧设换（转）刀点，如果将第二把刀的换刀点也设置在合适点位置上，则可缩短空行程距离；合理安排“回零”路线，在手工编制较为复杂轮廓的加工程序时，为使其计算过程尽量简化，既不出错，又便于校核，编制者（特别是初学者）有时将每一刀加工完后的刀具终点通过执行“回零”（即返回对刀点）指令，使其全都返回到对刀点位置，然后再执行后续程序。这样会增加进给路线的距离，从而大大降低生产效率。因此，在合理安排“回零”路线时，应使其前一刀终点与后一刀起点间的距离尽量减短，或者为零，即可满足进给路线为最短的要求。另外，在选择返回对刀点指令时，在不发生加工干涉现象的前提下，宜尽量采

用 x、y 坐标轴双向同时"回零"指令，此时的"回零"路线将是最短的。

b）力求切削进给路线最短。切削进给路线为最短，可有效地提高生产效率，降低刀具的损耗等。在安排粗加工或半精加工的切削进给路线时，应同时兼顾到被加工零件的刚性及加工的工艺性等要求，不要顾此失彼。

② 数控铣削进给路线的确定。数控铣削加工中进给路线对零件的加工精度和表面质量有直接的影响，因此，确定好进给路线是保证铣削加工精度和表面质量的工艺措施之一。进给路线的确定与工件表面状况、要求的零件表面质量、机床进给机构的间隙、刀具耐用度以及零件轮廓形状等有关。下面针对铣削方式和常见的几种轮廓形状来讨论进给路线的确定问题。

a）顺铣和逆铣的选择。铣削有顺铣和逆铣两种方式。当工件表面无硬皮，机床进给机构无间隙时，应选用顺铣，按照顺铣安排进给路线。因为采用顺铣加工后，零件已加工表面质量好，刀齿磨损小。精铣时，尤其是零件材料为铝镁合金、钛合金或耐热合金时，应尽量采用顺铣。当工件表面有硬皮，机床的进给机构有间隙时，应选用逆铣，按照逆铣安排进给路线。因为逆铣时，刀齿是从已加工表面切入，不会崩刃；机床进给机构的间隙不会引起振动和爬行。

b）铣削内外轮廓的进给路线。铣削平面零件外轮廓时，一般是采用立铣刀侧刃切削。刀具切入零件时，应避免沿零件外轮廓的法向切入，以避免在切入处产生刀具的刻痕，而应沿切削起始点延伸线或切线方向逐渐切入工件，保证零件曲线的平滑过渡。同样，在切离工件时，也应避免在切削终点处直接抬刀，要沿着切削终点延伸线或切线方向逐渐切离工件。

c）铣削内槽的进给路线。所谓内槽是指以封闭曲线为边界的平底凹槽，一般用平底立铣刀加工，刀具圆角半径应符合内槽过渡圆角的图样要求。可用行切法（不抬刀纵向或横向连续进给）和环切法以及综合法（前两种方法的复合）加工内槽。前两种进给路线的共同点是都能切净内腔中全部面积，不留死角，不伤轮廓，同时尽量减少重复进给的搭接量。不同点是行切法的进给路线比环切法短，但行切法将在每两次进给的起点与终点间留下了残留面积，而达不到所要求的表面粗糙度值；用环切法获得的表面粗糙度要好于行切法，但环切法要逐次向外扩展轮廓线，刀位点计算稍微复杂一些。综合法综合了行切法、环切法的优点，采取先用行切法切去中间部分余量，最后用环切法切一刀，既能使总的进给路线较短，又能获得较小的表面粗糙度值。

d）铣削曲面的进给路线。对于边界敞开的曲面加工，可采用行切法进给路线。刀位点计算简单，程序少，加工过程符合直纹面的形成原理，可以准确保证母线的直线度。确定进给路线要考虑到干涉问题，此处不过多讨论。

③ 加工中心进给路线的确定。加工中心上刀具的进给路线可分为孔加工进给路线和铣削加工进给路线。铣削进给路线的确定同上，这里只说明孔加工时进给路线的确定。

孔加工时，一般是首先将刀具在 x-y 平面内快速定位运动到孔中心线的位置上，然后刀具再沿 z 向（轴向）运动进行加工。所以孔加工进给路线的确定包括：

a）确定 x-y 平面内的进给路线。孔加工时，刀具在 x-y 平面内的运动属点位运动，确定进给路线时，主要考虑定位要迅速，也就是在刀具不与工件、夹具和机床碰撞的前提下空行程时间尽可能短；定位要准确，安排进给路线时，要避免机械进给系统反向间隙对孔位精度的影响。

定位迅速和定位准确有时两者难以同时满足，这时应抓主要矛盾，若按最短路线进给能保证定位精度，则取最短路线；反之，应取能保证定位准确的路线。

b）确定 z 向（轴向）的进给路线。刀具在 z 向的进给路线分为快速移动进给路线和工作进给路线。刀具先从初始平面快速运动到距工件加工表面一定距离的某一平面上，然后按工作进给速度运动进行加工。对多孔加工，为减少刀具空行程进给时间，加工中间孔时，刀具不必退回到初始平面，只要退到该平面上即可。

2）加工余量的选择。加工余量的大小等于每个中间工序加工余量的总和。工序间的加工余量的选择应根据下列条件进行。

① 应有足够的加工余量，特别是最后的工序，加工余量应能保证达到图样上所规定的精度和表面粗糙度值要求。

② 应考虑加工方法和设备的刚性，以及工件可能发生的变形。过大的加工余量反而会由于切削抗力的增加而引起工件变形加大，影响加工精度。

③ 应考虑到热处理引起的变形，否则可能产生废品。

④ 应考虑工件的大小。工件越大，由切削力、内应力引起的变形亦会越大，加工余量也要相应地大一些。

⑤ 在保证加工精度的前提下，应尽量采用最小的加工余量总和，以求缩短加工时间，降低加工费用。

3）数控机床用刀具的选择。数控机床具有高速、高效的特点。一般数控机床，其主轴转速要比普通机床主轴转速高 1～2 倍。因此，数控机床用的刀具比普通机床用的刀具要求严格得多。刀具的强度和耐用度是人们十分关注的问题。近几年来，一些新刀具相继出现，使机械加工工艺得到了不断更新和改善。选用刀具时应注意以下几点：

① 在数控机床上铣削平面时，应采用镶装可转位硬质合金刀片的铣刀。一般采用两次进给，一次粗铣，一次精铣。当连续切削时，粗铣刀直径要小一些，精铣刀直径要大一些，最好能包容待加工面的整个宽度。加工余量大，且加工面又不均匀时，刀具直径要选得小些，否则当粗加工时会因接刀刀痕过深而影响加工质量。

② 高速钢立铣刀多用于加工凸台和凹槽，最好不要用于加工毛坯面，因为毛坯面有硬化层和夹砂现象，刀具会很快被磨损。

③ 加工余量较小，并且要求表面粗糙度值较低时，应采用镶立方氮化硼刀片的端铣刀或镶陶瓷刀片的端铣刀。

④ 镶硬质合金的立铣刀可用于加工凹槽、窗口面、凸台面和毛坯表面。

⑤ 镶硬质合金的玉米铣刀可以进行强力切削，铣削毛坯表面和用于孔的粗加工。

⑥ 精度要求较高的凹槽加工时，可以采用直径比槽宽小一些的立铣刀，先铣槽的中间部分，然后利用刀具半径补偿功能铣削槽的两边，直到达到精度要求为止。

⑦ 在数控铣床上钻孔，一般不采用钻模，钻孔深度为直径的 5 倍左右的深孔加工容易折断钻头，应注意冷却和排屑。钻孔前最好先用中心钻钻一个中心孔或用一个刚性好的短钻头锪窝引正。锪窝除了可以解决毛坯表面钻孔引正问题外，还可以代替孔口倒角。

4）切削用量的确定。确定数控机床的切削用量时一定要根据机床说明书中规定的要求，以及刀具的耐用度去选择，当然也可以结合实际经验采用类比法去确定。确定切削用量时应注意以下几点：

① 要充分保证刀具能加工完一个工件或保证刀具寿命不低于一个工作班，最少也不低于半个班的工作时间。

② 背吃刀量主要受机床刚度的限制，在机床刚度允许的情况下，尽可能使背吃刀量等于工件的加工余量，这样可以减少进给次数，提高加工效率。

③ 对于表面粗糙度值小和精度要求高的零件，要留有足够的精加工余量。数控机床的精加工余量可比普通机床小一些。

④ 主轴的转速 S 要根据切削速度 v_c 来选择。

⑤ 进给速度 v_f 是数控机床切削用量中的重要参数，可根据工件的加工精度和表面粗糙度值要求，以及刀具和工件材料的性质选取。

5）填写工艺文件。按加工顺序将各工序内容、使用刀具、切削用量等填入表 6-1 数控加工工序卡片中；将选定刀具的型号、刀片型号与牌号及主要参数等填入表 6-2 数控加工刀具卡片；将各工步的进给路线绘成进给路线图表（见表 6-3）。

表 6-1　数控加工工序卡片

工厂				产品名称	零件名称	毛坯材料	零件图号	
工序号	程序编号		夹具名称	夹具编号	设备名称与编号		车间	
工步号	工步内容	加工面	刀具编号	刀具规格	主轴转速 /r · min^{-1}	进给速度 /mm · min^{-1}	背吃刀量 /mm	备注
1								
2								
3								
编制	审核			批准			共　页第　页	

表 6-2　数控加工刀具卡片

产品名称		零件名称		零件图号		程序号	
工步号	刀具号	刀具名称	刀柄型号	刀具参数		补偿量/mm	备注
				直径/mm	刀长/mm		
编制		审核		批准		共　页第　页	

表 6-3　某零件周边轮廓铣削加工进给路线图

数控机床进给路线图	零件图号		工序号		工步号	1	程序编号	
机床型号		程序段号		加工内容	铣型面轮廓周边 R5mm		共 3 页	第 1 页

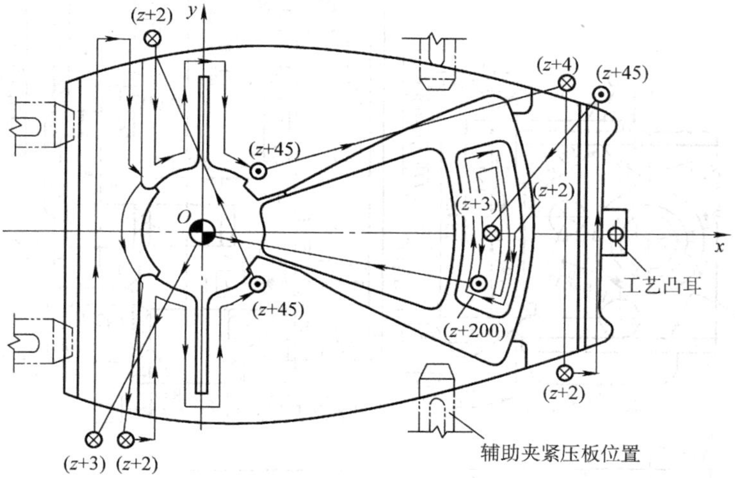

							编程		校对		审批	
符号	⊙	⊗	◕	•→	⇄	←┐	•---	→•⁄•	⇒	⇒	⬚	
含义	抬刀	下刀	程编原点	起始	进给方向	进给线相交	爬斜坡	钻孔	行切	轨迹重迭	回切	

上述“二卡一图”构成一份完整的数控加工工艺文件。可作为编制数控加工程序的主要依据。

6.2.3　数控加工工艺设计实例

图 6-2 所示为某车床主轴筒图。该零件上需要加工的孔较多，虽然绝大部分配合孔的尺寸精度为 IT7 级，最高为一个孔 IT6 级，但孔系内各孔之间的相互位置精度要求较高。为了确保这些孔加工精度的实现，提高生产效率，在大批量生产中，主要采用组合机床和组合机床自动线加工，实施工序分散的加工原则。目前加工中心、柔性制造技术等已逐步使用于各种不同的批量生产中。

本例选择在卧式加工中心上加工，实施工序集中的加工原则。有机械手自动换刀，一次安装可完成钻孔、扩孔、铰孔、镗孔、铣削及攻螺纹等工序。

1. 定位基准的选择

选择零件上的 B、C 和 E 面作为精定位基准，分别限制 2、3 和 1 个自由度，在加工中心上一次安装可完成除精基准以外所有表面的粗、精加工，保证该零件相互位置的全部项目。这三个表面组成的精基准可在通用机床上先加工好。

2. 加工阶段的划分

为了使切削过程中切削力和加工变形不过大，以及前次加工所产生的变形（误差）能在后续加工中完全消除，可把加工阶段划分得细一些，全部配合孔均经过粗加工——半精加

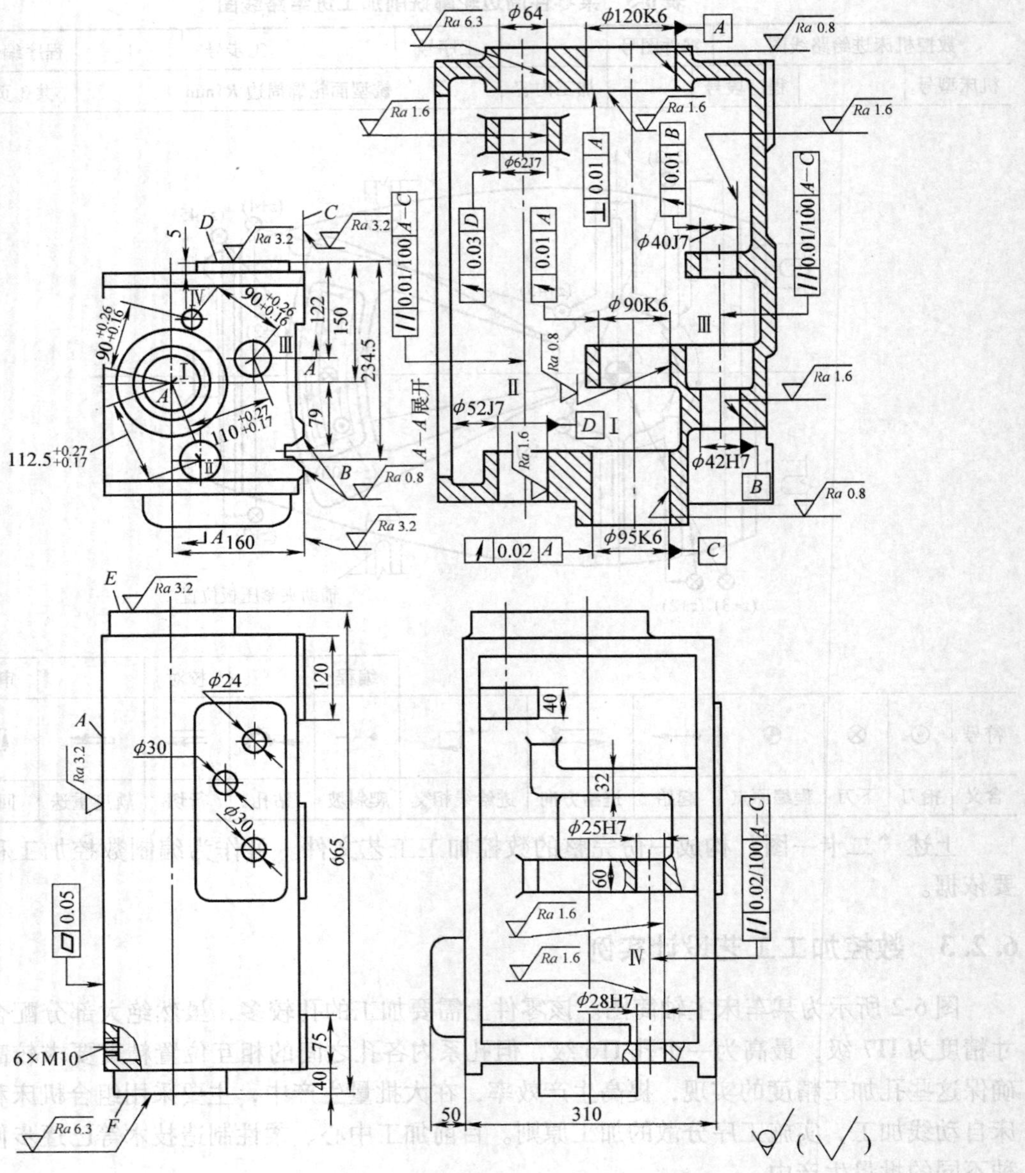

图 6-2　车床主轴箱简图

工——精加工三个阶段。

3. 工艺问题的分析

1）对同轴孔系采取“调头镗”的加工方法，先在两个工位上先后对两个侧面上的全部平面和孔进行粗加工；然后再在同样两个工位上，先后对两个粗面的全部平面和孔进行半精加工和精加工。

2）为了保证孔和螺纹孔的正确位置，在加工中心上对实心材料钻孔前，均先锪孔口平面、钻中心孔，然后再钻孔——扩孔——镗孔或铰孔。

3）一般情况下，在加工中心上只攻 M6 以上的螺纹。对小于 M6 的螺纹，只在加工中心上完成底孔加工，攻螺纹则在加工中心以外用其他方法进行。这主要是因为在攻小螺纹时，不能随机控制加工状态，小丝锥容易折断。对 M20 以上的大螺纹，由于刀具和辅具方面给加工带来的困难，也很少在加工中心上攻出。

其数控加工工艺过程见表 6-4。

表 6-4 数控加工工艺过程

工序号	工序名称	工序内容	定位基准	设备
1	铸造			
2	热处理	人工时效，消除内应力		
3	划线	以Ⅰ、Ⅱ、Ⅲ、Ⅳ轴心线为基准，适当兼顾轮廓，画出各表面和孔轮廓线，同时检查毛坯余量		台虎钳
4	粗铣	按线校正，粗铣 *A*、*B*、*C*、*D* 面		铣床
5	精铣	精铣 *A*、*B*、*C*、*D* 面		铣床
6	数控加工	1）粗镗Ⅰ、Ⅱ、Ⅲ轴上 $\phi95$、$\phi90$、$\phi52$、$\phi42$、$\phi40$ 等孔 2）调头粗镗 $\phi120$、$\phi64$、$\phi62$ 等孔 3）半精镗 $\phi95$、$\phi90$、$\phi52$、$\phi42$、$\phi40$ 等孔 4）钻、粗铰 $\phi28$、$\phi25$ 孔 5）调头半精镗 $\phi120$、$\phi64$、$\phi62$ 等孔 6）精镗 $\phi95$、$\phi90$、$\phi52$、$\phi42$、$\phi40$ 等孔 7）精镗 $\phi120$、$\phi64$、$\phi62$ 等孔 8）精铰 $\phi28$、$\phi25$ 孔 9）钻 $\phi30$、$\phi24$ 孔，攻钻、粗铰 $6\times$M10 螺纹	B、C、D	卧式加工中心
7	钳工	去毛刺、修锐角，清洗		清洗台
8	检验	按图样要求检验入库		检验台

【实训模块】

实训1 轴套零件加工工艺

图 6-3 为某轴承套零件图，试编制其机械加工工艺过程。生产类型为单件小批量生产，材料为 45 钢。

1. 零件图工艺分析

该零件表面由内外圆柱面、内圆锥面、顺圆弧、逆圆弧及外螺纹等表面组成，其中多个直径尺寸与轴向尺寸有较高的尺寸精度和表面粗糙度要求。零件图尺寸标注完整，符合数控加工尺寸标注要求；轮廓描述清楚完整；零件材料为 45 钢，切削加工性能较好，无热处理和硬度要求。

通过上述分析，采取以下几点工艺措施：

1）零件图样上带公差的尺寸，因公差值较小，故编程时不必取其平均值，而取基本尺寸即可。

2）左、右端面均为多个尺寸的设计基准，相应工序加工前，应该先将左、右端面车出来。

3）内孔尺寸较小，镗 1:20 锥孔、$\phi32$ 孔及 15°斜面时需掉头装夹。

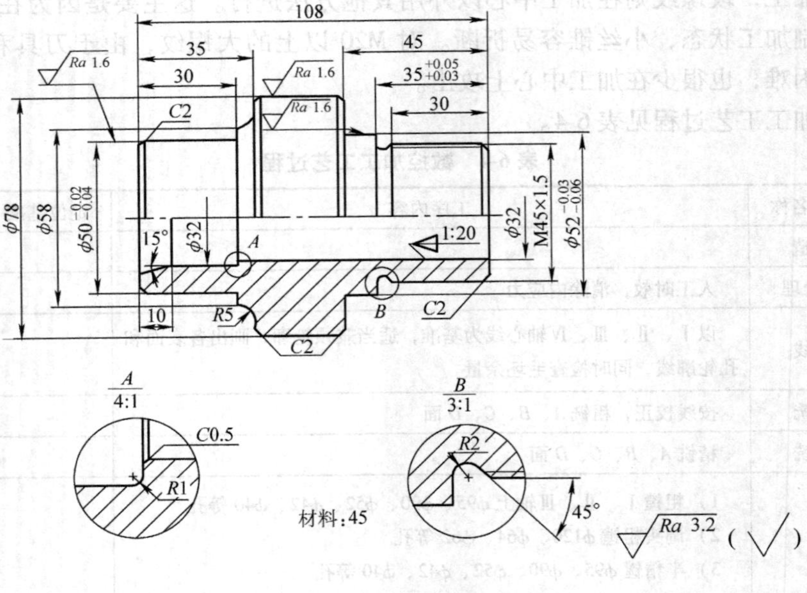

图 6-3　轴承套零件图

2. 确定装夹方案

内孔加工时以外圆定位，用三爪自定心卡盘夹紧。加工外轮廓时，为保证一次安装加工出全部外轮廓，需要设一圆锥心轴装置，用三爪自定心卡盘夹持心轴左端，心轴右端留有中心孔并用尾座顶尖顶紧以提高工艺系统的刚性。图 6-4 为外轮廓车削装夹方案，图 6-5 为外轮廓加工进给路线。

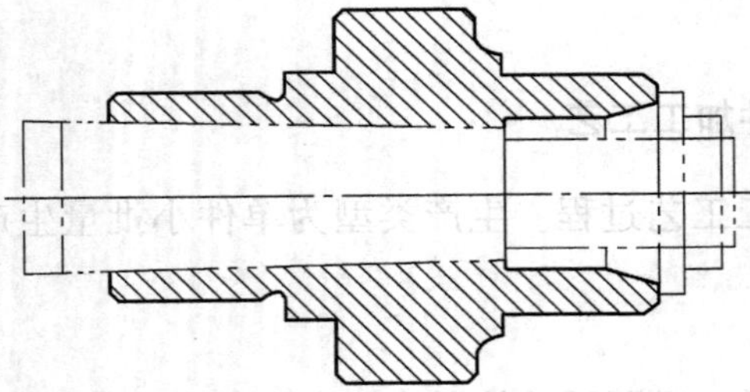

图 6-4　外轮廓车削装夹方案

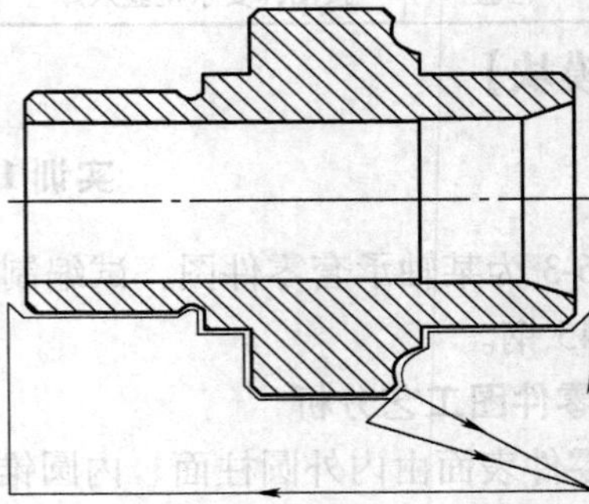

图 6-5　外轮廓加工进给路线

3. 确定加工顺序及进给路线

加工顺序的确定按由内到外、由粗到精、由近到远的原则确定，在一次装夹中尽可能加工出较多的工件表面。结合本零件的结构特征，可先加工内孔各表面，然后加工外轮廓表面。由于该零件为单件小批量生产，进给路线设计不必考虑最短进给路线或最短空行程路线，外轮廓表面车削进给路线可沿零件轮廓顺序进行。

4. 刀具的选择

将所选定的刀具参数填入表 6-5 轴承套数控加工刀具卡片中，以便于编程和操作管理。

表 6-5　轴承套数控加工刀具卡片

产品名称或代号		数控车工艺分析实例	零件名称	轴承套	零件图号	Lathe-01
序号	刀具号	刀具规格名称	数量	加工表面	刀尖半径/mm	备注/mm
1	T01	45°硬质合金端面车刀	1	车端面	0.5	25×25
2	T02	ϕ5 中心钻	1	钻 ϕ5mm 中心孔		
3	T03	ϕ26 mm 钻头	1	钻底孔		
4	T04	镗刀	1	镗内孔各表面	0.4	20×20
5	T05	93°右手偏刀	1	自右至左车外表面	0.2	25×25
6	T06	93°左手偏刀	1	自左至右车外表面		
7	T07	60°外螺纹车刀	1	车 M45 螺纹		
编制 ×××	审核 ×××	批准 ×××	××年×月×日		共1页	第1页

注：车削外轮廓时，为防止主后对面与工件表面发生干涉，应选择较大的副偏角，必要时可作图检验。本例中选副偏角 $K_r' = 55°$。

5. 切削用量的选择

根据被加工表面质量要求、刀具材料和工件材料，参考切削用量手册或有关资料选取切削速度与每转进给量，计算结果填入表6-6 工序卡中。

背吃刀量的选择因粗、精加工而有所不同。粗加工时，在工艺系统刚性和机床功率允许的情况下，尽可能取较大的背吃刀量，以减少进给次数；精加工时，为保证零件表面粗糙度要求，背吃刀量一般取 0.1 ~0.4 mm 较为合适。

6. 数控加工工艺卡片制订

将前面分析的各项内容综合成表6-6 所示的数控加工工艺卡片。

表 6-6　轴承套数控加工工序卡

工厂名称		产品名称或代号	零件名称	零件图号
		数控车工艺分析实例	轴承套	Lathe-01
工序号	程序编号	夹具名称	使用设备	车间
001	Letheprg-01	三爪卡盘和自制心轴	CJK6240	数控中心

工步号	工步内容	刀具号	刀具规格/mm	主轴转速/r·min^{-1}	进给速度/mm·min^{-1}	背吃刀量/mm	备注
1	平端面	T01	25×25	320		1	手动
2	钻 ϕ5 中心孔	T02	ϕ5	950		2.5	手动
3	钻底孔	T03	ϕ26	200		13	手动
4	粗镗 ϕ32 内孔、15°斜面及 C0.5 倒角	T04	20×20	320	40	0.8	自动
5	精镗 ϕ32 内孔、15°斜面及 C0.5 倒角	T04	20×20	400	25	0.2	自动
6	掉头装夹粗镗 1:20 锥孔	T04	20×20	320	40	0.8	自动
7	精镗 1:20 锥孔	T04	20×20	400	20	0.2	自动
8	心轴装夹自右至左粗车外轮廓	T05	25×25	320	40	1	自动
9	自左至右粗车外轮廓	T06	25×25	320	40	1	自动
10	自右至左精车外轮廓	T05	25×25	400	20	0.1	自动

（续）

工步号	工步内容	刀具号	刀具规格 /mm	主轴转速 /r · min^{-1}	进给速度/ mm · min^{-1}	背吃刀量 /mm	备注
11	自左至右精车外轮廓	T06	25×25	400	20	0.1	自动
12	卸心轴改为三爪装夹粗车 M45 螺纹	T07	25×25	320	480	0.4	自动
13	精车 M45 螺纹	T07	25×25	320	480	0.1	自动
编制	××× 审核 ×××	批准	×××	××年×月×日		共1页	第1页

实训 2　异形支架的加工工艺

图 6-6 所示为异形支架零件图，试编制其机械加工工艺过程。生产类型为小批量生产，材料为 HT200。

1. 零件工艺分析

该异形支架的材料为铸铁，毛坯为铸件。该工件结构复杂，精度要求较高，各加工表面之间有较严格的位置度和垂直度等要求，毛坯有较大的加工余量，零件的工艺刚性差，特别是加工 40h8 部分时，如用常规加工方法在普通机床上加工，很难达到图样要求。原因是假如先在车床上一次加工完成 ϕ75js6 外圆、端面和 ϕ62J7 孔、$2\times2.2^{+0.12}_{0}$槽，然后在镗床上加工 ϕ55H7 孔，要求保证对 ϕ62J7 孔之间的对称度 0.06 mm 及垂直度 0.02 mm，就需要高精度机床和高水平操作工，一般是很难达到上述要求的。如果先在车床上加工 ϕ75js6 外圆及端面，再在镗床上加工 ϕ62J7 孔，$2\times2.2^{+0.12}_{0}$槽及 ϕ55H7 孔，这样虽然较易保证上述的对称度和垂直度，但却难以保证 ϕ62J7 孔与 ϕ75js6 外圆之间 ϕ0.03mm 的同轴度要求，而且需要特殊刀具切 $2\times2.2^{+0.12}_{0}$槽。

另外，完成 40h8 尺寸需两次装卡，调头加工，难以达到要求，ϕ55H7 孔与 40h8 尺寸需分别在镗床和铣床上加工完成，同样难以保证其对 *B* 孔的 0.02mm 垂直度要求。

2. 选择加工中心

通过零件的工艺分析，确定该零件在卧式加工中心上加工。根据零件外形尺寸及图样要求，选定的仍是国产 XH754 型卧式加工中心。

3. 设计工艺

（1）选择在加工中心上加工的部位及加工方案

ϕ62J7 孔	粗镗→半精镗→孔两端倒角→铰
ϕ55H7 孔	粗镗→孔两端倒角→精镗
$2\times2.2^{+0.12}_{0}$空刀槽	一次切成
44U 形槽	粗铣→精铣
*R*22 尺寸	一次镗
40h8 尺寸两面	粗铣左面→粗铣右面→精铣左面→精铣右面

数控加工刀具卡见表 6-7。

（2）确定加工顺序

① B0°：粗镗 *R*22 尺寸→粗铣 U 形槽→粗铣 40h8 尺寸左面；②B180°：粗铣 40h8 尺寸右面；③B270°：粗镗 ϕ62J7 孔→半精镗 ϕ62J7 孔→切 $2\times\phi65^{+0.4}_{0}\times2.2^{+0.12}_{0}$空刀槽→

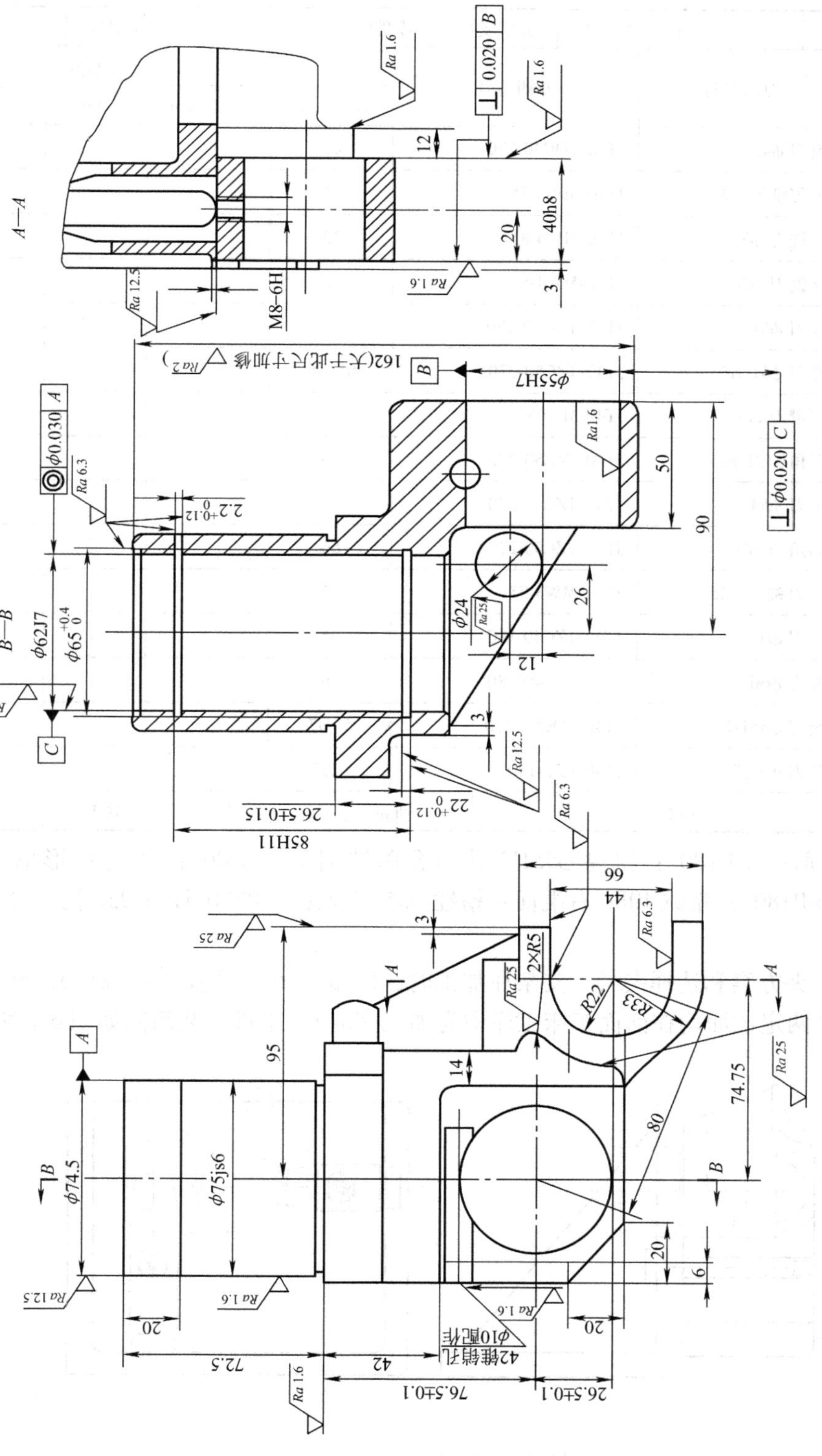

图 6-6　异形支架零件简图

表 6-7 数控加工刀具卡片

产品名称或代号			零件名称	异形支架	零件图号		程序编号	
工步号	刀具号	刀具名称	刀柄型号	刀具		补偿值/mm	备注	
				直径/mm	长度/mm			
1	T01	镗刀 $\phi42$	JT40-TQC30-270	42				
2	T02	长刃铣刀 $\phi25$	JT40-MW3-75	25				
3	T03	立铣刀 $\phi30$	JT40-MW4-85	30				
4	T03	立铣刀 $\phi30$	JT40-MW4-85	30				
5	T04	镗刀 $\phi61$	JT40-TQC50-270	61				
6	T05	镗刀 $\phi61.85$	JT40-TZC50-270	61.85				
7	T06	切槽刀 $\phi50$	JT40-M4-95	50				
8	T07	倒角镗刀 $\phi66$	JT40-TZC50-270	66				
9	T08	镗刀 $\phi54$	JT40-TZC40-240	54				
10	T09	倒角刀 $\phi66$	JT40-TZC50-270	66				
11	T02	长刃铣刀 $\phi25$	JT40-MW3-75	25				
12	T10	镗刀 $\phi66$	JT40-TZC40-180	66				
13	T10	镗刀 $\phi66$	JT40-TZC40-180	66				
14	T11	镗刀 $\phi55$H7	JT40-TQC50-270	55H7				
15	T12	铰刀 $\phi62$J7	JT40-K27-180	62J7				
编制		审核		批准		共 1 页	第 1 页	

$\phi62$J7 孔两端倒角；④B180°：粗镗 $\phi55$H7 孔→孔两端倒角；⑤B0°：精铣 U 形槽→精铣 40h8 左端面；⑥B180°：精铣 40h8 右端面→精镗 $\phi55$H7 孔；⑦B270°铰 $\phi62$J7 孔。具体工艺过程见表 6-8。

（3）确定装夹方案和选择夹具　支架在加工时，以 $\phi75$js6 外圆及 26.5 ±0.15 尺寸的上面作为面定位（两定位面均在前面车床工序中先加工完成）。工件安装简图如图 6-7 所示。

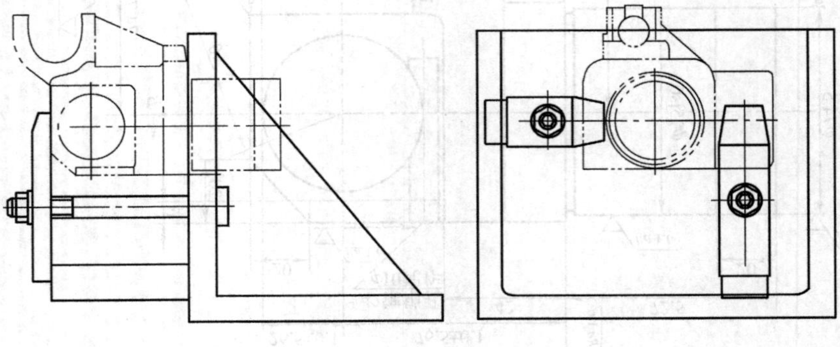

图 6-7　工件装夹示意图

表 6-8　数控加工工序卡片

工厂		产品名称或代号	零件名称	材料	零件图号
			导形支架	铸铁	

工序号	程序编号	夹具名称	夹具编号	使用设备	车间
		专用夹具		XH754	

工步号	工步内容	加工面	刀具号	刀具规格/mm	主轴转速/（r/min）	进给速度/（mm/min）	背吃刀量/mm	备注
	B0°							
1	粗镗刚尺寸、*R*22 尺寸		T01	ϕ42	300	45		
2	粗铣 U 形槽		T02	ϕ25	200	60		
3	粗铣 40h8 尺寸左面		T03	ϕ30	180	60		
	B180°							
4	粗铣 40h8 尺寸右面		T03	ϕ30	180	60		
	B270°							
5	粗镗 ϕ62J7 孔至 ϕ61		T04	ϕ61	250	80		
6	半精镗 ϕ62J7 孔至 ϕ61.85		T05	ϕ61.85	350	60		
7	切 $2\times\phi65^{+0.5}_{0}\times2.2^{+0.12}_{0}$空刀槽		T06	ϕ50	200	20		
8	ϕ62J7 孔两端倒角		T07	ϕ66	100	40		
	B180°							
9	粗镗 ϕ55H7 孔至 ϕ54		T08	ϕ54	350	60		
10	ϕ55H7 孔两端倒角		T09	ϕ66	100	30		
	B0°							
11	精铣 U 形槽		T02	ϕ25	200	60		
12	精铣 40h8 左端面至尺寸		T10	ϕ66	250	30		
	B180°							
13	精铣 40h8 右端面至尺寸		T10	ϕ66	250	30		
14	精镗 ϕ55H7 孔至尺寸		T11	ϕ55H7	450	20		
	B270°							
15	铰 ϕ62J7 孔至尺寸		T12	ϕ62J7	100	80		

编制		审核		批准		共 1 页	第 1 页

【思考题与习题】

6-1　数控技术有哪些特点？其应用场合、特点和发展方向是什么？

6-2　数控机床的使用性能与普通机床相比较有何特点？

6-3　数控加工的过程如何？

6-4　数控加工工艺的概念是什么？它在数控加工中起到什么样的作用？

6-5　进行数控加工工艺设计的主要内容有哪些？

6-6　试选择图 6-8 中所示端盖零件加工时的粗基准。

6-7　试选择加工图 6-9 所示拨杆零件 ϕ10H7 孔定位基准面。已知条件：毛坯为铸件，其余表面已加工好。

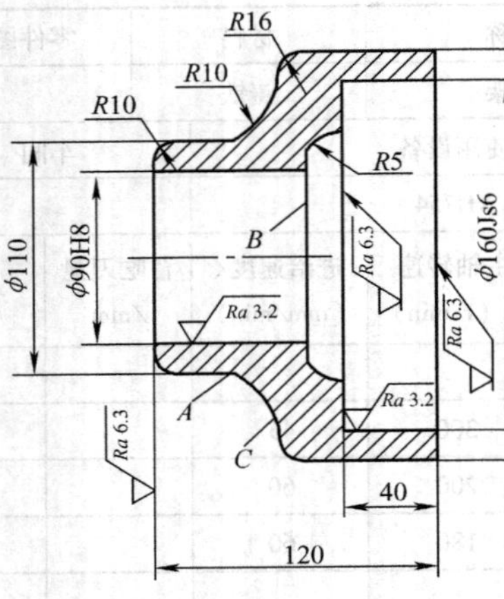

图 6-8　题 6-6 图

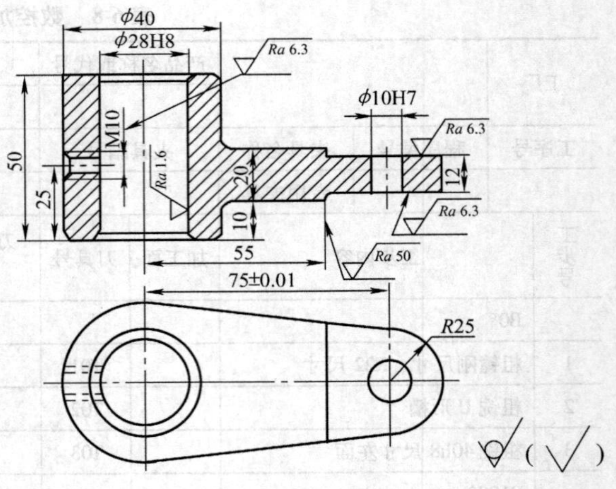

图 6-9　题 6-7 图

6-8　图 6-10 所示的零件的 A、B、C 面。φ10H7 及 φ30H7 孔均已加工。试分析加工 φ12H7 孔时，选择哪些表面定位最为合理？为什么？

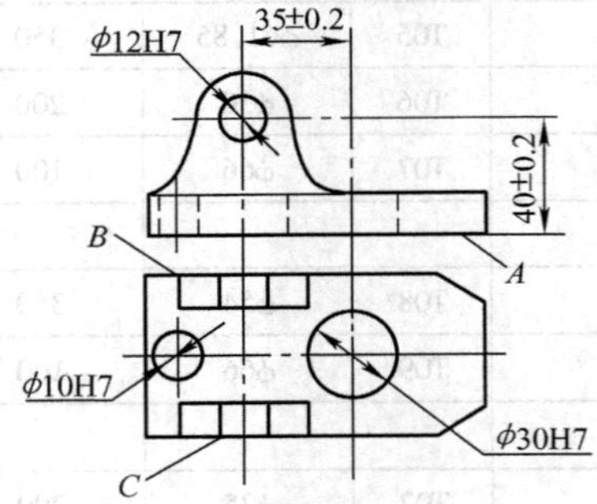

图 6-10　题 6-8 图

6-9　试编制图 6-11 所示零件加工工艺规程。已知工件材料为 45 钢，单件小批生产。

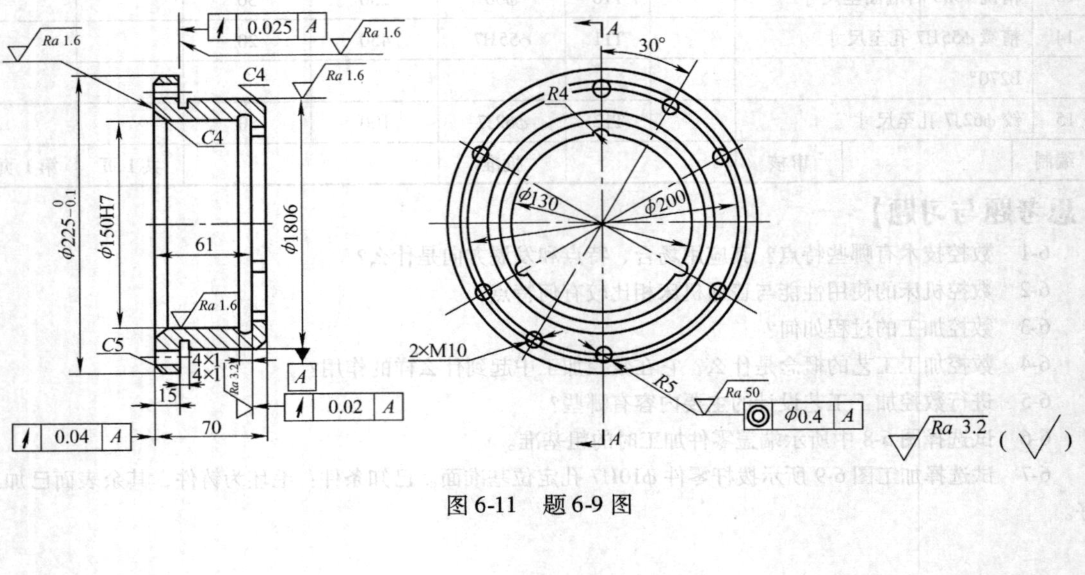

图 6-11　题 6-9 图

6-10 制订图 6-1 所示零件的数控车削工艺。毛坯为棒料。

6-11 编制图 6-12 所示圆锥螺母套零件的数控车削加工工艺。

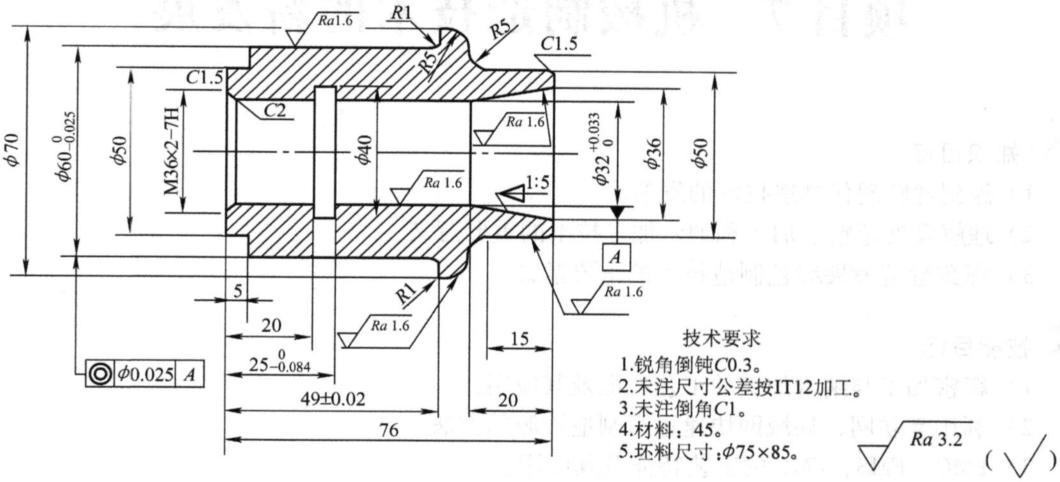

图 6-12 题 6-11 图

项目 7　机械制造技术的新发展

知识目标

1）深刻理解现代制造技术的发展。

2）理解发展超精密加工和纳米加工技术的重要意义。

3）深刻理解发展绿色制造技术的重要意义。

技能目标

1）精密加工与纳米加工的工艺特征及其应用。

2）利用互联网、局域网快速重组制造资源的方法。

3）FMC、FMS、FML 的工艺特征及其应用。

【知识模块】

当今世界制造技术的发展方向可以归纳为以下四个方面：

1）适应发展现代高、精、尖军品和民品生产的需求，发展精密与超精密加工技术，发展纳米加工技术和微机电系统制造技术。

2）以提高生产效率和加工质量为主要目标，发展多品种、中小批量生产机械制造自动化技术。

3）适应市场快速多变的需求，发展快速响应制造技术。

4）适应建设资源节约型社会发展循环经济的需求，发展以绿色制造为主要内容的可持续发展技术。

机械制造技术新发展的知识内容很多，限于教材篇幅，此处不能一一介绍。根据当代机械制造技术的发展趋势，结合我国国情，本项目将扼要介绍精密加工与纳米加工技术、机械制造自动化技术、快速响应制造技术和绿色制造技术四个方面的内容。

7.1　超精密加工与纳米加工技术

普通精度和高精度是个相对概念，两者之间的分界线是随着制造技术水平的发展而变化的。就当今世界工业发达国家制造技术水平分析，一般工厂已能稳定掌握 3μm（我国为 5μm）制造公差的加工技术，制造公差大于此值的加工称为普通精度加工，制造公差低于此值的加工称为高精度加工。在高精度加工范围内，根据加工精度水平的不同，还可以进一步划分为精密加工、超精密加工和纳米加工三个档次。制造公差为 3～0.3μm、表面粗糙度值 *Ra* 为 0.30～0.03μm 的加工称为精密加工；制造公差为 0.3～0.03μm、表面粗糙度值 *Ra* 为 0.03～0.005μm 的加工称为超精密加工；制造公差小于 0.03μm、表面粗糙度值小于 *Ra*0.005μm 的加工称为纳米加工。

发展超精密加工与纳米加工技术是 21 世纪机械制造技术最为重要的发展方向之一。不掌握超精密加工与纳米加工技术，许多高新技术就上不去，许多尖端军品、民品就制造不出来。超精密加工与纳米加工技术的高低是衡量一个国家国力和国威的标志，发展超精密加工与纳米加工技术的意义重大。

下面我们重点讨论超精密加工与纳米加工的基本原理，并简要介绍金刚石超精密切削工艺、超精密磨削工艺和纳米级加工技术。

7.1.1　超精密加工基本原理

1. 微量切削原理

一种加工方法所能达到的加工精度等级取决于这种加工方法能够切除的最小极限背吃刀量 $a_{p\min}$，说天然金刚石切削能达到 0.1μm 级的加工精度，金刚石刀具必须具备能从加工表面上切除深度小于 0.1μm 材料的能力。道理很简单，如检测结果发现工件尺寸还大了 0.1μm 须切除，如果金刚石刀具根本就没有能力切除这多余的 0.1μm 材料，那么金刚石切削的加工精度就根本达不到 0.1μm 级。依次类推，纳米级加工方法的 $a_{p\min}$ 必须小于 1nm。一种加工方法能切除的 $a_{p\min}$ 越小，它的加工精度就越高。

影响微量切除能力的主要因素有：

（1）切削工具的刃口锋利程度　切削工具的刃口锋利程度一般都用切（磨）削工具的刃口钝圆半径 r_n 进行评定，钝圆半径 r_n 值越小，刃口就越锋利。由图 7-1 知，切削点 A_i 处的负前角

$$\gamma_{oi} = \arcsin\frac{r_n - a_i}{r_n} = \arcsin\left(1 - \frac{a_i}{r_n}\right) \tag{7-1}$$

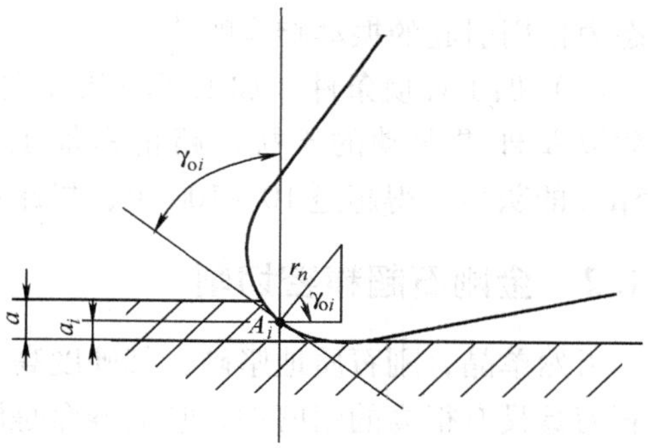

图 7-1　切削刃钝圆半径 r_n 与工作前角 γ

分析式（7-1）可知，切削点 A_i 处的负前角 γ_{oi} 值将随着切削刃钝圆半径 r_n 的增大和切削点 A_i 处 a_i 值的减少而增大；负前角 γ_0 值越大切削阻力越大，负前角 γ_0 值大到一定程度，切削工具就丧失切削能力。切削工具所能切除的 $a_{p\min}$ 与切（磨）削工具刃口钝圆半径 r_n、机床加工系统刚度等因素有关，作为估算，可取

$$a_{p\min} \approx \frac{1}{10} r_n \tag{7-2}$$

切削工具刃口钝圆半径 r_n 大小与所采用的切削工具材料与刃磨技术水平有关，表 7-1 列出了几种常用切削工具材料的刃口钝圆半径 r_n 值。

表 7-1　切削刃口钝圆半径 r_n 的取值范围

工具材料	碳素工具钢	高速钢	硬质合金	陶瓷	天然单晶金刚石
切削刃钝圆半径 r_n/μm	10 ~ 12	12 ~ 15	18 ~ 24	18 ~ 31	0.01（国际最高水平） 0.1 ~ 0.3（中国） 0.05（日本）

（2）机床加工系统的刚度　机床加工系统的刚度主要是机床主轴系统和刀架进给系统的刚度。美国 Lawrence Livermore 实验室研制的 DTM—3 型金刚石切削车床的主轴系统刚度高达 500N/μm。

(3) 机床进给系统的分辨力　为实现微量切除，数控系统的脉冲当量要小，数控系统的脉冲当量值一般应为上述 a_{pmin} 值的 1/5 ~ 1/10。设 a_{pmin} = 0.1μm，数控系统的脉冲当量值应为 0.01 ~ 0.02μm/脉冲。

2. 精密切除原理

具有微量切除能力只是实现超精密加工的必备条件，还必须具备能进行精密切除的设备条件和环境条件。实现精密切削总的要求是：由机床加工系统不准确引起的静态误差，连同由于力作用、热作用和外界环境干扰引起的动误差，必须小于超精密加工规定的制造公差要求。影响精密切削能力的主要因素有：

(1) 机床加工系统的几何精度　机床加工系统的几何精度主要是机床主轴的回转精度、床身导轨的平直度以及导轨相对于机床主轴的位置精度。美国研制的大型光学金刚石超精密车床（LODTM）的主轴颈静态径向圆跳动小于 0.025μm；导轨直线度误差为 0.102μm/全长。我国已能制造主轴回转精度为 0.05μm 的超精密机床。

(2) 机床加工系统的静刚度、动刚度和热刚度　提高机床加工系统的静刚度及热刚度可以减少由于力作用和热作用引起的加工误差；提高机床加工系统的动刚度，可以降低由于动态力作用引起的振动响应幅值。

(3) 加工环境条件　加工环境条件主要指空气的洁净度、机床加工环境的温度和湿度变化以及外界振动的干扰。超精密加工要求每立方英尺（$0.0283168m^3$）的空气中大于 0.5μm 的灰尘不得超过 10 ~ 100 个；机床加工环境温度要求达到（20 ±0.01）℃。

7.1.2　金刚石超精密切削

天然单晶金刚石质地坚硬，其硬度高达 6000 ~ 10000HV，是已知材料中硬度最高的。金刚石刀具具有很高的耐磨性，它的寿命是硬质合金的 50 ~ 100 倍。表 7-2 列出了几种硬质材料的硬度对比数据，表 7-3 列出了金刚石的物理力学性能数据。金刚石刀具的弹性模量大，断裂强度比氧化铝高 3 倍，切削刃钝圆半径 r_n 值可以磨得很小，不易断裂，能长期保持切削刃的锋锐程度；金刚石刀具的热膨胀系数小，热变形小；但金刚石不是碳的稳定状态，遇热易氧化和石墨化，开始氧化的温度为 900 ~ 1000K，开始石墨化的温度为 1800K。故用金刚石刀具进行切削时须对切削区进行强制风冷或进行酒精喷雾冷却，务使刀尖温度降至 650℃以下。另外，由于金刚石是由碳原子组成的，它与铁族元素的亲和力大，故不能用金刚石刀具切削钢铁材料。

表 7-2　几种材料的硬度对比

硬质材料	金刚石	CBN	SiC	TiC	WC	Al_2O_3	高碳马氏体
硬度 HV	6000 ~ 10000（随晶面、晶向和温度而异）	6000 ~ 8500	3500	3200	2400	2200	1000

用金刚石刀具进行超精密切削，刀具的刃磨质量是关键，切削刃必需磨得极其锋锐，切削刃钝圆半径 r_n 值要小，国际上达到的最高水平 r_n 值最小为 0.01μm，国内只能达到 0.1 ~ 0.3μm。

为实现超精密切削，除了有高质量的金刚石刀具外，还应有金刚石超精密机床作支撑。经多年攻关，我国已能生产主轴回转精度为 0.05μm、定位精度为 0.01μm/100mm、数控系统最小输入量为5nm、主轴最大回转直径为800mm的超精密车床。

表7-3　金刚石的物理力学性能

硬度HV	抗弯强度/MPa	抗压强度/MPa	弹性模量/$N \cdot m^{-2}$	热导率/$W \cdot m^{-1} \cdot K^{-1}$	比热容/$J \cdot g^{-1} \cdot ℃^{-1}$	开始氧化温度/K	开始石墨化温度/K	摩擦因数（与Al,Cu）
6000~10000	210~490	1500~2500	$(9 \sim 10.5) \times 10^{11}$	$(2 \sim 4) \times 418.68$	0.516	900~1000	1800（在惰性气体中）	0.06~0.13（随晶面、晶向而异）

用天然金刚石刀具进行超精密切削有许多优点，主要是：①加工精度高，加工表面质量好，加工表面形状误差可控制在0.1~0.01μm范围内，表面粗糙度值 *Ra* 为0.01~0.001μm；②生产效率高，Al、Cu材料的光学镜面可以通过金刚石超精密车削直接制取；③加工过程易于实现计算机自动控制；④它不仅可以加工平面、球面，而且可以很方便地通过数控编程加工非球面和非对称表面。

金刚石超精密切削主要用于加工光学镜面（平面、球面及非球面）、感光鼓、磁盘等精密器件，材料多为铜、铝及其合金，也可加工硬脆材料（例如陶瓷、单晶锗、单晶硅等）。

7.1.3　超精密磨削

对于铜、铝及其合金等软金属，用金刚石刀具进行超精密切削是十分有效的，但金刚石不能切钢铁材料，因为切削过程产生的局部高温会使金刚石中的碳原子很容易扩散到铁素体中，造成金刚石的碳化磨损（扩散磨损）。虽然金刚石刀具可以切削陶瓷、单晶硅、单晶锗等脆材料，但用金刚石刀具微量切削硬质材料时，要克服所切削材料原子（或分子）间键合力才能将薄层材料切除，承担切削的切削刃部分所承受的高应力和高温作用会使切削刃产生较大的机械磨损；机床加工系统所承受的力作用和热作用也比切削铜、铝及其合金大得多；故用金刚石刀具切削硬脆材料工件的加工质量不易达到超精加工要求，生产效率不高，刀具消耗易大。对于上述金刚石刀具所不能加工的钢铁材料或不易加工的脆硬材料，超精密磨削则是一种比较理想的超精密加工方法。

超精密磨削与普通磨削相比，其主要特征是：

（1）使用超硬磨料　超精密磨削的背吃刀量极小，磨削行为通常在被磨材料的晶粒内进行（普通磨削行为在晶粒间进行，主要是利用晶粒周界处缺陷和材料内部其他缺陷实现材料切除的，磨削抗力相对较小），只有在磨削力超过了被磨材料原子（或分子）间键合力的条件下才能从加工表面上磨去一薄层材料，磨粒所承受的切应力极大，温度亦很高，要求磨粒材料必须具有很高的高温强度和硬度。超精密磨削一般多用人造金刚石、立方氮化硼等超硬磨料。使用金属结合剂金刚石砂轮可以磨削玻璃、单晶硅等，使用金属结合剂CBN砂轮可以磨削钢铁材料。

（2）所用机床精度　超精密磨床是实现超精密磨削的基本条件。为实现精密切除，数控系统最小输入增量要小（例如0.1μm、0.01μm），机床加工系统的几何精度要高，还需有很高的静刚度、动刚度和热刚度；为实现微量切除，在横进给（背吃刀量）方向应配置微量进给装置；为降低由于砂轮不平衡质量引起的振动，超精密磨床应配置精密动平衡装置和防振隔振装置；为获得光洁表面，超精密磨床须配置砂轮精密修整装置。

目前超精密磨削所能达到的水平为：尺寸精度为（±0.25～±5）μm；圆度误差为0.25～0.1μm；圆柱度误差为25000:0.25～50000:1；表面粗糙度值 Ra 为0.06～0.01μm。

超精密磨削常用于玻璃、陶瓷、硬质合金、硅、锗等脆硬材料的超精密加工。

7.1.4 纳米级加工技术

纳米技术是一个涉及范围非常广泛的术语，它包括纳米材料、纳米摩擦、纳米电子、纳米光学、纳米生物、纳米机械、纳米加工等，这里只讨论与纳米级加工有关的问题。

纳米级加工的材料去除过程与传统的切削、磨削加工的材料去除过程有原则区别。为加工具有纳米加工精度的工件，其最小极限背吃刀量必须小于1nm，而加工材料原子间间距为 10^{-1}nm，这表明，在纳米级加工中材料的去除（增加）量是以原子或分子数计量的；纳米级加工是通过切断原子（分子）间结合进行加工的，而这只有在外力对去除材料做功产生的能量密度超过了材料内部原子（分子）间结合能密度（10^2～10^8J/cm^3）才能实现。传统的切削、磨削加工所能产生的能量密度较小，用传统的切削、磨削方法切断工件材料原子（分子）间结合是无能为力的。

纳米级加工方法种类很多，此处仅以扫描隧道显微加工为例，介绍纳米加工的原理和方法，并用以展示近年来人们在研究发展纳米级加工方面所达到的水平。

扫描隧道显微镜（Scanning Tunneling Microscope，简称STM）是1981年由两位在IBM瑞士苏黎士实验室工作的C. Binning和H. Rohrer发明的。STM可用于测量三维微观表面形貌，也可用作纳米加工。STM的工作原理主要是基于量子力学的隧道效应。当一个具有原子尺度的探针针尖足够接近被加工表面某一原子A时（参见图7-2），探针针尖原子与A原子的电子云相互重叠，此时如在探针与被加工（测量）表面之间施加适当电压，即使探针针尖与A原子并未接触，也会有电流在探针与被加工材料间通过，这就是隧道电流。从受力分析考虑，在外加电场作用下A原子受到两方面的作用。一方面是探针针尖原子对原子A的吸引力，包括范德华（Van Der Wall）力和静电力；另一方面是被加工工件上其他原子对A原子的结合力；在外界电场作用下，当探针针尖原子与A原子的距离小到某一极限距离时，探针针尖原子对A原子的吸引力将大于工件其他原子对A原子的结合力，探针针尖就能拖动A原子跟随探针针尖在加工表面上移动，实现原子搬迁。控制探针针尖与被移动原子之间的偏压和距离是实现原子搬迁的两个关键参数。

在图7-2所示扫描隧道显微加工原理图中，探针移动由压电陶瓷管1驱动。探针用金属制取，探针针尖要做得很尖，其极限为针尖上只有一个原子；探针安装在压电陶瓷扫描管的下部，如图7-2所示，压电陶瓷管的顶部被固定在机架上，压电陶瓷管用锆钛铅等材料高温烧结并经极化处理制成，陶瓷管外壁对称分布了相互隔开的4个金属膜电极（参见图7-2陶瓷管横截面图），其中相对的两个电极成对使用；陶瓷管内壁也镀了金属形成内壁电极，在本例中内壁电极与地相接，如图7-2所示。当对 x 方向的一对电极分别施加电压 $+U_x$ 和 $-U_x$ 时，如压电陶瓷管经极化处理，内部电偶极子取向为正极居外、负极居内（参见图7-2压电陶瓷管横截面局部 C、D 放大图），与施加 $+U_x$ 电极板相连接的右侧压电陶瓷管壁部分（参见 C 放大图）因受“同性相斥”的压力作用使管壁厚度减少，导致压电陶瓷管右侧部分在长度方向（z 向）伸长；与此相反，与施加 $-U_x$ 电极板相连接的左侧压电陶瓷管壁部分

（参见 D 放大图）因受“异性相吸”的拉力作用使管壁厚度增大，导致压电陶瓷管左侧部分在长度方向（z 向）缩短。上述两种运动同时作用的结果，压电陶瓷管下端将向缩短的那一侧弯曲（参见图 7-2 右上角压电陶瓷弯曲示意图），从而带动探针在 x 方向移动。同理，当对 y 轴方向的另一对电极分别施加电压 $+U_y$ 和 $-U_y$ 时，压电陶瓷管带动探针在 y 方向移动；如果两个相对的外壁电极同时接上相等的正电压或负电压，内壁电极仍接地，陶瓷管将在 z 向伸长或缩短，压电陶瓷管将带动探针作 z 向位移。

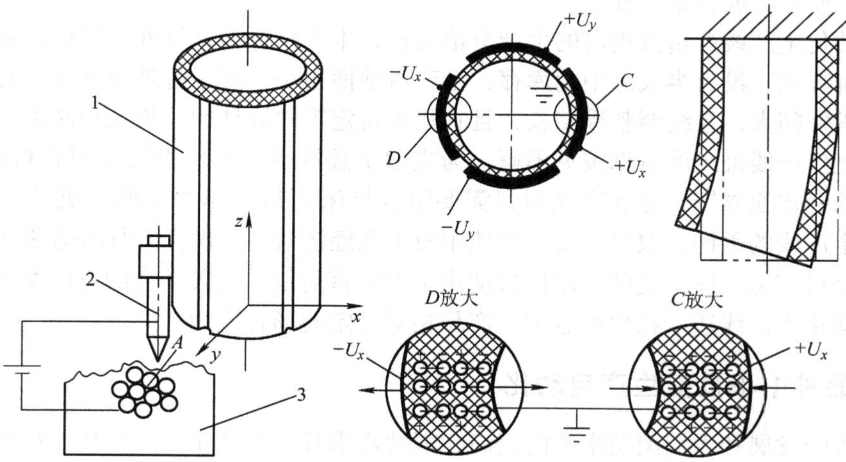

图 7-2　扫描隧道显微加工原理图
1—压电陶瓷管　2—探针　3—工件

在 STM 上搬迁原子的方法进行纳米加工已取得成功，1990 年美国 IBM 实验室研究人员在高真空和低温（4K）状态下成功地用氙原子在金属晶体 Ni（111）表面上写了“IBM”字样；1995 年中国真空物理研究所在高真空、室温状态下，借助原子搬迁在 Si（111）表面上加工出了“#”图案。

在 STM 上除了用搬迁原子的方法进行纳米加工外，还可以应用化学沉积、电流曝光等方法进行纳米加工。

7.2　机械制造自动化技术

生产过程自动化是工业生产现代化的重要标志之一，也是人类在长期生产活动中不断追求的重要目标。发展自动制造技术对保证产品制造质量、提高生产效率、降低产品制造成本、提高企业的市场竞争能力均具有重要意义。自动化制造技术是机械制造技术的重要发展方向之一。

机械制造自动化可分为大批大量生产的自动化和多品种、中小批量生产的自动化两大类，由于产品品种数量和生产批量的不同，它们各自所采取的自动化手段和措施也不相同。

7.2.1　大批大量生产自动化

在大批大量生产中，常采用专用机床和单功能组合机床为主体的刚性自动化生产线。图

7-3 所示为加工汽车发动机上的球墨铸铁曲拐的自动化生产线总体布局图，全线由 7 台机床（$C_1 \sim C_7$）和 1 个装卸工位组成。装卸工位 4 设在自动线后端，操作工人将加工好的工件从随行夹具上卸下后随即将工件毛坯装在随行夹具上，随行夹具连同工件毛坯经提升机提升，并有斜滑道从上方送到自动线始端。随行夹具采用步伐式输送带输送，输送带用钢丝绳牵引驱动，切屑运送采用链板式排屑装置，排屑装置 2 从机床下方通过。自动化生产线用工件输送系统将自动化加工设备和辅助设备连接起来。被加工工件以规定的生产节拍，顺序通过 7 个加工工位，便加工成合格零件。

刚性自动化生产线严格按规定的生产节拍运行，生产率极高；另外，刚性自动化生产线还具有物料流程短，没有半成品中间库存，生产占地面积小，便于管理等优点。它的主要缺点是一次性投资额大，系统调整周期长，且它是为特定零件设计的，更换产品难，因转产而使刚性自动化生产线报废的事例屡见不鲜。为克服上述缺点，人们发展了组合机床自动线，可以大幅度缩短建线周期，更换产品时只需要组合机床的某些部件（例如更换主轴箱）即可，提高了生产线的柔性，取得了较好的使用效果和经济效果。图 7-3 所示的曲拐加工自动线就是以组合机床为主体组建的。刚性自动化生产线目前正向刚柔结合的方向发展。

刚性自动化生产线适于在生产量大、产品相对固定的场合应用。

7.2.2　多品种中小批量生产自动化

随着经济的发展和人们消费水平的提高，消费需求日益个性化、多样化，社会所需生产的产品品种多，而每个品种的数量却又不很大。据统计，在机械制造企业中，单件生产、成批生产占 85%，大批大量生产仅占 15% 左右。选用硬件设备可调的办法实现多品种、小批量生产自动化，在技术上有许多很难克服的困难，因为硬件设备的柔性毕竟是十分有限的。近年来由于计算机技术、数控技术以及加工中心、工业机器人等技术的发展，使多品种、中小批量生产自动化出现了新的希望，并相继出现了柔性制造单元、柔性制造系统、柔性制造线等自动化模式。

1. 柔性制造单元

柔性制造单元（Flexible Manufacturing Cell，简称 FMC）是由计算机直接控制的自动化加工单元，它由单台具有自动交换刀具和工件功能的数控机床和工件自动输送装置所组成。典型的结构有两类：①由单台卧式或立式加工中心和环形（圆形或椭圆形）托盘输送装置（又称托盘库）构成，主要用于加工箱体、支座等非回转零件；②由单台车削中心和机器人构成，主要用于加工轴、盘等回转类零件。

图 7-4 是由一台加工中心和一台 6 工位环形自动交换托盘库组成的柔性制造单元。更换工件由加工中心上的托盘交换装置和环形托盘库协调配合完成。6 个托盘可同时沿托盘库的椭圆形轨道运行，实现托盘的输送和定位。图 7-4 中 1 为装卸工位，待加工工件由操作工人装入托盘夹具中，托盘连同工件一道由托盘库输送装置运送到靠近加工中心的工位，再由托盘交换装置将托盘送到机床加工部位；工件加工好之后，由托盘交换装置将其送回托盘库，并由托盘库输送装置送回装卸工位。托盘的选择和定位由可编程序控制器控制，托盘库具有正反向回转、随机选择及跳跃分度等功能。更换刀具由加工中心上的换刀机械手和刀具库执行。

柔性制造单元的主要特点是：与刚性自动化生产线相比，它具有一定的生产柔性，在同